中国通信学会普及与教育工作委员会推荐教材

21世纪高职高专电子信息类规划教材
21 Shiji Gaozhi Gaozhuan Dianzi Xinxilei Guihua Jiaocai

综合布线设计与施工（第2版）

吴柏钦 主编
李昌春 任增龙 郑凯华 吴珊 编

Electronic Information

人民邮电出版社
北京

图书在版编目（CIP）数据

综合布线设计与施工 / 吴柏钦主编. -- 2版. -- 北京 : 人民邮电出版社, 2013.8(2023.1重印)
21世纪高职高专电子信息类规划教材
ISBN 978-7-115-31391-1

Ⅰ. ①综… Ⅱ. ①吴… Ⅲ. ①计算机网络－布线－高等职业教育－教材 Ⅳ. ①TP393.03

中国版本图书馆CIP数据核字(2013)第116400号

内容提要

本书从综合布线系统的布线工程实用出发，严格按照国家 GB50311—2007《综合布线系统工程设计规范》和 GB50312—2007《综合布线工程验收规范》标准，结合了综合布线安装与施工白皮书的内容，以及 GB50846—2012《住宅区和住宅建筑内光纤到户通信设施工程设计规范》和 GB50847—2012《住宅区和住宅建筑内光纤到户通信设施工程施工及验收规范》。较为全面地涉及构建综合布线系统，选择综合布线产品，设计综合布线系统，安装综合布线系统环境，安装双绞线系统，安装光缆系统，管理综合布线工程项目，测试综合布线系统性能，验收综合布线系统等内容。并通过项目和任务分解，每项任务都有学习目标和任务导入。教材给予了较多的知识准备，可供实际教学灵活选择取舍，也可供学生课外自学参考。本书中每个项目都安排了项目教学的内容与步骤。通过本书的学习，学生能对综合布线系统的设计与施工技术有较完整的概念，并能掌握通信网络工程施工的基本操作技能，为今后从事综合布线工程设计与施工或者通信布线系统维护工作奠定一定的基础。

本书可作为电子信息类高职院校综合布线课程教材，以及电子信息类中等职业技术学校通信技术专业课程的教材，也可作为综合布线工种职业技能培训教材和工程施工人员的参考用书。

◆ 主　　编　吴柏钦
编　　　李昌春　任增龙　郑凯华　吴　珊
责任编辑　武恩玉
责任印制　彭志环　杨林杰

◆ 人民邮电出版社出版发行　　北京市丰台区成寿寺路 11 号
邮编　100164　　电子邮件　315@ptpress.com.cn
网址　http://www.ptpress.com.cn
北京七彩京通数码快印有限公司印刷

◆ 开本：787×1092　1/16
印张：20.75　　　　2013 年 8 月第 2 版
字数：547 千字　　　2023 年 1 月北京第 11 次印刷

定价：42.00 元

读者服务热线：(010)81055256　印装质量热线：(010)81055316
反盗版热线：(010)81055315

前言

综合布线系统是整个大楼建筑物或建筑群乃至人们生活居住小区的重要组成部分，通常被认为是人们生活和工作的系统神经中枢，是建筑物的信息传输通道。在我国通信行业的通信大楼中早就有相类似的布线系统。

随着社会的进步和信息技术的发展，各种各样交互式大容量的信息交流平台得到广泛的应用，作为最邻近通信终端用户的楼宇综合布线系统的建设质量，关系到网络通信的质量和安全，直接影响到人们的生活质量。通信市场迫切需要懂技术、会施工、有较强动手能力和较高施工工艺水准的建设队伍，他们要有计算机通信相关的硬件基础知识和布线施工工程的管理知识。因此，根据社会的需求和职业教育注重实际操作技能培养的特点，结合多年来在综合布线方面教学与实际应用的经验，我们编写了这本力求满足电子信息类高职院校综合布线课程的教材，也适用于电子信息类中等职业技术学校通信技术专业，也可作为综合布线工种职业技能培训教材及布线工程施工人员的参考用书。

2012 年，我国加快了信息化步伐，综合布线将越来越成为通信技术、电子信息技术、计算网络技术、智能建筑、安防监控的共同技术需求。“光进铜退”加快无源光网络的建设需要，综合布线已经扩大了光纤光缆的应用。综合布线新材料新工艺的不断发展，促使我们对综合布线教材建设要与时俱进。本书内容在 2009 年编写的 21 世纪高职高专电子信息类规划教材《综合布线设计与施工》教材的基础上，加大光缆布线和无源光网在本教材上的介绍比重，使用较新的综合布线典型工程实例，注重理论技术与实际项目和实际应用环境的结合。

此次修订是以综合布线工程项目为载体选取教学内容和组织教材，还结合了一些全国综合布线技能竞赛内容。这与学科课程只注重知识体系的完整性和实训课程只注重实践性不同，综合布线项目课程内容引用工作任务，设计出学习项目，为学生创造一个职业化的学习情境，使学生在实际情境中获得真正的职业能力。在项目载体设计这一个关键环节，围绕工作任务进行开放性设计。按照工作顺序，将综合布线系统工程的设计、施工、验收 3 个工作过程分为 6 个项目，21 个子任务。内容涵盖了本门课程需要学习的所有工作任务。新修订的教材全面执行以任务主导的学习目标、知识准备、任务分析和任务训练的项目教学过程。

综合布线课程的设置非常适合我们目前电子信息类学生动手能力的培养，是一门较好解决理论与实践结合的专业课程；适合用项目教学法提高学生从事综合布线领域的职业能力和个人的素质。合理的课程设计完全可以满足综合布线设计、安装、测试和验收的综合布线工程全过程的教学任务。

本书在编写过程中得到孙青华博士的指导，在修订过程中得到福建省邮电学校和福建北讯智能科技有限公司的大力支持和帮助，在此表示诚挚的感谢！由于编者水平有限，书中难免存在错误和不妥之处，敬请广大读者批评指正。

编　者

2013 年于福州

目录

项目一

综合布线系统的发展及应用

智能化建筑中最基本的而且必须具备的功能是大楼自动化（BA）、通信自动化（CA）和办公自动化（OA）。智能化建筑将建筑、通信、计算机网络、监控等各方面的先进技术相互融合，集成为最优化的整体，具有工程投资合理、设备高度自控、信息管理科学、服务优质高效、使用灵活方便、环境安全舒适等特点，是能够适应信息化社会发展需要的现代化新型建筑。建筑物综合布线系统是建筑技术与信息技术相结合的产物，是计算机网络工程的基础，也是语音应用的基础。它能使建筑物或建筑群内部的语音设备、数据通信设备、信息交换设备、建筑物自动化管理设备及物业管理等系统之间彼此相连，也能使建筑物内的信息通信设备与外部的信息通信网络相连接。

我国通信行业标准把综合布线系统具体划分为建筑群主干布线子系统、建筑物主干布线子系统和水平布线子系统 3 部分。我国通信行业标准的组成和子系统划分与国际标准是完全一致的，是综合布线系统工程中必须执行的权威性法规。

任务 1.1　调查国内综合布线行业的现状

【学习目标】

知识目标：理解综合布线定义、特点及其运用场合。熟悉我国综合布线市场运作的产业链的渠道及现状。了解综合布线的行业发展历程。

技能目标：理解并会引用综合布线我国的国家标准。会分析智能化建筑中必须具备的功能是大楼自动化（BA）、通信自动化（CA）和办公自动化（OA），综合布线在其中起到关键作用。

一、任务导入

任务资料：近几年来，在中国信息化发展的大环境下，能源、交通、通信等基础设施建设以及医疗、教育、金融等行业的智能化建设如火如荼，用户对智能化的认识也有很大程度的提高。

越来越多的用户认识到网络安全和网络传输能力的重要性，并相信只有基于优秀的网络布线系统，新的信息技术如会议电视、视频点播、多媒体通信等才有可能得到最充分的应用。然而，我国综合布线产业链的形成及国内市场真假品牌（包括综合布线产品、进口产品、国产品牌、厂商的服务等），我国综合布线工程施工中的现象较为复杂。

任务目标：

针对我国现在的综合布线市场现状进行一次较为深入广泛的调查。每2或3人为一组，明确自己在小组中的分工以及小组成员之间的合作，然后按照拟定的调查计划进行工作。建议可以应用互联网进行网上调查，到图书馆查找相关综合布线的书籍资料，也可以到综合布线的现场调查采用综合布线系统构建的校园网、企业网，观察这些网络系统的基本组成以及每一部分的覆盖范围、结构和所采用的设备。

二、知识准备

（一）综合布线系统的发展概况

20世纪50年代，经济发达国家开始在城市中兴建新式大型高层建筑。为了增加建筑的使用功能，提高服务水平，楼宇自动化的要求被首先提出，开发商开始在房屋建筑内安装各种仪表、控制装置、信号显示设备等，并采用集中控制/监视方式，以便于运行操作和维护管理。因此，在新建筑物中需要分别安装独立的传输线路，用来将分散设置在建筑内的各个设备相连，从而组成各自独立的集中监控系统，这种线路一般称为专业布线系统。这些系统基本上使用人工手动或初步的自动控制方式，科技水平较低，所需的设备和器材品种繁多而复杂，线路数量很多，平均长度很长，不但增加了工程造价，而且也不利于施工和维护。

20世纪80年代，随着科学技术的不断发展，尤其是通信、计算机网络、电气控制和图形显示技术的相互融合和发展，高层房屋建筑的服务功能不断增加，其客观要求也在不断提高，传统的专业布线系统已经不能满足实际应用的需要。在现代化的大楼中，纵横交错的各种管线给计算机网络施工带来很大困难，随着计算机的大量使用，人们越来越关注网络和布线的话题。以前人们对通信系统的关心只限于电话，而现在，人们不得不面对更加复杂、变化更快的计算机和信息系统。在过去，台式计算机通常都是独立进行工作，而现在这种情况已经发生了变化，目前约有超过50%的商用计算机连接在局域网中，它们大大提高了工作效率。局域网可以将计算机与服务器和外设连接在一起，或者为传感器、摄像机、监视器以及其他电子设备提供信号通道。如果这些被称作通道而组成的链路是临时的，且各自为战，那么人们生活的空间环境将很快就被各种无法辨别的电缆堆满，对它们进行故障排除和维护几乎是不可能的。而且各系统分别由不同的厂商设计和安装，传统布线采用不同的线缆和不同的终端插座，并且连接这些不同布线的插头、插座及配线架均无法互相兼容。办公布局及环境改变的情况经常发生，需要调整办公设备或随着新技术的发展需要更换设备时，就必须更换布线。天长日久，这样因增加新电缆而留下不用的旧电缆，导致了建筑物内一堆堆杂乱的线缆，造成很大的隐患，维护不便，改造也十分困难。为此，发达国家开始研究和推出综合布线系统，集成的布线系统是美国西蒙公司于1999年1月提出的，它的基本思想是：现在的结构化布线系统对语音/数据系统的综合支持给用户带来了一个启示，能否用相同或者类似的综合布线思想来解决楼房控制系统的综合布线系统问题，使各楼房控制系统都像电话和计算机一样，成为即插即用的系统。

将那些用于完成通信网络、计算机网络、建筑物安全以及环境控制等任务的电子设备集成到一个布线系统中，使之产生更大的效益。当这些独立设备的数量增加时，这些设备协同工作的优点就会越发明显。20 世纪 80 年代后期，综合布线系统逐步引入我国。随着近年来我国国民经济的持续高速发展，城市中各种新型高层建筑和现代化公共建筑不断建成。作为信息化社会象征之一的智能化建筑中的综合布线系统已成为现代化建筑工程中的热门话题，也是建筑工程和通信工程中设计以及施工相互结合的一项十分重要的内容。

综合布线系统源于计算机技术和通信技术的发展，是建筑技术与信息技术相结合的产物，是计算机网络工程的基础，也是语音应用的基础。它规范了一个通用的语音和数据传输的电信布线标准。综合布线系统又称开放式布线系统，是建筑物或建筑群内部之间的传输网络。它能使建筑物或建筑群内部的语音/数据通信设备、信息交换设备、建筑物自动化管理设备及物业管理等系统之间彼此相连，也能使建筑物内的信息通信设备与外部的信息通信网络连接。

智能化建筑具有多门学科融合集成的综合特点，发展历史较短，但发展速度很快。国内有些场合把智能化建筑统称为“智能大厦”，从实际工程分析，这一名词定义不太确切，因为高楼大厦不一定需要高度智能化，相反，一些非高层建筑却需要高度智能化，例如航空港、火车站、江海客货运港区和智能化居住小区等。目前所述的智能化建筑只是在某些领域具备一定智能化，其程度也是深浅不一，没有统一标准，且智能化本身的内容是随着人们要求和科学技术不断发展而延伸拓宽的。我国有关部门已在文件中明确使用“智能化建筑”或“智能建筑”，其名称较确切，含义也较广泛，与我国具体情况是相适应的。

智能化建筑与综合布线系统的演进关系如图 1-1 所示。

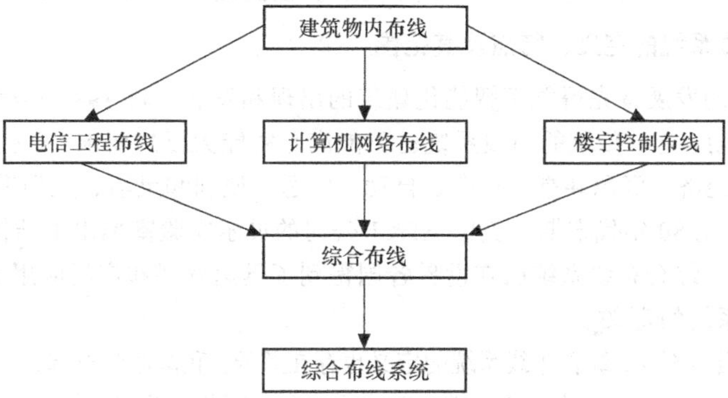

图 1-1　综合布线系统的演进

因为智能化建筑是集建筑、通信、计算机网络和自动控制等多种高新科技之大成，所以智能化建筑工程项目的内容极为广泛。作为智能化建筑中的神经系统，综合布线系统是智能化建筑的关键部分和基础设施之一。因此，不应将智能化建筑和综合布线系统相互等同，否则容易错误理解。综合布线系统在建筑内和其他设施一样，都是附属于建筑物的基础设施，为智能化建筑的业主或用户服务。虽然综合布线系统和房屋建筑彼此结合，形成了不可分离的整体，但要看到它们是不同类型和工程性质的建设项目。从规划、设计直到施工及使用的全过程中，综合布线系统和智能化建筑之间的关系都是极为密切的，具体表现有以下几点。

（1）综合布线系统是衡量智能化建筑智能化程度的主要标志。在衡量智能化建筑的智能化程度时，既不完全看建筑物的体积是否高大巍峨和造型是否新型壮观，也不会看装修是否宏伟华丽和设备是否配备齐全，主要是看综合布线系统配线能力。如设备配置是否成套，技术功能是否完善，网络分布是否合理，工程质量是否优良等，这些都是决定智能化建筑的智能化程度高低的重要因素。智能化建筑能否为用户更好地服务，综合布线系统具有决定性的作用。

（2）综合布线系统使智能化建筑充分发挥智能化效能，是智能化建筑中必备的基础设施。综合布线系统将智能化建筑内的通信、计算机和各种设备及设施相互连接形成完整配套的整体，以实现高度智能化的要求。由于综合布线系统能适应各种设施的当前需要和今后发展，具有兼容性、可靠性、使用灵活性、管理科学性等特点，因此是保证智能化建筑优质高效服务的基础设施之一。在智能化建筑中，如果没有综合布线系统，各种设施和设备因无信息传输介质连接而无法相互联系，进而无法正常运行，智能化也就难以实现，这时智能化建筑只是一幢空壳躯体，只是实用价值不高的土木建筑，不能称为智能化建筑。只有在建筑物中配备了综合布线系统，建筑物才有实现智能化的可能性，这是智能化建筑工程中的关键内容。

（3）综合布线系统能适应今后智能化建筑和各种科学技术的发展需要。众所周知，房屋建筑的使用寿命较长，大都几十年，甚至近百年，因此在规划和设计新的建筑时，应考虑如何适应今后发展的需要。由于有的综合布线系统具有很高的适应性和灵活性，能在今后相当长的时期内满足客观发展需要，因此在新建的高层建筑或重要的智能化建筑中，应根据建筑物的使用性质、今后发展等各种因素，积极采用综合布线系统。对于近期不拟设置综合布线系统的建筑，应在工程中考虑今后设置综合布线系统的可能性，在主要部位、通道或路由等关键地方适当预留房间或空间、洞孔和线槽，以便今后安装综合布线系统时避免打洞穿孔或拆卸地板、吊顶等装置，从而有利于建筑物的扩建和改建。

总之，综合布线系统分布于智能化建筑中，必然会有相互融合的需要，同时又有可能发生彼此矛盾的问题。因此，综合布线系统的规划、设计、施工、使用等各个环节都应与建筑工程单位密切联系，协调配合，采取妥善合理的方式来处理，以满足各方面的要求。

（二）综合布线系统的定义、特点及其范围

综合布线系统的发展首先得益于智能化建筑的出现和发展。自 1984 年美国首次出现智能大厦后，它就开始蓬勃兴起，传统的布线系统已不能满足智能大厦的要求。现代大厦要求布线方案必须综合、高效、经济、资源共享、安全、自动、舒适、便利和灵活，人们需要开放的、系统化的布线方案。20 世纪 80 年代末期，美国 AT&T 公司的贝尔实验室推出了结构化综合布线系统；到 20 世纪 90 年代，综合布线系统已在世界各国得到了迅速发展和广泛应用。

1. 综合布线系统的定义

由于各国产品类型不同，综合布线系统的定义也存在差异。我国原邮电部在 1997 年 9 月发布的通信行业标准 YD/T926.1—1997《大楼通信综合布线系统第一部分：总规范》中，将综合布线系统定义为："由通信电缆、光缆、各种软电缆及有关连接硬件构成的通用布线系统，它能支持语音、数据、图像（电视会议、监视电视）等多媒体信号传输的多种应用环境"。综合布线系统是一个模块化的、灵活性极高的建筑物内或建筑物之间的信息传输通道，是"建筑物内的信息高速公路"，包括标准的插头、插座、适配器、连接器、配线架以及线缆和光缆等。即使用户尚未确定具体的应用系统，也可进行布线系统的设计和安装。综合布线系统中不包括应用的各种设备。

目前所说的建筑物与建筑群综合布线系统，简称综合布线系统，是指一幢建筑物内（综合性建筑物）或建筑群体中的信息传输介质系统。它是将缆线（如对绞线、同轴电缆或光缆等）连接的硬件按一定秩序和内部关系而集成的一个整体。因此，目前综合布线系统是以通信自动化（CA）为主，今后随着科学技术的发展，会逐步提高和完善，最终能够真正满足智能化建筑的要求。

综合布线系统一般可划分为三大子系统：建筑群主干布线子系统、建筑物主干布线子系统和水平布线子系统。建筑群主干布线子系统是由建筑群配线架以及连接建筑群配线架和各建筑物配线架的电缆、光缆等组成的布线系统。建筑物主干布线子系统是由建筑物配线架以及连接建筑物配线架和各楼层配线架的电缆、光缆等组成的布线系统。水平布线子系统是由楼层配线架、信息端口及其间的电缆、光缆等组成的布线系统。

实践表明，标准的综合布线系统建设费用低于网络基础结构整体费用的十分之一。标准的综合布线系统的使用寿命在20年以上。相关调查显示，用户固定资产中综合布线系统的寿命居第2位，居第1位的是建筑物的墙壁，同时还显示，70%的网络相关问题均与低劣的布线技术和电缆部件问题有关。从总体而言，一开始就安装正确的综合布线系统基础设施的费用是相对较低的。

2. 综合布线系统的特点

综合布线系统是目前国内外推广使用的比较先进的布线方式，具有以下特点。

（1）综合性、兼容性好

传统的专业布线方式需要使用不同的电缆、电线、接续设备和其他器材，技术性能差别极大，难以互相通用，彼此不能兼容。综合布线系统具有综合所有系统和互相兼容的特点，采用光缆或高质量的布线部件和连接硬件，能满足不同生产厂家终端设备信号传输的需要。

（2）灵活性、适应性强

采用传统的专业布线系统时，如需改变终端设备的位置和数量，必须敷设新的缆线和安装新的设备，且在施工过程中有可能发生信号传送中断或质量下降，增加工程投资和施工时间，同时会对周围环境产生许多不协调的影响。因此，传统的专业布线系统的灵活性和适应性较差。在综合布线系统中，任何信息点都能连接不同类型的终端设备，当设备的数量和位置发生变化时，只需采用简单的插接工序，实用方便，其灵活性和适应性较强，且能够节省工程投资。

（3）便于今后扩建和维护管理

综合布线系统的网络结构一般采用星型结构，各条线路自成独立系统，在改建或扩建时互相不会影响。综合布线系统的所有布线部件采用积木式的标准件和模块化设计。因此，部件更换容易，便于排除障碍，且采用集中管理方式，有利于分析、检查、测试和维修，节约维护费用，并能够有效提高工作效率。

（4）技术经济合理

综合布线系统各个部分采用高质量材料和标准化部件，按照标准施工和严格检测，能够保证系统技术性能可靠，满足目前和今后的通信需要，且能够减少维修工作，节省管理费用。采用综合布线系统虽然初次投资较多，但从总体上看是符合技术先进、经济合理的要求的。

3. 综合布线系统的规模及运用场合

综合布线系统的规模应根据建筑工程项目的范围来定，小规模网络一般小于12个节点，直接用线缆连接到桌面的Hub（集线器）；中、大规模网络一般大于12个节点，采用结构化布线，即线缆埋于墙体或走线槽等，要求仔细安装。综合布线系统一般有两种范围，即单幢建筑和建筑群体。单幢建筑中的综合布线系统范围一般是指在整幢建筑内部敷设的管槽、电缆竖井、专用房间（如设备间）以及通信缆线和连接硬件等。建筑群体因建筑物的数量不一、规模不同，有时可能扩大成为街坊式范围，如高等学校校园式，因此范围难以统一划分。但不论其规模如何，综合布线系统的工程范围除上述每幢建筑内的通信线路和其他辅助设施外，还需要包括各幢建筑物之间相互连接的通信管道和线路，此时的综合布线系统较为庞大而复杂。

我国通信行业标准YD/T926《大楼通信综合布线系统》适用范围规定是跨越距离不超过3 000m，建筑总面积不超过10^6m^2的布线区域，其人数为50人～50万人。如布线区域超出上述范围时可参照使用。上述范围是从基建工程管理的要求考虑，与今后业务管理和维护职责等的划分范围可能不同。因此，综合布线系统的具体范围应根据网络结构、设备布置和维护办法等因素来划分。

随着智能建筑和建筑群的不断涌现，综合布线系统的适用场合和服务对象逐渐增多，目前主要有以下几类。

（1）商业贸易类型，如商务贸易中心、金融机构、高级宾馆饭店、股票证券市场和高级商城大厦等高层建筑。

（2）综合办公类型，如政府机关、群众团体、公司总部等的办公大厦，办公及贸易和商业兼有的综合业务楼、租赁大厦等。

（3）交通运输类型，如航空港、火车站、长途汽车客运枢纽站、江海港区（包括客货运站）、城市公共交通指挥中心、出租车调度中心、邮政枢纽楼、电信枢纽楼等公共服务建筑。

（4）新闻机构类型，如广播电台、电视台、新闻通讯社、书刊出版社、报社业务楼等。

（5）生活小区类型，如智能化居住小区、家庭单元住宅、别墅、旅游风景度假村等。

（6）其他重要建筑类型，如医院、急救中心、气象中心、科研机构、高等院校和工业企业的高科技业务大楼等。

此外，在军事基地和重要部门，如安全部门等的建筑以及高级住宅小区中也需要采用综合布线系统。在21世纪，随着科学技术的发展和人类生活水平的提高，综合布线系统的应用范围和服务对象会逐步扩大和增加。综上所述，综合布线系统具有广泛的使用前景，能够为智能化建筑中实现各种信息的传送和监控创造有利条件，从而适应信息化社会的发展需要。

（三）综合布线系统的标准

综合布线系统的标准化和开放性要求综合布线系统的设计和实施必须符合有关的标准。作为一个合格的综合布线工程设计或施工人员，应该能够根据用户的需求和实际情况，查阅和对照合适的布线标准。

标准分为强制性和建议性两种。强制性指要求是必需的，而建议性指要求是应该或希望是怎么样的。强制性标准通常适于保护、生产、管理、兼容，它强调了绝对的最小限度可接受的要求；建议性的标准通常针对最终产品，用来在产品的制造过程中提高效率。无论是强制性标准还是建议性的要求，都是为同一标准的技术规范服务。

随着电信技术的发展，许多新的布线产品、系统和解决方案不断出现。各标准化组织积极制定了一系列综合布线系统的标准。纵观国内外综合布线系统的标准，大致分为下列三大体系，即国际标准、北美标准和欧洲标准。我国依据本国综合布线的实际情况，依照国际标准，制定了适合我国国情的综合布线国家标准和行业标准。

综合布线参考的主要标准如下。

TIA/ EIA—568A：商业大楼电信布线标准（加拿大采用 CSA T529）

EIA/ TIA—569：电信通道和空间的商业大楼标准（CSA T530）

EIA/ TIA—570：住宅和N型商业电信布线标准（CSA T525）

TIA/ EIA—606：商业大楼电信基础设施的管理标准（CSA T528）

TIA/ EIA—607：商业大楼接地/连接要求（CSA T527）

ANSI/ IEEE 802.5—1989：令牌环网访问方法和物理层规范

CECS72：97：《建筑与建筑群综合布线系统工程设计及验收规范》

GB50311—2007：《综合布线系统工程设计规范》

GB50312—2007：《综合布线系统工程验收规范》

GB50846—2012：《住宅区和住宅建筑内光纤到户通信设施工程设计规范》

GB50847—2012：《住宅区和住宅建筑内光纤到户通信设施工程施工及验收规范》

1. 国际标准

国际标准化组织（ISO）和国际电工技术委员会（IEC）组成了世界范围内的标准化专业机

构。在信息技术领域中，ISO/IEC 设立了一个联合技术委员会（ISO/IEC JTC1），由其正式通过国际标准草案，并分发给各国家团体进行投票表决，正式作为国际标准出版需要至少 75%的国家团体投赞成票才能通过。ISO/IEC 11801《信息技术—用户房屋综合布线》是由联合技术委员会的 SC 25WG3 工作组在 1995 年制定发布的，这是综合布线系统的第 1 个国际标准。这个标准把有关元器件和测试方法归入国际标准，目前国际标准有 3 个版本。

（1）ISO/IEC 11801:1995

（2）ISO/IEC 11801:2000

（3）ISO/IEC 11801:2000+

ISO/IEC 11801 的修订稿 ISO/IEC 11801:2000 修正了对链路的定义。ISO/IEC 认为以往的链路定义应被永久链路和通道的定义所取代。此外，该标准还规定了永久链路和通道的等效远端串扰、综合近端串扰、传输延迟，同时，修订稿也提高了近端串扰等传统参数的指标。

后来 ISO/IEC 推出了第 2 版的 ISO/IEC 11801 规范 ISO/IEC 11801:2000+。这个新规范将定义 6 类、7 类布线的标准，给布线技术带来革命性的影响。第 2 版的 ISO/IEC 11801 规范将把 5 类的系统按照超 5 类重新定义，以确保所有的 5 类系统均可运行吉比特以太网。更为重要的是，6 类和 7 类链路将在这一版的规范中定义。布线系统的电磁兼容性（EMC）问题也将在新版的 ISO/IEC 11801 中考虑。

2. 北美标准

成立有 80 年历史的美国国家标准学会（ANSI）是 ISO 和 IEC 的主要成员，在国际标准化方面扮演着重要的角色。ANSI 自己不制定美国国家标准，而是通过组织有资质的工作组来推动标准的建立。综合布线的北美标准主要由 TIA/EIA 制定。

TIA（Telecommunications Industry Association）是美国电信工业协会，而 EIA（Electronic Industry Association）是美国电子工业协会，这两个组织受 ANSI 的委托对布线系统的标准进行制定。TIA/EIA 每隔 5 年审查大部分标准，并根据提交的修改意见进行重新确认、修改或删除。

TIA/EIA 标准的发展主要经历了 3 个版本，即早期的 ANSI/EIA/TIA—568（1991），之后的 ANSI/TIA/EIA—568—A（1995）以及目前最新的 ANSI/TIA/EIA—568—B（2002）。

TIA/EIA 的主要标准如下。

（1）TIA/EIA—568A ~ A5（商务建筑电信布线标准）

（2）TIA/EIA TSB—95（100Ω）（4 对 5 类布线附加传输性能指南）

（3）TIA/EIA IS—729（100Ω 外屏蔽双绞线布线的技术规范）

（4）TIA/EIA—569—A（商业建筑电信通道及空间标准）

（5）TIA/EIA—570—A（住宅电信布线标准）

（6）TIA/EIA—606（商业建筑物电信基础设施管理标准）

（7）TIA/EIA—607（商业建筑物接地和接线规范）

（8）TIA/EIA—568B（商业建筑通信布线系统标准）

1991 年 7 月，由美国电信工业协会/电子工业协会发布了 ANSI/TIA/EIA—568，即“商务大厦电信布线标准”，正式定义发布了综合布线系统的线缆与相关组成部件的物理和电气指标。自 TIA/EIA—568—A 发布以来，随着更高性能产品的出现和市场应用需要的改变，对这个标准也提出了更高的要求。学会也相继公布了很多的标准增编、临时标准，以及技术公告（TSB）。其中，TSB—95 为 100Ω4 对 5 类布线附加传输性能指南。提出了关于回波损耗和等效远端串扰新的信道参数要求，这是为了保证已经广泛应用的传统 5 类布线系统能支持吉比特以太网传输而设立的参数。由于这个标准是作为指导性的文件，所以它不是强制的标准。

TIA/EIA/IS—729 是一个对 TIA—568—A 和 ISO/IEC 11801 外屏蔽（SCTP）双绞线布线规范的临时性标准，它定义了 SCTP 链路和元器件的插座接口、屏蔽效能、安装方法等参数。

TIA/EIA—569—A 于 1990 年 10 月公布，是加拿大标准协会（CSA）和电子行业协会（EIA）共同努力的结果，目的是使支持电信介质和设备的建筑物内部和建筑物之间设计和施工标准化，尽可能地减少对厂商设备和介质的依赖性。

TIA/EIA—570—A 主要是制定出新一代的家居电信布线标准，以适应现今及将来的电信服务。标准提出了有关布线的新等级，并建立一个布线介质的基本规范及标准，主要应用支持话音、数据、影像、视频、多媒体、家居自动系统、环境管理、保安、音频、电视、探头、警报及对讲机等服务。

TIA/EIA—606 提供了一套独立于系统应用之外的统一管理方案。与布线系统一样，布线的管理系统必须独立于应用之外，这是因为在建筑物的使用寿命内，应用系统大多会有多次变化。布线系统的标签与管理可以使系统移动、增添、更改设备更加容易和快捷。

TIA/EIA—607 的目的是在安装电信系统时对建筑物内的电信接地系统进行规划、设计和安装。它支持多厂商、多产品环境及可能安装在住宅的工作系统接地。

北美标准与国际标准相比较，对应关系如表 1-1 所示。

表 1-1　　TIA/EIA—568A 和 ISO/IEC 11801 的比较

比较项目＼标准名称	TIA/EIA—568A	ISO/IEC 11801
专业术语	MC　主交叉接线	CD　建筑群配线架
	IC　中间交叉接线	BD　建筑物配线架
	HC　水平交叉接线	FD　楼层配线架
	TO　电信插座/连接器	TO　电信插座
	TP　转接点	TP　转接点
	CP　合并接点	
水平布线传输介质	4 对 100Ω 非屏蔽双绞线	4 对（或 2 对）100Ω（或 120Ω）平衡电缆
	1 对光纤（双向），62.5/125μm 光纤	62.5/125μm（或 50/125μm）光纤
	2 对 150Ω 屏蔽双绞线	2 对 150Ω 屏蔽双绞线
垂直布线传输介质	100Ω 非屏蔽双绞线	100Ω（或 120Ω）平衡电缆
	62.5/125μm 光纤（将增加 50/125μm 光纤）	62.5/125μm 或 50/125μm 光纤
	单模光纤	单模光纤
	150Ω 屏蔽双绞线	150Ω 屏蔽双绞线
传输线允许弯曲半径	水平子系统≥4 倍电缆直径	水平子系统≥4 倍电缆直径
	主干子系统≥10 倍电缆直径	主干子系统≥6 倍电缆直径
系统设计方法	设计约束、器件规范、安装方法一致	设计约束、器件规范、安装方法一致
连接器端接	所有线对要在信息座处端接	允许 100Ω 或 120Ω 信息插座部分端接
	cat.5 线对非双绞长度＜13mm	cat.5 线对非双绞长度＜13mm cat.4＜25mm
布线性能级别	cat.3 定义到 16MHz	class C 定义到 16MHz
	cat.4 定义到 20MHz（修订版中被删除）	未定义
	cat.5/5e 定义到 100MHz	Class D 定义到 100MHz
	cat.6 定义到 250 MHz	Class E 定义到 250MHz
	未定义	Class F 定义到 600MHz
性能指标	标准电缆衰减=20%必需参数的余量	标准电缆衰减=50%必需参数的余量
	允许特性阻抗性能的曲线匹配评估	不允许特性阻抗性能的曲线匹配评估
	非光纤的混合环境要求（PowerSum 余量=3dB+线对间极限）	混合环境要求是基于相邻非光纤单元的

3. 欧洲标准

EN50173（信息技术—综合布线系统）。一般而言，EN50173 标准与 ISO/IEC 11801 标准是一致的。但是，EN50173 比 ISO/IEC 11801 严格。EN50173 经历了 3 个版本。

（1）EN50173:1995

（2）EN50173A1:2000

（3）EN50173:2001

欧洲标准是由一系列标准相互结合构成的，其中在设计上使用 EN50173，在参考标准进行实现与实施上采用 EN50174-1、EN50174-2 和 EN50174-3。

4. 国内标准

（1）国家标准

综合布线系统国家标准（GB/T50311、GB/T50312）是根据建设部《关于印发 1999 年工程建设国家标准制定、修订计划的通知》（建标[1999]308 号）的要求，由原信息产业部会同有关部门共同制定的推荐性国家标准，并由国家质量技术监督局、中华人民共和国建设部联合发布。

我国综合布线系统的国家标准主要有《建筑与建筑群综合布线系统工程设计规范》（GB/T50311—2007）、《建筑与建筑群综合布线系统工程验收规范》（GB/T50312—2007）、《智能建筑设计标准》（GB/T50314—2007）、《信息技术—用户建筑群的通用布缆》（GB/T18233—2007）。

（2）行业标准

综合布线系统行业标准是由我国原信息产业部发布的，在全国范围内使用的中华人民共和国通信行业标准。1997 年 9 月，我国通信行业综合布线标准正式发布，并于 1998 年 1 月 1 日起正式实施。该标准包括以下 3 部分。

① YD/T 926.1—1997《大楼通信综合布线系统》（第 1 部分：总规范）

② YD/T 926.2—1997《大楼通信综合布线系统》（第 2 部分：综合布线用电缆、光缆技术要求）

③ YD/T 926.3—1998《大楼通信综合布线系统》（第 3 部分：综合布线用连接硬件技术要求）

2001 年 10 月 19 日，由我国原信息产业部发布了中华人民共和国通信行业标准 YD/T 926—2001《大楼通信综合布线系统》（第 2 版），并于 2001 年 11 月 1 日起正式实施。该标准同样包括 3 部分。

① YDT 926.1—2001《总规范》

② YDT 926.2—2001《综合布线用电缆、光缆技术要求》

③ YDT 926.3—2001《综合布线用连接硬件通用技术要求》

第 2 版本标准是目前我国唯一的关于超 5 类布线系统的标准。该标准的制定参考了美国 EIA/TIA568A:1995《商务建筑电信布线标准》、EIA/TIA568A—5:2000《4 对 100Ω5e 类布线传输特性规范》及 ISO/IEC11801:1995《信息技术—用户房屋综合布线》。我国通信行业标准 YD/T 926《大楼通信综合布线系统》是通信综合布线系统的基本技术标准。

除 YD/T 926 标准外，与综合布线系统有关的还有下列几个行业标准。

① YD/T 1013—1999《综合布线系统电气特性通用测试方法》

② YD 5082—1997《建筑与建筑群综合布线系统工程设计施工图集》

（3）协会标准

综合布线系统的协会标准（CECS72:97/CECS89:97）是由中国工程建设标准化协会通信工程委员会，会同原邮电部北京设计院、冶金部北京钢铁设计研究总院、中国通信建设总公司、北京市电信管理局共同编制而成，最后经中国工程建设标准化协会通信工程委员会审查定稿。这两本规范供全国范围使用，属于中国工程建设标准化协会推荐性标准，简称协会标准。协会标准主要有下列 3 个标准。

① CECS92:1997《建筑与建筑群综合布线系统工程设计规范》

② CECS89:1997《建筑与建筑群综合布线系统工程施工及验收规范》

③ CECS119:2000《城市住宅建设综合布线系统工程设计规范》

2000 年中国工程建设标准化协会颁布的 CECS119《城市住宅建筑综合布线系统工程设计规范》是我国目前唯一涉及住宅小区布线的综合布线标准。该规范是为了适应城镇住宅商品化、社会化以及住宅产业现代化的需要，配合城市建设和信息通信网向数字化、综合化、智能化方向发展，搞好城市住宅小区与住宅楼中电话、数据、图像等多媒体综合网络建设的目的而制定的。规范适用于新建、扩建和改建城市住宅小区和住宅楼的综合布线系统工程设计。而对于分散的住宅建筑和现有住宅楼，应充分利用市内电话线开通各种话音、数据和多媒体业务。该规范参考了 TIA/EIA570-A《北美家居布线标准》。

目前我国在进行智能大厦综合布线系统设计和家居示范小区示范工程综合布线系统设计时，主要遵循 GB/T50311—2007《建筑与建筑群综合布线系统工程设计规范》、GB/T50312—2007《建筑与建筑群综合布线系统工程验收规范》和 GB/T50314—2007《智能建筑设计标准》，并参考行业标准。

为了适应城市建设与信息网络的发展，加快建设宽带、融合、安全、泛在的下一代国家信息基础设施，落实“宽带普及提速工程”并加快光纤宽带网络建设，《住宅区和住宅建筑内光纤到户通信设施工程施工及验收规范》及《住宅区和住宅建筑内光纤到户通信设施工程设计规范》两项国家标准。主要针对“光纤到户”宽带接入方式对住宅区和住宅建筑内通信设施工程提出设计、施工及验收要求。经住房和城乡建设部 2012 年 12 月 25 日以第 1565 号、1566 号公告批准发布。自 2013 年 4 月 1 日起实施。

设计时涉及安全防范、智能化建筑方面的内容时可参考下列标准。

①《智能建筑设计标准》	GB/T50314—2006
②《民用建筑电器设计规范》	JGJ/T16—92
③《出入口控制系统工程设计规范》	GB50396—2007
④《视频安防监控系统工程设计规范》	GB50395—2007
⑤《入侵报警系统工程设计规范》	GB50394—2007
⑥《民用闭路监视电视系统工程技术规范》	GB50198—94
⑦《厅堂扩声系统设计规范》	GB50371—2006
⑧《智能建筑工程质量验收规范》	GB50339—2003
⑨《安全防范工程技术规范》	GB50348—2004
⑩《有线电视系统工程技术规范》	GB50200—94
⑪《电子计算机房设计规范》	GB50174—93
⑫《建筑物电子信息系统防雷技术规范》	GB50343—2004
⑬《综合布线系统工程设计规范》	GB/T50311—2007
⑭《建筑与建筑群综合布线系统工程验收规范》	GB/T50312—2007
⑮《住宅区和住宅建筑内光纤到户通信设施工程设计规范》	GB50846—2012
⑯《住宅区和住宅建筑内光纤到户通信设施工程施工及验收规范》	GB50847—2012

三、任务分析

按如下的调查流程进行。

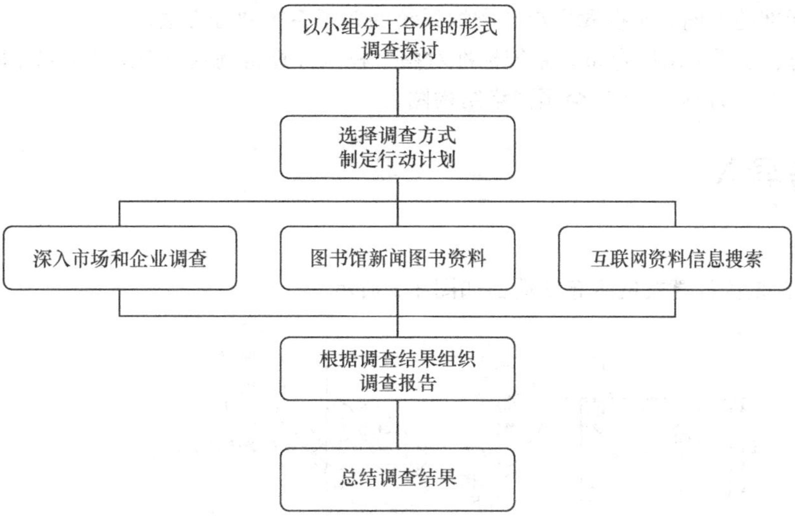

四、任务训练

一、填空题

1. 国际标准将综合布线系统划分成 3 个子系统：________、________和________，各组成部分构成一个有机的整体。并规定________布线为非永久性部分，工程设计和施工也不涉及用户使用临时连接的部分。

2. 综合布线系统的优点主要有________、________、________、________和________。

二、选择题（答案可能不止 1 个）

综合布线系统针对计算机与通信的配线系统而设计时，以下属于综合布线系统功能的是（　　）。

A. 传输模拟与数字的语音

B. 传输数据

C. 传输传真、图形、图像资料

D. 传输电视会议与安全监视系统的信息

E. 传输建筑物安全报警与空调控制系统的信息

三、问答题

1. 综合布线系统的基本含义是什么？与传统布线相比，具有哪些特点？
2. 在新建或改建的建筑物内，为方便今后综合布线系统的安装，要考虑哪些内容？
3. 综合布线系统是如何定义的？
4. 为什么要实现综合布线？
5. 你所在的区域综合布线的产品在哪里采购？

任务 1.2　绘制综合布线系统拓扑图

【学习目标】

知识目标：理解综合布线与智能化建筑的关系和基本功能。理解中国与美国的综合布线各子系统的划分标准的不同。掌握我国综合布线系统的各子系统划分方法。

技能目标：按照中国综合布线系统标准对整个校园计算机网划分布线子系统（以整个校园所有建筑物综合布线为例），并且会画网络结构图。

一、任务导入

任务资料：

1. 某学校校内计算机网络布线简图如图 1-2 所示。

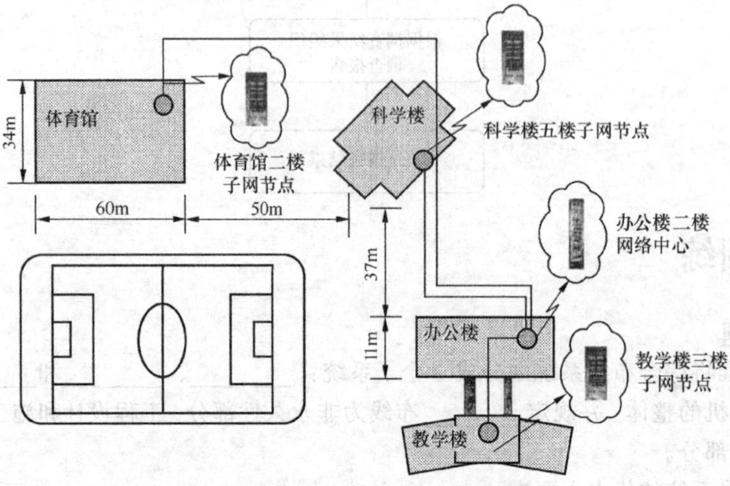

图 1-2　某校内综合布线草图

2. 某校园综合布线系统点位见表 1-2。

表 1-2　　　　　　　　　　某校园综合布线系统点位

楼栋	楼层	功能间	计算机网络信息接口	备注
办公楼	二层	网络中心	1	
体育馆	一层	值班室	1	
		器材室	1	
		办公室	1	
科学楼	五层	子网节点		
	三层	实验室	3	
	一层	电教室	2	
教学楼	三层	子网节点		
	二层	教研室	2	
	四层	教研室	3	
总计			14	

任务目标：根据上述资料绘制综合布线结构图。

二、知识准备

（一）综合布线系统网络结构

综合布线拓扑结构建议采用主干星形网络拓扑结构，如图 1-3 所示。在建筑群中选择某幢地理位置中心，便于信息物理通道引入的建筑物在其内设建筑群配线架（CD）。在建筑群体的其他建筑物中分别各自设置建筑物配线架（BD），建筑物配线架连接该建筑物内主干布线子系统，管理该建筑物范围内的各个楼层配线架（FD），楼层配线架再通过水平配线电缆连接到各房间工作区（TO）的通信出口。这样的连接配线形成分级星形网络拓扑结构。

因为开放办公室布线系统可以为现代办公环境提供灵活而经济实用的网络布线，所以允许在FD和TO之间增加一个转接点（TP），以方便用来支持模块化办公区域的布线。设计人员规划楼层的CD位置显得特别重要。FD与CD的水平电缆长度必须达到最小数。

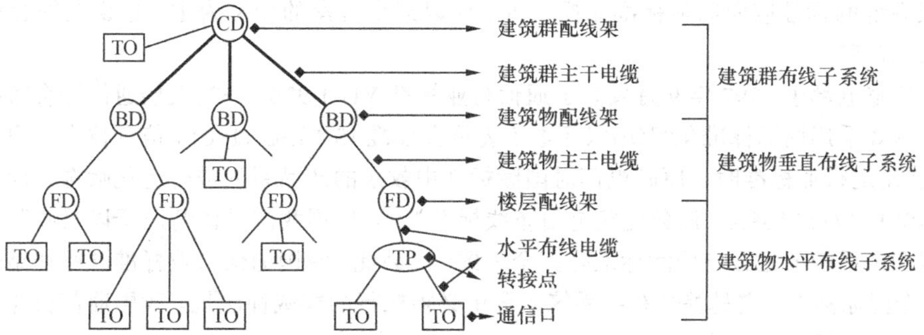

图1-3　综合布线系统网络拓扑图

（二）综合布线各子系统的划分

目前，各国生产的综合布线系统的产品较多，其产品的设计、制造、安装和维护中所遵循的基本标准主要有两种，一种是美国标准ANSI/EIA/TIA 586A《商务建筑电信布线标准》，美国标准把综合布线系统划分为建筑群子系统、干线（垂直）子系统、配线（水平）子系统、设备间子系统、管理子系统和工作区子系统6个独立的子系统，如图1-4所示。这种子系统划分方法是从子系统的功能上考虑的，但不利于综合布线整个大系统的分段。

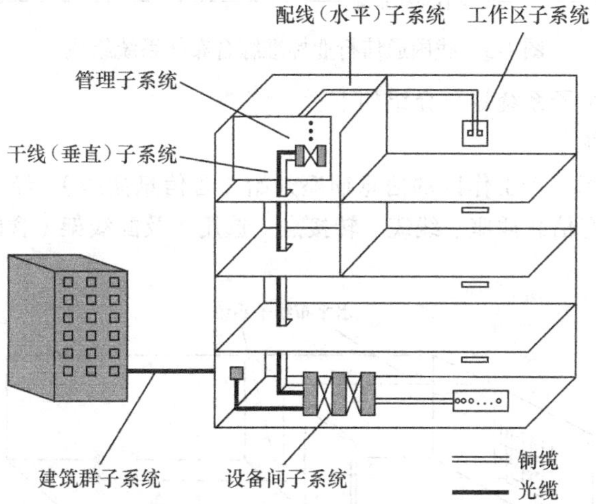

图1-4　美国标准的综合布线系统划分图

另一种是国际标准化组织/国际电工委员会标准 ISO/IEC 11801《信息技术用户房屋综合布线》。国际标准则将综合布线系统划分为建筑群主干布线子系统、建筑物主干布线子系统和水平布线子系统3部分，并规定工作区布线为非永久性部分，工程设计和施工也不涉及用户使用时临时连接的部分。

从综合布线系统的组成来看，上述两种标准有极为明显的差别。当综合布线系统刚刚引入我国时，因为大都采用美国产品，所以国内书籍、杂志和资料，甚至有些标准都以美国标准为基础介绍综合布线系统的有关技术，但上述系统组成与国际标准规定不符，且与我国国情和习惯做法也不一致，使工作人员在具体工作时感到不便。美国标准的主要问题是设备间子系统和管理子系统、干线子系统和配线子系统分离，造成系统性不够明确，界线划分不清，子系统过多。这与我国过去通常将通信线路与接续设备组成一个整体系统的概念不一致，从而使工程设计、施工安装和维护管理工作极不方便，因此，建议不以美国标准为准绳。从长远发展来看，综合布线系统的标准应向国际标准靠拢，而不应以某个国家的标准为主，这也是综合布线标准发展的必然趋势。

我国原邮电部于 1997 年 9 月发布了通信行业标准 YD/T 926.1—3《大楼通信综合布线系统》，该标准非等效采用国际标准化组织/国际电工委员会标准 ISO/IEC 11801《信息技术用户房屋综合布线》。在制定行业标准时，原邮电部对国际标准中收录的产品系列进行优化筛选，同时参考了美国 ANSI/EIA/TIA568A《商务建筑电信布线标准》，并根据我国具体情况予以吸收和完善，但是其组成和子系统的划分与国际标准是完全一致的。因此，我国通信行业标准既密切结合我国国情，也符合国际标准，它是综合布线系统工程中必须执行的权威性法规。我国通信行业标准综合布线系统组成如图 1-5 所示。

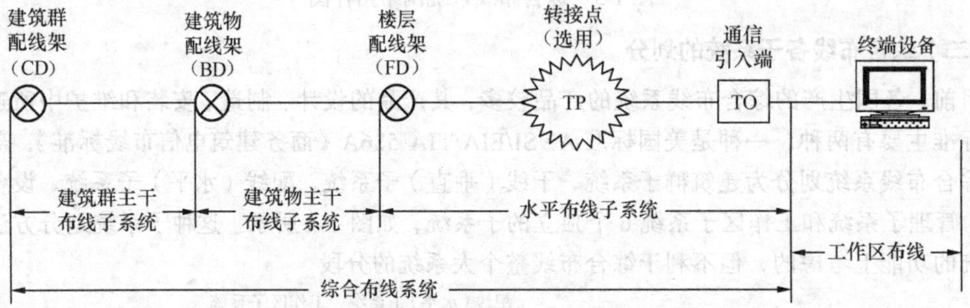

图 1-5　我国通信行业标准综合布线系统组成

综合布线系统中各个子系统划分介绍如下。

（1）水平布线子系统

水平布线子系统由每一个工作区的信息插座开始（含信息插座），经水平布线一直到楼层配线间的配线架，包括所有信息插座、线缆、转接点（选用）及配线架（含配线架跳线）等，如图 1-6 所示。

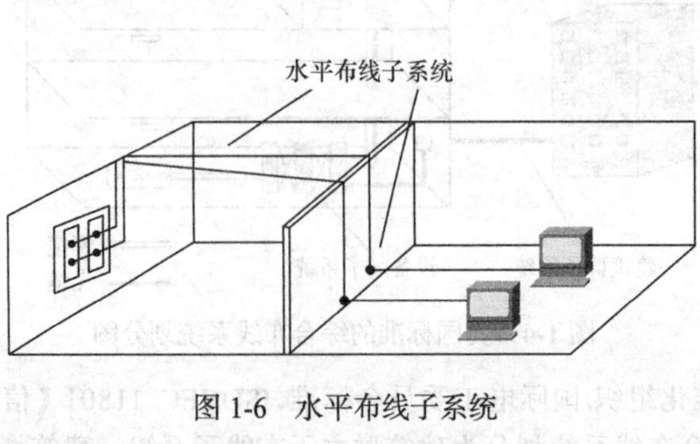

图 1-6　水平布线子系统

（2）建筑物主干布线子系统

建筑物主干布线子系统，从每一个楼层配线间中管理区配线架的楼层干线电缆端接的第 1 个端子开始，一直到建筑物设备间中总配线架的连接外线侧第 1 个端子（包含了总配线架的所有跳线管理）。建筑物主干布线子系统由建筑物内所有的（垂直）干线多对数线缆等组成，包括多对数铜缆、同轴电缆、多模多芯光纤，以及将线缆连接到其他地方的相关支撑硬件，同时包括设备间总（主）配线架（箱）与干线接线间楼层配线架（箱）之间干线路由的所有布线及其设备，如图 1-7 所示。

（3）建筑群主干布线子系统

建筑群主干布线子系统提供多个建筑物间的通信信道，用于汇集各建筑物主干布线和水平布线到同一个局域网的布线系统中，通常由电缆、光缆、入口处的电气保护设备、设备间内的所有布线网络连接，以及信息复用设备等相关硬件所组成，其外接线路分界点以到达建筑物总配线架最外侧的第 1 个端子为准。建筑群主干布线子系统包含楼宇间所有多对数铜缆、同轴电缆和多模多芯光纤，以及将此光缆、电缆连接到其他地方的相关支撑硬件，如图 1-8 所示。

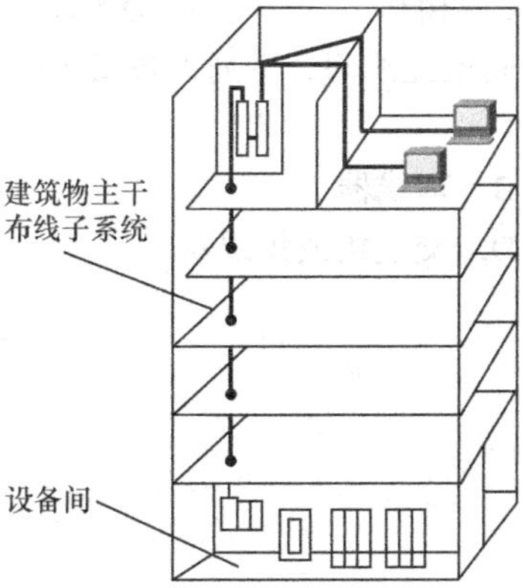

图 1-7　建筑物主干布线子系统

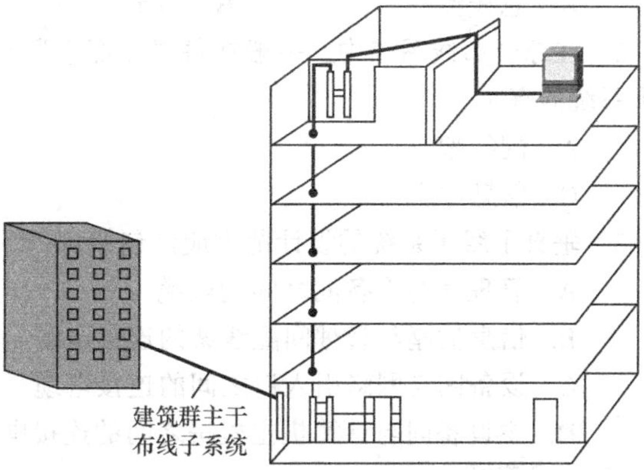

图 1-8　建筑群主干布线子系统

三、任务分析

根据某校园计算机网络布线平面图及综合布线系统的点位表，画出该校综合布线系统网络拓扑图，如图 1-9 所示。

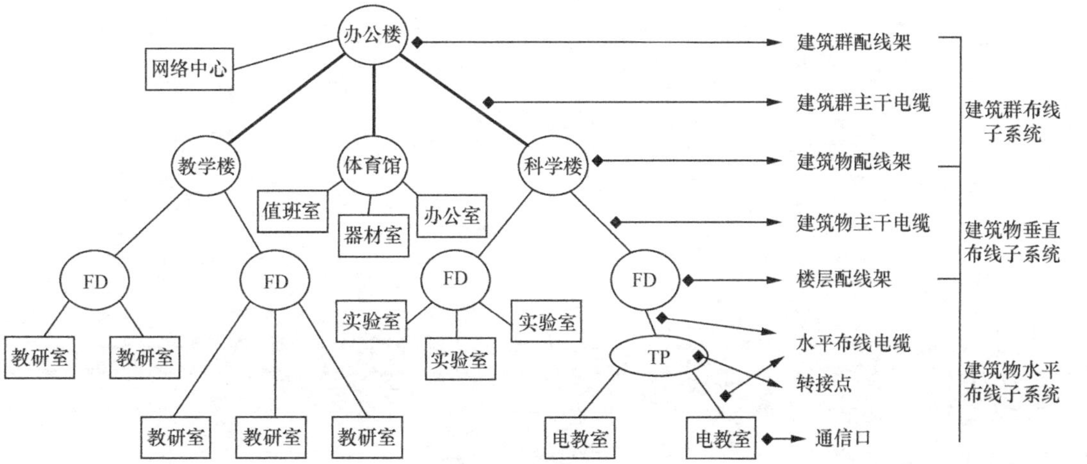

图 1-9　某校综合布线系统网络拓扑图

四、任务训练

一、填空题

1. 水平干线子系统也称水平子系统，其设计范围是从工作区的________一直到管理间的________。

2. ________是一个安放有共同通信装置的场所，是通信设施、配线设备所在地，也是线路管理的集中点。

二、选择题（答案可能不止 1 个）

1. 水平干线子系统的主要功能是实现信息插座和管理子系统间的连接，其拓扑结构一般为（　　）结构。

A. 总线型　　B. 星形　　C. 树形　　D. 环形

2. 在综合布线系统中，一般在每层楼都应设计一个管理间或配线间，下列设备属于水平干线子系统的有（　　）。

A. 配线架　　B. 理线器

C. 信息插座　　D. 交换机或集线器

3. 垂直干线子系统的设计范围应该包括（　　）。

A. 管理间与设备间之间的电缆

B. 信息插座与管理间配线架的连接电缆

C. 设备间与网络引入口之间的连接电缆

D. 主设备间与计算机主机房之间的连接电缆

三、问答题

我国综合布线系统划分成几个子系统？各子系统由哪些具体的部分组成？各自又怎么解释？

项目二

综合布线系统方案设计

综合布线系统设计已经成为影响网络性能和质量的重要因素，工程建设的甲、乙双方应密切合作，提出合理的整体解决方案。其核心问题是设计者能否真正从用户实际需求出发，结合国内、国外的有关标准，为用户提供合理的产品组合和方案设计。综合布线系统的工程设计主要进行传输介质、连接硬件和设备的选择，根据用户分布和业务需求，选择合适的布线路由。应该在详细了解设计规范和各种设备性能的基础上合理选择，完成设计任务。

按我国行业标准规定，综合布线系统是由建筑群主干布线、建筑物主干布线和水平布线 3 个子系统组成的。工作区布线为非永久性线路，不包括在工程设计之内。因此，在一般情况下，单幢智能化建筑的综合布线系统由两个子系统组成。多幢智能化小区的综合布线系统则由 3 个子系统组成。不论是由两个还是 3 个子系统组成，各个子系统之间均应按标准要求设置接续设备（如配线架或通信引出端）。利用跳线或接插件连接成整体的信息传输通路，要求使用方便、调度灵活、维修简单和管理科学。在设计中不允许将各个子系统间的线对直接相连。

建筑群配线架（CD）、建筑物配线架（BD）和楼层配线架（FD）分别属于建筑群主干布线子系统、建筑物主干布线子系统和水平布线子系统。因此，在综合布线系统中，应注意它们之间必须互相匹配、彼此衔接，不应存在矛盾和脱节，例如设备的规格容量。技术性能和装设位置都要求按照布线系统的需要总体考虑，既要便于使用，又要利于维护检修和日常管理。

综合布线系统工程的设备配置是工程设计中的重要内容，设备配置主要是指各种配线架、布线子系统、传输介质和通信引出端等的配置。设备配置与所在地区的智能化建筑或智能化小区的建设规模和系统组成有关。综合布线系统工程除本身网络系统设计外，尚有其他部分设计，如电气防护设计、接地设计、防雷设计和防火设计等都是工程设计的组成部分。

任务 2.1　设计水平（配线）子系统

【学习目标】

知识目标：了解综合布线的设计规范。熟悉综合布线设计原则、步骤和方法。掌握综合布线水平子系统的设计过程。

技能目标：会进行综合布线水平子系统的设计和材料的估算。

一、任务导入

任务资料：某办公大楼综合布线系统工程项目。

某办公大楼分 4 层；楼长 40m，楼宽 15 m，楼层高 3.5 m。现大楼需要对弱电系统进行改造，此分项工程主要涉及网络系统和语音系统，采用的布线系统性能等级为 5e 类非屏蔽（UTP）系统。其中一层 60 个信息点，二层 40 个信息点，三层 80 个信息点，四层 50 个信息点（网络和语音信息点各半）。竖井到最近信息点距离为 10 米，最远为 50 米，平面图如图 2-1 所示。

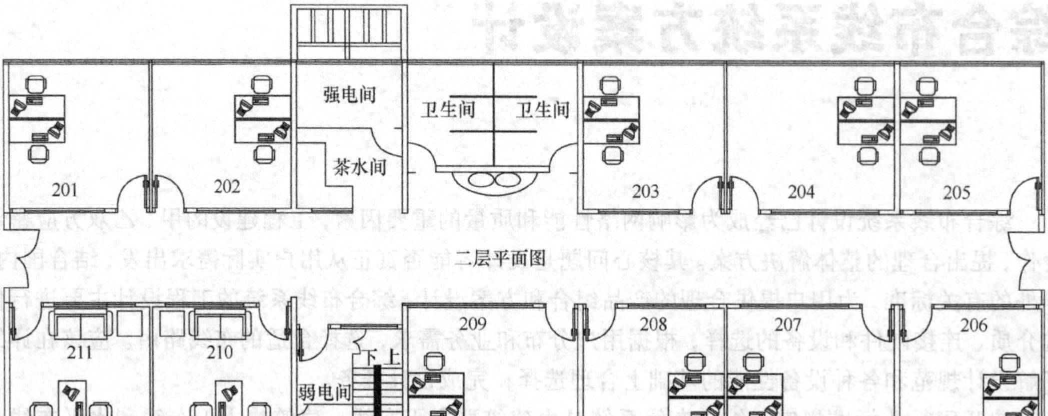

图 2-1　某办公大楼平面草图

任务目标：

完成办公大楼各层水平配线子系统的设计。

1. 工作区：全部采用超五类信息模块，单口信息面板设计，安装方式采用明装底盒固定。
2. 配线子系统：水平电缆为超五类 UTP 双绞线，安装方式为明装布线。
3. 垂直干线子系统：语音采用 25 对大对数，数据采用 4 芯多模室内光缆。
4. 设备间/配线间：水平配线架（语音、数据）全部选择超五类 24 口配线架，语音、数据点安装在不同的超五类配线架上，语音垂直干线配线架选择 100 对 110 型交叉连接配线架，数据垂直干线配线架 FD 采用 ST 12 口光纤配线架，BD 采用 ST 24 口光纤配线架。

二、知识准备

（一）综合布线系统总体方案设计

综合布线系统工程的规模大小不一，基本分为单幢建筑和多幢建筑两种，即单幢智能化建筑和由多幢智能化建筑组成的建筑群体，后者又称智能化小区或校园式小区。

综合布线系统应为开放式网络拓扑结构，应能支持语音、数据、图像、多媒体业务等信息的传递。系统工程宜按下列 7 个部分进行设计。

（1）工作区：一个独立的需要设置终端设备（TE）的区域宜划分为一个工作区。工作区应由配线子系统的信息插座模块（TO）延伸到终端设备处的连接缆线及适配器组成。

（2）水平配线子系统：水平配线子系统应由工作区的信息插座模块、信息插座模块至电信间配线设备（FD）的配线电缆和光缆、电信间的配线设备及设备缆线和跳线等组成。

（3）垂直干线子系统：垂直干线子系统应由设备间至电信间的干线电缆和光缆，安装在设备间的建筑物配线设备（BD）及设备缆线和跳线组成。

（4）建筑群子系统：建筑群子系统应由连接多个建筑物之间的主干电缆和光缆、建筑群配线设备（CD）及设备缆线和跳线组成。

（5）设备间：设备间是在每幢建筑物的适当地点进行网络管理和信息交换的场地。对于综合布线系统工程设计，设备间主要安装建筑物配线设备。电话交换机、计算机主机设备及入口设施也可与配线设备安装在一起。

（6）进线间：进线间是建筑物外部通信和信息管线的入口部位，并可作为入口设施和建筑群配线设备的安装场地。

（7）管理：管理应对工作区、电信间、设备间、进线间的配线设备、缆线、信息插座模块等设施按一定的模式进行标识和记录。

（二）综合布线系统的构成

在综合布线系统中，常用的网络拓扑结构有星形、环形、总线型、树形和网状形，其中以星形网络拓扑结构使用最多。综合布线系统采用哪种网络拓扑结构应根据工程范围、建设规模、用户需要、对外配合、设备配置等各种因素综合研究确定。

综合布线系统最常用的星形网络拓扑结构如图 2-2 所示。

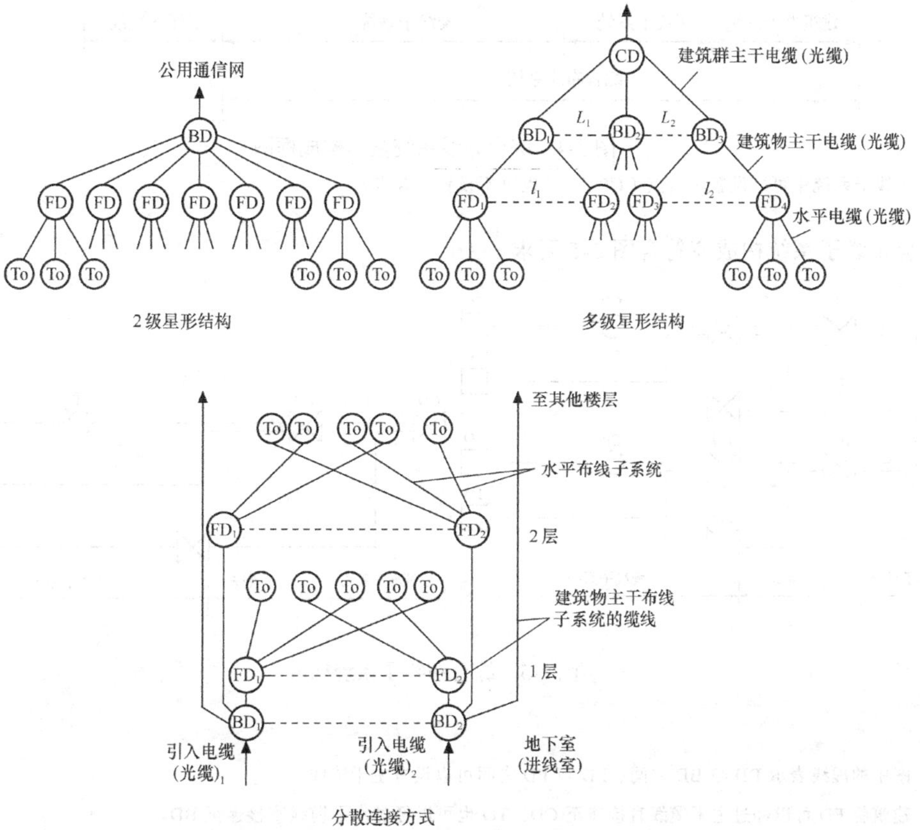

图 2-2　综合布线系统的网络结构图

综合布线系统基本结构模型如图 2-3 所示。

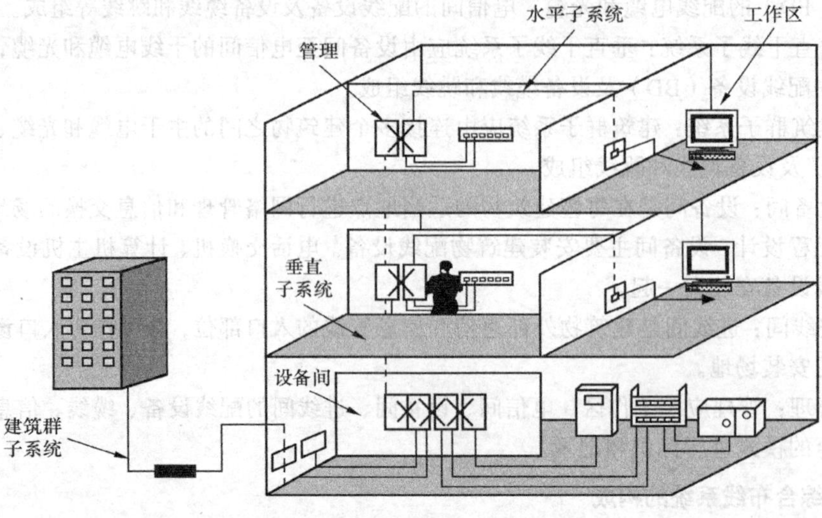

图 2-3 综合布线系统结构模型

综合布线系统基本构成框图如图 2-4 所示。

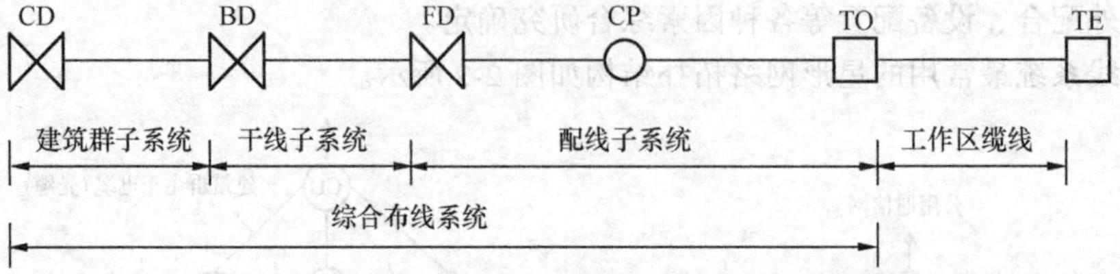

图 2-4 综合布线系统基本构成框图

注：配线子系统中可以设置集合点（CP 点），也可不设置集合点。

综合布线子系统构成应符合图 2-5 要求。

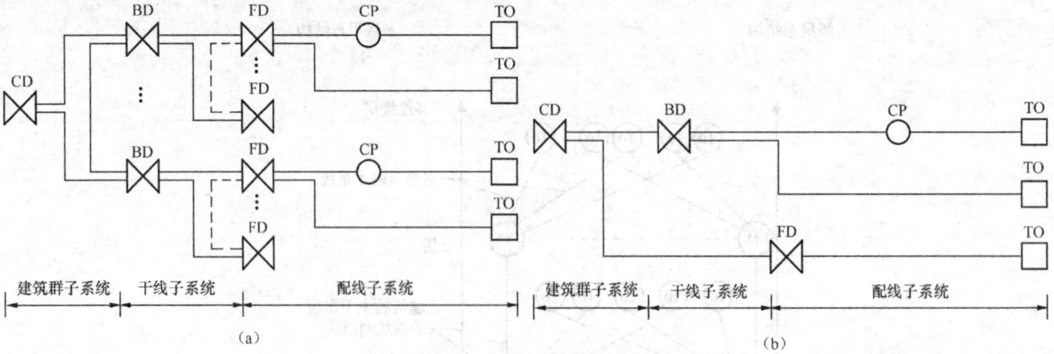

图 2-5 综合布线子系统构成

注：

（1）图中的虚线表示 BD 与 BD 之间、FD 与 FD 之间可以设置主干缆线。

（2）建筑物 FD 可以经过主干缆线直接连至 CD，TO 也可以经过水平缆线直接连至 BD。

（3）综合布线系统入口设施及引入缆线构成应符合图 2-6 的要求。

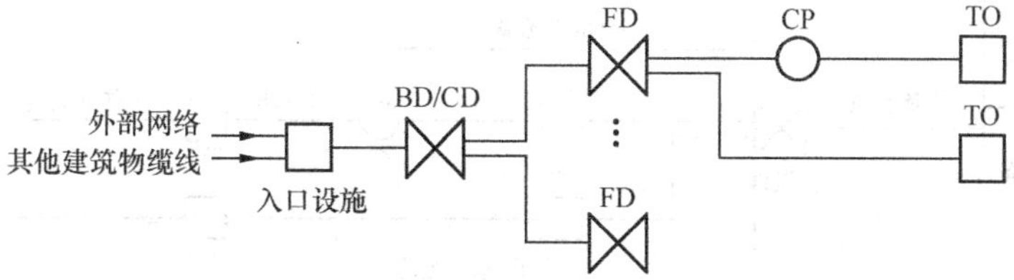

图 2-6　综合布线系统引入部分构成

注：对设置了设备间的建筑物，设备间所在楼层的 FD 可以和设备中的 BD/CD 及入口设施安装在同一场地。

综合布线系统信道应由最长 90m 水平缆线、最长 10m 的跳线和设备缆线及最多 4 个连接器件组成，永久链路则由 90m 水平缆线及 3 个连接器件组成。连接方式如图 2-7 所示。

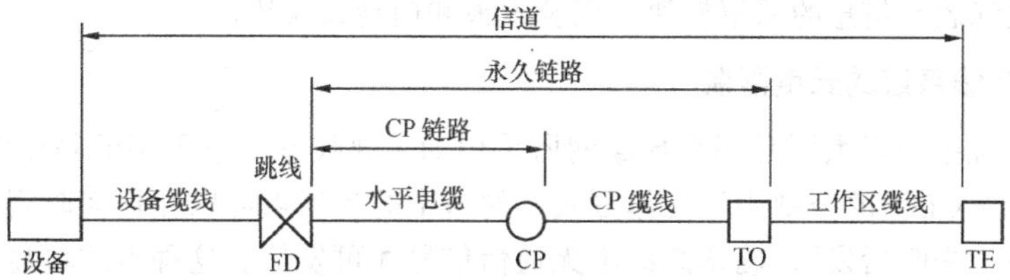

图 2-7　布线系统信道、永久链路、CP 链路构成

光纤信道构成方式应符合以下要求。

（1）水平光缆和主干光缆至楼层电信间的光纤配线设备应经光纤跳线连接构成，如图 2-8 所示。

（2）水平光缆和主干光缆在楼层电信间应经端接（熔接或机械连接）构成，如图 2-9 所示。

（3）水平光缆经过电信间直接连至大楼设备间光配线设备构成，如图 2-10 所示。

（4）当工作区用户终端设备或某区域网络设备需直接与公用数据网进行互通时，宜将光缆从工作区直接布放至电信入口设施的光配线设备。

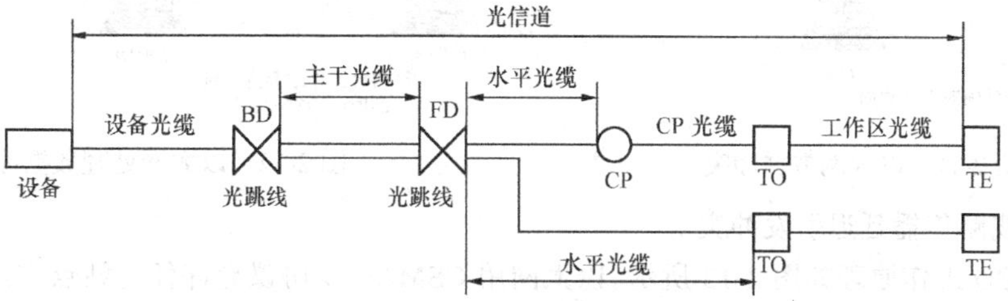

图 2-8　光纤信道构成（一）（光缆经电信间 FD 光跳线连接）

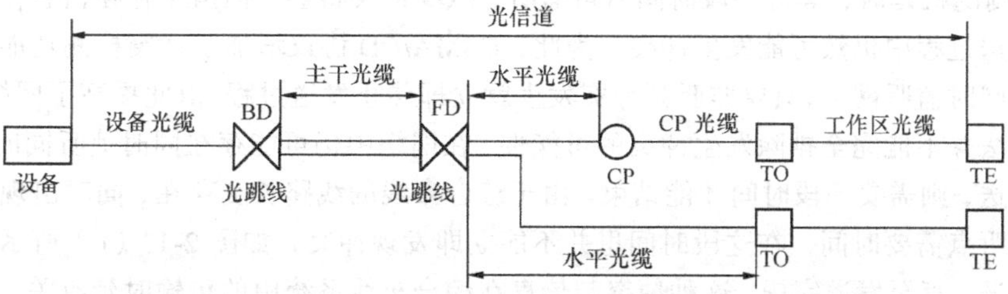

图 2-9　光纤信道构成（二）（光缆经电信间 FD 做端接）

注：FD 只做设纤之间的连接点。

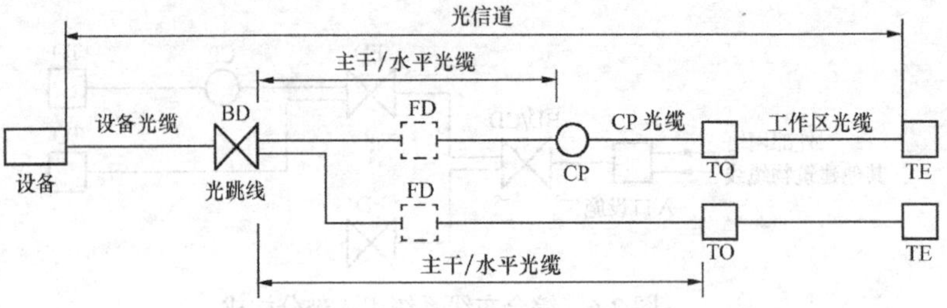

图 2-10　光纤信道构成（三）（光缆经电信间直接连接到设备间 BD）

注：FD 安装于电信间，只作为光缆路径的场合。

（5）对于智能小区的布线信道设计工作，则集中在用户需求和小区监控等方面进行考虑。主要信道涉及以下几个功能模块，包括高速数据网络模块、电话语音系统模块和有线电视网模块，电表、水表和煤气表等信息的采集模块，以及报警和门铃模块等。

（三）综合布线系统的长度限制

综合布线系统中的以太网是当今局域网所采用的主要技术，它采用的是载波侦听多路访问/冲突检测（CSMA/CD）的控制协议工作方式，网络中的各站点可以在任何时间访问网络。采用载波侦听的办法“先听后发”，确认总线上无通信信号才可发信。这种方式可显著地减少出现同时发送的冲突概率。一旦两个工作站同时发送数据，数据便会发生冲突，如图 2-11 所示。

这时的解决办法是冲突各方分别等待随机的时间后再重发数据，从而避免了再次冲突的发生，如图 2-12 所示。

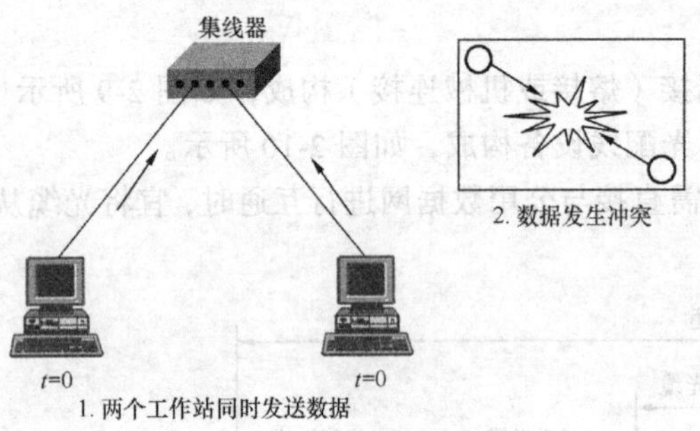

图 2-11　以太网数据冲突

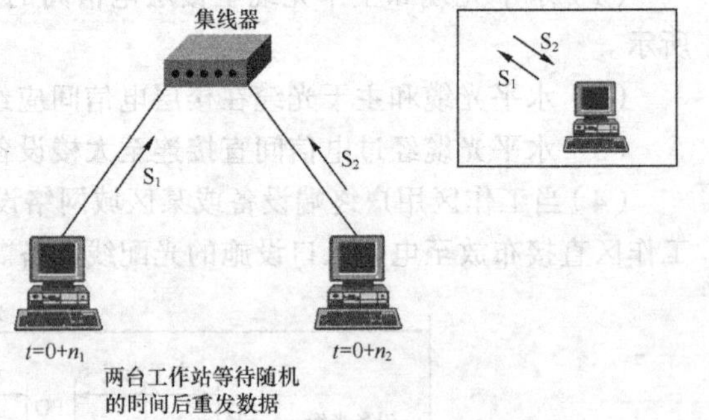

图 2-12　以太网处理数据冲突

（1）由线路传播延迟引发冲突。

CSMA/CD 工作原理如图 2-13 所示。以太网用 CSMA/CD 协议允许任一站点在网络空闲时发送信息帧。在发送信息之前，先要监听传输介质上有无其他站点在发送信息，若没有，则开始发送；若有，则随机延时，等待一段时间后再监听，减少冲突机会。但由于存在信息传输时延，因此信息在发送过程中仍然可能发生冲突。为此，CSMA/CD 协议增加了冲突检测功能，即站点在发送信息的同时监听网络，只要监听到冲突发生就立即停止发送过程，由此提高了网络的利用率。

以上办法并不能完全排除发生冲突的可能性，在网络中仍可能存在同时侦听同时发送。一旦信息序列发送，则需要一段时间才能结束。由于综合布线的线路长度存在，同时出现冲突的信息序列到达侦听点需要时间，在这段时间里并不能立即发现冲突，如图 2-13（c）所示。因此工作站将继续发送，直至发送完毕。这种冲突与信息在综合布线系统中的传输时延有关，线路越长可能产生冲突的几率就越高。仅当到达的冲突在规定的时间以后才会发现冲突。为了能及时发现冲突，需要规定避免冲突的时间限制。这个时间限制与线路长度相关，也就是所谓的冲突域。

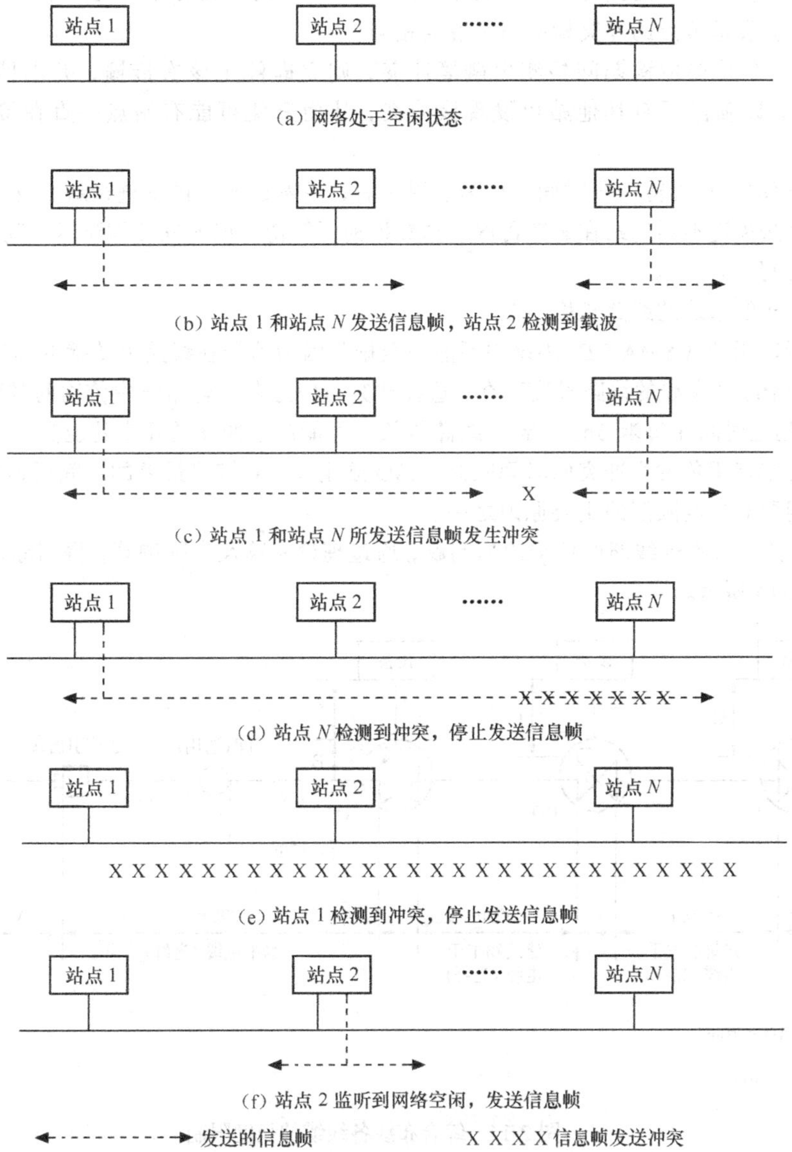

图 2-13　CSMA/CD 工作原理

CSMA/CD 协议的工作过程与人与人之间通话非常相似，可以用以下 7 步来说明。

① 载波监听。想发送信息包的站要确保现在没有其他节点站在使用共享介质，则首先要对监听信道进行监听。

② 如果信道在一定时段内寂静无声（称为帧间缝隙 IFG），该站就开始传输。

③ 如果信道一直很忙碌，就一直监听信道，直到出现最小的 IFG 时段时，该站才开始发送它的数据。

④ 冲突检测。如果两个站或更多的站都在监听和等待发送，然后在信道空闲时同时决定立即（几乎同时）开始发送数据，此时就发生碰撞。这一事件会导致冲突，并使双方信息包都受到损坏。以太网在传输过程中不断地监听信道，以检测碰撞冲突。冲突检测由中继器和发送节点完成，其中中继器发挥主要作用。中继器知道哪个节点在发送，当发现两个以上节点在发送时，就

会发生冲突。当中继器检测到冲突时，会立即向所有节点发出 32bit 的 JAM 信号，使所有节点都侦听到冲突。发送节点的冲突检测与中继器相同。

⑤ 如果一个站在传输期间检测出碰撞冲突，则立即停止该次传输，并向信道发出一个“拥挤”信号，以确保所有其他站也发现该冲突，从而避免可能有站点一直在接收受损的信息包。

⑥ 多路存取。在等待一段时间（称为后退）后，想发送的站试图进行新的发送。一种特殊的随机后退算法决定不同的站在试图再次发送数据前要等待一段时间（即延迟时间）。

⑦ 序列回到第一步。

（2）综合布线系统的线路长度限制。

以太网所使用的 CSMA/CD 协议并不能完全排除因为信号在线路上传播的延迟所发生冲突的可能性。由于综合布线的线路长度存在，这种冲突与信息在综合布线中传输的时延有关，一般 5 类 UTP 的延迟时间在每米 5ns ~ 7ns，线路越长，可能产生冲突的几率就越高。为了能及时发现冲突，需要规定避免发生冲突的时间限制。ISO 规定 100m 链路最差的时间延迟为 1μs。延迟时间是局域网要有长度限制的主要原因之一。

因此，应该考虑物理线路的传输距离问题，通过理论核算及实际测算，得到综合布线的长度限制，如图 2-14 所示。

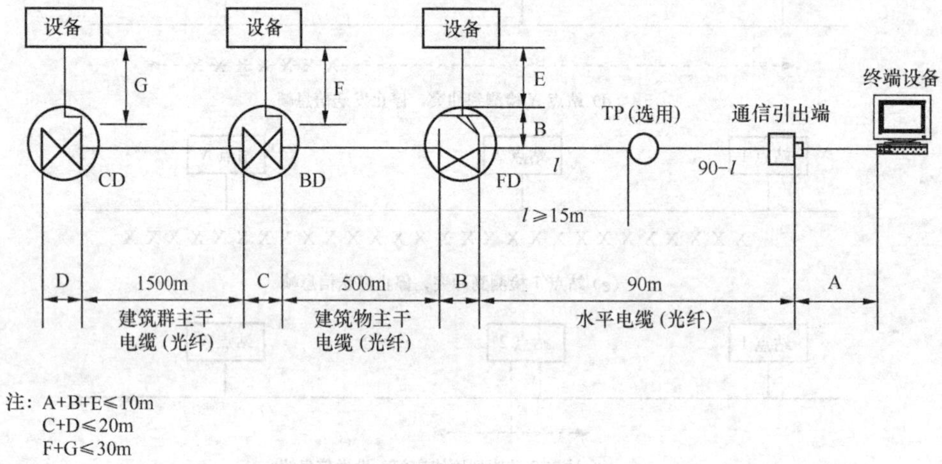

图 2-14 综合布线各线缆的长度限制

图中 A，B，C，D，E，F，G 表示各相关区域缆线及跳线的总长度。其中 A+B+E≤10m，包括配线子系统中工作区电缆、工作区光缆、设备电缆、设备光缆和接插软线及跳线的总长度；C+D≤20m，包括在建筑物配线架或建筑群配线架中的接插软线及跳线的总长度；F+G≤30m，包括在建筑物配线架或建筑群配线架中的设备电缆与设备光缆长度。

综合布线系统在应用过程当中，除了要满足上述的布线系统各区段总体长度要求和主要技术指标外，还应注意工程设计的一般性要求。

1. 缆线长度划分

综合布线系统水平缆线与建筑物主干缆线及建筑群主干缆线之和所构成信道的总长度不应大于 2000m。

建筑物或建筑群配线设备之间（FD 与 BD、FD 与 CD、BD 与 BD、BD 与 CD 之间）组成的信道出现 4 个连接器件时，主干缆线的长度不应小于 15m。

配线子系统各缆线长度应符合图 2-15 所示的划分，并应符合下列要求：

（1）配线子系统信道的最大长度不应大于 100m；

（2）工作区设备缆线、电信间配线设备的跳线和设备缆线之和不应大于 10m，当大于 10m 时，水平缆线长度（90m）应适当减少；

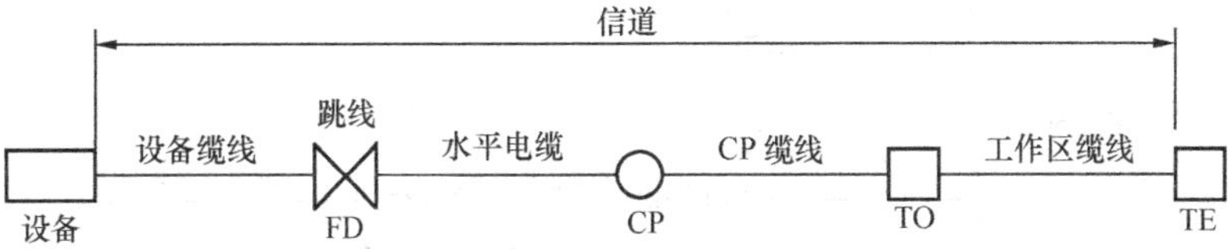

图 2-15　配线子系统缆线划分

（3）楼层配线设备（FD）跳线、设备缆线及工作区设备缆线各自的长度不应大于 5m。

为了设计者了解综合布线系统各部分缆线长度的关系及要求，特依据 TIA/EIA 568 B.1 标准列出表 2-1 和图 2-16，以供工程设计中应用。

表 2-1　　综合布线系统各部分缆线长度

缆线类型	各线段长度限值（m）		
	A	B	C
100Ω对绞电缆	800	300	500
62.5μm 多模光缆	2000	300	1700
50μm 多模光缆	2000	300	1700
单模光缆	3000	300	2700

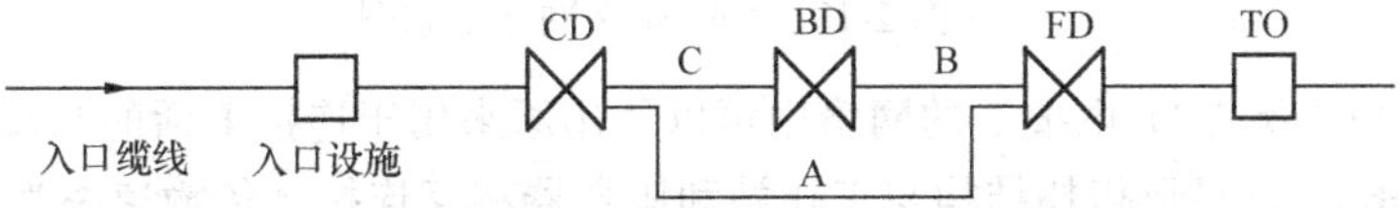

图 2-16　综合布线系统主干缆线组成

注：

（1）如 B 距离小于最大值时，C 为对绞电缆的距离可相应增加，但 A 的总长度不能大于 800m。

（2）表中 100Ω对绞电缆作为语音的传输介质。

（3）单模光纤的传输距离在主干链路时允许达 60km，但被认可至本规定以外范围的内容。

（4）对于电信业务经营者在主干链路中接入电信设施能满足的传输距离不在本规定之内。

（5）在总距离中可以包括入口设施至 CD 之间的缆线长度。

（6）建筑群与建筑物配线设备所设置的跳线长度不应大于 20m，如超过 20m 时主干长度应相应减少。

（7）建筑群与建筑物配线设备连至设备的缆线不应大于 30m，如超过 30m 时主干长度应相应减少。

2. 以太网络在局域网中的应用

（1）10M 以太网。

IEEE 802.3 的 10Mbit/s 以太网标准定义了如下 4 种不同的传输介质。

① 10Base-5（粗同轴电缆）的网络中可以在一种总线拓扑上进行 10Mbit/s 的传输。传输的载体是一种粗同轴电缆（直径 10mm），阻抗为 50Ω。一个以太网段最长不能超过 500m，每个 500m 的网段上允许有 100 个连接点，但是用中继器可以延长网络，网络最长为 2500m。10Base-5 网络如图 2-17 所示，收发器之间最小距离为 2.5m，收发器电缆的最大长度为 500m。

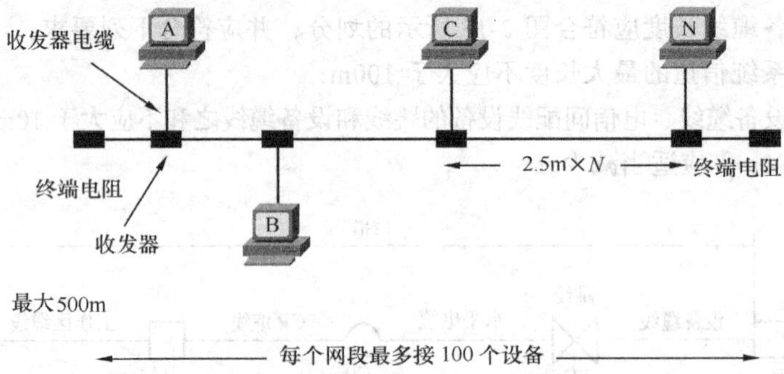

图 2-17　10Base-5 网络示意图

② 10Base-2（细同轴电缆）的网络中也可以以 10Mbit/s 的速率在一个总线拓扑上运行。但传输载体是由称为细缆的阻抗为 50Ω 的同轴电缆构成的简便网络。一个网段的长度不能超过 185m，但是如果使用中继器可延长网络。每个 185m 的网段上只允许有 30 个连接点，这是因为工作站之间至少应保持 5m 的间隔距离；网的总长不应超过 5 个 185m 的段长，即不超过 925m。10Base-2 网络如图 2-18 所示。

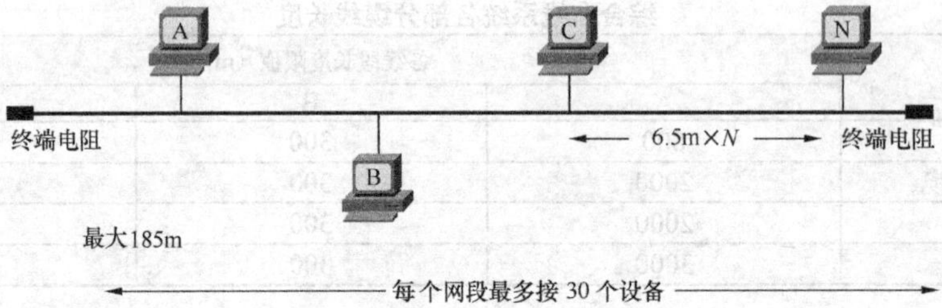

图 2-18　10Base-2 网络示意图

③ 10Base-T（3 类 UTP 电缆）的网络中可以使用原来用于连接电话的双绞线。网络中可以使用集线器（Hub），以星形拓扑结构与工作站和服务器相互连接，传输速率为 10Mbit/s。在实际中使用的是 3 类双绞线，并使用 2 对线。Hub 和工作站之间网络的最大长度为 100m，不同水平距离的 Hub 之间网络的最大长度 100m。帧不能穿透 4 个以上的中继器（一个 Hub 就是一个中继器），即两个工作站之间最大的距离为 500m，如图 2-19 所示。

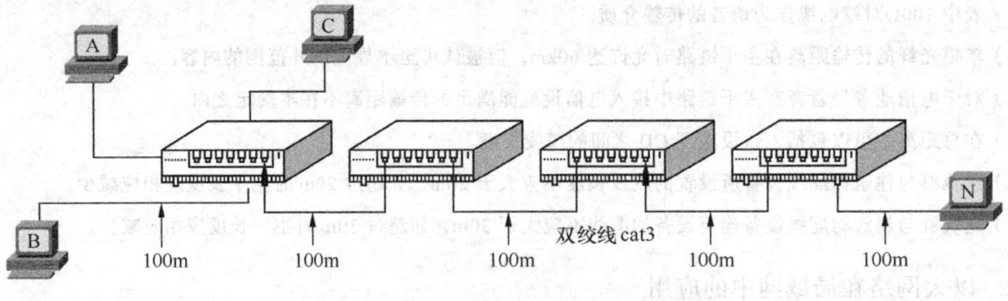

图 2-19　10Base-T 网络示意图

10M 以太网的中继器连接规则要求如下：最多有 5 个网段，最多连 4 个中继器，其中 3 个干线段上连工作站，中继器相当于一个工作站；干网的两个末端均需连接 50Ω 的终端器，其中一个外壳必须接地；有两个网段只用来增加网络距离而不连任何工作站，由此组成一个局域网一个冲突域（100m）。这也称为 54321 规则。

④ 10Base-F（光纤）是使用光纤电缆的星形以太网的 10Mbit/s 以太网标准。采用两条光

纤传输信息，一条用于发送信息，另一条用于接收信息，采用星形拓扑结构，最大传输距离可达 2 000m，适用于点对点应用场合。

（2）快速以太网。

100Base-T 快速以太网是 10Mbit/s 以太网 10Base-T 的自然升级，因为 100Base-T 与 10Base-T 都采用 CSMA/CD 媒体访问控制方法，除速率提高到 10 倍，帧际间隙是 10Base-T 的十分之一，可运行于不同速率，可与不同物理层接口外，其余均与 10Base-T 相同。因为最短帧长也相同，所以网络直径只能减小到十分之一，因而带来了所谓的网络直径问题，即每比特信息传输的时间从 100ns 降低到 10ns，两帧间的最小距离由 9.6μs 降低到 0.96μs。由于网络直径决定了网络的覆盖范围，由网络传播时延、传输速率和发送最小帧的时间来确定。网络最大直径由 2 000m 降到了 205m。常见的 100m 以太网有如下 3 种。

① 100Base-T4（3 类 UTP）。100Base-T4 网络使用 12.50MHz 载波，以 100Mbit/s 速率传输信息，该网络的拓扑呈星形，主要目的是保护用户现有 3 类 UTP 的投资。100Base-T4 使用 4 对 3 类 UTP 传输数据，其中 3 对（第 1，2/4，5/7，8）用于数据发送（速率为 33.3Mbit/对），另 1 对（第 3，6）用于在冲突时检测网络活动；接收数据时，第 3，6/4，5/7，8 用于接收。这种办法目前已经过时。

② 100Base-TX（5 类 UTP）。100Base-TX 是双绞线载体的 100Mbit/s 以太网络，与 10Base-T 一样在 1-2、3-6 对线上进行信息传输，但是使用的载波是 31.2MHz。100Base-TX 是目前应用最广泛的快速以太网，传输介质采用 2 对 5 类 UTP 或 STP 电缆，连接器采用 RJ-45，网络节点间的最大距离为 100m。

③ 100Base-FX（光纤）。100Base-FX 将考虑在光纤载体之上建立 100Mbit/s 以太网。100Base-FX 采用 2 芯 62.5/ 125μm 多模光纤为传输介质，连接器采用 ST 或 SC，适用于传输距离较长或保密性要求较高的场合。

常用网络比较见表 2-2。

表 2-2　常用网络比较

类型	发送/接收线对	工作方式	最低线缆要求
10Base-T	1，2 3，6	全双工 半双工	cat3　2 对
100Base-TX	1，2 3，6	全双工 半双工	cat5　2 对
100Base-T4	1，2/4，5/7，8 3，6/4，5/7，8	半双工	cat3　4 对
100Base-FX		全双工 半双工	62.5/125

100M 以太网有如下的中继器规则，如图 2-20 所示。其中，一类中继器只能单独使用；二类中继器最多可两个相连，且两者间中继链路为 5m。

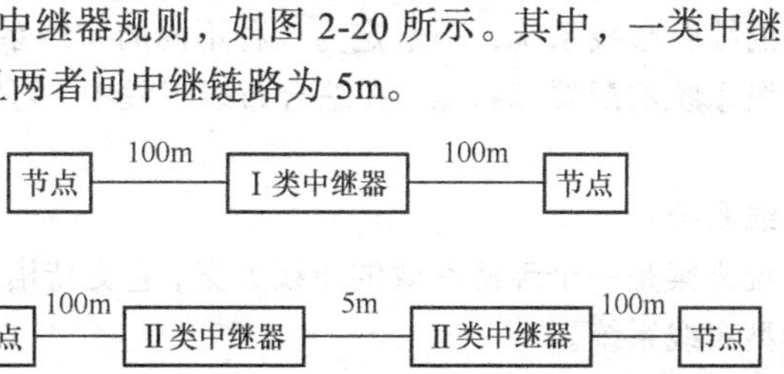

图 2-20　100M 网络拓扑的距离限制

（四）综合布线系统设计原则

综合布线系统设计的一般原则有如下 5 点。

（1）可行性和适应性。

系统要保证技术上的可行性和经济上的可能性。系统建设应充分满足建设单位（甲方）功能上的需求，始终贯彻面向应用、注重实效的方针，坚持实用、经济的原则。当今科技发展迅速，可应用于各类综合布线系统的技术和产品层出不穷，设计选用的系统和产品应能够使用户或建设单位得到实实在在的收益，满足近期使用和远期发展的需要。在多种实现途径中，选择最经济可行的技术与方法。以现有成熟的技术和产品为对象进行设计，同时考虑到周边信息、通信环境的现状和发展趋势，并兼顾管理部门的要求，使系统设计方案可行。

（2）先进性和可靠性。

系统设计既要采用先进的概念、技术和方法，又要注意结构、设备、工具的相对成熟。系统结构和性能上都留足余量和升级空间，不但能反映当今的先进水平，而且还具有发展潜力，能保证在未来若干年内占主导地位。在考虑技术先进性的同时，还应从系统结构、技术措施、设备性能、系统管理、厂商技术支持及维修能力等方面着手，确保系统运行的可靠性和稳定性，达到最大的平均无故障时间。在系统故障或事故造成系统瘫痪后，能确保数据的准确性、完整性和一致性，并具备迅速恢复的功能。特别在重要的系统中，应具有高的冗余性，确保系统能够正常运行。

（3）开放性和标准性。

为了满足系统所选用技术和设备的协同运行能力，系统投资长期效应以及系统功能不断扩展的需求，必须满足系统开放性和标准性的要求。系统开放性已成为当今系统发展的一个方向。系统的开放性越强，系统集成商就越能够满足用户对系统的设计要求，更能体现出科学、方便、经济和实用的原则。遵循业界先进标准，标准化是科学技术发展的必然趋势，在可能的条件下，系统中所采用的产品都尽可能标准化、通用化，并执行国际上通用的标准或协议，使其选用的产品具有极强的互换性。

（4）安全性和保密性。

在系统设计中，要考虑信息资源的充分共享，更要注意信息的保护和隔离，因此系统应分别针对不同的应用和不同的网络通信环境，采取不同的措施，包括系统安全机制、数据存取的权限控制等。

（5）可扩展性和易维护性。

为了适应系统变化的要求，必须充分考虑以最简便的方法、最低的投资，实现系统的扩展和维护。

1. 综合布线系统设计分级

综合布线系统的设计是建立在系统目标用户群业务需求的基础上，并考虑系统设计的缆线和设备性能要求，给出能够满足要求的最优方案。在用户业务需求分析的基础上，选择合适设计等级的系统，按照合适的设计步骤，最终完成系统的设计工作。

对于大多数建筑物的综合布线系统，一般定为3种不同的布线系统设计等级。

现分别介绍3种等级系统的配置和特点。在综合布线工程中，可根据用户的具体情况，灵活掌握。

（1）经济型综合布线系统。

经济型综合布线系统方案是一个经济有效的布线方案，它支持语音或综合型语音/数据产品，并能够全面过渡到综合型布线系统。

1）经济型的基本配置：

① 每个工作区为 $8m^2$ ~ $10m^2$；

② 每个工作区有1个信息插座（语音或数据）；

③ 每个工作区有一条4对UTP系统；

④ 完全采用 110A 交叉连接硬件，并与未来的附加设备兼容；

⑤ 干线电缆的配置，对计算机网络宜按 24 个信息插座配 2 对对绞线，或每一个集线器（Hub）或集线器群（Hub 群）配 4 对对绞线。

2）经济型的特点：

① 能够支持所有语音和数据传输应用；

② 支持语音、综合型语音/数据高速传输；

③ 便于维护人员维护和管理；

④ 能够支持众多厂家的产品设备和特殊信息的传输。

（2）基本型综合布线系统。

基本型综合布线系统不仅支持语音和数据的应用，还支持图像、影像、影视和视频会议等，它具有为新增功能提供发展的余地，并能够利用接线板进行管理。

1）基本型的基本配置：

① 每个工作区为 $8m^2 \sim 10m^2$；

② 每个工作区有 2 个或 2 个以上的信息插座（语音、数据）；

③ 每个信息插座的配线电缆为 1 条 4 对对绞电缆；

④ 具有 110A 交叉连接硬件；

⑤ 干线电缆的配置，对计算机网络按 24 个信息插座配置 2 对对绞线或每一个 Hub 或 Hub 群配 4 对对绞线；对电话至少每个信息插座配 1 对对绞线。

2）基本型的特点：

① 每个工作区有 2 个信息插座，灵活方便、功能齐全；

② 任何一个插座都可以提供语音或高速数据传输；

③ 便于管理与维护；

④ 能够为众多厂商提供服务环境的布线方案。

（3）综合型综合布线系统。

综合型综合布线系统是将双绞线和光缆纳入建筑物布线的系统。

1）综合型的基本配置：

① 以基本配置的信息插座量作为基础配置；

② 垂直干线的配置：每 48 个信息插座宜配 2 芯光纤，适用于计算机网络；电话或部分计算机网络选用对绞电缆，按信息插座所需线对的 25%配置垂直干线电缆按用户要求进行配置，并考虑适当的备用量；

③ 当楼层信息插座较少时，在规定长度的范围内，可几层合用 Hub，并合并计算光纤芯数，每一楼层计算所得的光纤芯数还应按光缆的标称容量和实际需要进行选取；

④ 如有用户需要光纤到桌面（FTTD），光纤可经或不经 FD 直接从 BD 引至桌面，上述光纤芯数不包括 FTTD 的应用在内；

⑤ 楼层之间原则上不敷设垂直干线电缆，但在每层的 FD 可适当预留一些接插件，需要时可临时布放合适的缆线。

2）综合型的特点：

① 每个工作区有两个以上的信息插座，不仅灵活方便，而且功能齐全；

② 任何一个信息插座都可供语音和高速数据传输；

③ 因为光缆的使用可以提供很高的带宽，所以有一个很好的环境为客户提供服务。

综合布线铜缆系统的分级与类别划分应符合表 2-3 的要求。

表 2-3 铜缆布线系统的分级与类别

系统分级	支持带宽（Hz）	支持应用器件	
		电缆	连接硬件
A	100k		
B	1M		
C	16M	3 类	3 类
D	100M	5/5e 类	5/5e 类
E	250M	6 类	6 类
F	600M	7 类	7 类

注：3 类、5/5e 类（超 5 类）、6 类、7 类布线系统应能支持向下兼容的应用。

综合布线光纤信道分为 OF-300、OF-500 和 OF-2000 三个等级，各等级光纤信道应支持的应用长度不小于 300m、500m 和 2000m。

同一布线信道及链路的缆线和连接器件应保持系统等级与阻抗的一致性。

综合布线系统工程的产品类别及链路、信道等级确定应综合考虑建筑物的功能、应用网络、业务终端类型、业务的需求及发展、性能价格、现场安装条件等因素，应符合表 2-4 要求。

表 2-4 布线系统等级与类别的选用

业务种类	配线子系统		干线子系统		建筑群子系统	
	等级	类别	等级	类别	等级	类别
语音	D/E	5e/6	C	3（大对数）	C	3（室外大对数）
数据	D/E/F	5e/6/7	D/E/F	5e/6/7（4 对）		
	光纤（多模或单模）	62.5μm 多模/50μm 多模/<10μm 单模	光纤	62.5μm 多模/50μm 多模/<10μm 单模	光纤	62.5μm 多模/50μm 多模/<1μm 单模
其他应用	可采用 5e/6 类 4 对对绞电缆和 62.5p_m 多模/50μm 多模/<10μm 多模、单模光缆					

注：其他应用指数字监控摄像头、楼宇自控现场控制器（DDC）、门禁系统等采用网络端口传送数字信息时的应用。

2. 综合布线系统设计步骤

通常设计与实现一个合理的综合布线系统有以下几个步骤。

（1）前期勘察。

① 获取建筑物有关资料和设计图。

② 分析用户需求，了解用户在投资方面的承受能力。

③ 对设计地点进行详细的现场勘察。

（2）一阶段设计。

① 信息点设计。

② 系统结构设计（管道和桥架设计）。

③ 布线路由设计。

④ 绘制布线施工图。

⑤ 编制材料清单。

⑥ 编制概预算文件。

对于上述每个环节都应认真对待，根据具体项目提出具体的解决办法和应对措施。靠推销某种产品、靠不正当竞争、靠政府干预都会出现工程质量或技术上的一些问题，如达不到用户需要的设计标准，或达到了目前的设计要求，将会给后期维护或升级造成困难。

3. 综合布线设计文件的组成

综合布线的设计文件包括文件文字内容以及设计图纸。

（1）设计文件组成部分要分章对各部分的内容积列归纳。

① 项目概述。

② 用户现状与需求。

③ 综合布线方案。

④ 网络系统设计。

⑤ 项目组织实施和售后服务体系。

⑥ 系统报价。

（2）设计图纸。

施工图作为布线施工的指导和依据，必须做到准确到位，作为设计者的首要任务就是不断提高自己的理解水平。为更好地将设计方案转换为施工图，设计者必须把握各种尺度，以满足客户的使用要求，以较低的工程成本达到较高的艺术效果，满足方案设计的意图。施工图，最简单的理解就是指导施工的依据。换句话说，也就是在工程正式实施前由设计人员在图纸上先将工程以一种图纸语言符号将工程预先完整地熟悉一遍。

（五）综合布线设计图

布线系统的设计将对整个布线过程产生决定性的影响。在施工过程中，施工者均严格按照设计图纸进行施工和布线；监理方依据设计图纸对施工进行检查和监理；而施工结束后，业主依据施工图纸对工程进行测试与验收。故设计者应认真谨慎，严格按照设计规范进行设计，并做好充分的调查研究，并最好收集与相应建筑物有关的资料。布线系统的设计主要包括系统拓扑图、施工平面图、信息点点数统计表、材料预算表、机柜安装大样图、端口对照表、施工进度表等部分的内容。

综合布线系统图是把综合布线系统中要连接的各个主要元素采取施工要求的方式连接起来，图中不但要明确综合布线中的几大子系统，还要明确线缆线路使用的类型等。在系统图中，主要由各个图标和必要的简短文字说明整个系统线路连接的具体含义。在设计系统图的过程中，要做到简明扼要，同时又要细致，尽量做到充分反映整体构建状况。图中的每一个图标均各自代表不同的含义，所以明确每个图标及其作用尤为重要。

（1）利用 Visio 2007“新建绘图”。

（2）在绘图页头输入该系统图的名称，设置字体为“宋体”，字号“36pt”，字形“加粗”。

（3）利用虚线“---------”模拟表示各个楼层。由于该项目中主要涉及五楼的建设而没有涉及其他楼层，所以在这个模拟楼层的表示中要着重表示出五楼这个位置，而其他没有明确要求的楼层可以通过“其他楼层”这样的文字加以简单表示。需要注意的是，五楼的虚线模拟楼层有一个断裂口，主要是利用该断裂口表示五楼的竖井，每个楼层都有竖井，所有垂直子系统的线缆均经由竖井进行楼层之间的连通。

（4）将上面出现的 FD、BD 和工作区子系统图标按照各自的功能放入具体位置当中。其中要注意的是：

① FD 必须放在五楼的位置，因为它是该项目部中服务五楼通信连接的中心点，坐落点就位于五楼 510 机房；

② BD 按照项目描述设置在第 3 层；

③ 工作区子系统放在五楼，主要表示工作区子系统的接口模块，同进要把数据接口、语音

接口以及各种接口的数量表示清楚。

（5）用线缆连接 BD、FD 和工作区子系统模块，并在系统图中需利用文字说明各个部分所表达的子系统概念，所以要在模拟楼层的顶部添加文字说明。

（6）添加图例说明。上图所包含的各个图标的含义是需要用图例进行说明的。具体是在系统图的下方建立一个图例说明区域，把所有图标罗列到系统图下方的区域中，并把图标及其对应的含义单独列举。综合布线系统图例如图 2-21 所示。

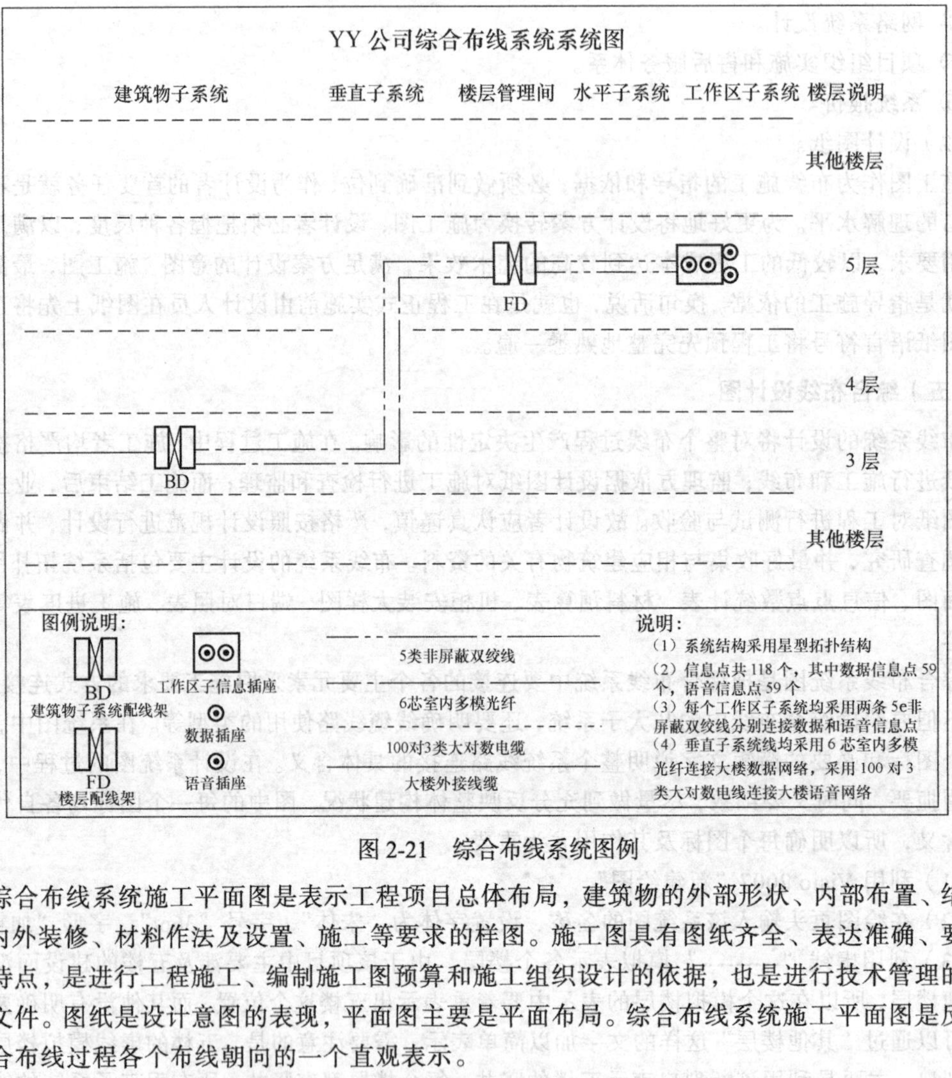

图 2-21　综合布线系统图例

综合布线系统施工平面图是表示工程项目总体布局，建筑物的外部形状、内部布置、结构构造、内外装修、材料作法及设置、施工等要求的样图。施工图具有图纸齐全、表达准确、要求具体的特点，是进行工程施工、编制施工图预算和施工组织设计的依据，也是进行技术管理的重要技术文件。图纸是设计意图的表现，平面图主要是平面布局。综合布线系统施工平面图是反映整个综合布线过程各个布线朝向的一个直观表示。

（1）确定在综合布线系统施工平面图中表示数据接口和语音接口的图标。

① 在 Visio 2007 中，利用“绘图工具”、“椭圆形工具”、结合 Shift 键和鼠标键拖动画出一个圆形，若圆形图标的线条不明显，可将其“线条粗细”值选为 9 或 13。

② 双击圆形图标，在其中文本内容中输入该图标表示的内容“D”，表示其代表数据接口，设置其文本属性为：字体“Arial”，字号“48tp”，字形“加粗”。按同样方式制作出内容为“V”、表示语音接口的图标。

（2）制作单间的综合布线系统平面图。

① 对照项目描述要求，确定要安装的信息点数量。

② 在 Visio 中，利用线条工具在 511 门口沿水平方向画出一条粗细为“5pt”、颜色为“黑色”的直线，模拟楼层的水平布线子系统。

③ 在 Visio 中，利用线条工具画出一条粗细为“13”、颜色为“黑色”的直线，直线连接Ⓥ图标和步骤 2 画出来模拟楼层水平布线子系统的直线。

④ 对步骤 3 画出来的直线进行标示。该连接线连接水平布线子系统的过程中包含两条链路，一条连接数据接口，另一条连接语音接口。为标明这两条直线代表的两条非屏蔽双绞线链路，用 2UDP 加以表示。

⑤ 在各个工作区平面图接口模块连接到水平子系统线缆的过程中，不能形成环路。如图 2-22 虚线位置即为错误连接方法。

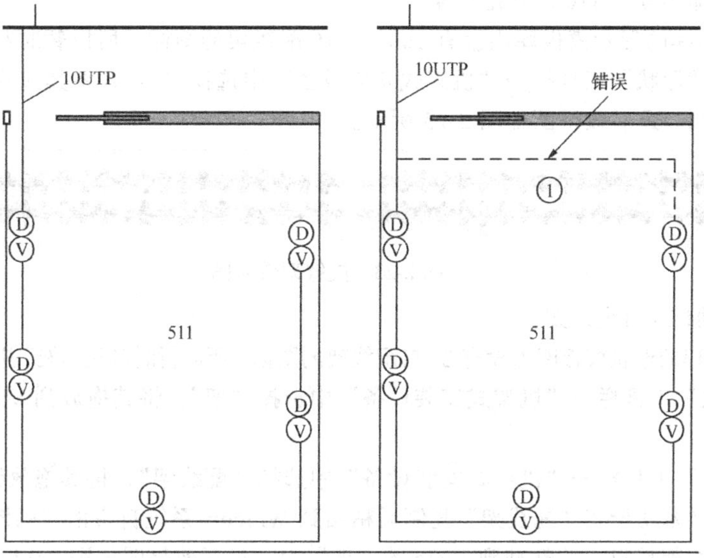

图 2-22　工作区平面图水平电缆画法

（3）为各信息点的数据接口和语音接口标识接口编号。

所有信息点（包括数据和语音接口）都必须编号，编号的作用是方便日后进行各种查询、检修等维护操作。

信息点的编号方法也是有所要求的，必须做到直观明了而同时又方便记忆。一般可以用以下的字符组来表示：XYN。其中：X 代表楼层编号，可以是一位数也可以是两位数；Y 代表该信息点为数据接口或语音接口；N 代表该信息点的顺序号，一般用两到三位数表示，统一范围内的信息点数量越多，所要求使用的表示位也就越多，同样也要考虑以后维护更新时的可扩充性。

（4）添加必要的图例、文字说明和项目名称、制作人、制作时间和平面图设计版本等。

在完成平面图设计后，基本的设计已经完成，但考虑到施工者在参考该施工图进行施工时对各个图标的理解保持一致性，所以要对施工图进行必要的图例说明和简要的文字说明。平面图基本完成后，该设计可能会因为经过讨论或发生其他情况而改变，改变一次应做相应修改，同时保留原有设计底稿的情况下要与其有所区别，所以就在设计的最后阶段加入设计的项目名称、制作人、制作时间和图纸版本等说明信息，以便日后查询及对比。

各文字属性设置：字体“宋体”，字号“12pt”，字形“加粗”。

综合布线机柜安装大样图是安装在机柜内的各个设备的立体安装表示形式，它能在设计阶段反映出种种购置的设备在机柜中的安装情况。安装人员可根据设计人员的设计对设备及机柜进行安装。机柜安装大样图是设备在机柜内安装时的参考和依据。

（1）建立 Visio 文件。

在 Microsoft Visio 2007 内选择“文件”→“新建”→“网络”→“机架图”命令，并保存该文件。

（2）添加机柜，设定机柜大小。

①在“形状”工具栏→“机架式安装设备”中选择“机柜”。

②将“机柜”拖放到 Visio 工作页面内。

③设置机柜高度。

（3）添加理线环。

因为 Visio 内建的形状模板库内没有理线环的图标，所以暂时利用“架”做替代。

（4）制作添加 100 对 110 语音配线架。

因为 Visio 内建的形状模板库内没有 100 对 110 配线架的图标，所以暂时利用“架”进行处理后做替代。在“形状”工具栏→“机架式安装设备”中选择“架”，将其拖放到 Visio 工作页面内，再自行绘制。最后效果图如图 2-23 所示。

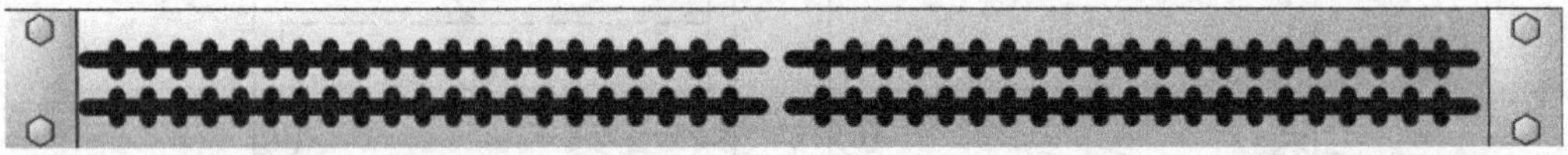

图 2-23　配线架效果图

（5）制作添加 24 口配线架。

因为 Visio 内建的形状模板库内没有 24 口配线架的图标，所以暂时利用“架”进行处理后做替代。

① 在“形状”工具栏→“机架式安装设备”中选择“架”，将其拖放到 Visio 工作页面内，再自行绘制。

② 在“形状”工具栏→“机架式安装设备”中选择“配线架”，将其拖放到 Visio 工作页面内，先利用复制屏幕功能将“配线架”复制后粘贴到 Window 系统自带的“画图”工具中，选择复制一个 6 口配线架接口，并粘贴到 Visio 的“架”上，最后效果图如图 2-24 所示。

图 2-24　经复制后粘贴到 Window 系统自带的“画图”工具中的效果图

（6）添加完成所有设置并命名、编号及添加区域高度及冗余备份空间高度说明。

所有文本设置属性均设置为：字体“宋体”；字号“5pt”；字形“加粗”。

（7）添加图例、文字说明及设计制作人、制作时间及版本。

在机柜大样图上，各个图标的含义都需要说明的，最好的方法就是设置图例及文字说明。其中文本属性设置为：字体“宋体”；字号“4pt”；字形“加粗”，文字对齐方式左对齐。最后制作效果图如图 2-25 所示。

工程图的设计和绘制必须与有关专业密切配合，做好电源容量的预留，管线的预埋和预留，以保证以后能顺利穿线和系统调试。工程图的绘制应认真执行绘图的规定，所有图形和符号都必须符合“工业企业通信工程设计图形及文字符号标准”，不足部分应补充并加以说明。绘图要清晰整洁，字体规整，原则上要求书写宋体字，力求图纸简化，方便施工，既详细而又不烦琐地表达设计意图。

综合布线系统设计图纸要按一定比例绘图，标明布线路由，示意所在地点和标注相关的尺寸长度，最后要说明图中符号含义。绘制图纸要求主次分明，应突出线路敷设。电器元件和设备等为中实线，建筑轮廓为细实线，凡建筑平面的主要房间，应标示房间名称，绘出主要轴线标号。相同的平面、相同的布线要求，可只绘制一层或单元一层平面，局部不同时，应按轴线绘制局部平面图。

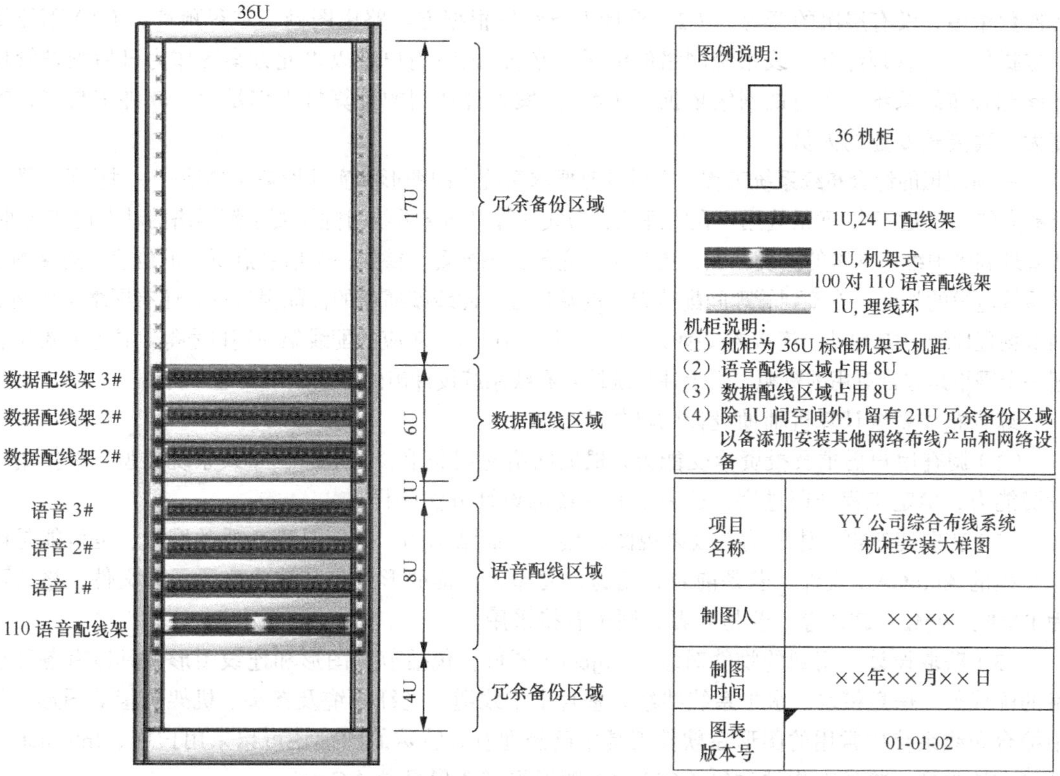

图 2-25　机柜大样图

施工图的设计说明力求语言简练，表达明确。凡在平面图上表示清楚的不必另在说明中重复叙述；凡施工图中未注明或属于共性的情况，以及图中表达不清楚者，均需加以补充说明。如单项工程可以在首页图纸的右下方、图角的上侧方列举说明事项。如一系统子项较多，属于统一性的问题，均应编制总说明，排列在图纸的首页。说明内容如管线的敷设、接地要求、做法、室外管线的敷设、电缆敷设方式等。

绘制图纸的线条粗细原则是以细线绘制建筑平面，以粗线绘制电气线路，以突出线路图例符号为主，建筑轮廓为次，这样做主要是为了达到主次分明方便施工的目的。

设计图纸标注图例符号应执行国家统一标准规定，计量应用公制标准，不应滥行标注，避免混淆不清。标注语言力求简洁，原则上应采用宋体楷书，要工整不得潦草，保证图面清晰，方便施工。

要完成一项综合布线系统工程，传统的做法如下：（1）调查用户需求及投资承受能力；（2）获取建筑物平面结构图及设计图；（3）通过各种手段，设计系统结构和布线路由图；（4）计算材料清单，做出工程预算；（5）布线工程的组织实施和管理；（6）甲乙双方以及监理方对工程进行测试验收及竣工文档递交。

当前各系统集成商采用各种手段来进行设计和材料计算，其中包括：（1）在建筑物楼层平面图进行手工绘图标定布线的路由和信息点位置；（2）利用相应的绘图软件如 AutoCAD、Visio、Powerpoint 等绘制综合布线系统图、路由图及点位示意图；（3）利用综合布线系统厂商提供的布线绘制软件绘制综合布线系统图、路由图及点位示意图；（4）再利用数据库软件如 Excel、Access、Foxpro 等进行材料清单的统计以及材料费用的核算；（5）利用文本编辑软件如 Word、WPS 等书写标书的文案工作。

上述这种传统的综合布线系统设计方法最大的缺陷是：（1）设计的图形与材料数据分离，

文件数量多，没有层次的概念；（2）设计人员难以根据方案路由图做出工程预算；（3）不能给甲方提供一个管理综合布线系统网络的电子化平台，最终用户难以以此方案图作为日后维护管理在此综合布线系统上运行的网络依据；（4）方案设计使用的计算机工作量大、软件工具多，难度大、需要较专业的人员。

一项理想的综合布线系统工程，在设计时要求系统中的图形和实际设备材料是一一对应的，数据资料完整，层次分明，而最终用户在管理综合布线计算机网络系统时除了要了解网络的动态性能之外，从管理和维护维修网络的角度出发，更应关心它的静态配置。譬如一个信息点所处的位置、连接的水平系统电缆的长度、连接到管理间配线架上的端口号、此线缆通道的性能报告等，还有网络工作站的网卡物理地址、IP 地址、连接的交换机、集线器的端口号、对应的配线架的端口号等，这些对维护管理一个网络是非常有用的资源。但上述传统综合布线系统设计出的方案达不到这一目的。

综合布线系统计算机辅助设计的具体步骤如下。

（1）调查用户需求及投资承受能力，根据网络应用需求，确定综合布线系统类型、根据用户投资能力，确定工程分期进度，这一步和传统的设计方法一样。

（2）获取建筑群（建筑物）效果视图和楼层平面结构图，可能是纸介质的图纸，也可能是电子文档的 AutoCAD 文件。若是前者，则通过复印、扫描的形式将其转为电子图形文件，格式可为 BMP、WMF、JPG 等；若是后者，则可直接采用。

（3）获取设计中用到的物件对象（Object）图形，包括节点图形和连线图形，具体有各种规格的配线架、信息模块、水平系统线缆、垂直主干线缆、光纤线缆及接头、机架机柜等图形。其中综合布线系统中常用的图形在软件工具中已经拥有，特殊的图形还可以采用扫描、Internet 下载等方法得到。将所有物件对象（Object）图形组成图形目录（Catalog）。

（4）定义物件对象（Object）属性，包括节点属性和连线属性。定义物件属性的过程实际上是在架构材料的数据库结构，属性每一项即数据库记录的域。属性项目可由设计者定义，如信息模块可以定义所在的编号、楼层、房间号、对应配线架的端口号、用途、价格等；线缆可以定义它连接的模块编号、长度、连接的配线架的端口、每米单价等，有些属性项目的值是唯一的，则可直接在设计时就做好，如品牌、单价等。

（5）设计综合布线系统结构和布线路由图，采用树状结构思想，从上往下进行设计。

① 在建筑群的背景图上从图形目录中拖放节点建筑物图形，最好是建筑物的效果图或建筑物照片，这样更形象，更能让客户接受。在其对应的数据库记录窗口填入相应的数据、资料，如楼高、信息点数量等有关此楼的有用的属性资料。再从图形目录拖放连线光纤图形，此种连线一旦和节点图形连上，节点就会感应到，因为节点是一种物件对象，而且它们总是连在一起，除非人为将其分开，这和综合布线系统中的实际情况是一致的。再在光纤连线对应的数据库记录窗口填入相应的数据、资料，如光纤类型、光纤长度、连接起点和终点、接头类型等有关属性值。至于此建筑群图中建筑物数量、光纤的根数、长度已经自动统计出来。

② 在设计出的建筑群图中，建筑物类似 Internet 中的超文本链接图形节点，可以连到它的下一层次，即建筑物的楼层。

③ 将设计出的楼层进一步展开，就可以设计综合布线系统中的水平子系统部分，首先加入作为背景的楼层平面图，在楼层平面图上从图形目录拖放信息模块物件图形以及楼层管理间图形，放在相应的位置。在模块对应的数据库记录窗口填入相应的数据、资料，如模块编号、所在楼层、房间号，对应配线架的端口号、用途、价格等。再从图形目录中选择代表双绞线的图形，连接信息模块至管理间，同样信息模块和管理间会感应到双绞线的存在。双绞线路由走向可以由设计者轻松改变。而此条双绞线的数据、资料可以从其对应的数据库记录窗口填入。需要特别注意的是，作为背景的楼层平面图是可以更换

的，是一种 Layer 的思想，这就非常方便做出不同的楼层的水平子系统路由图和材料清单。

④ 进一步设计可以将管理间作为节点再展开，里面有配线架和来自水平系统的线缆一侧，以及可以知道但看不到的水平子系统另一侧连着的信息模块，而且此设计工具对连线具有继承（Propagation）的功能，可以使设计步骤中双绞线继承功能起作用，这样便自动在管理间中产生双绞线和连着双绞线一侧的信息模块的镜像图形，但不作为材料清单进行统计，只是表明一种连接的存在。

通过上述这种局部不断细化的方法，就可以做出整个综合布线系统所需的各种图纸和施工材料清单统计。不管多大的工程，它最终都是一个文件，即工程项目（Project）。特别需要注意的是，工程全部材料明细清单的每一项和图形是一一对应的，不会出现任何偏差。而材料的数量以及所在的位置等施工方和最终客户关心的资源都会自动统计和显示出来。

当然在此综合布线系统图形文件基础上，只需将网络设备图形作为节点，而跳线作为连线，配合填入其相应的数据库记录，用户网络静态资源管理也是非常容易的事情。

（6）根据设计出的图纸和材料清单就可以组织实施和管理布线工程。

（7）甲乙方以及监理方对工程进行测试验收及竣工文档递交。此时递交的竣工文档可以是一种电子文档。

综上所述，综合布线系统工程中设计部分采用合理的计算机辅助设计思路和工具，不仅可以达到事半功倍的效果，而且有利于施工方，也有利于最终用户。

（六）水平（配线）子系统设计规范

1. 工作区

工作区的功能是将用户终端系统连接到信息插座上，一个独立的需要配置终端的区域可以划分为一个工作区。工作区终端设备可以是电话、计算机、数据终端、仪表、传感器、探测器、监控设备等，如何将这些不同的终端使用同样的数据传输线连入网络，如何为以后可能出现的终端设备预留接入端口，是工作区系统的设计关键。工作区针对办公环境和住宅环境，有着不同的设计方法。工作区信息点为电端口时，应采用 8 位模块通用插座（RJ-45），光端口宜采用 SFF 小型光纤连接器件及适配器。

（1）统计信息点数量。

① 用户需求明确，可根据楼层弱电平面图图纸上请求的信息点位置来统计信息点数量和分布情况。信息点数量和分布情况是系统设计的基础，所以要认真、详细地完成统计工作。

② 如果楼层弱电平面图中没有确定信息位置，或者业务需求不明确，根据系统设计等级和每层楼的布线面积来估算信息点的数量。对于智能大厦等商务办公环境，一般每 9m^2 基本型设计一个信息插座，增强型或综合型设计两个信息插座。对于居民生活小区的家庭用户，根据小区建筑等级，每户一般预留 1～2 个信息插座。工作区信息点位统计表见表 2-5。

表 2-5　　工作区信息点位统计表

配线间	位置	数据信息点	语音信息点	无线信息点	CATV	光纤信息点
小计						

（2）信息点数据量配置。

表 2-6 中所指的大客户区域为某一个公司或企业自建的网络对外部网络互通的需要，也可为公共设施场地，如商场、会议中心会展中心等。

表 2-6　大客户区域点位表

建筑物功能区	信息点数量（每一工作区）			备注
	语音	数据	光纤（双口）	
一般办公区	1 个	1 个		
重要办公区	1 个	2 个	1 个	
出租或大客户区域	2 个或 2 个以上	2 个或 2 个以上	1 个或 1 个以上	指整个区域的配置量
办公区（政务工程）	2～5 个	2～5 个	1 个或 1 个以上	涉及内、外网络

确定信息插座的类型，信息插座分为嵌入式安装和表面式安装两种，通常新型建筑要选择嵌入式安装，现有的建筑物采用表面式安装的信息插座。

（3）统计水晶头和信息模块数量。

① RJ-45 水晶头的需求量可参照以下公式来计算，即

$$m=N\times 4+N\times 4\times 15\%$$

式中：m——RJ-45 水晶头的总需求量；N——信息点的总量；$N\times 4\times 15\%$——余量。

② 信息模块的需求量可参照下列公式来计算，即

$$M=N+N\times 3\%$$

式中：M——信息模块的总需求量；N——信息点的总量；$N\times 3\%$——余量。

工作区材料统计表见表 2-7。

表 2-7　工作区材料统计表

区域	嵌入式信息模块	表面式模块	单口面板	双口面板
小　计				

（4）确定各信息点的安装位置并编号。

应该在建筑平面图上明确标出每个信息点的具体位置并进行编号，便于日后的施工。信息点的标号原则如下。

① 一层数据点是 1C××（C=Computer）。

② 一层语音点是 1P××（P=Phone）。

③ 一层数据主干是 1CB××（B=Backbone）。

④ 一层语音主干是 1PB××（B=Backbone）。

各信息点标号与相对应的配线架卡接位置标号相同，特殊标号另行注明。标签颜色统一使用白底黑字宋体。

2. 商务办公环境

商务办公环境的工作区布线如图 2-26 所示。

（1）每个工作区面积一般在 $5m^2\sim 10m^2$，线槽的敷设要合理、美观。

（2）信息插座有墙上型、地面型、桌上型等多种。一般采用 RJ-45 墙上型信息模块，设计在距离地面 300mm 以上，距电源插座 200mm 为宜。信息插座的安装如图 2-27 所示。

（3）信息插座应为标准的 RJ-45 型插座，RJ-45 信息插座与计算机设备的距离要保持在 5m 范围内。多模光缆插座宜采用 SC 或 ST 接插形式，单模光缆宜采用 FC 插座形式。

（4）所有工作区所需的信息模块、信息插座和面板的数量要准确。

（5）计算机网络接口的卡接口类型要与电缆接口类型保持一致。信息插座模块化的引针与电缆连

接按照 T568A 或 T568B 标准布线的接线，如图 2-28 所示。在同一个工程中，只能有一种连接方式。

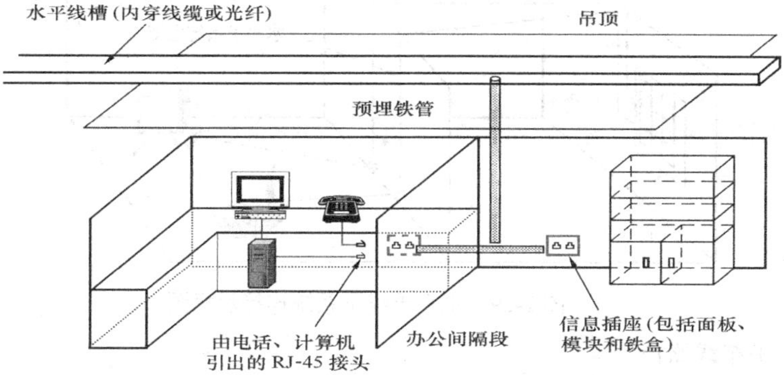

图 2-26　工作区布线示意图

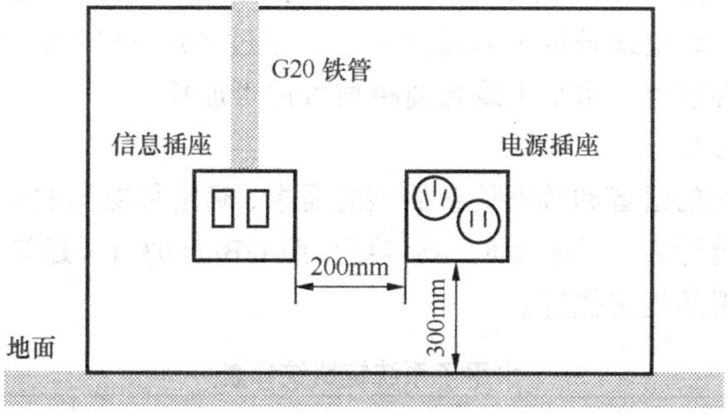

图 2-27　信息插座安装示意图

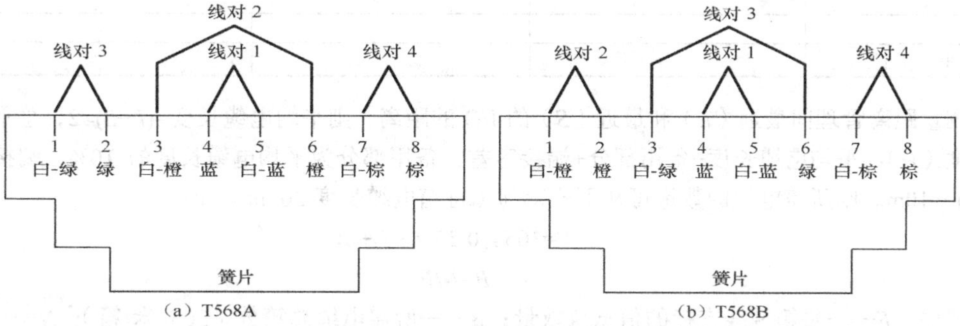

图 2-28　信息插座引针与线对分配

3. 水平（配线）子系统

水平干线子系统的连接示意图如图 2-29 所示。自房间内各个信息插座通过沿墙柱敷设的金属管槽或明装 PVC 线槽经楼内走道吊顶内的金属主干线槽至各楼层配线间，比较简捷、美观，适合于新楼施工。这部分布线缆线的数量最大，建筑物中的其他管线多且复杂，所以此子系统设计难度较大。

（1）确定缆线的类型。

根据用户对业务的需求和传输信息的类型，选择合适的缆线类型。水平干线电缆推荐采用 8 芯 UTP。语音和数据传输可选用 5 类、超 5 类或更高型号电缆，目前主流是超 5 类 UTP。对速率和性能要求较高的场合，可采用光纤到桌面的布线方式（FTTP），光缆通常采用多模或单模光缆，而且每个信息点的光缆 4 芯较宜。

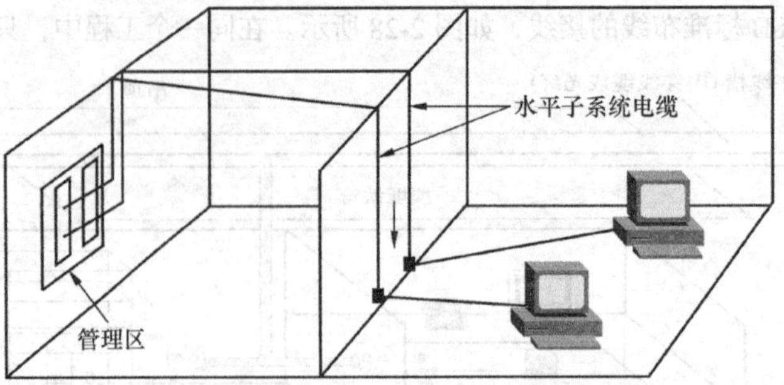

图 2-29　水平干线子系统连接示意图

（2）确定水平布线路由。

根据建筑物结构、布局和用途与业务需求情况确定水平干线子系统设计方案。一条 4 对 UTP 应全部固定终接在一个信息插座上。不允许将一条 4 对双绞电缆终接在 2 个或 2 个以上信息插座上。水平干线子系统的配线电缆长度不应超过 90m。超过 90m 可加入有源设备或采用其他方法解决。在能够保证链路性能时，水平干线光缆距离可适当加长。

（3）确定水平缆线数量。

根据每层所有工作区的语音和数据信息插座的需求，确定每层楼的干线类型和缆线数量。确定填写水平子系统链路统计表，见表 2-8。具体可参照 GB/T50311《建筑与建筑群综合布线系统设计规范》有关干线配置的规定执行。

表 2-8　　水平子系统链路统计表

区域	4 对 UTP 链路（条）	链路平均长度（m）	UTP 箱数（305m/Reel）
小　计			

测量距离管理间最远（L）和最近（S）的 I/O 的距离，则平均电缆长度=$(L+S)\div2$，总平均电缆长度（C）=平均电缆长度+备用部分+端接容差，备用部分为平均电缆长度的 10%，端接容差为 6m～10m。则所需电缆的数量可从下式得到（每箱电缆长度 305m），即

$$F=305\div[0.55(L+S)+6]$$

$$B=N/F$$

式中：F——每箱网线支持的信息点数量；B——所需电缆总箱数（305 米/箱）；N——信息点数量；L——最远信息插座离管理间的距离；S——最近信息插座离管理间距离。

【例 2-1】 一栋建筑物确定了 125 个信息点，其中离管理间最近的信息点敷设电缆长度 S=25m，最远的信息点敷设电缆长度 L=82m，请问本建筑物所需线缆数量为多少。

解：总平均电缆长度 $C=[0.55(L+S)+6]=[0.55(25+82)+6]=64.85$m

每箱电缆支持信息点数量 $F=305\div C=305\div64.85=4.7$

所以每箱电缆支持 4 个信息点（向下取整），共需要网线数量 $B=N\div F=120\div4=31.25$，大约 32 箱（向上取整）。

（4）确定水平布线方案。

水平干线子系统应采用星形拓扑结构，水平干线子系统是同一类型电缆的呈星形辐射状的转接。水平布线可采用走线槽或天花板吊顶内布线，尽量不走地面线槽，如图 2-30 所示。

根据工程施工的体会，对槽和管的截面积大小可采用以下简易公式计算，即

$$S=\frac{NP}{70\%\times(40\%\sim50\%)}$$

式中：S——槽（管）截面积，表示要选择的槽管截面积；N——用户所要安装的线缆条数；P——线缆截面积，表示选用的线缆面积；70%——布线标准规定允许的空间；40% ~ 50%——线缆之间的允许间隔。

（5）确定每个管理间的服务区域。

根据已了解到的用户需求和建筑结构上的考虑及楼层平面图，确定每个管理间的服务区域及每个管理间所服务的工作区信息点数量。

4. 楼层管理间

管理间由各层分设的配线间构成。配线间是放置连接垂直干线子系统和水平干线子系统设备的房间。配线间可以每楼层设立，也可以几层共享一个，用来管理一定量的信息模块。配线间主要放置机柜、网络互连设备、楼层配线架和电源等设备。配线间应根据管理的信息点的数量安排使用房间的大小和机柜的大小。如果信息点多，应该考虑用一个房间来放置；如果信息点少，则没有必要单独设立一个配线间，可选用墙上型机柜。

FD、BD、CD 配线设备应采用 8 位模块通用插座或卡接式配线模块（多对、25 对及回线型卡接模块）和光纤连接器件及光纤适配器（单工或双工的 ST、SC 或 SFF 光纤连接器件及适配器）。在配线设备上跳线，进行合理的交连和互联，可以将通信线路重定位在建筑物的不同部位，从而更容易地管理链路和与链路相连的终端设备。配线设备交叉连接的跳线应选用综合布线专用的插接软跳线，在连接语音终端时，也可选用双芯跳线。

（1）电信间 FD 与电话交换配线及计算机网络设备之间的连接方式应符合以下要求。

1）电话交换配线的连接方式应符合图 2-31 要求。

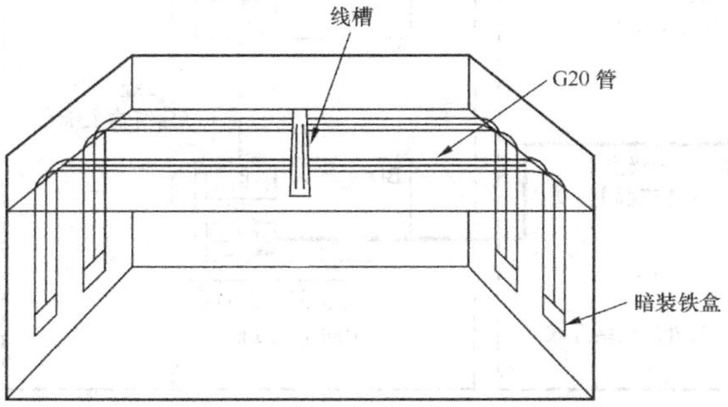

图 2-30　走线槽或天花板吊顶内布线

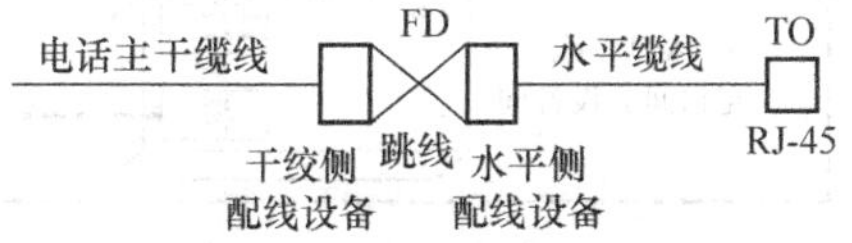

图 2-31　电话系统连接方式

2）计算机网络设备连接方式。

① 经跳线连接应符合图 2-32 要求。

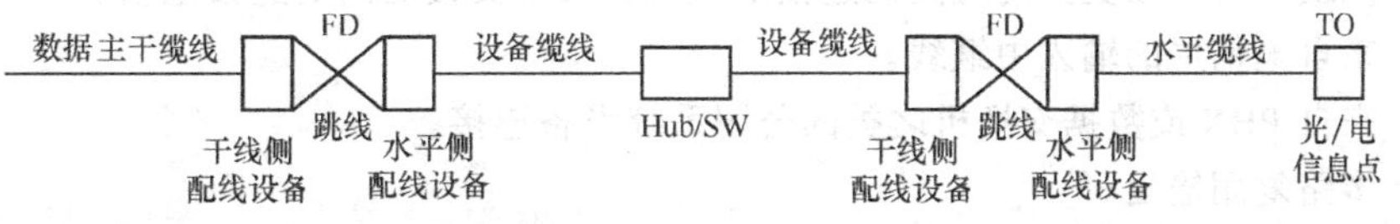

图 3-32　数据系统连接方式（经跳线连接）

② 经设备缆线连接方式应符合图 2-33 要求。

（2）配线间位置确定。

① 配线间的数目应从所服务的楼层范围来考虑。如果配线电缆长度都在 90m 范围以内，宜设置一个配线间；当超出这一范围时，可设两个或多个配线间，并相应地在配线间内或紧邻处设置干线通道。

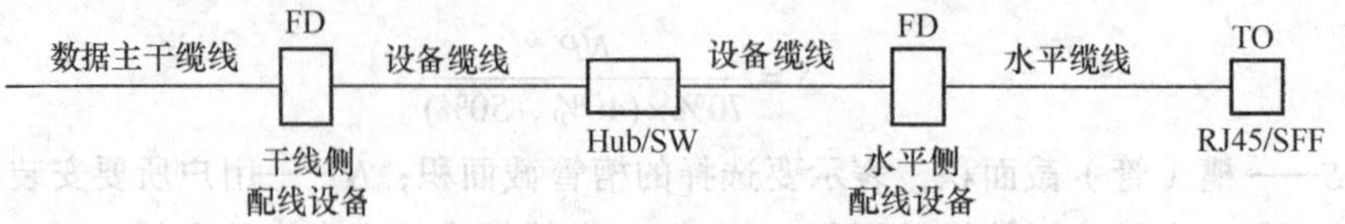

图 2-33　数据系统连接方式（经设备缆线连接）

② 通常每层楼设一个楼层配线间。当楼层的办公面积超过 1000m²（或 200 个信息点）时，可增加楼层配线间。当某一层楼的用户很少时，可由其他楼层配线架提供服务。

（3）配线间的环境要求。

配线间的设备安装和电源要求与设备间相同。配线间应有良好的通风。安装有源设备时，室温宜保持在 10℃ ~ 30℃，相对湿度宜保持在 20% ~ 80%。

（4）确定配线间交连场的规模。

场标记又称为区域标记，一般用于设备间、配线间和二级交接间的管理器件之上，以区别管理器件连接线缆的区域范围。它是由背面为不干胶的材料制成，可贴在设备醒目的平整表面上。色标应用位置示意图如图 2-34 所示。

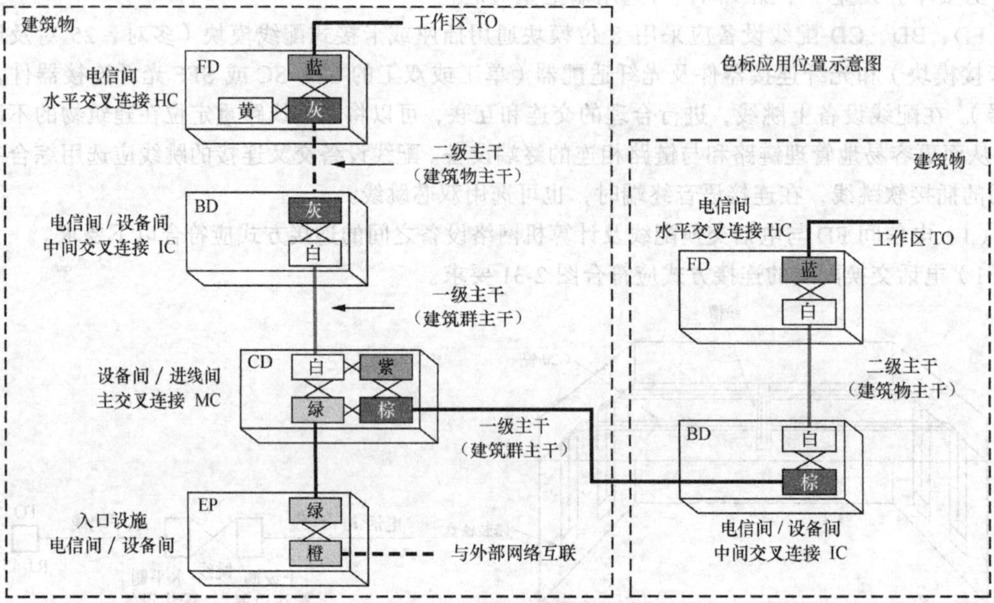

图 2-34　色标应用位置示意图

蓝色：对工作区的信息插座实现连接。

白色：实现干线和建筑群电缆的连接。

灰色：配线间与二级交接间之间的连接电缆或各二级交接之间的连接电缆。

绿色：来自电信局的输入中继线。

紫色：来自 PBX 或数据交换机之类的公用系统设备连接。

橙色：多路复用输出。

① 配线架配线对数可由管理的信息点数决定，管理间的面积不应小于 5m²。覆盖的信息插座超过 200 个时，应适当增加面积。

② 确定配线间与水平干线子系统端接所需的接线块数（蓝场）。

110 型接线块数量计算方法如下：

110 型接线块每行可端接 25 对线，接线块是 100 对线的每块共有 4 行，300 对线的每块共有

12 行，900 对线的每块共有 36 行；端接线路数/行=可接线对数/行÷水平电缆对数；端接线路数/块=行数×端接线路数/行；所需接线块数目=信息点数量÷端接线路数/块。

【例 2-2】 300 对 110 型接线块，共 12 行，每行可端接 25 对线。如果端接缆线采用 4 对 UTP，1000 条用户线需要此模块多少个？

解：25÷4=6，即 110 接线块每行可接 6 条 4 对配线电缆

12×6=72，即共可端接 72 条配线电缆

所需模块数=1000÷72=13.9，取 14 块（向上取整）。

4 对 5 类双绞线，根据需要的 I/O 数量计算电缆对数，选择用于端接的 110 型接线块数量。根据表 2-9 选择合适对数的双绞线电缆，并填写如表 2-9 所示的配线间主要材料统计表。

表 2-9　　110 型接线块每块容量

110 型接线块	100 对线的每块容量	300 对线的每块容量
4 对线路每行可端接 4 对×6=24 对线（剩余 1 对线位不用），每行接 6 根电缆	100 对共 4 行 24×4=96 对线， 即 24 根 4 对线电缆	300 对共 1 2 行 24×12=288 对线， 即 72 根 4 对线电缆或 96 根 3 对线电缆

③ 确定配线间与网络设备端接所需的接线块数（紫场）。

通常采用 RJ-45 配线架。如果设置紫场，则根据设备端口数量计算；如果不设置紫场，则通过跳线直接与设备端口相连。

④ 确定配线间与垂直干线子系统端接所需的接线块数（白场）。

干线电缆规模取决于按标准的配置等级。数据干线采用 RJ-45 或光纤配线架，语音干线采用 110 配线架。

根椐需要的 I/O 数量计算电缆对数，选择用于端接的 110 型接线块数量。选择合适对数的双绞线电缆，并填写配线间主要材料统计表，见表 2-10。

表 2-10　　配线间主要材料统计表

区域	24 口 6 类配线架	24 口光纤配线架	100 对 110 配线架
小计			

5. 水平（配线）子系统线缆的选择

配线子系统在配置时，应保持信息插座、水平缆线、配线模块、一次性建设或分期建设的方案。水平布线子系统应采用 4 对对绞电缆，在需要时也可采用光缆。配线子系统根据整个综合布线系统的要求，应在电信间或设备间的配线设备上进行连接，以构成电话、数据的业务系统并进行管理。水平布线子系统的水平电缆或光缆长度跳线、设备缆线等级（5e 类、6 类、7 类）的一致性，以保证整个链路或信道的传输特性。

（1）语音水平电缆选用。

3 类电缆：一般选用 HYA 10 对、20 对、30 对、50 对市话全塑电缆。

5e 类电缆：可以支持语音和 1Gbit/s 以太网的应用，另外在 568B 的标准中已建议采用 5 e 类产品以取代 5 类产品。

6 类电缆：可以支持语音及 1G ~ *n* 个 Gbit/s 以太网的应用。能适应终端设备的变化。可根据业务的拓展和资金情况而定。

语音水平侧模块可采用 RJ-45 类型，每个模块为 24 口；也可采用 110 型配线架，每个模块 100 线。

（2）数据水平电缆选用。

可选用 5 类或 5 e 类、6 类产品以支持计算机网络 1G ~ n 个 Gbit/s 的应用。对于万兆网络的应用，可采用 6A 类和 7 类电缆。

原则上每一根 4 对的对绞水平电缆或 2 芯水平光缆（有的工程中也考虑到光纤的冗余而采用 4 芯光缆，其中备用 2 芯光纤）连接至工作区或 CP 点的 1 个信息插座（光或电端口）；在电信间一侧则连接至 FD 的相应配线端子。

上述语音电缆在选用时不要将市话配线与综合布线系统的设计理念互相混淆，而使系统变得不伦不类。如果为综合布线系统设计，则全部应采用综合布线的产品。

以某层设置 100 个 RJ-45 信息插座为例，数据的配置较为复杂和多样，数据网络的配线设计应与网络设计的规律相结合。因此综合布线系统的设计也应遵循网络设计的规定要求进行，以达到合理和优化，并可按以下几个要点来指导设计。

任意两个网络设备在采用对绞电缆作为传输介质时的传输距离应小于等于 100m。

在以太网中，任意两个设备的通信经过网段后的传输距离应小于等于 500m。

在智能大楼的计算机局域网（LAN）一般由基层与骨干两级组成，在电信间和设备间均设置网络集线器（HUB）或交换机（SW）。网络设备的端口数按 24 回线来进行布线设计。

当网络设备的扩容由单个的 HUB 或 SW 组成 HUB 或 SW 组群时的个数应小于 4 个设置，总端口数控制在 96 口。

根据水平电缆的容量确定水平侧 RJ-45（24 口）模块的数量，如满足 100 个 TO 需求，计算结果为 96 口 + 4 口取 5 个 RJ-45（24 口）模块的数量。

水平部分设备侧用 RJ-45（24 口）模块数量及容量与水平侧的用 RJ-45 模块一致，同样为 5 个。数据水平配置连接图如图 2-35 所示。

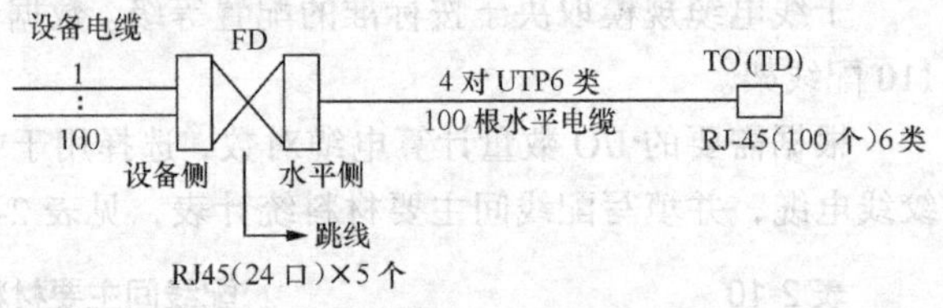

图 2-35　数据水平配置连接图

三、任务分析

水平（配线）子系统设计过程分析。

综合布线系统工程设计工作应该在充分了解用户业务需求和施工现场的情况下，设计符合综合布线设计和验收规范。综合系统性能和投资等各方面因素，合理安排工程进度。

在综合布线水平配线子系统工程规划和设计前，必须进行用户信息需求的调查和预测。其具体要求是对通信引出端（又称信息点或信息插座）的数量、位置，以及通信业务需要进行调查预测；如果建设单位能够提供工程中所有信息点的详实资料，且能够作为设计的基本依据时，可不进行这项工作。

配线子系统应由工作区的信息插座模块、信息插座模块至电信间配线设备（FD）的配线电缆和光缆、电信间的配线设备及设备缆线和跳线等组成。

设计步骤如下：

（1）在建筑平面草图上分别标出电缆路由，如图 2-36 所示。

要求管理间、工作区信息点位置选择合理，每个办公桌配一台电脑、一部电话，器材规格和数量配置合理标注清楚；网络点标识为 TO，电话点标识为 TP，水平子系统布线路由合理，PVC 支线路由用蓝色填充，桥架路由用红色填充，器材选择正确；文字说明清楚和正确。

（2）画出综合布线水平系统配置拓扑图，如图 2-37 所示。

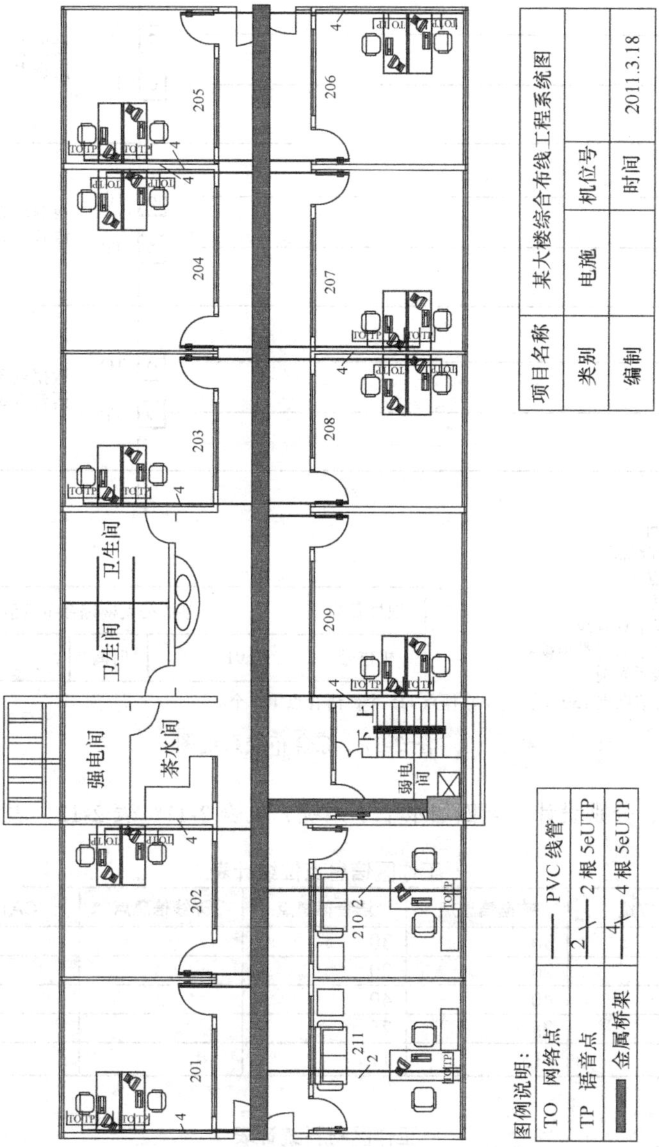

图 2-36　某大楼综合布线工程系统图

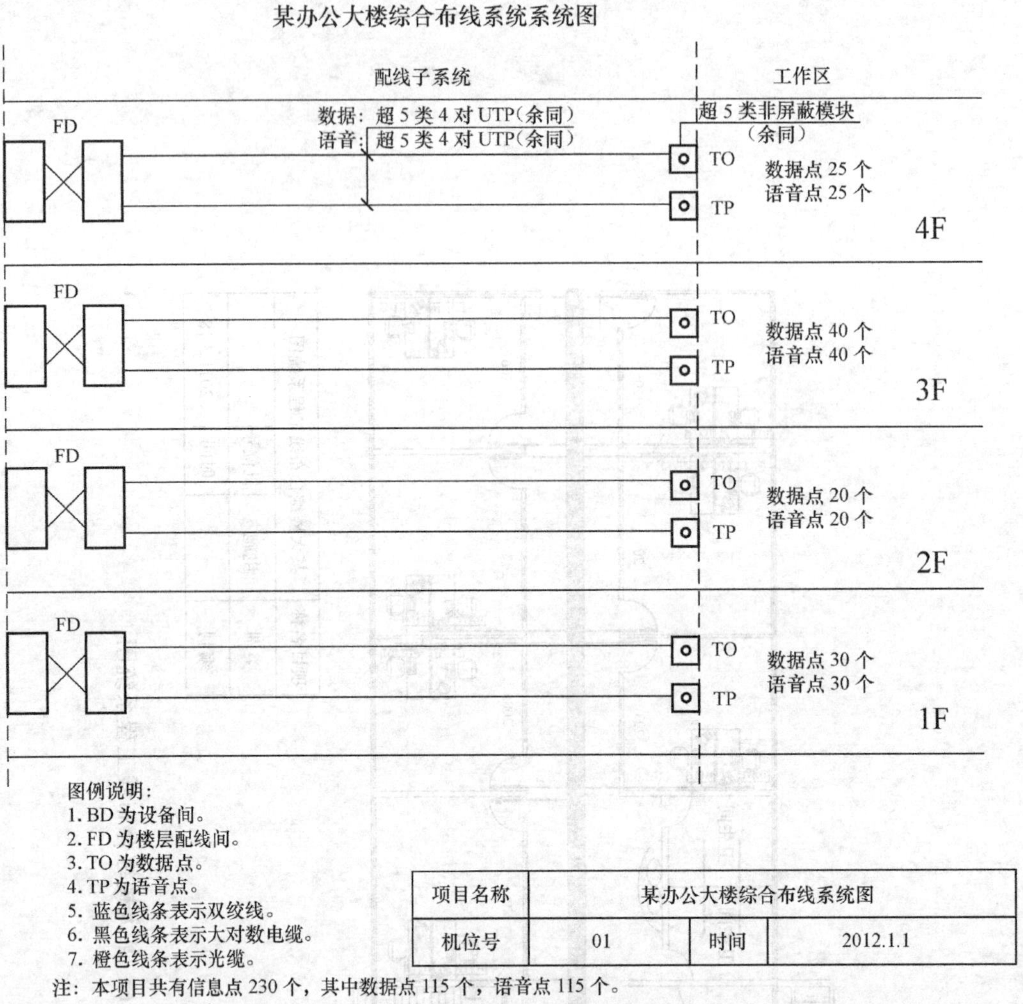

图 2-37　综合布线系统图

（3）根据要求，分别设计一至四层水平子系统，见表2-11、表2-12、表2-13、表2-14。

表 2-11　　工作区信息点位统计表

配线间	位置	数据信息点	语音信息点	无线信息点	CATV	光纤信息点
1F		30	30			
2F		20	20			
3F		40	40			
4F		25	25			
小计		115	115			

表 2-12　　工作区材料统计表

区域	数据信息模块	语音信息模块	单口面板	双口面板
1F	30	30	60	
2F	20	20	40	
3F	40	40	80	
4F	25	25	50	
小计	115	115	230	

表 2-13 水平子系统链路统计表

区域	4 对 UTP 链路（条）	链路平均长度（m）	UTP 箱数（305m/Reel）
1F	60	39+（6～10）	
2F	40	39+（6～10）	
3F	80	39+（6～10）	
4F	50	39+（6～10）	
小计	230	8970～9890	30～33

注：总平均长度 C=平均长度+备用部分+端接容差

C=（L+S）×0.5+（L+S）×0.5×10%+（6～10）M=（L+S）×0.55+（6～10）M

表 2-14 配线间主要材料统计表

区域	超 5 类 24 口配线架	ST 12 口光纤配线架	100 对 110 配线架
1F	4	1	1
2F	2	2	2
3F	4	1	1
4F	5	1	1
小计	15	4	5

注：超 5 类非屏蔽 24 口配线架数量：（因为语音、数据点安装在不同的超 5 类配线架上）。

1F=30÷24=（2）×2=4；2F=20÷24=（1）×2=2；3F=40÷24=（2）×2=4；4F=25÷24=（2）×2=4

（4）列出水平布线子系统材料清单，见表 2-15。

表 2-15 某大楼综合布线水平子系统材料清单

序号	名称与规格	品牌	单位	数量	备注
1	单口面板	NORTEC	个	230	TO+TP
2	86 型明装底盒	NORTEC	个	230	TO+TP
3	超 5 类模块	NORTEC	个	230	TO+TP
4	超 5 类非屏蔽 24 口配线架	NORTEC	个	14	FD
5	超 5 类非屏蔽 3 米跳线	NORTEC	条	115	TO
6	110-RJ-45 跳线	NORTEC	条	115	语音 FD
7	超 5 类非屏蔽 1 米跳线	NORTEC	条	115	数据 FD
8	超 5 类非屏蔽双绞线	NORTEC	箱	30～33	305 米/箱
9	标准 32U 机柜	NORTEC	台	4	每层

四、任务训练

实操项目名称：某教学大楼综合布线系统工程

项目需求信息：

某教学大楼平面图如图 2-38 所示，分四层；楼长 96m，楼宽 15 m，楼层高 3.5 m。

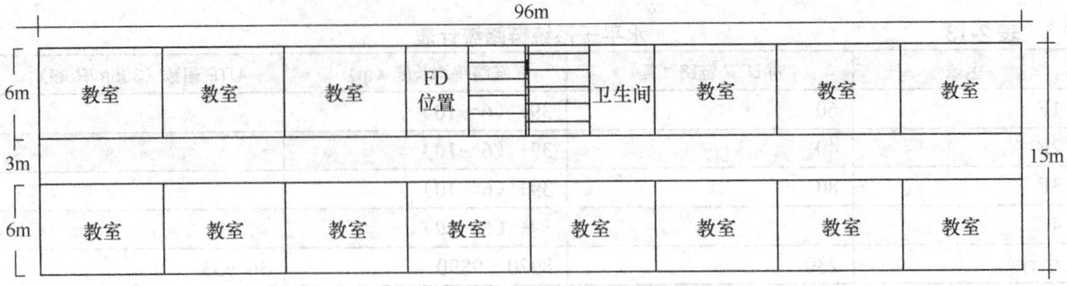

图 2-38　某教学大楼建筑平面草图

现大楼需要进行综合布线系统设计，此项工程主要涉及网络系统和语音系统，采用的布线系统性能等级为 5e 类非屏蔽（UTP）系统。其中一层 60 个信息点（每间教室 4 个信息点），二层 53 个信息点（南面 8 间教室，每间教室 4 个信息点；北面 7 间教室 3 个信息点），三层 45 个信息点（每间教室 3 个信息点），四层 38 个信息点（南面 8 间教室，每间教室 3 个信息点；北面 7 间教室，每间教室 2 个信息点）。网络和语音信息点各半。每楼层信息点距离楼层配线间 FD 最短距离是 5m，最长 70m。

设计要点：

1. 工作区：全部采用超 5 类信息模块，单口信息面板设计，安装方式采用明装底盒固定。

2. 配线水平子系统：水平电缆为超 5 类 UTP 双绞线，安装方式为明装布线。

3. 垂直干线子系统：语音采用 25 对大对数，数据采用超 5 类 UTP 双绞线。

4. 设备间/配线间：水平配线架（语音、数据）全部选择超 5 类 24 口配线架，语音垂直干线配线架选择 100 对 110 型交叉连接配线架，数据垂直干线配线架 FD 采用 5 类 24 口配线架，BD 采用 5 类 24 口配线架。

5. 在建筑平面草图上分别标出电缆路由。

6. 画出综合布线水平系统配置拓扑图。

7. 分别设计一至四层水平子系统。

8. 设计方案包括：工作区信息点位统计表；工作区材料统计表；水平子系统链路统计表；配线间主要材料统计表。

任务 2.2　设计垂直干线子系统

【学习目标】

知识目标：了解综合布线的设计规范。熟悉综合布线设计原则、步骤和方法。掌握综合布线垂直干线子系统的设计过程。

技能目标：会进行综合布线垂直干线子系统的设计和材料的估算。

一、任务导入

任务资料：某办公大楼综合布线系统工程项目。

本教材任务 2.1　在水平配线子系统的基础上继续完成垂直干线子系统的设计；垂直干线子系统的设计如图 2-39 所示。

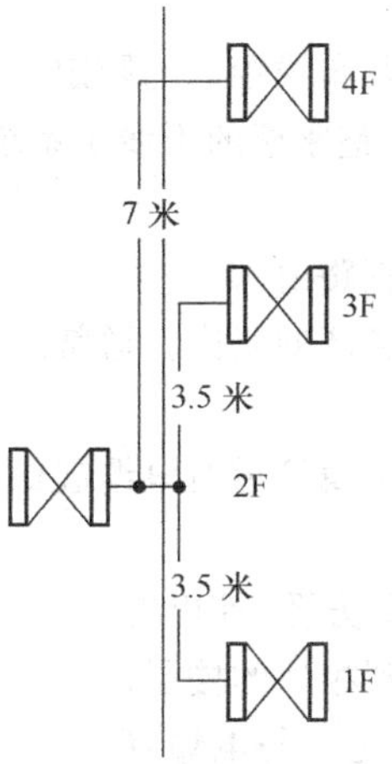

图 2-39　某办公大楼垂直干线子系统示意图

任务目标：

完成办公大楼垂直干线子系统的设计。

1. 垂直干线子系统：语音采用 25 对大对数，数据采用 4 芯多模室内光缆。

2. 设备间/配线间：水平配线架（语音、数据）全部选择超 5 类 24 口配线架，语音垂直干线配线架选择 100 对 110 型交叉连接配线架，数据垂直干线配线架 FD 采用 ST 12 口光纤配线架，BD 采用 ST 24 口光纤配线架。

二、知识准备

（一）垂直干线子系统设计规范

干线子系统应由设备间至电信间的干线电缆和光缆、安装在设备间的建筑物配线设备（BD）及设备缆线和跳线组成。

垂直干线子系统（Vertical Subsystem）负责连接设备间主配线架和各楼层配线间分配线架，一般采用光缆或大对数非屏蔽双绞线，垂直干线子系统如图 2-40 所示。

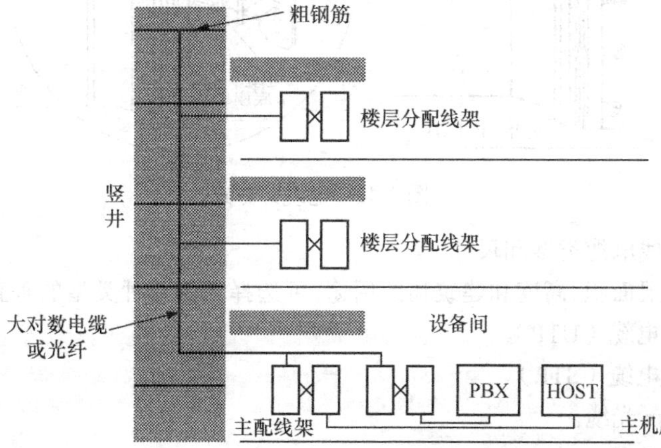

图 2-40　垂直干线子系统示意图

（1）确定干线子系统规模。

根据建筑物结构的面积、高度以及布线距离的限定，确定干线通道的类型和配线间的数目，如确定是单通道干线还是双通道干线。整座楼的干线子系统的缆线数量是根据每层楼信息插座密度及其用途来确定的。

（2）确定楼层配线间至设备间垂直路由。

应选择干线段最短、最安全和最经济的路由，通常采用电缆竖井法。

① 管道方法。

垂直干线电缆放在金属管道中，金属管道对电缆起保护作用，而且防火，如图 2-41 所示。

② 电缆井方法。

电缆井是指在每层楼板上开出一些方孔，使电缆可以穿过这些电缆井，从某层楼延伸到相邻的楼层，电缆井的大小根据所用电缆的数量而定。与电缆管道方法一样，电缆捆在或箍在支撑用的钢绳上，钢绳靠墙上金属条或地板三脚架固定住。离电缆井很近的墙上安装立式金属架可以支撑很多电缆。电缆井的选择性非常灵活，可以让粗细不同的各种电缆以任何组合方式通过，如图 2-42 所示。电缆井方法虽然比电缆孔方法灵活，但在原有建筑物中开电缆井安装电缆造价较高，它的另一个缺点是使用的电缆井很难防火。如果在安装过程中没有采取措施防止损坏楼板支撑件，则楼板的结构完整性将受到破坏。

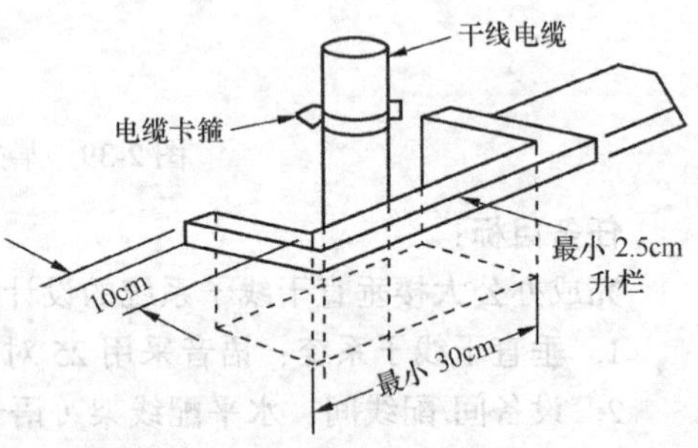

图 2-41　电缆管道方式

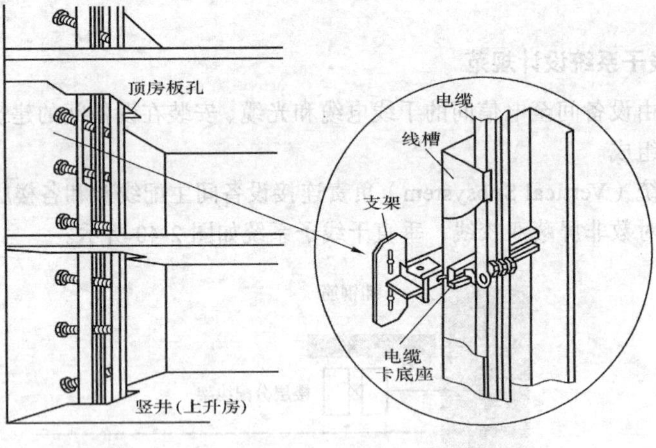

图 2-42　电缆井方式

（3）确定垂直干线电缆类型和尺寸。

根据建筑物的楼层面积、高度和建筑物的用途，可选择下面几种类型的垂直干线子系统线缆。

① 100Ω 大对数电缆（UTP）。

② 150Ω 大对数电缆（STP）。

③ 62.5μm/125μm 光缆。

④ 50μm/125μm 光缆。

重视光纤的选择，光纤的选用除了根据光纤芯数和光纤种类以外，还要根据光缆的使用环境来选择，如：

① 传输距离在 2km 以内的，可选择多模光纤，超过 2km 可用中继或选用单模光纤；

② 建筑物内用的光纤在选用时应注意其阻燃、毒和烟的特性。一般在管道中或强制通风处可选用阻燃但有烟的类型；如果是在暴露的环境中，则应选用阻燃、无毒和无烟的类型；

③ 户外用光缆直埋时，宜选用铠装光缆。架空时，可选用带两根或多根加强筋的黑色塑料外护套的光纤。

当光纤应用于主干网络时，每个楼层配线间至少要用 6 芯光缆，高级应用最好能使用 12 芯光缆。这是从应用、备份和扩容 3 个方面去考虑的。垂直干线子系统所需要的总电缆对数和光纤芯数可按 GB/T50311《建筑与建筑群综合布线系统设计规范》的有关规定来确定。传送数据应采用光缆或 5 类以上（包括 5 类）电缆，传送语音电话应采用 3 类电缆。通常数据干线采用多模光纤，语音干线采用 3 类大对数电缆。所选电缆符合本章配线（水平）子系统电缆电气特性和机械物理性能标准之规定。每段干线电缆长度要留有备用部分（约 10%）和端接容差。

（4）垂直干线系统布线的距离。

① 主配线架到配线间配线架的距离。

通常将设备间的主配线架放在建筑物的中部附近，从而使电缆的距离最短，安装超过了距离限制可采用双主干或中间交接，每个中间交接由满足距离要求的主干布线来支持。

② 主配线架到入楼设备的距离。

当有关分界点位置的常规标准允许时，入楼设备到配线架的距离应包括在总距离中，所用传输介质的长度和规格要作记录，并满足用户的要求。

③ 配线架与电信设备的距离。

直接与主配线架或配线间分配线架连接的设备应使用小于 30m 的设备转接电缆。

如果设备间与计算机机房和交换机房处于不同的地点，而且需要把语音电缆连至交换机房，数据电缆连至计算机房，则宜在设计中选取不同的干线电缆或干线电缆的不同部分来分别满足语音和数据的需要。当需要时，也可采用光缆系统予以满足。

（二）设备间

（1）设备间位置的选择。

设备间应尽量处于干线子系统的中间位置，且要便于接地；宜尽可能靠近建筑物电缆引入区和网络接口；尽量靠近服务电梯，以便运载设备；避免放在高层或地下室以及用水设备的下面；要尽量避免强振动源、强噪声源和强电磁场等；尽量远离有害气体源，以及腐蚀、易燃和易爆炸物。

（2）设备间使用面积的计算方法。

设备间的面积应根据能安装所有屋内通信线路设备的数量、规格、尺寸和网络结构等因素综合考虑，并留有一定的人员操作和活动面积。根据实践经验，一般不应小于 $10m^2$。

① 当计算机系统设备已选型时，可按下式计算：

$$A = K \cdot \sum S$$

式中：A——设备间使用面积（m^2）；K——系数，取值为 5～7；S——计算机系统及辅助设备的投影面积（m^2）。

② 当计算机系统的设备尚未选型时，可按下式计算：

$$A = K \cdot N$$

式中：A—— 设备间使用面积（m^2）；K'—— 单台设备占用面积，可取 4.5～5.5（平方米/台）；N—— 设备间所有设备的总台数。

设备间内应有足够的设备安装空间，其面积最低不应小于 10m²。

（3）设备间建筑结构标准。

设备间梁下高度：2.5～3.2m；门（高×宽）：2m×0.9m；地板承重：A 级≥500kg/m^2，B 级≥300kg/m^2。

在地震区的区域内，设备安装应按规定进行抗震加固，并符合 YD5059—98《通信设备安装抗震设计规范》的相应规定。

（4）设备安装宜符合下列规定。

① 机架或机柜前面的净空不应小于 800mm，后面净空不应小于 600mm。

② 壁挂式配线设备底部离地面的高度不宜小于 300mm。

③ 在设备间安装其他设备时，设备周围的净空要求按该设备的相关规范执行。

（5）设备间的环境条件。

① 温度：设备间室温应保持在 10～30℃。

② 湿度：相对湿度应保持在 20%～80%，并应有良好的通风。

设备间温度和湿度对电子设备的正常运行及使用寿命有很大的影响，所以对于温度和湿度是有严格要求的，一般将温度和湿度分为 A、B、C 3 级。设备间可按某一级执行，也可按某级综合执行，具体指标见表 2-16。

表 2-16 设备间温度和湿度要求分级表

项目 ╲ 指标 ╲ 级别	A 级		B 级	C 级
	夏季	冬季		
温度（℃） 相对湿度（%）	22±4 40～65	18±4 35～70	12～30 30～80	8～35
温度变化率（℃/h）	<5 要不凝露		>0.5 要不凝露	<15 要不凝露

③ 照明：设备间内在距地面 0.7m 处，要求照度不应低于 200lx；同时还应设置事故照明，在距地面 0.7m 处，照度不应低于 50lx。

④ 尘埃：设备间应防止有害气体（如 SO_2、H_2S、NH_3、NO_2 等）侵入，并应有良好的防尘措施，尘埃含量限值宜符合表 2-17 的规定。

表 2-17 尘埃限值

灰尘颗粒的最大直径（μm）	0.5	1	3	5
灰尘颗粒的最大浓度（粒子数/m）	1.4×10	7×10	2.4×10	1.3×10

注：灰尘粒子应是不导电的，非铁磁性和非腐蚀性的。

设备间的温度、湿度和尘埃对微电子设备的正常运行及使用寿命都有很大的影响，过高的室温会使元件失效率急剧增加，使用寿命下降。过低的室温又会使磁介等发脆，容易断裂。温度的波动会产生“电噪声”，使微电子设备不能正常运行。相对湿度过低，容易产生静电，对微电子设备造成干扰；相对湿度过高，会使微电子设备内部焊点和插座的接触电阻增大。尘埃或纤维性颗粒积聚、微生物的作用还会使导线被腐蚀断掉。所以在设计设备间时，除了按 GB2998—89《计算站场地技术条件》执行外，还应根据具体情况选择合适的空调系统。

⑤ 供电系统：设备间应提供不少于两个 220V、10A 带保护接地的单相电源插座，依据设备的性能允许以上参数的变动范围见表 2-18。

表 2-18　　设备的性能允许电源变动范围

项目 \ 指标 \ 级别	A 级	B 级	C 级
电压变动（%）	−5～+5	−10～+7	−15～+10
频率变化（Hz）	−0.2～+0.2	−0.5～+0.5	−1～+1
波形失真率（%）	＜±5	＜±5	＜±10

设备间内供电容量计算是将设备间内存放的每台设备用电量的标称值相加后，再乘以系数。从电源室（房）到设备间使用的电缆，除应符合 GBJ232—82《电气装置安装工程规范》中配线工程规定外，载流量应减少 50%。设备间内设备用的配电柜应设置在设备间内，并应采取防触电措施。设备间内的各种电力电缆应为耐燃铜芯屏蔽的电缆。各电力电缆如空调设备、电源设备所用的电缆等，这些供电电缆不得与双绞线走向平行。交叉时，应尽量以接近于垂直的角度交叉，并采取防延燃措施。各设备应选用铜芯电缆，严禁铜、铝混用。

⑥ 噪声：设备间的噪声应小于 70dB，如果长时间在 70dB ~ 80dB 噪声的环境下工作，不但影响人的身心健康和工作效率，还可能造成人为的噪声事故。

⑦ 电磁场干扰：设备间内无线电干扰场强，在频率为 0.15MHz ~ 1000MHz 范围内不大于 120dB；设备间内磁场干扰场强不大于 800A/m。

⑧ 安全：安全包括两个方面，一是防火，二是防盗。设备间的耐火等级不应低于 3 级耐火等级。设备间进行装修时，装饰材料应选用阻燃材料或不易燃烧的材料。要在机房里、工作房间内、活动地板下、天花板上方及主要空调管道等地方设置烟感或温感传感器，进行监测。要准备消防器材，注意严禁使用水、干粉和泡沫等容易产生二次破坏的灭火剂，还要防止失窃与人为损坏。

（三）垂直干线子系统各项配置

（1）主干语音电缆配置。

主干电缆的对数与水平电缆的配比原则上按 1:4 考虑，即每一根 4 对的语音水平电缆对应的语音主干电缆需要 1 对线支持。以某层设置 400 对电话终端为例，如图 2-43 所示，需配置大对数主干电缆的总对数为 100 对。如果考虑增加 10% ~ 20%的备用线对（取 10%），总线对数量为 110 对。这里为计算的需求线对，按照大对数主干电缆的规格与考虑到工程造价，建议采用 3 类大对数主干电缆（可以为 25 对、50 对和 100 对组成），如本例中选用 25 对的 3 类大对数电缆，则需配置 5 根 25 对的大对数电缆。

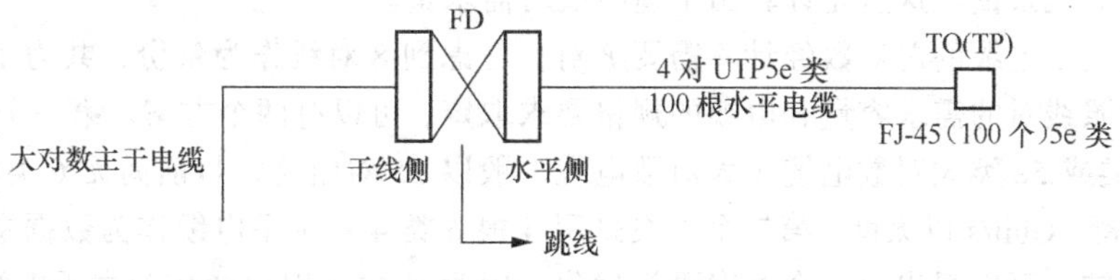

图 2-43　语音配置连接示意图

（2）语音跳线配置。

根据目前的产品情况与标准要求及节省工程造价考虑，可以采用市话双色跳线或 3 类 1 对或两对对绞电缆作为语有跳线，每根跳线的长度可按 2m 左右计算。

如 100 个语音信息点需要的总跳线长度为 200m，可折合为 1 箱（305m）3 类 1 对电缆。按照电话交换系统的设计思想，只需要在设备间设置一级配线的管理，但为了便于连接和终端设备业务性质的变化，经常在 FD 中仍设跳线。

（3）干线侧模块配置。

干线侧模块的等级和容量应与语音大对数主干电缆保持一致。如干线对数量为 125 对线对，则需配置两个 3 类 100 对 110 型模块，尚有端子的余量。

如果语音水平侧模块采用 RJ-45 类型，干线侧模块采用 110 型时，则 FD 中的语音跳线一端采用 RJ-45 插头，另一端采用扁平插头，也可将这一端跳线直接卡接在干线侧的模块插接跳线模块的部位完成一端跳接管理。跳线可采用 3 类 1 对电缆。

（4）主干数据电缆配置。

以每个 SW/HUB 群或每一个 SW/HUB 设置一个主干端口，每 SW/HUB 群或每 4 个 SW/HUB 设备设置一个备份主干端口。每个主干端口为电端口时，按 4 对线；如为光端口时，则按 2 芯光纤考虑电缆线对和光缆光纤的总容量。

最低量的配置。同样以某层设置了 100 个数据信息插座来分析配线子系统与干子系统之间的配置关系。具体连接如图 2-44 所示。

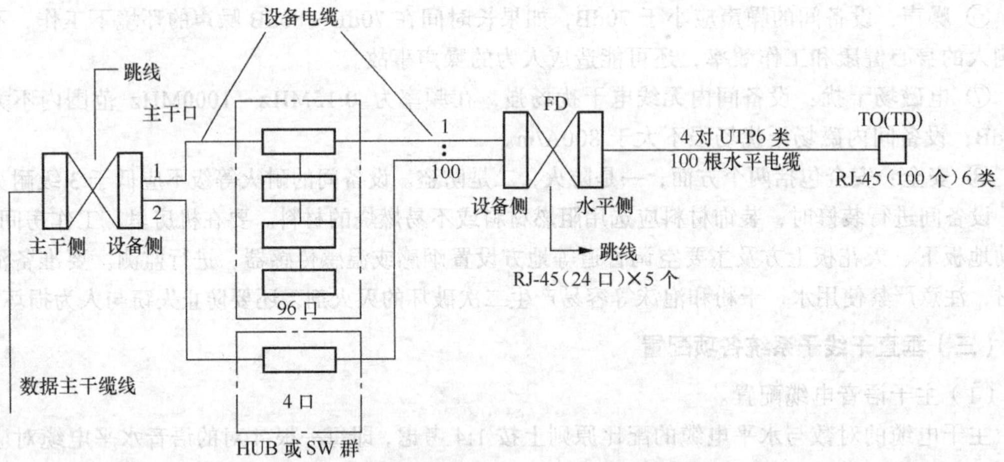

图 2-44　数据配置连接图

按每个 HUB 或 SW 群设置一个主干电端口（可以为 10Mbit/ s、100Mbit/s、 10/100Mbit/s 自适应、1000Mbit/s 以太网电端口入），再考虑每群设一个备用主干端口，总的主干端口则为 4 个。每个电端口实需的线对为 4 对，主干部分主干侧 RJ-45（24 口）模块只需要占用 4 个端口就可满足，并有充分的冗余量。这里先计算出了缆线线对需求量。

对于数据主干电缆的总对数经计算需要 8 对，考虑到 8 对线作为备份，共为 16 对线量。主干电缆可以按照线对的需求容量和电缆的规格要求取定，可以有两个方案。第一个方案为采用 1 根 25 对的 5 类或 5e 类大对数电缆（大对数电缆一般以 25 对组合，目前尚无 6 类产品）支持应用，但只能支持 1Gbit/s 以太网。第二个方案采用 4 根 6 类 4 对水平电缆作为数据主干电缆使用。两个方案相比较，可以看出第二个方案更为优化。因为 6 类 4 对电缆作为主干电缆使用能比 5e 类大对数电缆提供更高的传输带宽，并有利于工程验收的电气性能检测。但如采用电缆传输距离仍为 100m。

（5）数据跳线和设备电缆配置。

FD 中 RJ-45 模块之间可以采用两端都为 RJ-45 插头的 6 类跳线进行管理，本例为 100 根。也可按数据信息点的 25%或 50%配置。

HUB/SW 与设备侧、主干侧 RJ-45 模块间可采用两端为 RJ-45 插头的 6 类设备电缆进行互连，本例子共为 4 根，如包括水平测和主干测之和，共需配置 104 根。

最高量的配置：在最高量配置时，相当于每个 HUB 或 SW 设置一个主干端口，本例中共需设置 5 个主干电端口，考虑每 4 个 SW/HUB 设备设置 1 个备份主干端口，共需 7 个主干端口。每个端口需 4 对线对，总线对数则为 28 对，主干侧采用 24 口，实际占用 7 个端口。对于主干电缆的选用，可以采用两根 25 对 5 类或 5e 类大对数电缆或 7 根 6 类 4 对电缆作为主干电缆使用。

如果 FD 至 BD 之间采用主干电缆的传输距离大于 100m 或其他情况时，则应采用光缆。主干光缆中不包括光纤至桌面（FTTD）光纤的需求容量。

（6）主干光缆配置。

当主干缆线采用光缆时，HUB 或 SW 群的主干端口则为光端口，每个主干光端口需要占用 2 芯光纤，本例中两个 HUB 或 SW 群实需光纤为 4 芯，如果考虑到两个备份主干光端口，光纤总数为 8 芯光纤。此时，可选用 8 芯光缆作为本层主干光缆。并根据光纤的芯数配备主干部分设备侧和主干侧的光纤模块容量同样各为 8 个光适配器。

在最大量配置时，则相当于每个 HUB 或 SW 具备一个光端口，共需设置 5 个光端口，如果考虑两个主干光端口备份，主干光缆总芯数为 14 芯。再根据光缆的规格与产品情况，可按一根 14 芯光缆或两根 8 芯光缆进行配置。后一种配置同时具有了光纤的备份与光缆的备份。

主干部分设备侧与主干侧为光配线设备。光配线模块与 HUB 或 SW 的光端口之间采用设备光缆连接，数量由光端口数决定。如果 HUB 或 SW 为电端口，则需经过光、电转换设备进行连接。

（7）光纤至桌面（FTTD）配置。

光纤至桌面，即办公区的配置是在电配置的基础上完成的。关于布线工作区光纤插座可以支持单个终端采用光口时的应用，也可以满足某一工作区域组成的计算机网络（如企业网络）主干端口对外部网络的连接使用。如果光纤布放至桌面，再加上网络设备和配线设备组合箱体的接入，可为末端大客户的用户提供一种全程的光网络解决方案，具有一定的应用前景。光纤的路由形成大致有以下几种方式，列举几种应用。

水平光缆至办公区：

工作区光插座配置。工作区光插座可以从 ST、SC 或超小型 SFF 中的 LC、MTJ、VF45 等中去选用。但应考虑到连接器的光损耗指标、支持应用网络的传输速率要求、连接光口与光纤之间的连接施工方式及产品的造价等因素。

光插座（适配器）与光纤的连接器应配套使用，并根据产品的构造及所连接光纤的芯数分成单工与双工的性能。一般从网络设备光端口的工作状态出发，可采用双口光插座连接 2 芯光纤，完成光信号的收发，如果考虑光口的备份与发展，也可按两个双口光插座配置。

水平光缆与光跳线配置。水平光缆的芯数可以根据工作区光信息插座的容量确定为 2 芯或 4 芯光缆。水平光缆一般情况下采用 62.5μm 或 50μm 的多模光缆，目前，大部分工程中采用 OM3 的 50μm 多模光纤。如果工作区的终端设备或自建的网络跨过大楼的计算机网络而直接与外部的计算机互联网进行互通时，为避免多/单模光纤相连时转换，也可采用单模光缆直通，如图 2-45 所示。

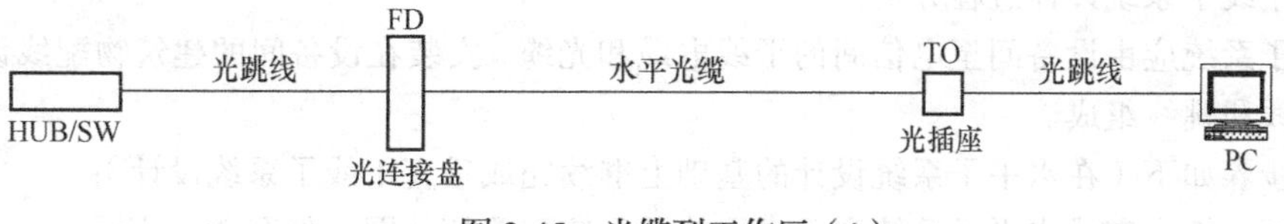

图 2-45　光缆到工作区（1）

图 2-46 所示为工作区企业网络的网络设备直接通过单模光缆连至电信运营商光配线架（ODF）或相应通信设施完成宽带信息业务的接入。当然也可采用多模光缆经过大楼的计算机局域网及配线网络与外部网络连接，如图 2-47 所示。

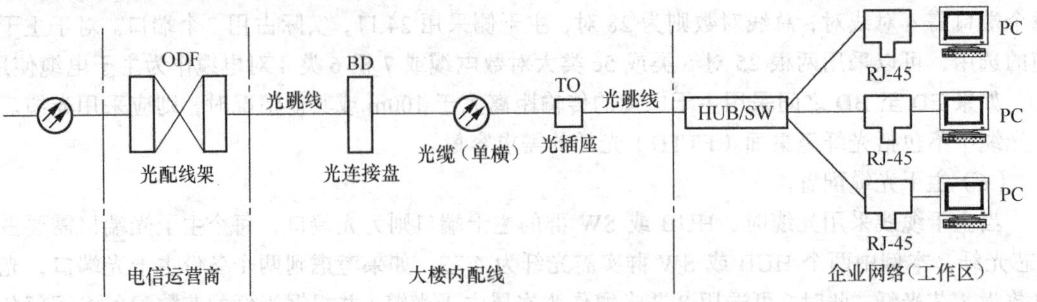

图 2-46　光缆到工作区（2）

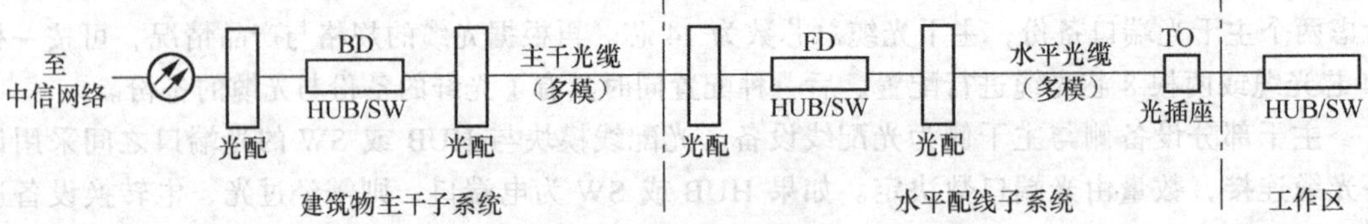

图 2-47　光缆到工作区（3）

由于光纤在网络中的应用传输距离远远大于对绞电缆，因此水平光缆（多模）也可以直接连接至大楼的 BD 光配线设备与网络设备与外部建立通信，此时，安装于设备间的以太交换机可采用路由 + 光纤或以太端口 + 光纤的方式连至公用计算机互联网络，如图 2-48 所示。

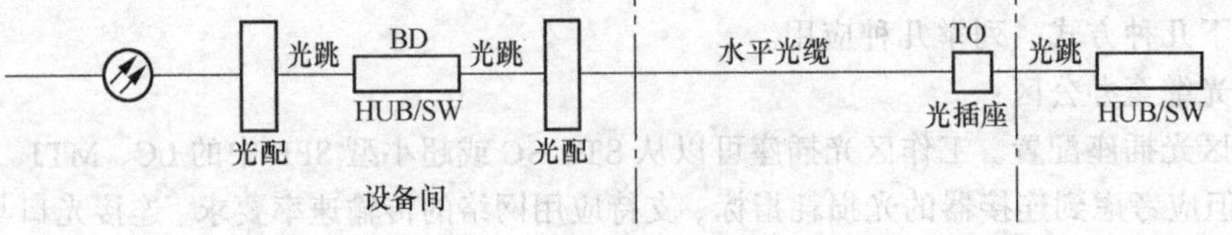

图 2-48　光缆到工作区（4）

光跳线主要起到将网络设备的光端口与光配线连接盘（光配线设备）中的光适配器进行连接的作用，以构成光的整个通路。光跳线连接（光插头）的产品类型应和光适配器（光插座）及网络设备光端口的连接器件类型保持一致，否则无法连通。如果网络设备的端口为电端时，光跳线则需经过光/电转换设备完成连接。

三、任务分析

垂直干线子系统设计过程分析。

干线子系统应由设备间至电信间的干线电缆和光缆、安装在设备间的建筑物配线设备（BD）及设备缆线和跳线组成。

设计步骤如下（在水平子系统设计的基础上继续完成垂直干线子系统设计）：

（1）画出综合布线水平子系统和垂直干线子系统配置拓扑图，如图 2-49 所示。

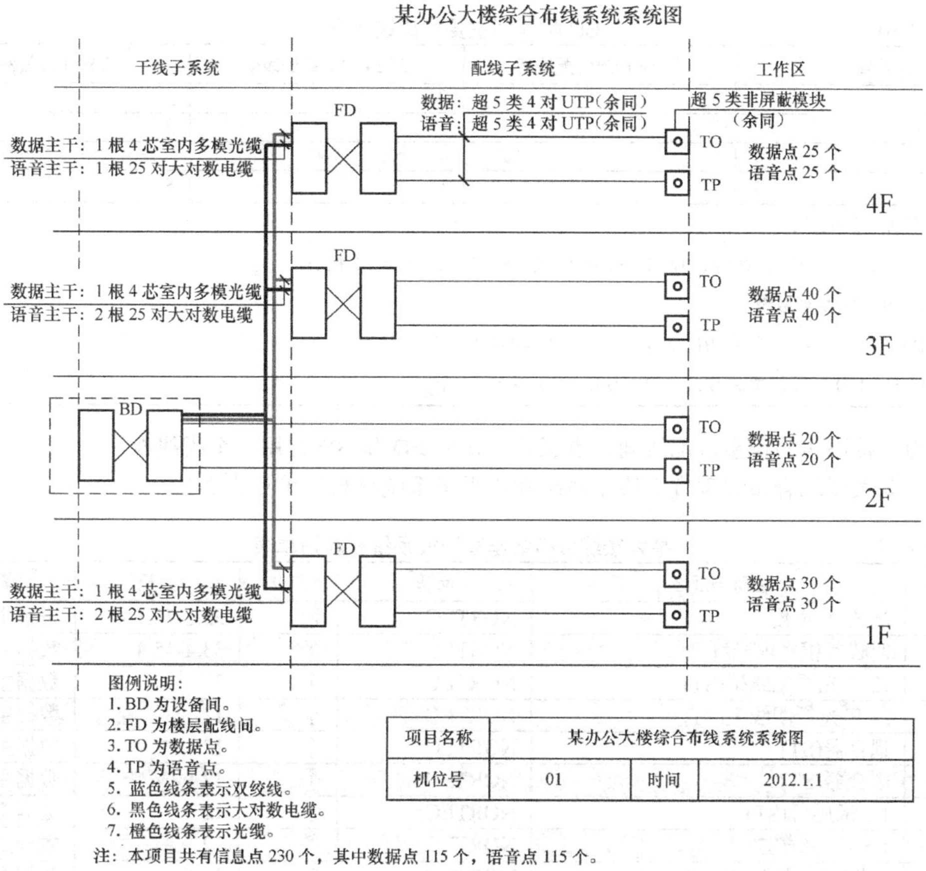

图 2-49　综合布线系统拓扑图

（2）垂直干线子系统缆线统计表见表 2-19 和表 2-20 为主要材料统计表。

表 2-19　　垂直干线子系统缆线统计表

区域	链路长度（m） 0.55（直线长度）+端接容差	25 对大对数电缆条数	25 对大对数电缆长度	4 芯多模室内光缆条数	4 芯多模室内光缆长度
1F	9.85～13.85	2	19.7～27.7	1	9.85～13.85
2F	0	0	0	0	0
3F	9.85～13.85	2	19.7～27.7	1	9.85～13.85
4F	13.7～17.7	1	13.7～17.7	1	13.7～17.7
小计		5	53.1～73.1	3	33.4～45.4

注：25 对大对数电缆条数：

1F=30÷25=（2 条）；2F=0；3F=40÷25=（2 条）；4F=25÷25=（1 条）；

25 对大对数电缆长度：

端接容差 6 米：1F=2×（3.5×1.1+6）=19.7（米）；2F=0；3F=1F=19.7（米）；4F=1×（7×1.1+6）=13.7（米）

总长：1F+2F+3F+4F=53.1（米）

端接容差 10 米：

1F=2×（3.5×1.1+10）=27.7（米）；2F=0；3F=1F=27.7（米）；4F=1×（7×1.1+10）=17.7（米）

总长：1F+2F+3F+4F=73.1（米）

芯多模室内光缆条数：

端接容差 6 米：1F=3F=9.85（米）；2F=0；4F=7×1.1+6=13.7（米）

总长：1F+2F+3F+4F=33.4（米）

端接容差 10 米：1F=3F=13.85（米）；2F=0；4F=7×1.1+10=17.7（米）

总长：1F+2F+3F+4F=45.4（米）

表 2-20　　BD 配线间主要材料统计表

区域	ST12 口光纤配线架	ST24 口光纤配线架	100 对 110 配线架
FD	3	0	3
BD		1	2
小计	3	1	5

25 对大对数电缆：

1F=30 ÷ 25=（2 根）；2F=0；3F=40 ÷ 25=（2 根）；4F=25 ÷ 25=（1 根）；

110/100 对配线架数量：

1FD=3FD=4FD=（1 个）；BD=25 × 5（根）÷ 100=2（个）；

所以 110/100 对配线架总数量=1FD+3FD+4FD+BD=5（个）

注意二楼不再另设楼层配线间，也就是二楼的 FD 和 BD 合用一个配线架。

（3）某大楼综合布线垂直干线子系统和水平子系统材料清单见表 2-21。

表 2-21　　某大楼综合布线垂直干线系统材料清单表

序号	名称与规格	品牌	单位	数量	备注
1	25 对大对数	NORTEC	米	53.1-73.1	语音主干
2	四芯多模室内光纤	NORTEC	米	33.4-45.4	数据主干
3	12 口光纤配线架(ST)	NORTEC	个	3	数据主干 FD
4	24 口光纤配线架(ST)	NORTEC	个	1	数据主干 BD
5	耦合器(ST)	NORTEC	个	12	数据主干 FD
6	耦合器(ST)	NORTEC	个	12	数据主干 BD
7	1.5 米尾纤(ST)	NORTEC	条	12	数据主干 FD
8	1.5 米尾纤(ST)	NORTEC	条	12	数据主干 BD
9	3 米光纤跳线(ST-SC)	NORTEC	对	3	数据主干 FD
10	3 米光纤跳线(ST-SC)	NORTEC	对	3	数据主干 BD
11	100 对 110 配线架	NORTEC	个	3	语音主干 FD
12	100 对 110 配线架	NORTEC	个	2	语音主干 BD
13	理线架	NORTEC	个	20	FD 同配线架
14	理线架	NORTEC	个	3	BD 同配线架

四、任务训练

实操项目名称：某教学大楼综合布线系统工程

某教学大楼平面图如图 2-50 所示，分四层；楼长 96m，楼宽 15 m，楼层高 3.5m。

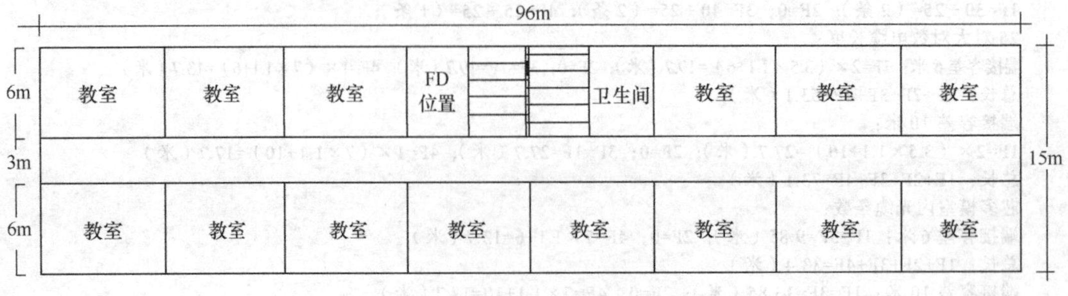

图 2-50　某教学大楼建筑平面草图

现大楼需要进行综合布线系统设计，此分项工程主要涉及网络系统和语音系统，采用的布线系统性能等级为 5e 类非屏蔽（UTP）系统。其中一层 60 个信息点（每间教室 4 个信息点），二层 53 个信息点（南面 8 间教室，每间教室 4 个信息点；北面 7 间教室，每间教室 3 个信息点），三层 45 个信息点（每间教室 3 个信息点），四层 38 个信息点（南面 8 间教室，每间教室 3 个信息点；北面 7 间教室，每间教室 2 个信息点）。网络和语音信息点各半。信息点距离每楼层配线间 FD 最短距离是 5m，最长 70m。

设计要点如下。

1. 工作区：全部采用超 5 类信息模块，单口信息面板设计，安装方式采用明装底盒固定。
2. 配线水平子系统：水平电缆为超 5 类 UTP 双绞线，安装方式为明装布线。
3. 垂直干线子系统：语音采用 25 对大对数，数据采用超 5 类 UTP 双绞线。
4. 设备间/配线间：水平配线架（语音、数据）全部选择超 5 类 24 口配线架，语音垂直干线配线架选择 100 对 110 型交叉连接配线架，数据垂直干线配线架 FD 采用 5 类 24 口配线架，BD 采用 5 类 24 口配线架。
5. 设备间或楼层配线架都位于竖井当中，设备间定于一楼。一楼 FD 和 BD 合用一个配线架，设备间用 BD 标识，楼层配理间用 FD 标识，数据点用 TO 标识，语音点用 TP 标识。

在设计出水平子系统的基础上，继续完成垂直干线子系统设计。

设计步骤如下。

1. 画出综合布线水平子系统和垂直干线子系统配置拓扑图。
2. 设计一至四层垂直干线子系统。
3. 设计方案包括：垂直干线子系统缆线统计表；设备间主配线架主要材料统计表。

任务 2.3　设计建筑群子系统

【学习目标】

知识目标：了解综合布线的设计规范。熟悉综合布线设计原则、步骤和方法。掌握综合布线建筑群子系统的设计过程。

技能目标：会进行综合布线建筑群子系统的设计和材料的估算。

一、任务导入

任务资料：某培训中心综合布线系统点位表见表 2-22。

表 2-22　　某培训中心综合布线系统点位表

楼栋	楼层	功能间	内网点	外网点	预留	语音点
行政办公大楼	一层	总值班室	1	1	4	2
		管理科（2 间）	8	1	8	4
		教育科（2 间）	8	1	8	4
		实训科	4	1	4	2
		生产科	4	1	4	2
		小计	25	5	28	14

续表

楼栋	楼层	功能间	内网点	外网点	预留	语音点
行政办公大楼	二层	办公室（2 间）	8	2	8	4
		文印室	4	0	4	2
		计财科（2 间）	4	0	8	3
		中层会议室	1	1	4	1
		小计	17	3	24	10
	三层	纪委书记室	1	1	6	2
		副校长室（2 间）	2	2	12	4
		工会办公室	1	1	6	2
		校长室	1	1	6	2
		党办会议室	1	1	6	1
		小计	6	6	36	11
	四层	政治处（2 间）	8	2	8	4
		外勤室	4	1	4	2
		接待室	4	1	4	2
		机要室	1	1	4	1
		档案室（2 间）	4	0	0	0
		小计	21	5	20	9
	五层	后勤房（7 间）				7
		小计				7
	总计		69	19	108	51
综合楼	一层	教员餐厅	1		0	0
		办公室	4		4	2
		小计	5		4	2
	二层	办公室	4		4	2
		小计	4		4	2
	三层	办公室	4		4	2
		小计	4		4	2
	总计		13		12	6
教育中心	一层	储藏室	2			2
		服务部	1			1
		仓库	1			0
		小计	4			2
	二层	值班室	1			0
		办公室	4			4
		诊室	2			2
		治疗室	1			1
		病房	1			1
		X 光室	2			1
		B 超室	2			
		药房	2			
		急救室	1			
		小计	16			9

续表

楼栋	楼层	功能间	内网点	外网点	预留	语音点
教育中心	三层	储藏室	1			
		办公室	4			4
		教研室（2 间）	8			8
		体操房	2			2
		大教室	1			
		保管室	1			
		电教室	1			
		演播室	1			1
		小计	19			15
	四层	音控室	1			
		卡拉 OK 室	1			
		电子阅览室	1			
		棋牌室	1			
		健身房	1			
		大教室（2 间）	2			
		计算机培训中心	5			5
		办公室	3			3
		小计	15			8
	五层	储藏室	1			
		办公室	4			4
		个体咨询室（2 间）	4			4
		心理档案室	1			
		团体咨询室	1	1	1	1
		宣泄室	1			
		心理测量室	5			5
		沙盘室	1			
		音乐厅	2			2
		小计	20	1	1	16
	总计		74	1	1	50
宿舍楼	一层	理发室	6			2
		阅览室	6			2
		兵乓球室	6			2
		健身房	6			2
		棋牌室	6			2
		储藏室（仪器仪表）	4		0	2
		培训器材储藏室（3 间）	12		0	6
		小计	46	0	0	18
	二层	教员办公室	12		4	2
		休息室	2		0	1
		储藏室	1		0	0
		小计	15		4	3
	三层	教员办公室	12		4	2
		休息室	2		0	1
		储藏室	1		0	0
		小计	15		4	3

续表

楼栋	楼层	功能间	内网点	外网点	预留	语音点
宿舍楼	四层	教员办公室	12		4	2
		休息室	2		0	1
		储藏室	1		0	0
		小计	15		4	3
	总计		91		12	27
汇总			247	20	133	134

任务目标：

根据某培训中心综合布线系统工程需求信息列出的综合布线系统点位表，设计一份建筑群子系统的设计方案。

（1）根据需求信息点位表画出综合布线建筑群子系统和垂直干线子系统的系统图。

（2）例出工程量配置表。

（3）画出建筑群子系统拓扑图。

（4）建筑群子系统缆线统计表。

（5）综合布线材料清单。

二、知识准备

（一）建筑群子系统设计规范

建筑群电缆布线根据建设方法分为地下和架空两种。地下方式又分为直埋电缆法、地下管道法和通道布线法。架空方式分为架空杆路和墙壁挂放两种方法。各种敷设方法如图 2-51、图 2-52、图 2-53 和图 2-54 所示。

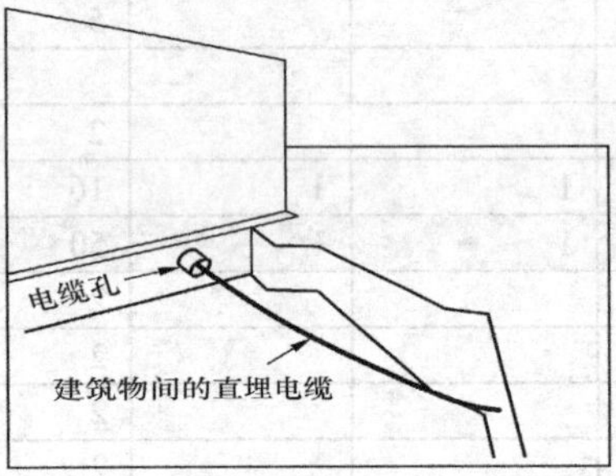

图 2-51　直埋电缆法

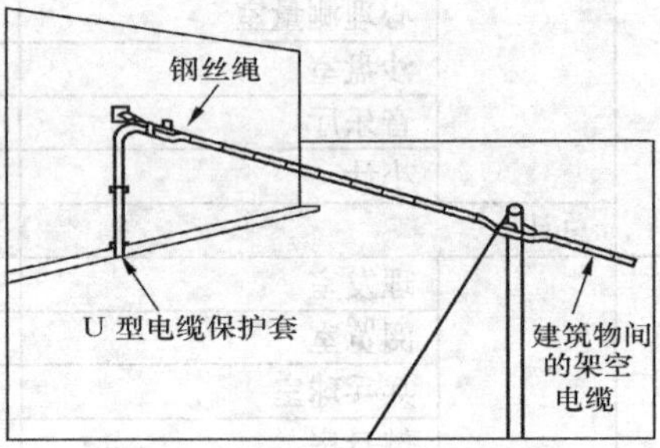

图 2-52　架空布线法

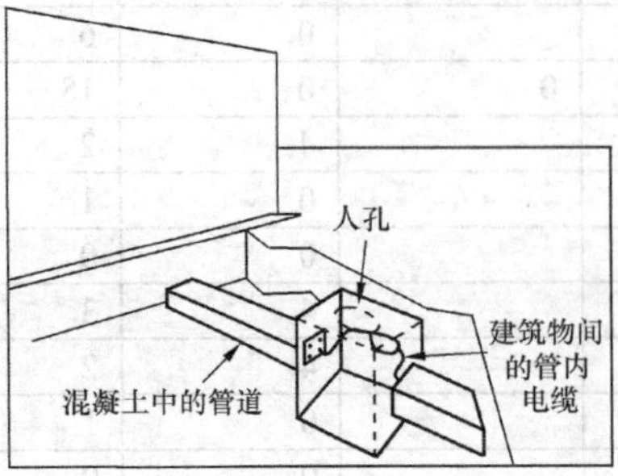

图 2-53　地下管道法

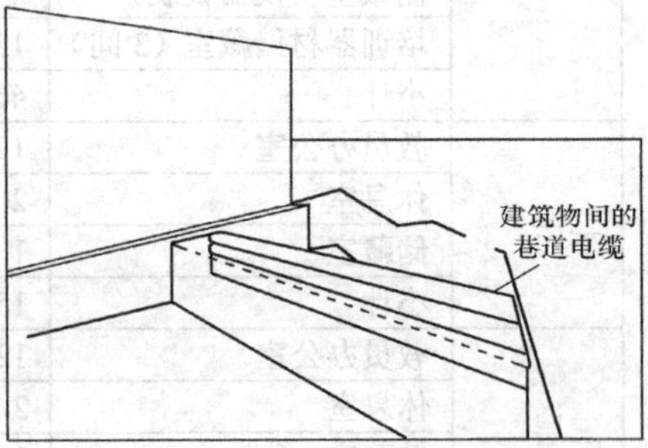

图 2-54　通道布线法

城市住宅小区地下综合布线管道规划应与城市通信管道和其他地下管线的规划相适应，必须与道路、给排水管、热力管、煤气管和电力电缆等市政设施同步建设。城市住宅小区地下综合布线管道应与城市通信管道和各建筑物的同类引入管道或引上管相衔接。其位置应选在建筑物和用户引入线多的一侧。

综合布线管道的管孔数应按终期电缆或光缆条数及备用孔数确定。

（1）建筑物管道引入。

① 综合布线系统通信线路的地下管道引入房屋建筑的路由和位置，应与房屋建筑设计单位协商决定。应由房屋的建筑结构和平面布置决定建筑物配线架的装设位置，要与其他管线之间有无互相影响或矛盾等因素综合考虑。

② 建筑物综合布线引入管道的每处管孔数不宜少于 2 孔。引入管道的管孔数量或预留洞孔尺寸除满足正常使用需要外，应适当考虑备用量，以便今后发展，建筑设计中必须加以考虑。

③ 引入管道或预留洞孔的四周应做好防水和防潮等技术措施，以免污水和潮气进入房屋。为此，空闲的管道管孔或预留洞孔及其四周都应使用防水材料和水泥砂浆密封堵严。

（2）管道材料的选。

① 综合布线管道管材的选用应符合下列要求：

综合布线管道与城市通信管道合建时，一般采用混凝土管，宜以 6 孔（孔径 90mm）管块为基数进行组合，或采用 62mm 等小孔径管块，在地下水位较高时宜采用塑料管道。

综合布线管道单独建设时，宜采用双壁波纹管、复合发泡管和实壁管等塑料管进行组合，管子的孔径应符合规定。

管道附挂在桥梁上或跨越沟渠有悬空跨度时，采用顶管施工方法。穿越道路或铁路路基时，埋深过浅或路面荷载过重、地基特别松软或有可能遭受强烈震动、有强电危险和可能受到干扰影响都需要考虑加以防护。建筑物的综合布线引入管道或引上管应该采用铁管，在腐蚀比较严重的地段采用钢管须做好钢管的防腐处理。

② 综合布线管道管孔的孔径应符合下列规定：

城市住宅区内综合布线管道管孔的孔径，混凝土管宜选用 90mm、62mm 等规格。塑料管选用 65mm 适用于穿放电缆，41mm 适用于穿放光缆或 4 对对绞电缆。

管孔内径与电缆或光缆外径的关系不应小于下列公式的规定：

$$D \geq 1.25d$$

式中：D——管孔内径（mm）；d——电缆或光缆外径。

③ 管道的埋深宜为 0.8m～1.2m。在穿越人行道、车行道、电车轨道或铁道时，最小埋深不得小于表 2-23 的规定。

表 2-23　　管道的最小埋深

管种	管顶至路面或铁道路基面的最小净距（m）			
	人行道	车行道	电车轨道	铁道
混凝土管、硬塑料管	0.5	0.7	1.0	1.3
钢管	0.2	0.4	0.7	0.8

④ 先行建设的建筑物应预埋引入管道，其管材宜采用 RC08 钢管，预埋长度应伸出外墙 2m，预埋管应由建筑物向人孔方向倾斜，坡度不得小于 4‰。地下综合布线管道进入建筑物处应采取防水措施。

（3）人（手）孔的设置。

① 人（手）孔位置选择。

人（手）孔位置应选择在管道分歧点、引上电缆汇接点和建筑物引入点等处。在交叉路口、道路坡度较大的转折处或主要建筑物附近宜设置人（手）孔。两人（手）孔间的距离不宜超过 150m。

人（手）孔位置应与其他地下管线的检查井相互错开。其他地下管线不得在人手孔内穿过。交叉路口的人（手）孔位置宜选在人行道上或偏于道路的一侧。人（手）孔位置不应设置在建筑物的门口，也不应设置在规划的屯放器材或其他货物堆场，更不得设置在低洼积水地段。

② 人（手）孔类型和规格。

终期管群容量小于 1 个标准 6 孔管块的管道、暗式渠道、距离较长或拐弯较多的引上管道等，宜采用手孔；终期管群容量大于或等于 1 个标准 6 孔管块的管道宜采用人孔。

（二）防护设计

防护设计的主要目的是防止外来电磁干扰和系统向外的电磁辐射。外来电磁干扰直接影响到系统的可靠运行和性能。而向外的电磁辐射则会造成系统信息的泄露。现有的网络，其传输速率一般在 10Mbit/s ~ 100Mbit/s，甚至更高，待传信号的频率很高，必然向外辐射大量的电磁波。因此我们必须采取合适的技术和设计方法，使系统可靠安全地运行。

（1）电气防护设计。

① 综合布线区域内存在的电磁干扰场强大于 3V/m 时，应采取防护措施。综合布线电缆与附近可能产生高频电磁干扰的电动机、电力变压器等电气设备之间应保持必要的间距。

② 综合布线电缆与电力电缆的间距应符合表 2-24 的规定。

表 2-24　综合布线电缆与电力电缆的间距

类别	与综合布线接近状况	最小净距（mm）
380V 电力电缆<2kVA	与缆线平行敷设	130
	有一方在接地的金属线槽或钢管中	70
	双方都在接地的金属线槽或钢管中	10
380V 电力电缆 2～5kVA	与缆线平行敷设	300
	有一方在接地的金属线槽或钢管中	150
	双方都在接地的金属线槽或钢管中	80
380V 电力电缆>5kVA	与缆线平行敷设	600
	有一方在接地的金属线槽或钢管中	300
	双方都在接地的金属线槽钢管中	150

注：① 当 380V 电力电缆<2kVA，双方都在接地的线槽中，且平行长度≤10m 时，最小间距可以是 10mm。

② 电话用户存在振铃电流时，不能与计算机网络在一根对绞电缆中一起运用。

③ 双方都在接地的线槽中，使用着两个不同的线槽，也可在同一线槽中用金属板隔开。

③ 墙上敷设的综合布线电缆、光缆及管线与其他管线的间距应符合表 2-25 的规定。

表 2-25　墙上敷设的综合布线电缆、光缆及管线与其他管线的间距

其他管线	最小平行净距（mm）	最小交叉净距（mm）
	电缆、光缆或管线	电缆、光缆或管线
避雷引下线	1000	300
保护地线	50	20
给水管	150	20
压缩空气管	150	20
热力管（不包封）	500	500
热力管（包封）	300	300
煤气管	300	20

注：如墙壁电缆敷设高度超过 6000mm 时，与避雷引下线的交叉净距应按下式计算：

$$S \geqslant 0.05L$$

式中：S —— 交叉净距（mm）；L —— 交叉处避雷引下线距地面的高度（mm）。

当综合布线区域内存在的干扰低于上述规定时，推荐采用非屏蔽缆线和非屏蔽配线设备进行布线。布线区域内存在的干扰高于上述规定时，或用户对电磁兼容性有较高要求时，宜采用屏蔽缆线和屏蔽配线设备进行布线，也可采用光缆系统。当综合布线路由上存在干扰源，且不能满足最小净距要求时，宜采用金属管线进行屏蔽。

（2）接地设计。

综合布线系统采用屏蔽措施时，必须有良好的接地系统，并应符合下列规定。

① 单独设置接地体时，保护地线的接地电阻值不应大于 4Ω；采用接地体时，不应大于 1Ω。

② 采用屏蔽布线系统时，所有屏蔽层应保持连续性。

③ 采用屏蔽布线系统时，屏蔽层的配线设备（FD 或 BD）接地端必须良好接地，用户（终端设备）接地端视具体情况应接地，两端的接地应连接至同一接地体。若接地系统中存在两个不同的接地体时，其接地电位差不应大于 1V。

采用屏蔽布线系统时，每一楼层的配线柜都应采用适当截面的铜导线单独布线至接地体，也可采用竖井内集中用铜排或粗铜线引到接地体，导线或铜导体的截面应符合标准。接地导线应接成树状结构的接地网，避免构成直流环路。每个楼层配线架应单独设置接地导线至接地体装置，成为并联连接，不得采用串联连接。干线电缆的位置应尽可能位于建筑物的中心位置，当电缆从建筑物外面进入建筑物时，电缆的金属护套或光缆的金属件均应有良好的接地。

接地导线应选用截面积不小于 2.5mm^2 的铜芯绝缘导线。对于非屏蔽系统，非屏蔽缆线的路由附近敷设直径为 4mm 的铜线作为接地干线，其作用与电缆屏蔽层完全相同。接地导线距离要求见表 2-26。

表 2-26　接地导线距离要求

名称	接入用户电话交换机的工作站数量（个）	专线的数量（条）	通信引出端的数量（个）	工作区的面积（m^2）	接线间或电脑室的面积（m^2）	选用绝缘铜导线的截面积（mm^2）
接地距离≤30m	≤50	≤15	≤75	≤750	10	6～16
接地距离≤100m	≤50 ≤300	≤15 ≤80	≤75 ≤450	≤705 ≤4 500	15	16～50

（3）防雷设计。

当电缆从建筑物外面进入建筑物时，应采用过压、过流保护措施，并符合相关规定。

1）当通信线路处在下述的任何一种情况时，就认为该线路处于危险环境内，根据规定应对其采取过压、过流保护措施。

① 雷击引起的危险影响。

② 工作电压超过 250V 的电源线路碰地。

③ 地电位上升到 250V 以上而引起的电源故障。

④ 交流 50Hz 感应电压超过 250V。

2）当通信线路能满足和具有下述任何一个条件时，可认为通信线路基本不会遭受雷击，其危险性可以忽略不计。

① 该地区每年发生的雷暴日不大于 5 天，其土壤电阻率ρ小于等于 100Ω · m。

② 建筑物之间的通信线路采用直埋电缆，其长度小于 42m，电缆的屏蔽层连续不断，电缆两端均采取了接地措施。

③ 通信电缆全程完全处于已有良好接地的高层建筑，或其他高耸构筑物所提供的类似保护伞的范围内，如有些智能化小区具有这样的特点，而且电缆有良好的接地系统。

3）综合布线系统中采取过压保护措施的元器件，目前有气体放电管保护器或固态保护器两种，宜选用气体放电管保护器。

4）综合布线系统的缆线会遇到各种过电压，有时过压保护器因故而不动作。例如 220V 电力线可能不足，以使过压保护器放电，却有可能产生大电流进入设备。因此，必须同时采用过电流保护，为了便于维护检修，建议采用能自复的过流保护器。

5）当智能化建筑避雷接地采用外引式泄流引下线入地时，通信系统接地应与建筑避雷接地分开设置，并保持规定的间距。

6）智能化建筑内综合布线系统的有源设备的正极、外壳、主干电缆的屏蔽层及其连通线均应接地，并应采用联合接地方式。当采用联合接地方式时，为了减少危险，要求总接线排的工频接地电阻不应大于 1Ω，以限制接地装置上的高电位值出现。

（4）防火设计。

根据建筑物的防火等级和对材料的耐火要求，综合布线应采取相应的措施。在易燃的区域和大楼竖井内布放电缆或光缆，应采用阻燃的电缆和光缆。在大型公共场所宜采用阻燃、低燃、低毒的电缆或光缆。相邻的设备间或交换间应采用阻燃型配线设备。在设计中还要注意下列防火措施。

① 智能化建筑中的易燃区域、上升房或电缆竖井内，综合布线系统所有的电缆或光缆都要采用阻燃护套。如果这些缆线是穿放在不可燃的管道内或在每个楼层均采取切实有效的防火措施，如用防火堵料和防火板堵封严密时，可以不设阻燃护套。

② 在上升房或易燃区域中，所有敷设的电缆或光缆宜选用防火和防毒的产品。这样万一发生火灾，因电缆或光缆具有防火、低烟、阻燃或非燃等性能，不会或很少散发有害气体，对于救火人员和疏散人流都有较好作用。目前，采用的有低烟无卤阻燃型（LSHF-FR）、低烟无卤型（LSOH）、低烟非燃型（LSNC）和低烟阻燃型（LSLC）等多种产品。此外，配套的接续设备也应采用阻燃型的材料和结构。如果电缆和光缆穿放在钢管等非燃烧的管材中，且不是主要段落时，可考虑采用普通外护层。当重要布线段落是主干缆线时，考虑到火灾发生后钢管受到烧烤，管材内部形成的高温空间会使缆线护层发生变化或损伤，也应选用带有防火和阻燃护层的电缆或光缆，以保证通信线路安全。

（三）综合布线系统与建筑物其他系统的配合

建筑群配线设备 CD 宜安装在进线间，并可与入口设施或 BD 合用场地。CD 配线设备内、外侧的容量应与建筑物内连接 BD 配线设备的建筑群主干线缆容量及建筑物外部引入的建筑群主干线缆容量相一致。

建筑群系统布线应用点对点端接是最简单、最直接的配线方法，电信间的每根建筑群干线直接从设备间布放到指定建筑物的楼宇设备间或电信间，并终接于目的地的配线设备。建筑物自动化系统的各种设备均由所属系统决定，它们的传输信息的线路可由综合布线系统统一规划和通盘考虑，如果纳入综合布线系统工程设计和施工中，一般应注意以下几点。

1. 关于纳入综合布线系统的技术方案

智能化建筑中的建筑自动化系统，其线路常用于传输控制、监测和显示低压信号（低压信号主要指各种控制、监测、信号显示或音响报警等 24V 以下的直流信号）。设计综合布线系统的技术方案时，应注意以下几点。

（1）建筑自动化系统品种类型较多，有星形、环形和总线型等不同的网络拓扑结构，其终端设备使用性质各不相同，且它们的装设位置也极为分散。

（2）低压信号不包括 24 V 火灾报警、消防联防等直流信号。

（3）建筑自动化系统在传输信号过程时，有可能产生电缆线路短路、过压或过流等问题，必须采取相应的保护措施，不应因线路障碍或处理不当，将交直流高电压或大电流引入综合布线系统而损坏通信设备，造成更大的事故。

（4）关于建筑自动化系统传输信号线路的选用。

由于建筑自动化系统中包含有各种设备，其控制、监测的信号和要求及位置有所不同，因此应根据它们的数据或信号的传输速率、客观环境、设备特点和工程费用等来选择相应的缆线。

2. 关于消防通信系统问题

消防通信是一个关系到国家财产和人身安全的重要设施。我国早在国家标准《火灾自动报警系统设计规范》（GBJ116—88）和国家标准《火灾自动报警系统施工验收规范》（GBJ 50166—92）中都对消防通信系统提出以下原则要求。

（1）在智能化建筑中专用的消防通信应为独立的火警电话通信系统，不得与其他通信系统合用。

（2）按照规范要求，在智能化建筑中必须设置对讲电话或对讲录音电话。

（3）智能化建筑的消防控制室内应设置向当地公安消防部门直接报警的外线电话，其通信线路可以通过综合布线系统与公用通信网连接，也可以设专线直接与公用通信网连接。

（4）消防通信系统的传输线路一般不与综合布线系统合设，但有时为了保证消防工作正常进行或有特殊要求，在综合布线系统的某些段落适当考虑互相结合，设有备用通路。

三、任务分析

建筑群子系统应由连接多个建筑物之间的主干电缆和光缆、建筑群配线设备（CD）及设备缆线和跳线组成。还包括设备间，设备间是在每幢建筑物的适当地点进行网络管理和信息交换的场地。对于综合布线系统工程设计，设备间主要安装建筑物配线设备。电话交换机、计算机主机设备及入口设施也可与配线设备安装在一起。进线间是建筑物外部通信和信息管线的入口部位，并可作为入口设施和建筑群配线设备的安装场地。

（1）根据需求信息点位表，画出综合布线建筑群子系统和垂直干线子系统的系统图，如图 2-55 所示。

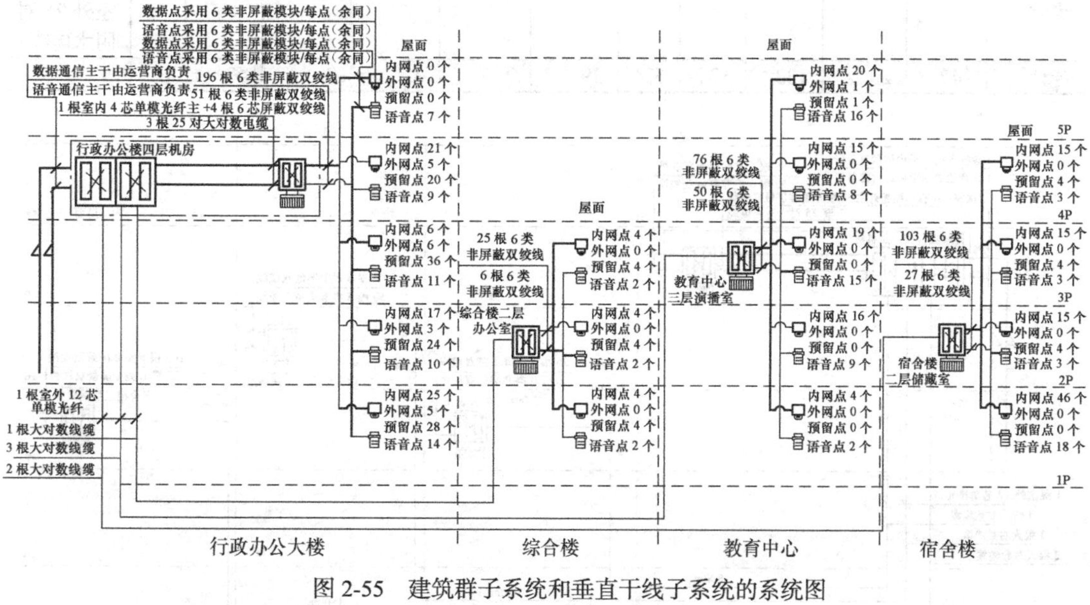

图 2-55　建筑群子系统和垂直干线子系统的系统图

（2）工程量配置表见表 2-27。

（3）画出建筑群子系统拓扑图，如图 2-56 所示。

表 2-27　　　　　　　　　　　　工程量配置表

配线间	内网数据点	外网数据点	预留数据点	语音点	总信息点	24口6类配线架	100对110配线架	12口光纤配线架	24口光纤配线架	1U理线架	机柜	备注
行政办公楼4F (中心机房CD)	0	0	0	0	0	1	3		2	6	2	机房
行政中心4FBD	69	19	108	51	247	13	1	1		15	1	1根4芯室内多模光缆+4根六类4对UTP，3根室内25对电缆
综合楼二楼办公室	13	0	12	6	31	3	1	1		5	1	1根12芯室外单模光缆，1根室外25对阻水电缆
教育中心三层演播室	74	1	1	50	126	7	1	1		9	1	1根12芯室外单模光缆，3根室外25对阻水电缆
宿舍楼二层储藏室	91	0	12	27	130	5	1	1		7	1	1根12芯室外单模光缆，2根室外25对阻水电缆
合计	247	20	133	134	534	29	7	4	2	42	6	

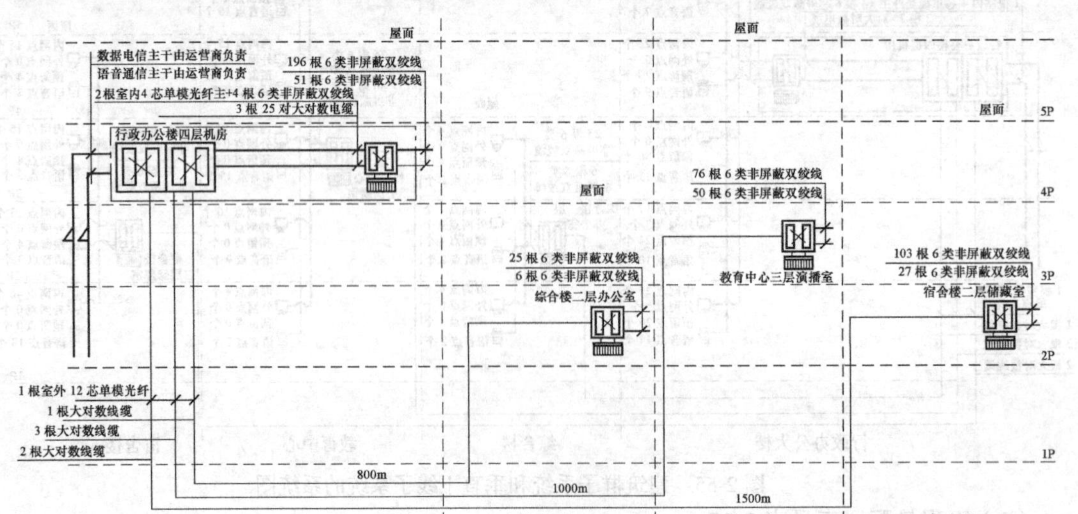

图 2-56　综合布线建筑群子系统拓扑图

（4）建筑群子系统缆线统计表见表 2-28，主材料统计表见表 2-29。

表 2-28　　建筑群子系统缆线统计表

区域	链路平均长度（m）	25 对大对数电缆条数	25 对大对数电缆长度	4 对 6 类 UTP 双绞线缆条数	4 对 6 类 UTP 双绞线缆长度	4 芯多模室外光缆条数	4 芯多模室外光缆长度	12 芯多模室外光缆条数	12 芯多模室外光缆长度
	1.1×长度+6								
行政办公大楼	估 17	3	51	4	68	1	17	0	0
综合楼	886	1	886	0	0	0	0	1	886
教育中心	1106	3	3318	0	0	0	0	1	1106
宿舍楼	1656	2	3312	0	0	0	0	1	1650
小计		9	7567	4	68	1	17	3	3642

表 2-29　　建筑群子系统 CD-BD 配线间主要材料统计表

区域	24 口 6 类配线架	ST12 口光纤配线架	ST24 口光纤配线架	100 对 110 配线架	1U 理线架	机柜
BD	1	4		4	9	3
CD	1	0	2	3	6	2
小计	2	4	2	7	15	5

（5）综合布线材料清单表见表 2-30。

表 2-30　　材料清单

序号	名称	规格/型号	单位	数量	备注
1	单孔面板	NORMS8601A	个	534	
2	6 类非屏蔽模块	NORMCAT6A	个	534	
3	4 对 6 类非屏蔽双绞线	NOR1081004	305 米/箱	90	其中约 200 米作为行政中心备用主干
4	24 口 6 类非屏蔽配线架（集成式）	NORPS6M-24D	个	29	
5	6 类 1 米非屏蔽跳线	NORDC6B1	个	400	
6	6 类 3 米非屏蔽跳线	NORDC6B3	个	400	
7	100 对 110 语音配线架	NORPS110D-100	个	7	
8	RJ45-1 对压接跳线	NORDP1RF1	条	134	
9	语音 25 对室内主干电缆	NOR1031025	米	150	
10	语音 25 对室外主干电缆	NOR1031025S	米	7247	
11	1U 理线器	NORPS110D	个	42	
12	12 口 ST 光纤配线架	NFPB121	套	4	
13	24 口 ST 光纤配线架	NFPB241	套	2	
14	ST-SC 单模光纤跳线	NFA1123	对	10	
15	1 米单模尾纤 ST	NFA1011	条	80	
16	ST 耦合器	NFM1111	个	80	
17	4 芯室内多模光缆（9/125）	NFC1212	米	17	
18	12 芯室外单模光缆（9/125）	NFC2112	米	3642	
19	42U 服务器机柜	NCB42-610BAA	台	1	
20	42U 标准网络机柜	NCB42-66BAA	台	1	
21	27U 标准网络机柜	NCB27-67BAA	台	2	
22	18U 标准网络机柜	NCB18-68BAA	台	2	
23	材料费合计（含税）				
24	税点				
25	总费用				

注：此案线缆按可每箱布 6 个点估算。

四、任务训练

实操项目名称：某校园建筑群综合布线系统工程

项目需求信息：

平面图如图 2-57 所示，体育馆为二层，每层 5 个信息点；科学楼为六层，每层 10 个信息点；教学楼为七层，每层 6 个信息点；办公楼为三层，每层 9 个信息点；楼的每层层高为 3.5 米。

每一个信息点一个电话接口和一个计算机接口。

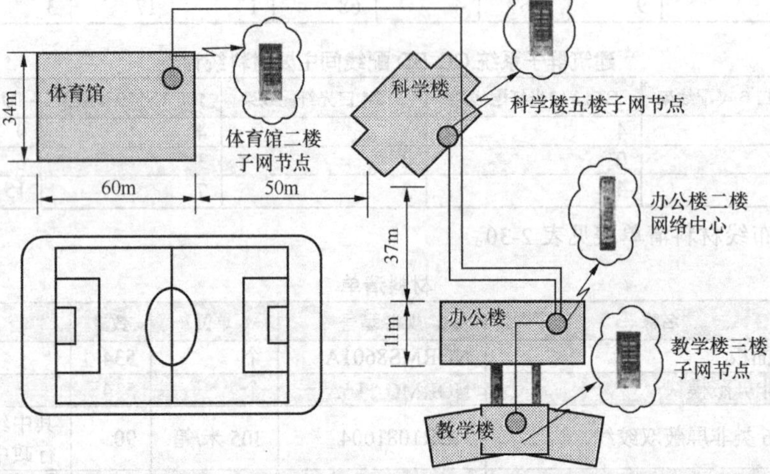

图 2-57　校园建筑群综合布线草图

设计要点：

每一个信息点一个电话接口和一个计算机接口，根据某校园建筑群子系统草图设计一份建筑群子系统的设计方案。

（1）根据需求信息列出综合布线系统点位表。

（2）根据需求信息点位表画出综合布线建筑群子系统和垂直干线子系统的系统图。

（3）列出工程量配置表。

（4）画出建筑群子系统拓扑图。

（5）建筑群子系统缆线统计表。

（6）CD-BD 配线间主要材料统计表。

任务 2.4　实践综合布线系统整体设计方案

综合布线系统应为开放式网络拓扑结构，应能支持语音、数据、图像、多媒体业务等信息的传递。综合布线系统工程宜按 3 个子系统，分别是配线子系统、干线子系统、建筑群子系统和工作区、设备间、进线间及管理 7 个部分进行设计。

【学习目标】

知识目标：全面了解综合布线的设计规范。熟悉综合布线设计原则、步骤和方法。掌握综合布线系统的设计过程。

技能目标：会进行综合布线系统方案的整体设计和材料的估算。

一、任务导入

任务资料：

×××工程建筑面积近15000m^2，共22层，建筑竣工，未装修。

总楼层数：地下1层、地上21层。

主楼每层楼高4m，楼层为20m×34m的近似长方形结构，中央为走廊，四周为办公楼，弱电井在楼梯附近，大楼中心位置。每层实际办公使用面积为600m^2。

计算机中心位置：地上21层。

交换机房位置：地上2层。

主要用途：机关办公使用，主体21层，地下1层，建筑总高度87.25m；附属裙楼5层，地上4层，地下1层，建筑高度为17.1m。主楼地上21层主要作为办公室、领导办公室、资料室、存储室、会议室、多功能厅、计算机中心机房等功能使用。裙楼主要作为办证大厅、客房、培训教室、餐厅、客房和大会议使用。地下一层主要是车库。

大楼属于新建的办公大楼，在进行智能化系统建设时，必须考虑系统的投资经济性、建设合理性、实用性、先进性、方便性和高效性，按技术要求高质量地实现各子系统功能，并合理、充分地考虑它们之间的关联，提供集成接口，最终实现整幢大楼信息资源的一体化共享和管理。

智能化系统既涉及建筑结构，同时又涉及计算机、通信、自动控制等多项现代高新技术领域，是一项复杂的大型系统工程，要求高起点、高标准，应统一、分步实施。该工程既要体现“以人为本”的原则，具备先进性及适度超前的技术前瞻性，又要具备集成性、安全性、可靠性、可管理和易维护性，而且还应具备成熟性和实用性，以达到现有政务服务与未来需求完美结合的目标。

任务目标：

按有效面积，每10m^{2}设一个语音点和一个数据点。要求工程能够满足未来20年的需求，每个信息点能够灵活地应用，可随时转换接插电话、微机或数据终端、门禁、消防等。

为了真正实现办公自动化、无纸化办公的需求，在本规划方案中，综合布线系统的设计需要满足下列应用系统连接：

① 安全防范系统；

② 背景音乐及公共广播系统；

③ 背景音乐及消防广播系统；

④ 信息发布系统；

⑤ 智能一卡通系统；

⑥ 交警指挥中心指挥系统；

⑦ 多媒体会议系统；

⑧ 网络中心设备；

⑨ 大楼综合防雷、接地系统。

二、知识准备

（一）设计依据

综合布线各项国家标准（略）及用户提供的技术需求报告。

本方案根据水平线独立应用的原则，为端到端6类线配置高速数据点。并可随着用户的进一步应用需求，通过相应适配器或转换设备，满足门禁系统、视频监控（CCTV）、有线电视（CATV）以及多媒体会议电视等系统的传输应用。整个布线系统由水平干线子系统、垂直主干子系统和建筑群子系统组成，工作区、设备间、楼层通信管理间包括在上述3个子系统中。将主楼与裙楼设为建筑群子系统。方案设计充分考虑了高度的可靠性、高速率传输特性、灵活性及可扩充性。

（二）系统设计目标

先进性、经济实用性、开放性、可靠性、标准化、可扩展性、易维护性。由于大楼的智能系统繁杂，运行过程中维护是很重要的，因此系统应操作简便。凡与用户交互的界面均以具体文字显示，使用者不需要具备专业的计算机知识，就能方便、正确地使用。

三、任务分析

（1）综合布线系统。

综合布线系统（GCS）是建筑物或建筑群内部之间的传输网络，是实现语音通信和数据通信的综合物理链路。

语音通信包括：①普通语音（简称电话）信息口；②保密电话（简称红机）信息口。

数据通信包括：①公安系统办公业务网（简称公安专网）；②政府系统办公业务资源网（简称政务网）；③涉密网；④公众信息网（简称外网）。

（2）安全防范系统。

建立完善的安全防范系统，是对办公楼内人员和设备提供安全保障的必要保证。为了加强其对意外灾害和突发事件的预防和管理能力，需要建立以综合安保系统为主体的现代化安全防范管理体系，以实现对大楼内部主要部位全面有效地全天候监控与保护，有效防护大楼的安全。

在本设计中，安全防范系统包括以下两个子系统：闭路监控子系统和入侵报警子系统。在主楼一层“消控中心”建立安全防范中心，能够将上述所有系统即闭路监控子系统和入侵报警子系统有机结合在一起，对办公楼所有的保安监控设备进行管理和控制。

（3）背景音乐及消防广播系统。

背景音乐及消防广播系统为大楼创造一个轻松、舒适的办公环境，加强其对意外火灾的处理能力，它具备日常使用时的背景音乐、业务广播与公共广播功能，以及火灾自动报警时的消防紧急广播功能。

（4）有线电视系统。

有线电视系统是现代化智能大楼不可缺少的弱电系统，它是一个由信号源、前端、传输分配网络建立起来的完整体系。它作为现代媒体传输的一种重要手段，正在发挥越来越大的作用。在本设计规划方案中，有线电视系统采用860MHz带宽邻频双向传输模式设计，确保有线电视系统能够适应将来HFC宽带综合业务网的应用。

（5）电子信息发布系统。

电子信息发布系统由LED电子显示屏系统和触摸查询系统组成，在楼内适当位置安装LED电子显示屏和触摸屏，与计算机连网发布有关信息。

（6）智能一卡通系统。

① 门禁管理系统。在重要的部位如电子信息机房、枪械库、弹药库等设置门禁管理系统，可时刻对进出的人员进行自动记录，对重要区域的进入进行双重验证，限制人员的出入区域、出入时间，礼貌地拒绝不速之客，同时也将有效地保护财产、人身安全不受非法侵犯。

② 电子考勤管理系统。员工上、下班时，用IC卡进行考勤，每日的考勤记录会转变成电子文档转到计算机上，考勤软件会自动汇总和统计每一位职员的考勤情况，如迟到、早退、加班情况。

③ 会议签到管理系统。用智能卡进行会议签到，方便与会人员的出席签到、会议管理人员的统计和查询，为有效地掌握、管理与会人员出入和出席情况提供了轻松的解决方案。

④ 停车场管理系统。停车场管理系统是停车场读卡控制器、闸栏、传输总线构成停车场管理网络。通过对停车场出入口的控制，完成对车辆进出的有效管理。

（7）交警指挥中心指挥系统。

（8）多媒体会议系统。

营造良好的会议环境，满足现代社会对信息化会议的需求，多功能会议系统正在成为企事业办公大楼不可或缺的系统。它能为与会者提供声图并茂的会议环境，以及各种多媒体会议资料与信息，以方便会议出席者并供领导进行会议及讨论决策。

（9）弱电机房建设。

机房放置了许多贵重的电子设备，机房环境的好坏关系到设备的稳定性、安全性及设备的使用寿命，人员办公的舒适性等。要求对机房的温度、湿度、接地、防静电等指标按照国标推荐的A级标准进行设计。在对机房建设时，还必须考虑雷击及感应雷对设备造成的影响。

（10）网络中心设备。

在满足×××指挥中心大楼需求的前提下，充分考虑信息社会迅猛发展的趋势。在技术上适度超前，使所提出的规划方案保证既能将大楼建成先进的、现代化的网络优化，有服务器、路由器，且核心交换机、接入层交换机、防火墙系统可提供1000Mbit的模块化架构和丰富的虚拟化功能。

（11）大楼综合防雷与接地。

防雷与接地系统是智能化系统建设中的一项重要内容，不仅影响到智能化系统设备本身的正常运行，而且还直接关系到智能化系统设备和工作人员的安全。防雷与接地系统是否良好是衡量一个智能化系统建设质量的关键性问题之一。

（12）综合管路系统。

综合管路系统为各弱电系统设备连接与集成提供桥梁，由弱电桥架、管子及辅助材料构成。综合管路系统的设计以弱电系统的整体和初步设计为基础，使整个弱电系统达到结构完整，系统集成、扩充和维护方便的目的。

1. 信息点布置原则

本设计规划方案中主要根据各使用单位的要求、房间的特点、用途等进行敷设。共涉及信息点的种类为：公安专网数据点、互联网数据点、涉密网数据点、政务网数据点、公安专网 VOIP 电话备用点、保密电话点、公网电话点、备用数据点、光纤至桌面点 9 种类别。

2. 综合布线系统结构及设计

综合布线系统（GCS）应是开放式星形拓扑结构，系统按国家《建筑与建筑群综合布线系统工程设计规范》（GB/T50311—2007），由以下各部分组成：工作区、楼层管理间、水平布线子系统、垂直（主干）布线子系统、设备间。

根据业主的需求及公安系统办公的需要，综合布线系统主要对语音通信和数据通信进行设计，大楼综合布线结构图如图 2-58 所示。

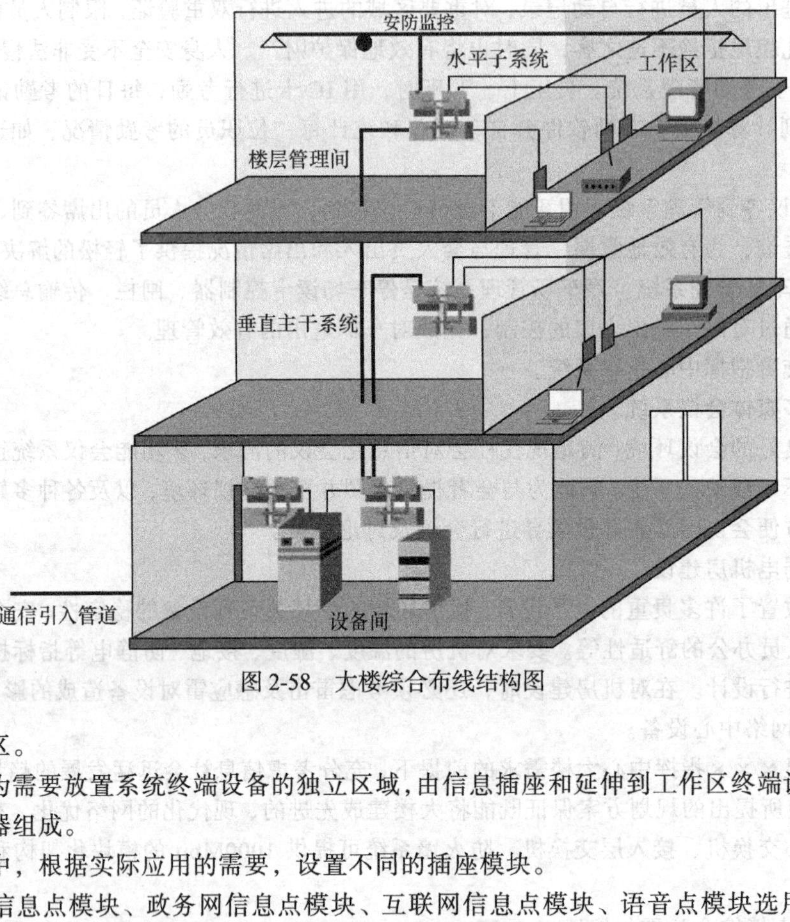

图 2-58　大楼综合布线结构图

（1）工作区。

工作区是为需要放置系统终端设备的独立区域，由信息插座和延伸到工作区终端设备处的连接电缆及适配器组成。

在本设计中，根据实际应用的需要，设置不同的插座模块。

公安专网信息点模块、政务网信息点模块、互联网信息点模块、语音点模块选用 6 类非屏蔽模块，涉密网、保密电话信息点模块选用 6 类屏蔽模块。光纤至桌面点选用多模 SC 型插座模块。

综合布线系统使用灵活方便，在实际使用过程中，可依据功能变更需要适当进行调整。信息插座安装高度距地坪 0.3m 的标高安装，信息插座与强电插座边距最少应保持 10cm，要求强电插座与信息插座等高，以保证墙面的美观。

（2）水平干线子系统。

水平布线由工作区的信息插座、信息插座至楼层配线设备（FD）的配线电缆或光缆、楼层配线设备和跳线等组成。水平电缆的最大长度为 90m（红机电话的水平电缆可以不必遵循此规定），另有 10m 分配给工作区跳线、设备跳线、配线架上的接插跳线，如图 2-59 所示。

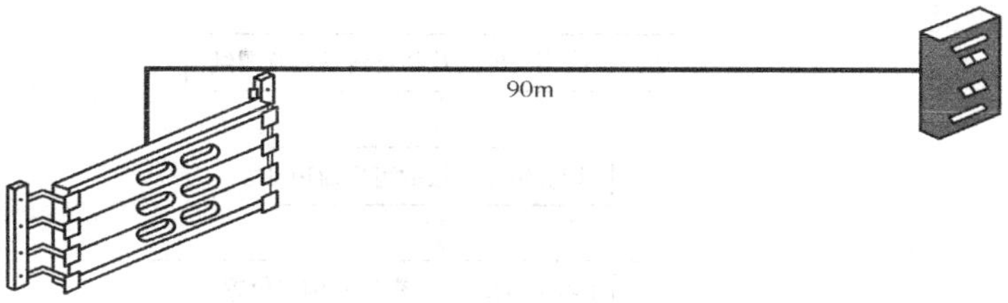

图 2-59 水平线缆连接示意图

在本设计中，公安专网、政务网、互联网、语音点传输采用 6 类 4 对 UTP 非屏蔽双绞线，涉密网数据传输采用 6 类 4 对 F^2TP 屏蔽双绞线，保密电话传输采用超 5 类 4 对 F^2TP 屏蔽双绞线，光纤至桌面点传输使用室内 4 芯多模光纤。

（3）主干布线子系统。

主干布线子系统由设备间的建筑物配线设备（BD）和跳线以及设备间至各楼层交接间的干线电缆组成。

① 在本设计中，数据主干大部分采用 4 根室内 6 芯多模光纤（其中公安专网、政务、互联网和公安专网 VOIP 电话网各用一根 6 芯多模光纤）；在有涉密的网点如公安专网 VOIP 电话网的楼层增加 1 根室内 4 芯多模光纤。

② 语音主干采用 3 类 25 对大对数电缆，预留 10%的冗余。

③ 对于“网安”机房、“网侦”机房、总信息中心机房、行动支队主机房、指挥中心机房，由于对数据有特殊的要求，应从电信机房各引 2 根 16 芯光纤至以上的各个机房。对于指挥中心机房，由于对数据的传输方式有特殊要求，还需要从电信机房敷设一根同轴电缆来满足使用要求。不在此设计中体现。

（4）楼层管理间。

管理子系统是由配线架、跳线以及相关的有源设备（服务器及交换机等）组成，管理应对设备间、交接间和工作区的配线设备、线缆、信息插座等设施按一定的模式进行标识和记录，并设置中文管理文档。文档包括设备和线缆的用途、使用部门，组成局域网的拓扑结构，信息插座及配线架的编号、色标，链路的功能和各项主要特征参数，链路的完好状况、故障记录等内容，还应标明设备位置和线缆的走向等内容。计算中心机房和机要室屏蔽机房位于 21 层。

在本设计规划方案中，每层均设置管理间，公安专网、政务网、互联网、语音点采用普通机柜，涉密网点设置单独的屏蔽机柜并可靠接地，确保与其他网络实现完全物理隔离。

（5）大楼设备间。

设备间是由总配线架、跳线及相关有源设备（服务器及交换机等）等组成的。总配线架收集来自各水平子系统的线缆，并与相关有源设备通过跳线或对接实现系统的联网。

在本设计规划方案中，在主楼二层设置运营商的专用机房，运营商的所有电缆、光缆接入均引至该设备间。

（6）外线引入。

作为综合布线线缆引入配线架前或配线架上必须设置防雷的保安单元，同时外部各类信号的进线如采用铜缆作为传输介质的也需安装相应的防雷设施。

在本设计规划方案中，数据信号的传输采用 4 根室外 6 芯多模光纤，分别传输公安专网、政务网、涉密网和互联网信息；语音信号的传输采用 3 类 25 对大对数电缆。

3. 相关计算步骤

（1）相关的计算步骤如图 2-60 所示。

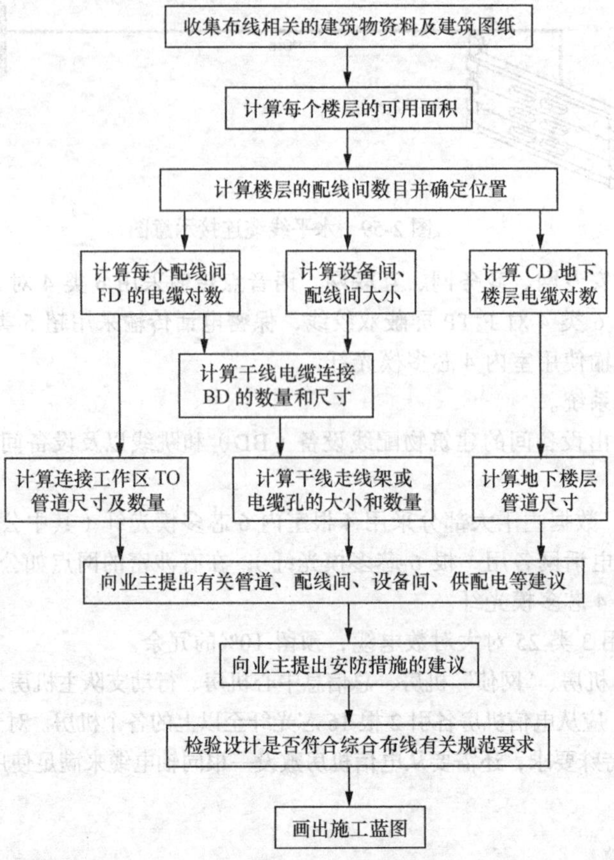

图 2-60　相关计算步骤

（2）大楼建筑平面结构如图 2-61 所示。

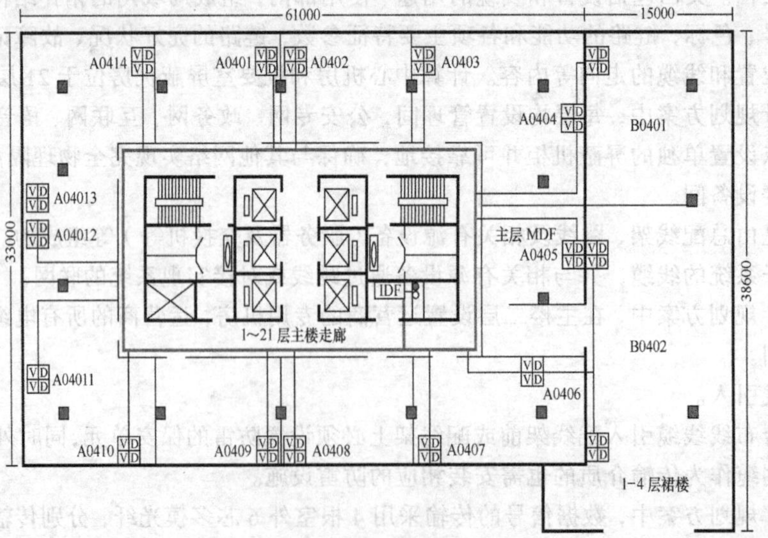

图 2-61　系统布置平面图

（3）综合布线垂直路由草图如图 2-62 所示。

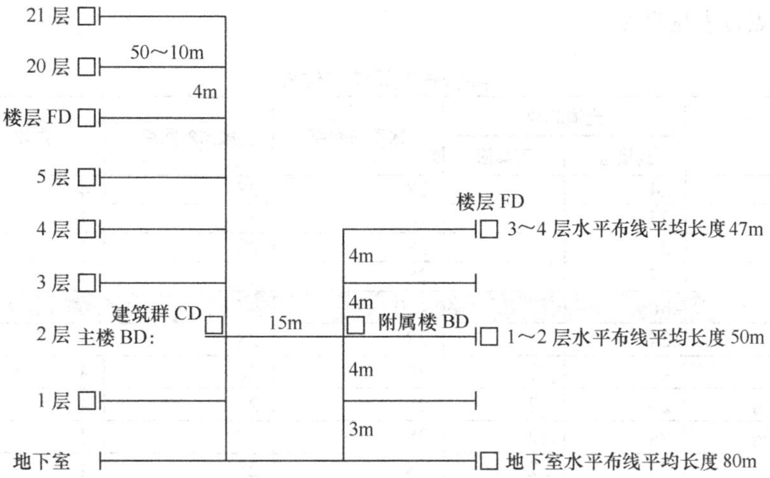

图 2-62　综合布线垂直路由

（4）办公大楼综合布线系统图如图 2-63 所示。

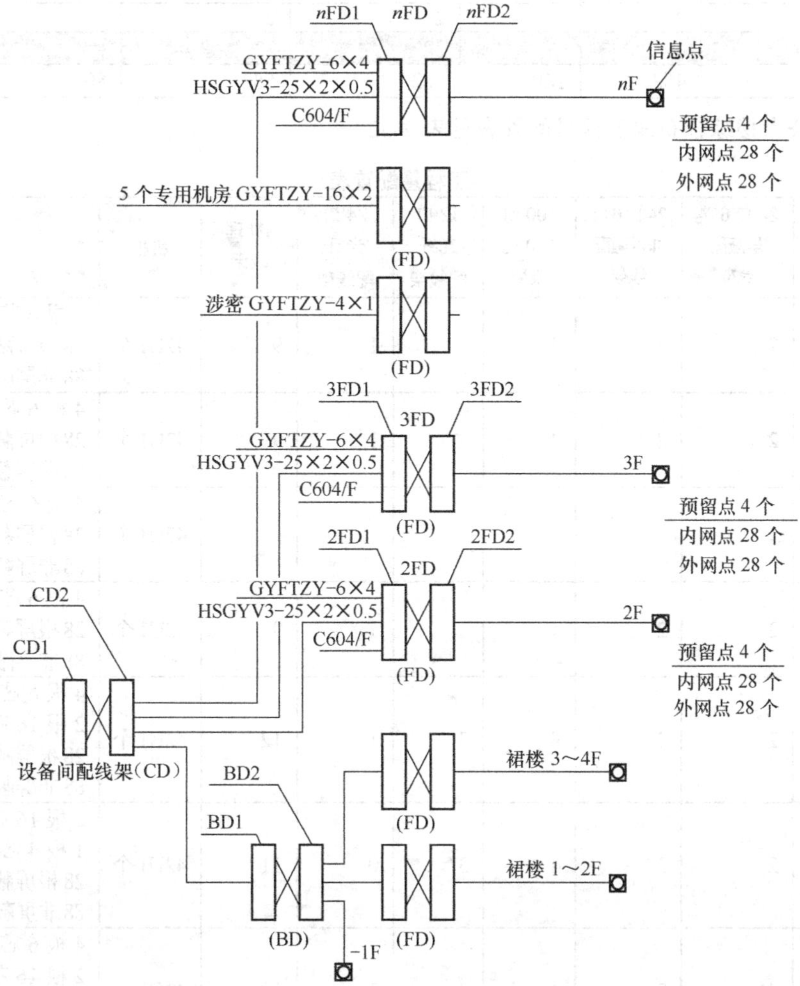

图 2-63　办公大楼综合布线系统图

（5）系统点位表见表 2-31。

表 2-31　综合布线系统点位表

楼层	光缆芯数		数据内网点	数据外网点	预留	语音点
	到楼层	到桌面				
2	24		28	28	4	60
3	24		28	28	4	60
n	24		28	28	4	60
21	24		28	28	4	60
共 15 层小计	360		420	420	60	900
“网安”机房	24	32	28	28	4	60
“网侦”机房	4	32	28	28	4	60
总信息中心机房	24	32	28	28	4	60
行动支队主机房	24	32	28	28	4	60
指挥中心机房	24	32	28	28	4	60
小计	100	160	140	140	20	300
裙楼 3-4F	4		8	8		16
裙楼 1-2F	4		12	12		12
-1F	0		2	2		4
小计	8		22	22		32
总计	468	160	582	582	80	1232

（6）办公大楼综合布线工程量配置表见表 2-32。

表 2-32　工程量配置表

楼层配线间	24 口 6 类屏蔽配线架	24 口 6 类非屏蔽配线架	100 对 110 配线架	12 口光纤配线架	24 口光纤配线架	1U 理线架	机柜	备注
2 层（FD）	2	2	4		1	9	42U1 个	4 根 6 芯光缆, 28 根屏蔽 6 类 4 对 STP 88 非屏蔽 6 类 4 对 UTP
3 层（FD）	2	2	4		1	9	42U1 个	4 根 6 芯光缆, 28 根屏蔽 6 类 4 对 STP 88 非屏蔽 6 类 4 对 UTP
N 层（FD）							42U1 个	4 根 6 芯光缆, 28 根屏蔽 6 类 4 对 STP 88 非屏蔽 6 类 4 对 UTP
21 层（FD）	2	2	4		1	9	42U1 个	4 根 6 芯光缆, 28 根屏蔽 6 类 4 对 STP 88 非屏蔽 6 类 4 对 UTP
“网安”层	2	2	4	3	1	12	42U1 个	4 根 6 芯光缆, 2 根 16 芯光缆 28 根屏蔽 6 类 4 对 STP 88 非屏蔽 6 类 4 对 UTP
“网侦”层	2	2	4	3	0	11	42U1 个	2 根 16 芯光缆 1 根 4 芯光缆 28 根屏蔽 6 类 4 对 STP 88 非屏蔽 6 类 4 对 UTP
信息中心层	2	2	4	3	1	12	42U1 个	4 根 6 芯光缆, 2 根 16 芯光缆 28 根屏蔽 6 类 4 对 STP 88 非屏蔽 6 类 4 对 UTP

续表

楼层配线间	24口6类屏蔽配线架	24口6类非屏蔽配线架	100对110配线架	12口光纤配线架	24口光纤配线架	1U理线架	机柜	备注
行动支队层	2	2	4	3	1	12	42U1个	4根6芯光缆, 2根16芯光缆 28根屏蔽6类4对STP 88非屏蔽6类4对UTP
指挥中心层	2	2	4	3	1	12	42U1个	4根6芯光缆, 2根16芯光缆 28根屏蔽6类4对STP 88非屏蔽6类4对UTP
小计	40	40	80	15	19	194	20	
裙楼3-4F	1	1	1	1		4	6U1个	1根4芯光缆 8根屏蔽6类4对STP 24非屏蔽6类4对UTP
裙楼 1-2F（BD）	1	1	1	1		4	6U1个	1根4芯光缆 12根屏蔽6类4对STP 24非屏蔽6类4对UTP
-1F	1	1	1	0		3	6U1个	2根屏蔽6类4对STP 6非屏蔽6类4对UTP
小计	3	3	3	2		11	3	

1）工作区的计算。

每层楼面积为681m^2，实际可用面积约为600m^2，合计信息点和语音点各60个。

工作区由各个办公区域构成，其中数据均为6类配置，可支持2.4Gbit/s的数据网络通信及多媒体通信，包括网络应用及话音通信。

语音跳线60×20=1200条。

数据线使用6类非屏蔽数据跳线NJA3.695.107原装跳线1200条。

2）水平子系统材料选用及数量计算见表2-33。

每层楼设管理间1个，靠近弱电井，各点到楼层管理间水平线缆最长为50m，最短为10m，线缆从天花板上走。

根据性能指标要求，水平子系统采用6类非屏蔽双绞线铜缆方案，高速数据及语音传输均采用6类非屏蔽双绞线铜缆配置，此种配置具有较高的性能价格比，同时系统应用也具有互换性，对于高速网络、语音、多媒体及楼宇自动化等系统应用可灵活互换，互为备份，既考虑到系统投资的经济性，又兼顾到将来的网络宽带化发展需求。

信息模块采用6类非屏蔽信息模块NJA5.566.034，水平线缆采用普天的HSYV6 4×2×0.5线缆，面板采用国标FA3-08ⅪA或FA3-08ⅪB。

① 水平线平均距离=（最远点距离+最近点距离）/2×1.1+7m（余量）

② 水平子系统平均距离：(50+10)/2×1.1+7=40m

③ 每箱线可拉水平线数：305/40=7.6（取7根）

④ 线缆箱数=总点数/(305m/水平线平均距离)+1

⑤ 所需6类非屏蔽双绞线：HSYV6 4×2×0.5线缆　1760/7+1=252箱

⑥ 所需6类屏蔽双绞线：C604/F线缆　560/7+1=81箱

⑦ 所需6类非屏蔽信息模块NJA5.566.034　1760个

⑧ 所需6类屏蔽信息模块JU6EV90-WH　560个

⑨ 所需 2 口墙上型 FA3-08ⅪB 面板：880 个

⑩ 楼层有涉密网点增加 1 根室内 4 芯多模光纤计 100m（现场实地估算）。

表 2-33　水平子系统材料选用及数量计算表

主楼（2—21 层）						
序号	设备、材料名称	型号、规格	品牌	单位	数量	备注
一	工作区					
1	6 类非屏蔽信息模块	NJA5.566.034	普天	个	1760	数据外网+语音
2	6 类屏蔽信息模块	JU6EV90-WH	普天	个	560	数据内网
3	单口信息面板	FA3-08ⅪA	普天	个	560	数据内网
4	双口信息面板	FA3-08ⅪB	普天	个	880	
5	6 类非屏蔽数据跳线	TX.RR.6.02	普天	根	560	工作区外网
6	6 类屏蔽数据跳线	TX.0602	普天	根	560	工作区内网
7	光纤双口面板	FA3-08ⅪB		个	80	光纤到桌面
8	光纤跳线	GTX-ST-SC-2×3.0-A1a-2	普天	对	80	光纤到桌面
二	水平区					
9	6 类非屏蔽双绞线	HSYV6 4×2×0.5	普天	305m/箱	252	
10	6 类屏蔽双绞线	C604/F		305m/箱	81	数据内网
11	室内 16 芯多模光缆	DSB-V-0-06-A1a	普天	m	400	光缆水平配线
12	12 口光纤配线架			个	15	FD
13	光纤跳线剪断作尾纤	GWQ-ST/PC-2×3.0-A1a-1	普天	对	40	
14	100 对 110 跳线架（含连接块）	NJA4.431.023	普天	条	100	FD2+FD1
15	24 口光纤配线架	GP11A	普天	条	19	FD1
16	12 口光纤配线架	GPB11F		条	1	涉密
17	光纤适配器，多模 ST-ST	GSP-ST	普天	个	460	
18	光纤跳线	GTX-ST-SC-2×3.0-A1a-2	普天	对	230	
19	光纤跳线剪断作尾纤	GWQ-ST/PC-2×3.0-A1a-1	普天	对	115	
20	6 类 24 口模块化非屏蔽配线架	FA3-08XVIA	普天	个	40	FD 外网
21	6 类 24 口模块化屏蔽配线架	NJA3.695.107	普天	个	40	FD 内网
22	6 类非屏蔽数据跳线	NJA3.695.107	普天	根	560	FD 外网
23	6 类屏蔽数据跳线		普天	根	560	FD 内网
24	19″ 标准机柜	42U	金盾	台	20	

3）垂直主干子系统的材料计算表见表 2-34。

垂直主干线系统由连接主设备间 MDF 与各管理配线架 IDF 之间的干线光缆及大对数电缆构成。

① 室内 6 芯多模光缆 DSB-V-0-06-A1a=(19×4+4) /2=40m（每层平均长度）；

40m（每层平均长度）×19（层）×4（条）+5m×19×4（条）（MDF 到竖井距离）=3420m；取 3420m×1.1+6×19×4（条）（端接容差）=4218m。

② 室内 16 芯多模光缆 DSB-V-0-16-A2a　5（机房数）×2（根）现场实地估算=665m。

③ 语音及电控信号主干采用 HSGYV3 25×2×0.5 3 类 25 对电缆。3 类 25 对电缆 HSGYV3

25×2×0.5 大对数电缆（每层 4 根），其中语音 60 对，电控信号线 40 对。长度计算同室内 6 芯多模光缆长度；或 3 类 100 对大对数 HSGYV3 100×2×0.5 大对数电缆（每层 1 根）。

表 2-34　垂直主干子系统的材料计算表

主楼（2—21 层）						
序号	设备、材料名称	型号、规格	品牌	单位	数量	
三	垂直区					
25	室内 16 芯多模光缆	DSB-V-0-16-A1a	普天	m	665	5 个 2×16 芯实地测量
26	室内 6 芯多模光缆	DSB-V-0-06-A1a	普天	m	4218	19 个 4×6 芯数据主干
27	3 类 25 对电缆	HSGYV3 25×2×0.5	普天	m	4218	25 对语音主干
28	室内 4 芯多模光缆	DSB-V-0-04-A1a	普天	m	100	

4）楼层配线管理间的设计。

21 个楼层分设 21 个楼层配线管理间。管理间位于楼层弱电竖井旁的配线间内，第 2 层信息点直接纳入 MDF 管理区。所以主楼第 2 层设备间既是建筑群 CD 又是主楼的 BD 和楼层 FD。

IDF 安排在每层的竖井附近处，以节省线缆长度及客户的投资。铜缆主干采用 3 类 25 对电缆 HSGYV3 25×2×0.5 大对数电缆，建议主干端语音配线架采用 110 型卡接式配线架并机柜式安装，既方便语音跳线，同时安装体积小，密度大，产品型号为 NJA4.431.023，主干线缆按每个语音信息点配 1 对主干线缆配置。剩余线对用跳接软线，可灵活地实现安防电控网络配置的改变。

语音配线设备的选择计算如图 2-64 所示。

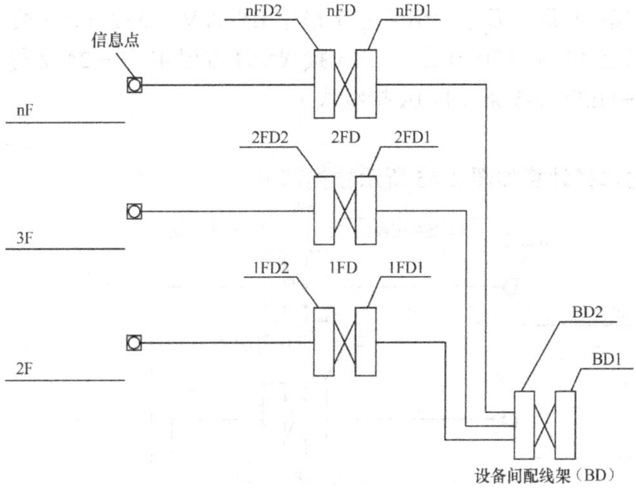

图 2-64　语音配线设备选择计算示意图

语音配线设备的选择计算见表 2-35。

① 分配线架（nFD）容量及规格的确定

a. 至信息点侧配线架 FD2 的容量确定：

$$M\ nFD2=信息点数量\times 4/D$$

式中：M nFD2——*n* 层至信息点侧配线架的数量（取整数），可由 100 对、300 对或 900 对配线架组成；*D*——配线可用线对总数。

表 2-35　　　　配线架可用线对总数表

配线架类型/规格（对）	可用线对总数（D）（对）	备注
110A/100	96	110A 型为卡接式，适用于线路稳定、少有修改、移动和重组的场所，如电话配线
110A/300	288	
110P/300	288	110P 型为插接式，适用于线路将来修改、移动和重组的场所，如网络配线
110P/900 对	864 对	

注：配线架也称接线模块，类型较多，可按照工程情况灵活选用。

b. 至设备间（BD）侧配线架 FD1 的容量确定：

$$M\ nFD1=信息点数量\times k/D$$

式中：k——系统配置系数（语音点取 1，数据点取 2，也可根据用户需要取）；M nFD1——n 层至设备间（BD）侧配线架的数量（取整数）。

c. 配线架（M nFD）总容量及规格的确定：

$$M\ nFD= M\ nFD1+ M\ nFD2$$

② 主配线架（BD）容量及规格的确定

$$BD2= BD1=1FD1+2FD1+n\ FD1$$

③ 配线架的数量根据工程情况，可选多种规格组合，如 1FD1 按照计算需 480 对，可选择 1 个 300 对加 2 个 100 对，也可选择 5 个 100 对的，并应与干线电缆的选择相对应。

5）管理间所需材料计算。

语音部分：

MnFD2=信息点数量×4/D；每层 60（语音）×4/96=3 条（110A 接线块）；

MnFD1=信息点数量×k/D；60×1/96=1 条（110A 接线块），占用 60 ÷ 24=3 行（含连接块 18 块）；

在本设计规划方案中，语音及电控信号主干采用 HSGYV3 25×2×0.5 3 类 25 对电缆每层 4 根。所以电控信号主干每层 40 对×1/96=1 条（110A 接线块）占用 40×1 ÷ 24=2 行（含连接块 12 块）。

MnFD= MnFD1+MnFD2=5 条（110A 接线块）。

数据部分：

数据配线设备的选择计算如图 2-65 所示数据部分。

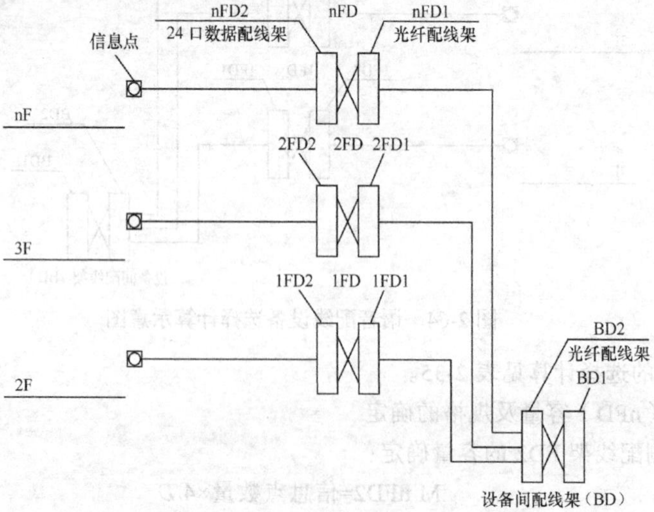

图 2-65　数据配线设备选择计算示意图

数据信息点每层 28 个内网和 28 个外网，预留 4 个点。FD2 建议采用 6 类 24 口模块化非屏蔽跳线架 2×20 个，6 类 24 口模块化屏蔽跳线架 2×20 个。

6类非屏蔽数据跳线 28×20=560 条；6类屏蔽数据跳线 28×20=560 条；MnFD1=24 口 GPB11F 光纤跳线架 19 个，多模 ST-ST 光纤适配器 24×19 个，ST 光纤跳线 GTX-ST-SC-2×3.0-A1-2 光纤跳线 12×19 对。

6）设备间。

语音及数据的主设备间均位于大厦 2 层的设备机房内，主干线路经过主跳线架（MDF）连接到各系统主机。

语音及电控信号主配线架采用 110A 型卡接式配线架 NJA4.431.023 管理水平子系统语音信息点。

BD2= BD1=1FD1+2FD1+nFD1=100 对 110 跳线架（含连接块）×20；采用快接跳线跳接水平子系统和垂直子系统 110 配线架，可灵活地实现语音配置的改变。BD2+BD1=40 条；数据配线架全部采用光纤配线机拒安装。

数据信息主干端由于采用光纤系统，每个 LDF 分别由 MDF 引入 4 条 6 芯多模光纤。FD1 建议采用 1 个 24 口光纤配线架和多模适配器。

BD2 光纤共有芯数 20×4×6=480 芯；取 24 口光纤配线架 1 个对应 1 层共需 20 个；相应配置多模 ST-ST 光纤适配器 480 个及 240 对光纤跳线。

CD1 只考虑外网，仅取 CD2 的一半。

主楼 2-21 层布线器材统计表见表 2-36。

表 2-36　主楼 2-21 层布线器材统计表

综合布线系统（2—21 层）						
序号	设备、材料名称	型号、规格	品牌	单位	数量	备注
四	设备间					
（一）	语音及电控信号					
29	100 对 110 跳线架（含连接块）	NJA4.431.023	普天	条	40	CD1+CD2
（二）	数据					
30	24 口光纤配线架	GP11A	普天	条	30	CD1+CD2
31	12 口光纤配线架	GPB11F	普天	条	1	
32	光纤适配器，多模 ST-ST	GSP-ST	普天	个	724	
33	光纤跳线剪断作尾纤	GWQ-ST/PC-2×3.0-A1a-1	普天	对	181	
34	1U 跳线导线架	NJA4.431.000	普天	条	71	
五	机柜及其他					
35	19″ 标准机柜	42U	金盾	台	4	

用同样的方法可以算出附属楼的预算清单，见表 2-37、表 2-38、表 2-39、表 2-40、表 2-41、表 2-42、表 2-43、表 2-44、表 2-45。

表 2-37　附属楼的预算清单

配线间	位置	数据内网信息点	数据外网信息点	语音信息点	无线信息点	CATV	光纤信息点
1-2F		12	12	12			
3-4F		8	8	16			
-1F		2	2	4			
小计		22	22	32			

表 2-38　　附属楼工作区材料统计表

区域	6 类屏蔽信息模块	6 类非屏蔽信息模块	单口面板	光纤面板	ST 光纤耦合器模块
				光纤信息点	纤芯数
1-2F	12	24	36	4	4
3-4F	8	24	32	4	4
-1F	2	6	8		
小计	22	54	76	8	8

表 2-39　　附属楼水平子系统链路统计表

区域	水平配线平均长度	链路平均长度（m）	6 类 UTP 长度（m）	6 类 STP 长度（m）
		平均长度×1.1+6		
1-2F	50	61	1464	732
3-4F	47	58	1392	464
-1F	80	94	564	188
小计			3420（12 箱）	1384（5 箱）

表 2-40　　附属楼配线间主要材料统计表

区域	6 类 24 口屏蔽配线架	6 类 24 口非屏蔽配线架	100 对 110 配线架	ST 12 口光纤配线架
1-2F D	1	1	1	1
3-4F D	1	1	1	1
-1F D	1	1	1	
小　计	3	3	3	2

表 2-41　　附属楼垂直干线子系统缆线统计表

区域	链路长度（m）	25 对大对数电缆条数	4 芯多模室内光缆条数
1-2F	10.4	1	1
3-4F	14.8	1	1
-1F	13.7	1	
小计长度（m）		39	26

表 2-42　　附属楼 BD 配线间主要材料统计表

区域	100 对 110 配线架	ST 24 口光纤配线架
BD	1	1

表 2-43　　建筑群子系统缆线统计表

区域	链路长度（m）	25 对大对数电缆条数	25 对大对数电缆长度	4 芯多模室内光缆条数	4 芯多模室内光缆长度
附属楼到主楼	25	2	50	2	50

表 2-44　　附属楼在 CD 配线间主要材料统计表

区　域	100 对 110 配线架	ST 24 口光纤配线架
附属楼到主楼 CD	1	1

表 2-45　　附属楼布线器材统计表

XXX 指挥中心大楼预算详细清单						
综合布线系统（附属楼）						
序号	设备、材料名称	型号、规格	品牌	单位	数量	备注
一	工作区					
1	6 类非屏蔽信息模块	NJA5.566.034	普天	个	54	TP+TO
2	6 类屏蔽信息模块	JU6EV90-WH	普天	个	22	TP
3	单口信息面板	FA3-08XIA	普天	个	76	TP+TO
4	6 类非屏蔽跳线	TX.RR.6.02		条	22	TP
5	6 类屏蔽跳线	TX.0602		条	22	TP
二	水平区					
6	6 类屏蔽双绞线	C604/F	普天	305m/箱	5	水平配线
7	6 类非屏蔽双绞线	HSYV6 4×2×0.5	普天	305m/箱	12	水平配线
三	垂直区					
8	3 类 25 对电缆	HSGYV3 25×2×0.5	普天	m	89	语音垂直干线
9	室内 4 芯多模光缆	DSB-V-0-16-A2a	普天	m	76	数据垂直干线
四	管理区					
10	6 类 24 口模块化非屏蔽配线架	FA3-08XVIA	普天	个	3	FD
11	6 类 24 口模块化屏蔽配线架	NJA3.695.107	普天	个	3	FD
12	6 类非屏蔽数据跳线	TX.RR.6.02	普天	根	22	FD
13	6 类屏蔽数据跳线	TX.0602	普天	根	22	FD
14	12 口光纤配线架	GP11A	普天	个	2	FD
15	24 口光纤配线架	GPB11F	普天	个	2	BD+CD
16	光纤适配器，多模 ST-ST	GSP-ST	普天	个	32	FD +BD+CD
17	光纤跳线剪断作尾纤	GWQ-ST/PC-2×3.0-A1a-1	普天	对	8	FD +BD+CD
18	ST 光纤跳线	GTX-ST-SC-2×3.0-A1a-2	普天	对	12	FD +BD+CD
19	100 对 110 跳线架（含连接块）	NJA4.431.023	普天	条	5	FD +BD+CD
20	1U 跳线导线架	NJA4.431.000	普天	条	21	FD +BD+CD
五	机柜及其他					
21	19″ 标准机柜	6U	金盾	台	3	BD+CD

本办公大楼综合布线材料总表见表 2-46。

表 2-46　　　　XXX 指挥中心大楼综合布线材料总表

综合布线系统							
序号	设备、材料名称	型号、规格	品牌	单位	数量	参考单价	合计（元）
1	6 类非屏蔽信息模块	NJA5.566.034	普天	个	1814		
2	6 类屏蔽信息模块	JU6EV90-WH	普天	个	582		
3	单口信息面板	FA3-08XIA	普天	个	636		
4	RJ45 双位插座面板	FA3-08XVIIB	普天	个	880		
5	光纤双口面板	FA3-08XIB		个	80		
6	6 类非屏蔽跳线	TX.RR.6.02		条	1164		
7	6 类屏蔽跳线	TX.0602		条	1164		
8	6 类屏蔽双绞线	C604/F	普天	305m/箱	86		
9	6 类非屏蔽双绞线	HSYV6 4×2×0.5	普天	305m/箱	264		
10	室内 4 芯多模光缆	FB.SN.004	普天	m	176		
11	室内 6 芯多模光缆	DSB-V-0-06-A1a	普天	m	4218		
12	室内 16 芯多模光缆	DSB-V-0-16-A1a	普天	m	1065		
13	3 类 25 对电缆	HSGYV3 25×2×0.5	普天	m	4307		
14	6 类 24 口模块化非屏蔽配线架	PXJ.07.024	普天	个	43		
15	6 类 24 口模块化屏蔽配线架	NJA3.695.107	普天	个	43		
16	12 口光纤配线架	GP11A	普天	个	19		
17	24 口光纤配线架	GPB11F	普天	个	51		
18	光纤适配器，多模 ST-ST	GSP-ST	普天	个	1216		
19	光纤跳线剪断作尾纤	GWQ-ST/PC-2×3.0-A1a-1	普天	对	344		
20	ST—ST 多模光纤跳线	GTX-ST-SC-2×3.0-A1a-2	普天	对	322		
21	100 对 110 跳线架（含连接块）	NJA4.431.023	普天	条	145		
22	1U 跳线导线架	NJA4.431.000	普天	条	92		
23	19″ 标准机柜	6U	金盾	台	3		
24	19″ 标准机柜	42U	金盾	台	24		

四、任务训练

实操项目名称：某商务楼光电缆建筑群及垂直主干子系统布线工程

任务资料：

（1）工程概况。

××商务楼为新建商务楼，位于四中路与休门街路交叉路口西南角，分为 A 座、B 座、C 座 3 部分，有关图纸资料见图 2-66、图 2-67、图 2-68 和图 2-69。本期工程从位于四中路与平安大街东北角的律师楼机房引出 1 条 200 对市话电缆，沿四中路和休门街上鑫汇隆管道敷设，顶管过路至××商务楼坡道处引上。

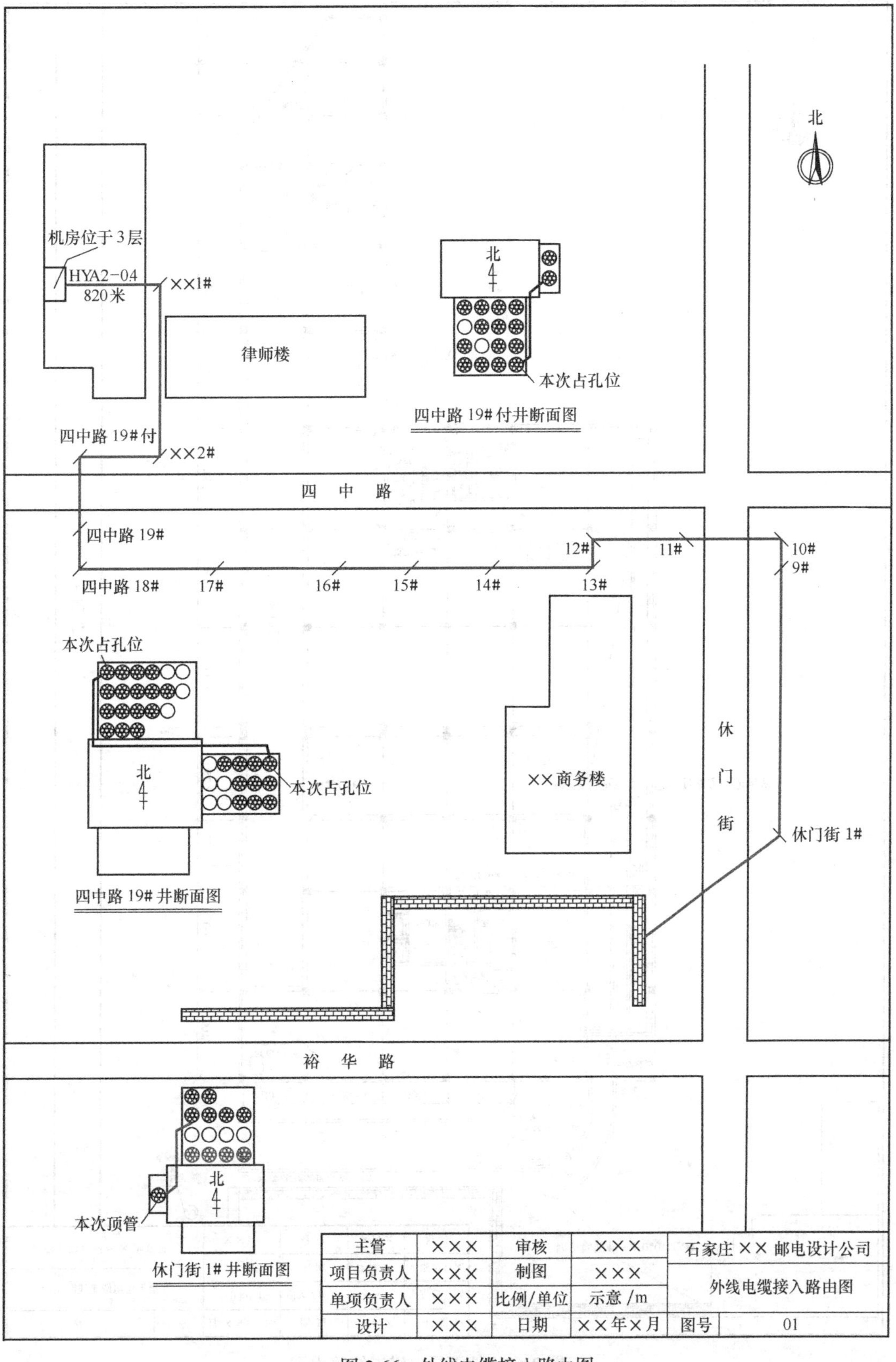

图2-66　外线电缆接入路由图

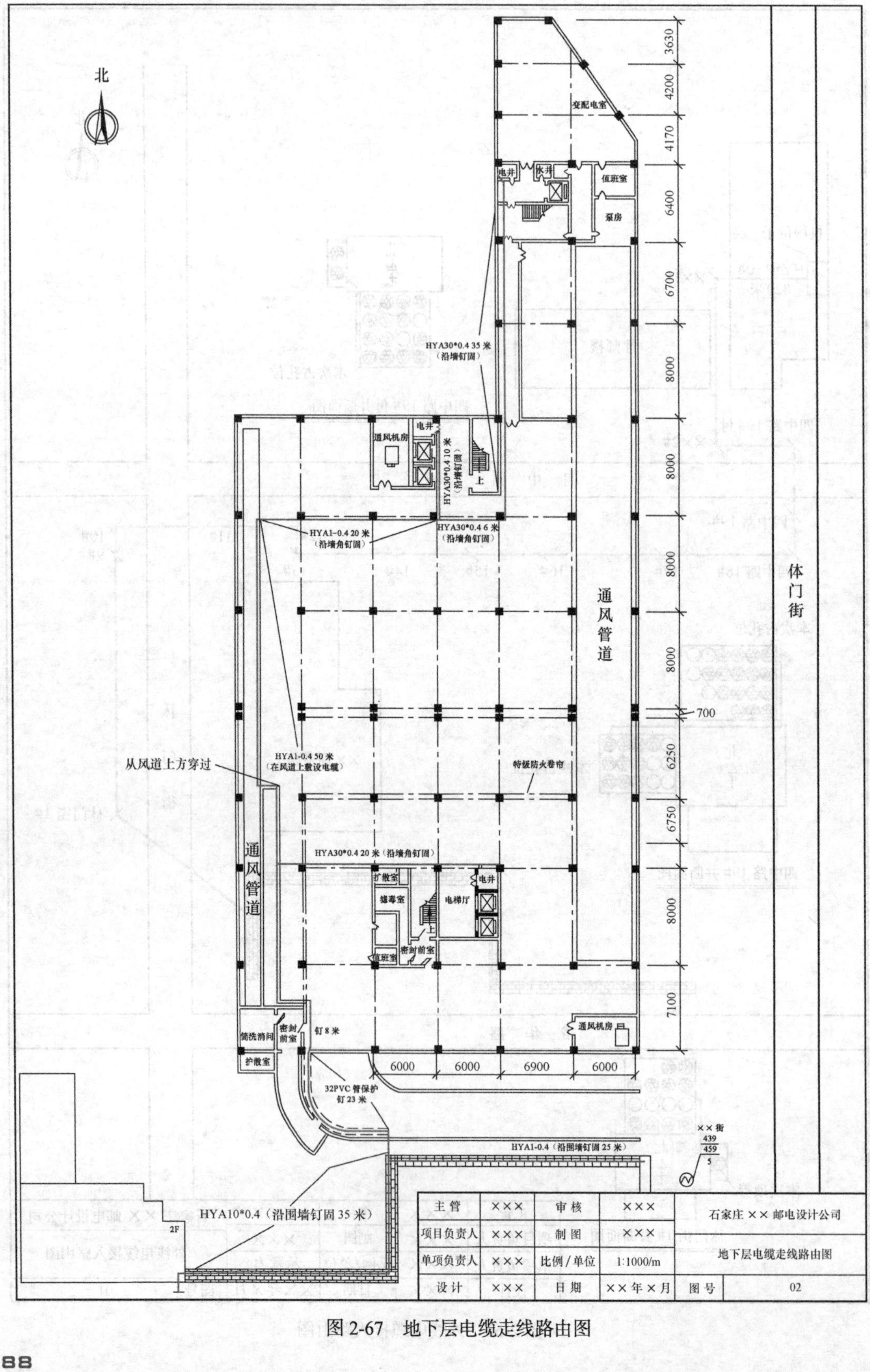

图 2-67 地下层电缆走线路由图

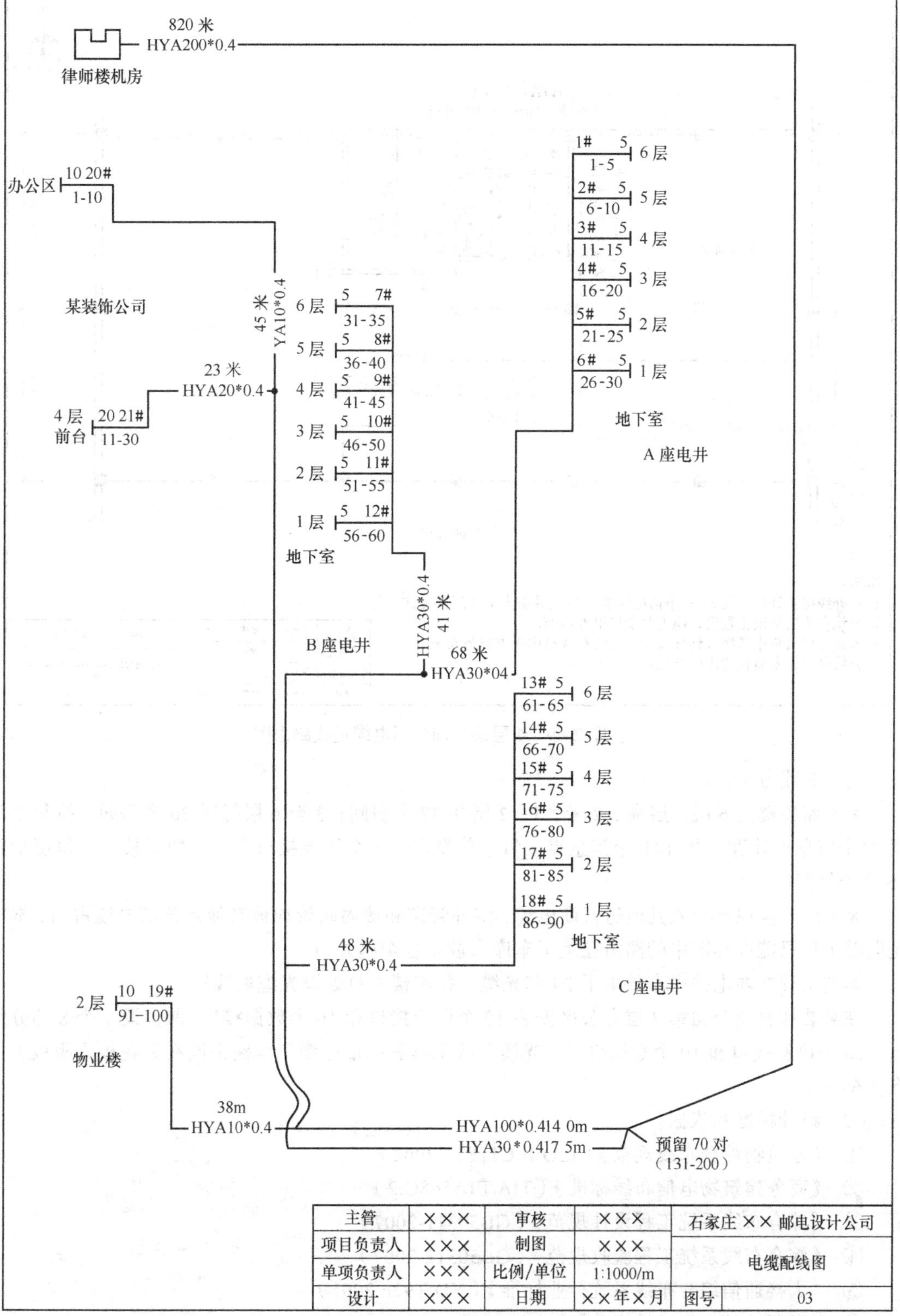

主管	×××	审核	×××	石家庄 ×× 邮电设计公司	
项目负责人	×××	制图	×××	电缆配线图	
单项负责人	×××	比例/单位	1:1000/m		
设计	×××	日期	××年×月	图号	03

图 2-68　市话电缆配线图

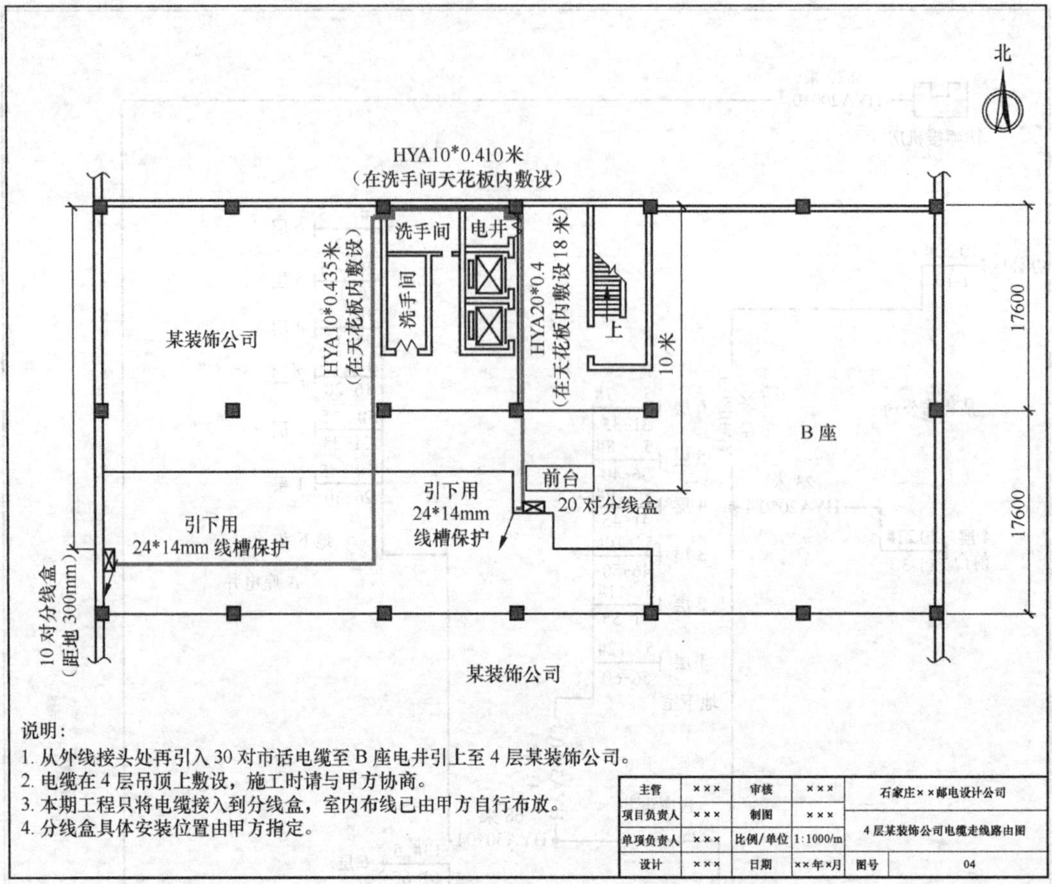

图2-69 4层某装饰公司电缆走线路由图

（2）布线方案。

××商务楼共6层，层高3.2米。1、2层共37个房间；3至6层每层26个房间，按每个房间1个信息点计算，共141个信息点。每个信息点有一个语音接口和一个数据接口。每层配置15个光纤接口。

××商务楼现已接入其他运营商电缆，室外管道和楼内暗管均被其他运营商电缆占用，本期光电缆工程只能在如图中的路由在地下车库布放至各个电井内。

本期工程在弱电井内布放主干24芯光缆，每座楼入口处设光缆配线箱。

在某装饰材料公司第4层办公区安装10个语音接口和10个数据接口。前台设1个8芯分纤盒、20个语音接口和10个数据接口。光缆布线工程和电话电缆工程路由同在天花板内敷设（见图2-69）。

（3）设计标准和依据。

① 《建筑物综合布线规范》（ISO/IEC11801-2002）

② 《商务建筑物电信布线标准》（TIA/EIA568C.2）

③ 《综合布线系统工程设计规范》（GB50311-2007）

④ 《综合布线系统工程验收规范》（GB50312-2007）

⑤ 《大楼通信综合布线系统行业标准》（YD/T926 2001）

⑥ 《民用建筑电气设计规范》（JGJ/T16-92）

⑦ 《工业企业通信设计规范》（GBJ42-81）

⑧ 《工业企业通讯接地设计规范》（GBJ79-85）

⑨ 《住宅区和住宅建筑内光纤到户通信设施工程设计规范》（GB50846—2012）

⑩ 《住宅区和住宅建筑内光纤到户通信设施工程施工及验收规范》（GB50847—2012）

（4）设计范围及分工。

① 本设计除4层某装饰公司外，不含水平布线部分的设计。

② 本设计不包含机房设备安装部分设计。

③ 本设计仅包含从律师楼机房至××商务楼的光电缆敷设以及主干光电缆在竖井内的敷设。

（5）此通信光电缆布线工程设计预算步骤要求如下。

第1步：根据需求信息列出综合布线系统点位表。

第2步：根据需求信息点位表，画出该光缆工程综合布线建筑群子系统和垂直干线子系统的系统图。

第3步：由施工图进行工程量配置表统计。

第4步：列出本工程综合布线材料清单。

第5步：根据工程量查定额，计算建筑安装工程量预算表、建筑安装工程机械使用费预算表、器材预算表，若有引进工程，还需计算引进工程器材预算表（略）。

第6步：根据第1～3步所得数据填写建筑安装工程费用预算表（略）。

第7步：根据以上结果，填写工程建设其他费预算表（略）。

第8步：填写预算总表。即得一阶段施工图预算费用（略）。

（6）本次任务训练只需完成语音和数据建筑群和建筑物垂直主干部分的设计。

任务2.5　设计住宅综合布线系统

【学习目标】

知识目标：了解智能小区布线系统。掌握住宅布线综合布线的设计过程。

技能目标：会进行住宅综合布线方案设计和材料的估算。

一、任务导入

任务资料：四室两厅一厨三卫（367m^2）

（1）客户情况：三口之家，男主人为银行部门经理，女主人为建筑结构设计师，小男孩上小学3年级。目前家中有一台电脑，准备搬了新家后再买一台台式电脑。将来家中3台电脑是少不了的，而且3台电脑要能同时上网。电话要求每个房间都要接通（可能一下子不全用到，但考虑到今后可能要用到）。有线电视客厅和3个房间都要接通。因为双方老人和兄弟姐妹都在外地，经常要来住几天，可视对讲门铃和防盗报警要有。在客厅设一红外线探头，紧急按钮设置一个在客厅对讲门铃上，一个在主卧床头。

（2）系统布置平面图如图2-70所示。

任务目标：

住宅综合布线方案设计和材料的估算。

1. 系统设备的选择
2. 线缆的选择
3. 编制预算

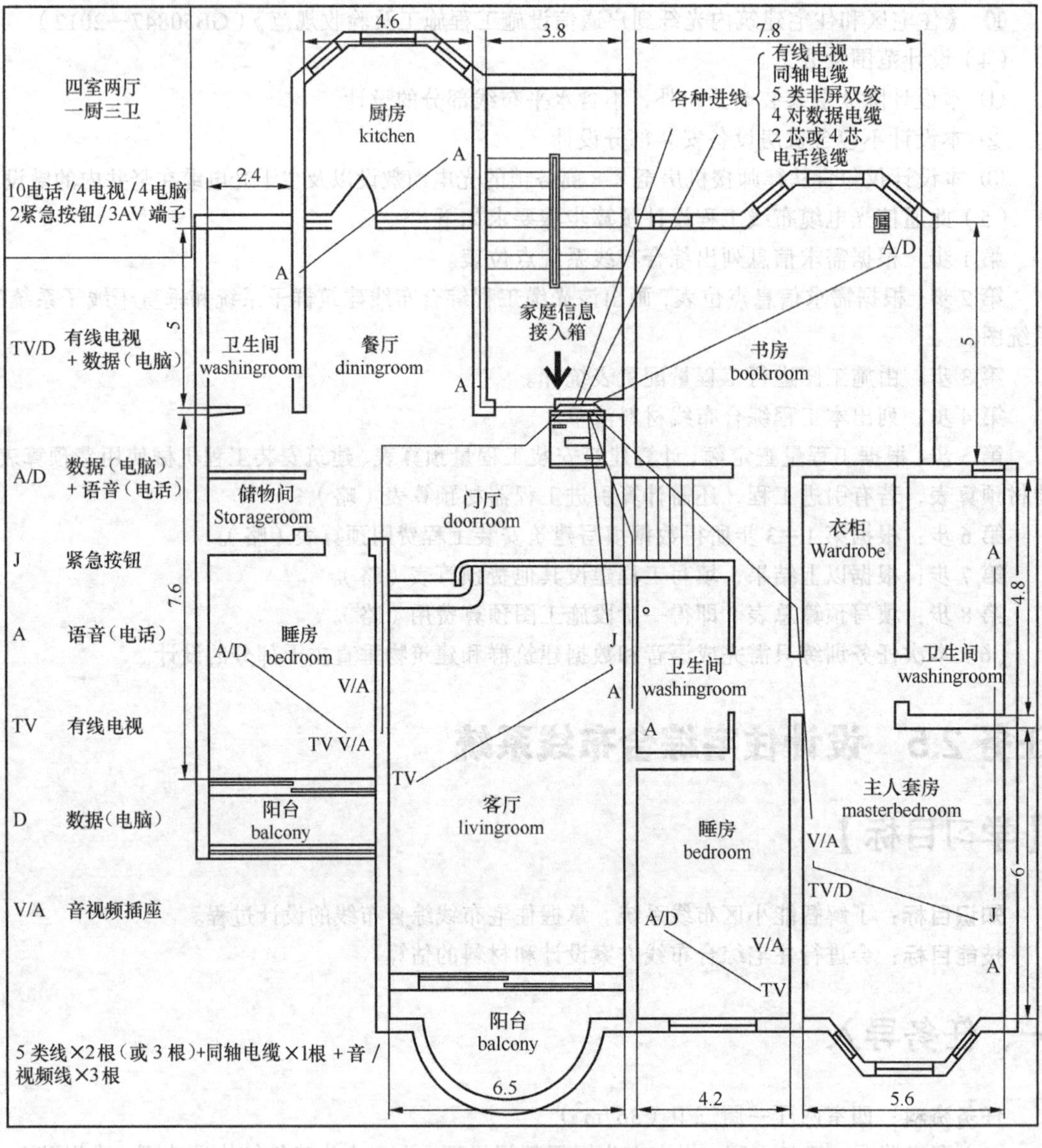

图2-70 布置平面图

二、知识准备

住宅小区智能化系统总体结构如图2-71所示。智能小区布线由房地产开发商在建楼时投资，增加智能小区布线项目只需多投入1%的成本，就可以为房地产商带来几倍的利润。对于智能小区布线安装，目前在国外有一种家庭集成商的行业已经出现，其专门从事家庭布线的安装与维护，此外，也可由系统集成商进行安装。对中国用户来说，一个住宅投资至少是10年、20年，而信息技术飞速发展，如果现在不设置智能小区布线，将来有这些应用需求时，再增加布线将会很麻烦。

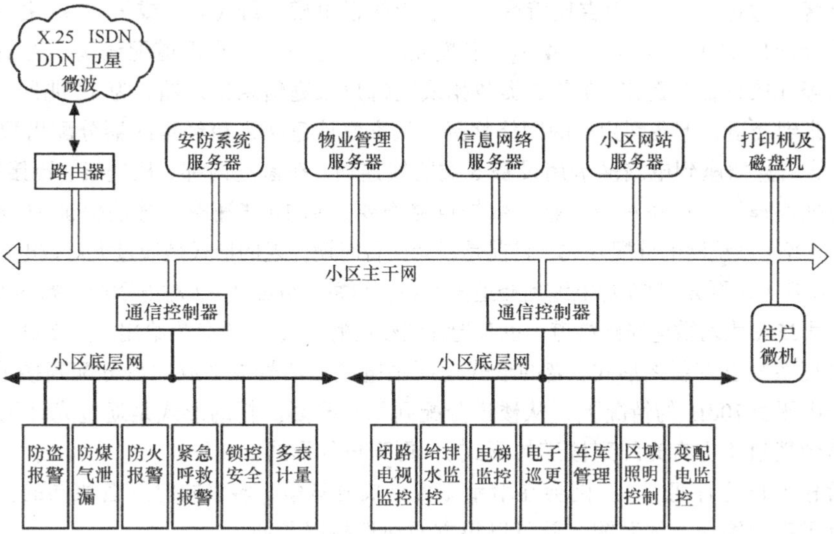

图 2-71　住宅小区智能化系统总体结构

在入户方法上可以有两种方案，即直接入户和间接入户。直接入户是指开发商确定信息点数量和位置，统一安装；间接入户是在入户处安装 CP 配线箱，入户线在此对接，户内布线等住户做内部装修时再布，信息点数量和位置由住户确定。

智能小区布线除支持数据、语音、电视媒体应用外，还可提供对家庭的保安管理和对家用电器的自动控制以及能源自控，图 2-72 所示的是小区综合布线系统示意图。

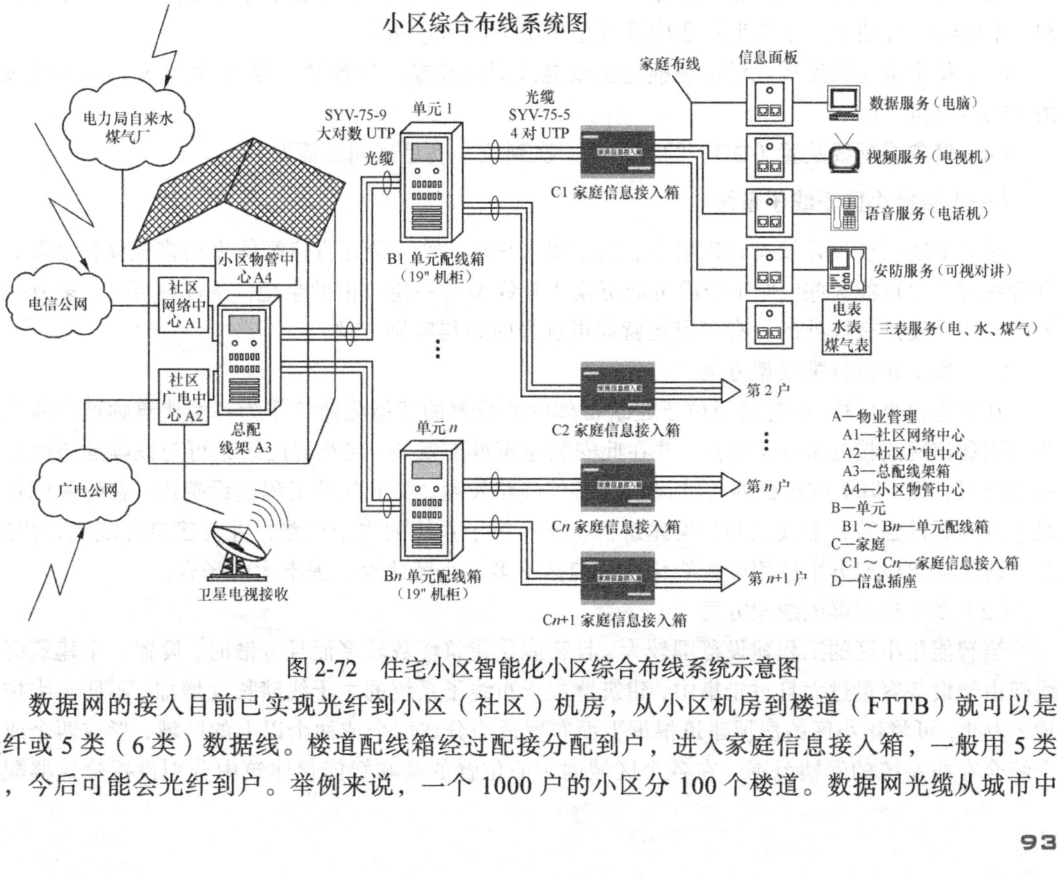

图 2-72　住宅小区智能化小区综合布线系统示意图

数据网的接入目前已实现光纤到小区（社区）机房，从小区机房到楼道（FTTB）就可以是光纤或 5 类（6 类）数据线。楼道配线箱经过配接分配到户，进入家庭信息接入箱，一般用 5 类线，今后可能会光纤到户。举例来说，一个 1000 户的小区分 100 个楼道。数据网光缆从城市中心机房到小区（边远机房），为吉比特网，一般为两根单模光纤（4 芯或 6 芯）(备用 1 根)。经过光收发器分配出 100 条 2 芯（或 4 芯）多模光纤（1 芯备用）到楼道配线箱，为 100 兆网。从楼道配线箱经光收发器分配出 10 条 5 类数据线到每户家庭信息接入箱，为 10 兆网。实现“千兆到小区，百兆到楼道，十兆到户”的网络格局。从家庭信息接入箱经集线器分配出数条 5 类线到信息插座，从信息插座到电脑网卡用设备 5 类跳线连通。在家庭内部，从进线、转接头、集线器、线缆、信息插座模块、设备跳线，整个数据链路都要达到 10 兆速率，才能保证 10 兆上网。

电话（语音）系统网的分配方式，目前是新老交替时期，老的形式是通过大对数电话电缆分配，有 600 对电缆到小区再分配 25 对电缆到楼道配线箱，再每户分配 1 ~ 2 对电话线。新的方式是光缆到小区分配后用 25 对大对数电缆到楼道（也有光纤到楼道的形式），再分配给用户为 2 对 4 芯电话线。

有线电视系统也有新老形式。老的形式是同轴电缆经信号电平放大后分配到楼道，在保证每个频道信号电平≥70dB 的情况下，从楼道分配到每户家庭。新的形式是通过光纤到小区再分配成同轴电缆到楼道（也有光纤到楼道的形式），再到户的形式。

在今后相当长的时期内，三网会在增殖服务上展开竞争。多家同时经营相同的业务，这样一来，用户有了家庭综合布线系统，就可以很方便地选择服务商。

智能小区的布线系统涉及用户信息系统（语音、数据）、有线电视系统、小区监控系统、停车场管理系统、背景音乐系统、防火报警系统和防盗报警系统等。建筑物内综合布线应该一次布线到位，提供语音、数据和有线电视服务。

根据 CECS119-2000《城市住宅建筑综合布线系统工程设计规范》对于用户信息系统仅做到楼层信息点的预留，具体要求如下。

（1）每户可引入 1 ~ 2 条 5 类 4 对双绞线电缆，同时敷设 1 ~ 2 条 75Ω 同轴电缆及相应的插座。

（2）每户宜设置壁龛式配线装置，每一卧室、书房、起居室和餐厅等均应设置 1 个信息插座和 1 个电缆电视插座。主卫生间还应设置用于电话的信息插座。

（3）每个信息插座或电缆电视插座至壁龛式配线装置，各敷设 1 条 5 类 4 对对绞电缆或 1 条 75Ω 同轴电缆。

（4）壁龛式配线装置（DD）的箱体应一次到位，满足远期的需要。

（一）智能小区干线子系统

小区干线系统设计没有特殊要求，当干线入户后，管线最好直达智能家居多媒体信息箱，而且管线直径尽可能大些，便于今后可能更换入户线缆有一定自由的余地。条件许可时，多放一条入户备用管线是有好处的，有多家运营商可选择时显得特别方便。

（1）单个建筑群配线架方案

在智能化小区中，最好选择位于建筑群体中心位置的智能化建筑作为各幢建筑物通信线路和与公用通信网连接的最佳汇接点，并在此安装建筑群配线架。建筑群配线架可与该幢建筑的建筑物配线架合设，既能减少配线接续设备和通信线路长度，又能降低工程建设费用。各幢智能化建筑中分别装设建筑物配线架和敷设建筑群主干布线子系统的主干线路，并与建筑群配线架相连。单个建筑群配线架方案适用于智能化建筑幢数不多、小区建设范围不大的场合。

（2）多个建筑群配线架方案

当智能化小区的工程建设范围较大，且智能化建筑幢数较多而且分散时，设置一个建筑群配线架由于设备容量过大且过于集中，建筑群主干布线子系统的主干线路长度增加，不便于维护管理。为此，可将该小区的房屋建筑根据平面布置适当分成两个或两个以上的区域，形成两个或多个综合布线系统的管辖范围，在各个区域内中心位置的某幢智能化建筑中分别设置建筑群配线架，并分别设有与公用通信网相连的通信线路。此外，各个区域中每幢建筑物的建筑群主干布线子系统的主干电缆或光缆均与所在区域的建筑群配线架相连。为了使智能化小区内的通信灵活和安全可靠，在两个建筑群配线架之间，根据网络需要和小区内管线敷设的条件，设置电缆或光缆互相连接，形成互相支援的备用线路。

物业管理中心机房应尽量在整个园区中心或相对中心的位置。地上及地下交通条件好，位于小区主干道上，地面道路较宽，地下敷设管道的条件好，弱电管道便于沿园区干道通向小区各栋建筑。由物业管理中心机房向外敷设弱电管道的方向数应是两个以上，从而避免出线方向少，使弱电管道过于集中。物业管理中心机房应与管理中心办事机构建在一处，以便于相互联络及对机房进行管理。物业管理中心应选在整个园区的一期工程范围内，以便于管理中心与一期工程同期建设，同时投入使用，尽早形成热卖优势。回收投资还要考虑通向本小区的市政弱电线缆，即电话、有线电视及宽带网光缆引入物业管理中心机房的敷设路径应在一期工程范围之中，实现市政线缆引入工程与一期工程同步，避免出现一期工程建成了，因无电话或电视影响一期工程配套使用。

在已建或正在建的智能化小区内，如已有地下电缆管道或架空通信杆路时，应尽量设法利用。与该设施的主管单位，包括公用通信网或用户自备设施的单位进行协商，采取合用或租用等方式，以避免重复建设，节省工程投资，使小区内管线设施减少，有利于环境美观和小区布置。

（二）智能小区的水平子系统

智能小区的水平子系统由智能家居多媒体箱到各工作区的信息点的线缆组成。水平线缆路由的选择依据房间所在位置而定。考虑到网络未来的发展，信息系统将出现新的变化。为使家庭和信息系统在较长时间内保持其先进性，建议电话和数据线缆均采用超 5 类 4 对 UTP 线缆，但不要用同一条电缆。电视线路宜采用优质的适合数字电视传输的双层屏蔽同轴电缆。

配线箱接线端口与信息插座之间均为点到点端接，保证今后任何改变系统的操作都不会影响整个系统的运行。所有线缆均由智能家居多媒体箱引出，方便今后三网合一，灵活选择合适的运营商的通信产品。对于铜缆双绞线，水平配线电缆的长度必须小于 90m，中间不能有接续；尽量选择最短、最近、最佳的线缆路由，并注意其与强电设备有足够的距离。

对于大型智能小区，一般根据用户业务需求，将小区划分成若干交配线区，交配线区的合理划分对于小区建设、小区智能化和园区发展都具有重要意义。管理间即配线间可几层楼合用 1 个或几个独立式或排列式住宅合用 1 个，但必须符合配线间至每户信息插座的电缆长度或配线间至每户集线器之间的电缆长度不超过 90m 的规定。墙挂式配线设备应加防尘罩。

一个交接配线区内的住户数量以 500 户以内为宜，因为在 CATV 宽带网上实现双向传输时，系统上行通道上会产生汇聚噪声，即产生漏斗效应，漏斗效应将使系统的信噪比恶化。当一个光节点的用户超过 500 户时，系统信噪比将降低到临界门限以下，从而严重影响信号的传输，这是必须防止的。

一个交接配线区需设置一个交接配线间，该配线间面积以 $15m^2 \sim 20m^2$ 为宜，这是由于配线间内需安装网络设备、电话配线设备、CATV 光电转换前端设备以及其他各智能系统的设备及线缆，同时配线间内还经常有管理人员进行维护管理。交接配线间还应具备稳定可靠的市电并且配备 UPS 不间断电源。有一套满足规范要求的接地装置和具备多根弱电电缆方便地进出配线间的条件，配线间便于与室外的园区弱电干线管道相通，也能使由交接配线间引出的电缆方便地敷设至配线区内各栋住宅楼。

（三）家庭综合布线系统

家庭的布线大约经历了这样一个过程。当电还未进入人们的生活，还未深入家庭时，住宅是不需要布线的，从家庭有了第 1 盏电灯开始，居室内开始拉进了第 1 根电力线缆。随着社会的发展，电器开始普及到家庭，人们开始意识到应该在居室内综合考虑电源线的科学管理、安全保护、维护和分布等问题，此时开始出现了强电的配电箱。现在，强电配电箱已经深入人们的生活，很难想象一套没有配电箱的商品房会有人愿意购买。同样，弱电的发展也经历了类似的过程。二十几年前，当家中第一次有了电话时，没有人计较电话线布得是不是太难看，电话是该放在客厅，还是每个房间都应有一个电话。接着有线电视和宽带网络入户，同时随着人们生活水平的提高，对住宅的要求也越来越高，传统的弱电布线方式已经完全不能满足要求。在此情况下，人们不断追求和探索新的技术方向。

出于对经济性、兼容性和传输速度多方面的考虑，多数家庭综合布线网络所需的终端和网络设备并不多，加之布线网络结构简单，综合布线是比较灵活、安全的。居室布线考虑原则如下。

（1）家居配线箱应根据住户信息点数量、引入线缆、户内线缆数量、业务需求选用。

（2）家居配线箱箱体尺寸应充分满足各种信息通信设备摆放、配线模块安装、线缆终接与盘留、跳线连接、电源设备及接地端子板安装等需求，同时应适应业务应用的发展。

（3）家居配线箱安装位置宜满足无线信号的覆盖要求。

（4）家居配线箱宜安装在套内走廊、门厅或起居室等便于维护处，并宜靠近入户导管侧，箱体底边距地高度宜为500mm。

（5）距家居配线箱水平150～200mm处，应预留AC220V带保护接地的单相交流电源插座，并应将电源线通过导管暗敷设至家居配线箱内的电源插座。电源接线盒面板底边宜与家居配线箱体底边平行，且距地高度应一致。

（6）当采用220V交流电接入箱体内电源插座时，应采取强、弱电安全隔离措施。

智能小区和办公大楼的主要区别在于智能小区是独门独户，且每户都有许多房间，因此布线系统必须以分户管理为特征。一般来说，智能小区每一户的每一个房间的配线都应是独立的，住户可以自行管理自己的住宅。智能小区和办公大楼布线的另一个较大区别是智能住宅需要传输的信号种类较多，不仅有语音和数据，还有有线电视、楼宇对讲，以及电表、水表、煤气表的自动抄表等。

现代家庭娱乐、通信、安防的需求不断增长，人们要上网，要在家办公，因而更加需要网络。家庭布线已成为迫切的需求，规范的家用布线系统已逐渐成为继水、电、气之后第4种必不可少的家庭基础设施，而且家庭布线又为水、电、气提供了科学的管理和监控平台。

（7）住宅综合布线系统的拓扑结构

城市住宅小区和住宅楼的综合布线系统的拓扑结构如图2-73所示。

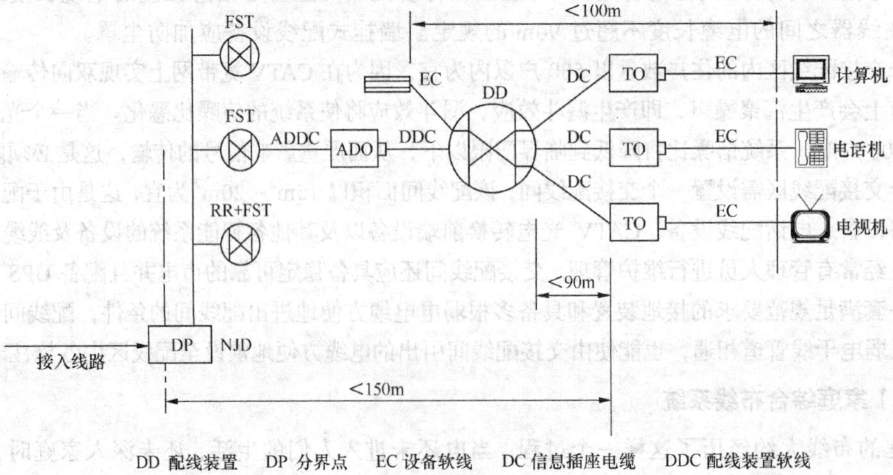

DD 配线装置　DP 分界点　EC 设备软线　DC 信息插座电缆　DDC 配线装置软线
ADO 辅助的可断开插座　FST 楼层配线设备　NID 网络接口装置　TO 信息插座

图2-73　住宅综合布线系统的拓扑结构

① 分界点（DP）至最远住户信息插座的电缆总长度不应大于 150m。

② 每户家庭信息接入箱（DD）至户内最远用户终端的信息插座电缆（OC）、设备软线（EC）和家庭信息接入箱（DD）的跳线总长度不应大于 100m。

③ 信息插座电缆（OC）不应大于 90m。

④ 家庭信息接入箱（DD）的跳线和设备软线（EC）的总长度不应大于 7.6m。

⑤ 设备软线和跳线的衰减大于实芯铜线的对绞电缆，应注意核算电气长度，折算为物理长度，使衰减指标符合规定。

（8）家庭信息接入箱（DD）的设置

由于家庭信息箱很少被接触，所以在保证通风较好的前提下，家庭信息箱应当位于最隐蔽的位置。需要注意的是，集线设备需要电源的支持，因此必须在装修时为家庭信息箱提供电源插座。另外，家庭信息箱应当避免安装在潮湿、容易被淋湿和电磁干扰非常严重的位置。

家居配线箱用于住宅建筑各类弱电信息系统布线的集中配线管理，便于户外各业务提供商的各类接入服务，并满足住宅内语音、数据、有线电视、家庭自动化系统、环境控制、安保系统、音频等各类信息接入用户终端的传输、分配和转接。家居配线箱内可安装无线路由器等家用无线通信设备，因此家居配线箱宜安装在无线信号不被屏蔽之处。家居配线箱功能与尺寸可参照表 2-47 要求。

表 2-47　家居配线箱功能与尺寸

功能	箱体埋墙尺寸（高×宽×深）(mm)
可安装 ONU 设备、有源路由器 / 或交换机、语音交换机、有源产品的直流(DC)电源、有线电视分配器及配线模块筹弱电系统设备	400×300×120
可安装 ONU 设备，安装无源数据配线模块、电话配线模块、有线电视配线模块等弱电系统设备	300×300×120
可安装 ONU 设备，安装有线电视配线模块，主要用于小户型住户	300×250×120

（9）家庭综合布线设计步骤

① 选择弱电布线子系统

根据城建、小区、房屋户型、档次、用户要求等条件选择智能小区布线等级。以确定弱电布线系统的解决方案。

② 选型家用信息接入箱

以各模块安装及今后各线缆管理方便并留有余量为原则。根据以上弱电布线系统的方案中的系统多少与规模大小，选择相应大小的家用信息接入箱。要考虑各系统转接设备的安装方式，以及各种线缆的规格、型号、数量，包括今后各系统转接设备的维护、升级，各系统线缆——有线电视同轴电缆、5 类或超 5 类数据线、音频线、视频线、音箱线、各种控制线（可用 5 类线）、光纤等的管理。

③ 选择各弱电布线系统的转接设备

根据数据和电话点的使用情况，有线电视分配模块、安防和可视对讲设备进行选择时，要根据探头数量，选择开关量、模拟量、数据量等的输入/输出数量、如有光纤到户，可选用光缆接续模块。

④ 选择各弱电布线系统的信息面板及模块插座

有各种不同用途的专用模块插座，电视、数据（电脑、家电）、电话、音频、视频、音箱等。如果数种模块插座安装于同一信息点（安插座的地方），要考虑是否能合用暗盒和面板，比如同一点上有电话和电脑，就可选用 2 孔或 4 孔的信息面板，一孔作电话插座用，另一孔作电脑插座用。

⑤ 选择各弱电布线系统的线缆

有线电视和卫星电视可选用同轴电缆，一般为 SYV-75，直径为 3mm、5mm、7mm、10mm、15mm。数据和各种控制线及防盗防灾探头都可用 5 类线布线，以减少线缆的种类，也可用超 5 类、6 类线缆，特殊场合（如潮湿）用阻水线缆。音频线要用专用的带屏蔽带护套线缆，视频电缆用同轴电缆，音箱线要用专用的多股绞线。

⑥ 设计各布线子系统

将各子系统分别设计成星形拓扑结构。

⑦ 汇总各布线子系统

将各子系统集成为总的家庭综合布线系统，看集成度的高低是否适中，反过来再局部调整各子系统的线缆、面板模块的选型。

⑧ 画出各子系统图及总图

⑨ 编制预算书

按照上面所确定的家庭综合布线系统的规模、选定的家庭信息接入箱、线缆、信息面板、模块插座以及暗埋穿线管的种类和数量，可作出造价预算书。

家庭综合布线设计步骤的设计方框图如图 2-74 所示。

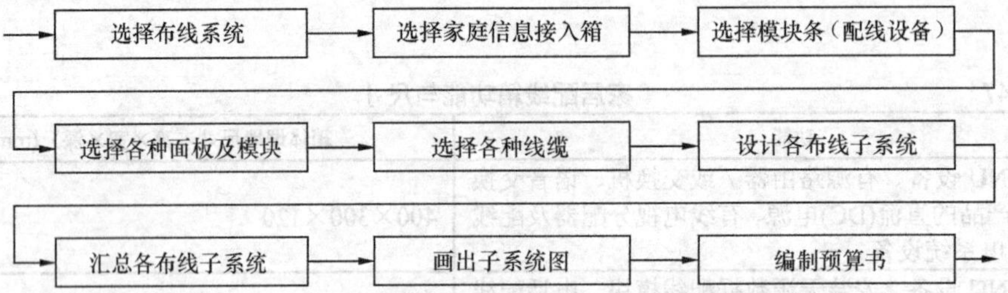

图 2-74　家庭综合布线设计步骤方框图

三、任务分析

家庭综合布线设计过程分析

（1）系统选择：电脑（数据）系统、电话分配系统、有线电视分配系统、紧急按钮、防盗报警和可视对讲门铃。

（2）家庭信息接入箱的选择：选择 HIB-20S 型家庭信息接入箱体，该箱体可安装 7U 单位的模块。

（3）模块条的选择：HIB10M-4H 模块条为 4 口集线器（Hub），可有 3 台电脑连网并上网。HMD-44 模块条为 2 个 1 进 3 出的电话模块，这里将 2 个 4 位模块用跳线结连，形成 1 进 5 出。HMTV-408 模块条为 1 进 4 出的有线电视模块条，HMJJ-122 模块条用于可视对讲门铃（含报警器），另接红外线探头及可视频转接头，从中并接出 2 个紧急按钮。

（4）信息面板及模块的选择：首先，根据客户喜好选择 K 系列面板，再确定面板的颜色为瓷白色。根据各个信息点的情况，选择相应的信息面板和模块，语音、控制和数据都可用 2 孔或 4 孔，有线电视用单孔或 2 孔模块。

（5）线缆选择：同轴电缆选用 SYV-5，数据线缆用 5 类 4 对对绞线缆，门、窗磁用 2 芯或 4 芯控制线，红外线探头用 4 芯控制线。

（6）编制预算：将布线图中的布线按书房、主卧、睡房中（含卫生间）、客厅、睡房、厨房（含餐厅）共 6 条线分别计算管线材料，见表 2-48。

表 2-48　　各种管线计算

名称	穿线管	电脑线		有线电视线	音频线	视频线
书房	15	15	30			
主卧	16.3×2+6+11	16.3×3+6×2+11	16.3×4+6×3+11	16.3	16.3×2	16.3
睡房（含卫生间）	8×2+4×2+5	8×2+4+5	8×3+4×2+5	8+4+5	（8+4+5）×2	8+4+5
客厅	8×2+7	8	8×2	8+7	（8+7）×2	8+7
睡房边	14.6×2+5	14.6+5	14.6×2+5	14.6	（14.6）×2	14.6
厨房（含餐厅）	5+6+7	5×2+6+7	5×3+6×2+7			
小计	168.8	162.5	245.4	62.9	125.8	62.9
合计（10%余量）	187	179	275	77	154	77

注：1.表中 16.3×2+6+11 意思为穿线管从家庭信息接入箱到主卧电视（音视、电脑）插座的距离为 16.3m，因为共有 7～8 根线，所以用 2 根管子（要×2）。从电视插座到紧急按钮的距离为 6m，从紧急按钮到主卧卫生间的电话插座距离为 11m。

2.表中电脑线有 2 列，因为电脑线有 8 芯，电脑只用 4 芯，另外 4 芯可用作电话线，这种情况是前一列数据。后列是电脑线和电话线分别布线的情况。

各信息面板数量表：A/D 用 2 孔信息面板，TV/D 用 3 孔带电视模块信息面板，A 用单孔信息面板，D 用单孔信息面板，J 用专用面板，TV 用单孔电视面板，A/V 用专用面板，见表 2-49～表 2-51。

表 2-49　　各信息面板数量表

名称	单孔信息面板	2 孔信息面板	3 孔带电视模块面板	有线电视单孔面板	紧急按钮专用面板	音视频专用面板
书房		1				
主卧	2		1		1	1
睡房中（含卫生间）	1	1		1		1
客厅	1			1	1	2
睡房边		1		1		1
厨房（含餐厅）	3					
合计	7	3	1	3	2	5

表 2-50　　家庭信息箱及模块条汇总表

名称	型号	数量	说明
箱体	HMB-20M	1 只	
集线器模块条	HM10M-4H	1 条	
语音模块条 44	HM-44	1 条	
弱电信号接线模块条	HMJJ-122	1 条	
音视频分配模块条	HMAV-156	1 条	
有线电视分配模块条	HMTV-408	1 条	
可视对讲门铃			
红外线探头			

表 2-51　　设备、材料汇总表

名称	型号	数量	参考价	小计	备注
家庭信息箱箱体	HMB-20M	1 只	200 元/只	200	
集线器模块条	HM10M-4H	1 条	400 元/条	400	
语音模块条 44	HM-44	1 条	200 元/条	200	
弱电信号接线模块条	HMJJ-122	1 条	88 元/条	88	

续表

名称	型号	数量	参考价	小计	备注
音视频分配模块条	HMAV-156	1 条	88 元/条	88	
有线电视分配模块条	HMTV-408	1 条	48 元/条	48	
单孔信息面板	K86ZDTN8N	7 块	26 元/个	182	
2 孔信息面板	K862ZDTN8N	3 块	40 元/个	120	
3 孔带电视模块面板	K86Z2D-TV-II	1 块	50 元/个	50	
有线电视单孔面板		5 块	10 元/个	50	
紧急按钮专用面板		2 块	20 元/个	40	
音视频专用面板		5 块	10 元/个	50	
穿线管		187m	2.5 元/米	468	
电脑线	HYUTP5-004S	275m	2 元/米	550	
有线电视线	SYV-75-5	77m	5 元/米	385	
音频线		154m	3 元/米	462	
视频线		77m	4 元/米	308	
附件				50	
小计				3739	
红外线探头		1 只	300 元/个	300	
可视对讲门铃		1 只	1 500 元/套	1500	
合计				5539	

（7）家庭综合布线系统工程预、概、决算总表见表 2-52。

项目名称：***家庭综合布线系统工程

施工单位：***计算机系统工程有限公司　　　　负责人：

监理单位：***监理公司　　　　负责人：

施工地点：杭州**花园*幢*单元 301 室　　　　年　月　日

表 2-52　　家庭综合布线系统工程预、概、决算总表

序号	定额序号	项目	单位	单价	工程量	金额	备注
1		材料费合计	元			5 539	
2		人工及测试费	工日	60	25	1 500	
3		直接费	元			7 039	
4		综合管理费	元	10%	7039	704	
5		税金	元	5%	7743	387	
6							
7		总造价	元			8 130	
8							

四、任务训练

实操项目名称：两室两厅一橱一卫（信息点位表见表 2-53，平面图见图 2-75）

表 2-53　　两室两厅一橱一卫信息点位表

名称	电话	电脑	有线电视	红外线探头	可视对讲门铃（含报警器）	紧急按钮
客厅	●		●	●	●	●
主卧	●	●	●			●

续表

名称	电话	电脑	有线电视	红外线探头	可视对讲门铃（含报警器）	紧急按钮
睡房	●	●	●			
卫生间	●					
餐厅	●					
厨房	●					
合计	6	2	3	1	1	2

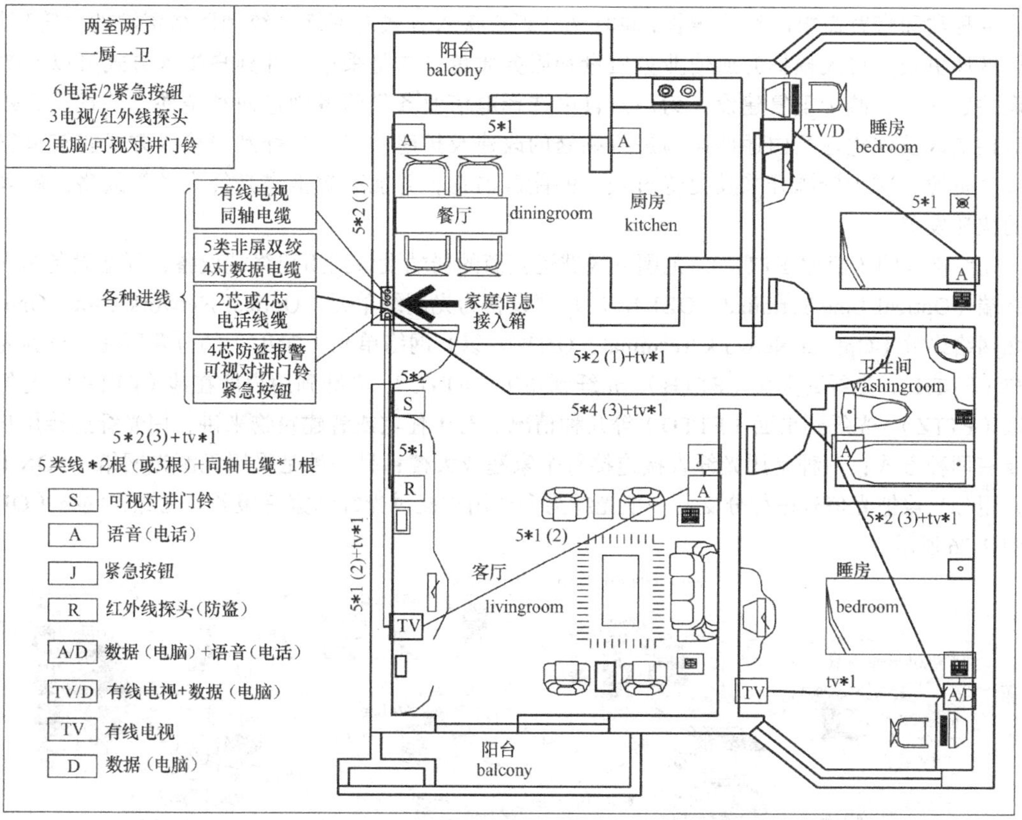

图 2-75　布置平面图

要求完成住宅综合布线方案设计和材料的估算。

1. 系统设备的选择
2. 线缆的选择
3. 编制预算

任务 2.6　设计无源光网络 ODN 系统解决方案

【学习目标】

知识目标：了解无源光网络 ODN 系统设计原理。掌握结合实际的解决方案。

技能目标：会进行无源光网络 ODN 系统方案设计。

一、任务导入

任务资料：

当前，光纤到户（FTTH）已作为主流的家庭宽带通信接入方式，其部署范围及建设规模正在迅速扩大。与铜缆接入（xDSL）、光纤到楼（FTTB）等接入方式相比，光纤到户接入方式在用户接入带宽、所支持业务丰富度、系统性能等方面均有明显的优势。主要表现在：一是光纤到户接入方式能够满足高速率、大带宽的数据及多媒体业务的需求，能够适应现阶段及将来通信业务种类和带宽需求的快速增长，同时光纤到户接入方式对网络系统和网络资源的可管理性、可拓展性更强，可大幅提升通信业务质量和服务质量；二是采用光纤到户接入方式可以有效地实现共建共享，减少重复建设，为用户自由选择电信业务经营者创造便利条件，并且能有效避免对住宅区及住宅建筑内通信设施进行频繁的改建及扩建；三是光纤到户接入方式能够节省有色金属资源，减少资源开采及提炼过程中的能源消耗，并能有效推进光纤光缆等战略性新兴产业的快速发展。

光纤接入网（简称 FTTX），范围从区域运营商的局端设备到用户终端设备，局端设备为光线路终端（Optical Line Terminal，OLT），用户端设备为光网络单元（Optical Network Unit，ONU）或光网络终端（Optical Network Terminal，ONT）。以光网络单元（ONU）的位置所在，分为光纤到户（FTTH）、光纤到大楼（FTTB）、光纤到路边（FTTC）、光纤到用户所在地（FTTP）、光纤到小区（FTTZ）、光纤到桌面（FTTD）等几种情况。对于住宅或者建筑物来讲，用光纤连接用户，主要有两种方式：一种是用光纤直接连接每个家庭或大楼；另一种是采用无源光网络（PON）技术，用分光器把光信号进行分支，一根光纤为多个用户提供光纤到家庭服务。无源光网络（OPN）如图 2-76 所示。

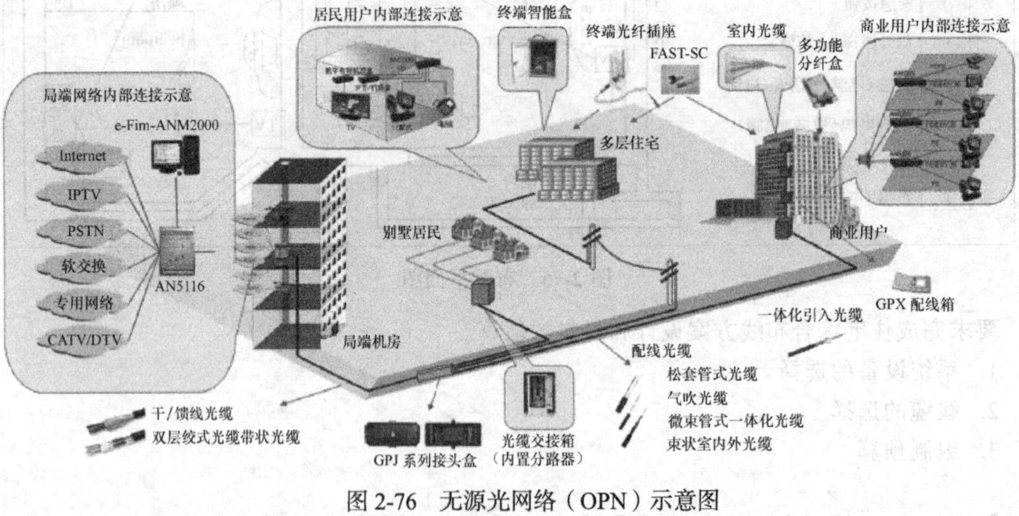

图 2-76　无源光网络（OPN）示意图

ODN（Optical Distribution Network，光缆分配网）已成为 FTTH 投资结构中的重点，在 FTTH 网络中，由于网络设备组网更加简单，ODN 实际上已经成为网络投资的主体。从技术上说，ODN 能很好适应 IP 数据业务的接入。通信网络越接近最终用户，对成本就越敏感。从成本上说，由于以太网技术的成熟和大规模使用，导致开发成本和器件成本较低，即易用性上具有优势。在 FTTH 初期建设投资中超过 90%，因 ODN 网络更靠近用户，全程线路中超过 80%投资处于建筑物内部，所以综合布线光纤解决方案中的质量问题应充分重视。

PON 设备是 OLT 光口至 ONU 光口之间所有网络元素的总称，为各种应用于光缆网络的无源器件。其中部分为传统光缆网所使用产品，如光纤配线架、光缆交接箱、接头盒等，但在 FTTH 时代对这些老产品赋予了更新定义以符合光纤接入网的应用需求。

任务目标：

1. 公共建筑光纤配线解决方案
2. 工业园区和专用网光纤解决方案
3. 住宅光纤配线解决方案
4. 别墅 ODN 解决方案
5. 农村、集镇 ODN 解决方案

二、知识准备

光纤到户的配置原则为：（1）光纤到户工程一个配线区所辖住户数量不宜超过 300 户，光缆交接箱形成的一个配线区所辖住户数不宜超过 120 户。（2）地下通信管道的管孔容量、用户接入点处预留的配线设备安装空间、电信间及设备间面积，应满足至少 3 家电信业务经营者通信业务接入的需要。（3）用户光缆各段光纤芯数应根据光纤接入的方式、住宅建筑类型、所辖住户数计算。（4）用户接入点至每一户家居配线箱的光缆数量，应根据地域情况、用户对通信业务的需求及配置等级确定，其配置应符合高配置采用 1 条光缆 2 芯光纤，其中 1 芯作为备份。低配置采用 1 条光缆 1 芯光纤。

（一）FTTH 驻地网引入光缆建设方式设计

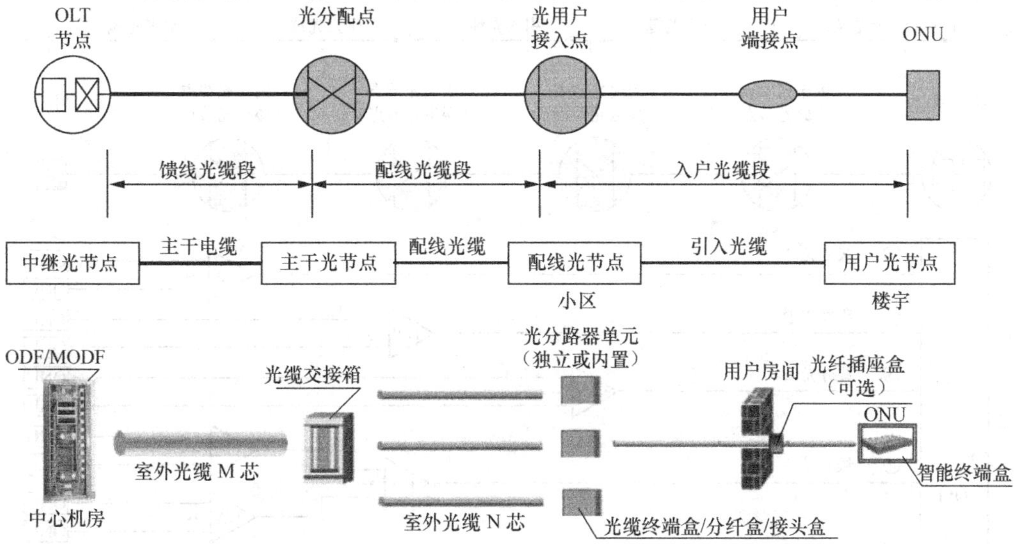

图 2-77　无源光网络系统结构图

不论何种建筑类型，基于 PON 的 FTTH 网络从 OLT 所在的接入网机房到 ONU 所在的用户，均可划分为以下 5 部分，如图 2-77 所示，按照从用户端到接入网机房的顺序依次为：用户终端光节点、引入光缆、配线光缆、主干（馈线）光缆和中心机房中继光节点。

在共享模式和界面灵活设置分配点。在共享资源分界处宜采用活动连接。资源共享接入点的设施容量应能保证多运营企业的用户接入需求。在用户光节点楼宇配线间交接箱为综合布线内部网络与电信运营商资源共享界面如图 2-78 所示。

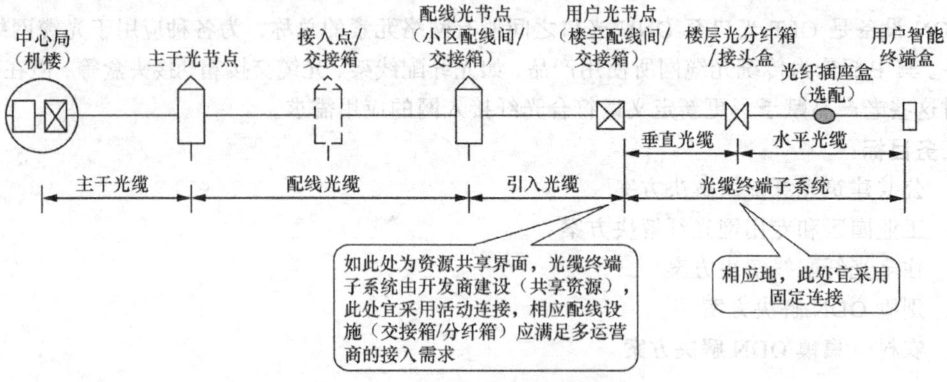

图 2-78　无源光网络系统拓扑图

（二）光分路器 OBD 集中或分散放置模式下驻地网布局

分光方式可灵活选择，一级分光相比二级分光综合性能更优。因为故障点少，且更有利于故障定位，但所需的光缆纤芯更多。对于一个固定区域，采用一级分光有两种设置方式。光分路器集中设置（如小区集中设置）有利集中维护管理、提高 PON 口和光分路器端口使用效率。

对设置点空间要求稍高，所需的光缆纤芯多，光分路器分散设置（如小区分片设置）可灵活选点、所需的光缆纤芯少，但不利集中维护管理。

为提高 PON 口利用率，也可适当采用二级分光，对于低用户密度区域，适当采用二级分光，有利于提高 PON 口和光分路器端口使用效率，特别是对于采用大光分路比来组网的应用。如对于旧区域改造，可充分利用现有光缆资源，适当采用二级分光。一级或二级分光比较如图 2-79 所示。

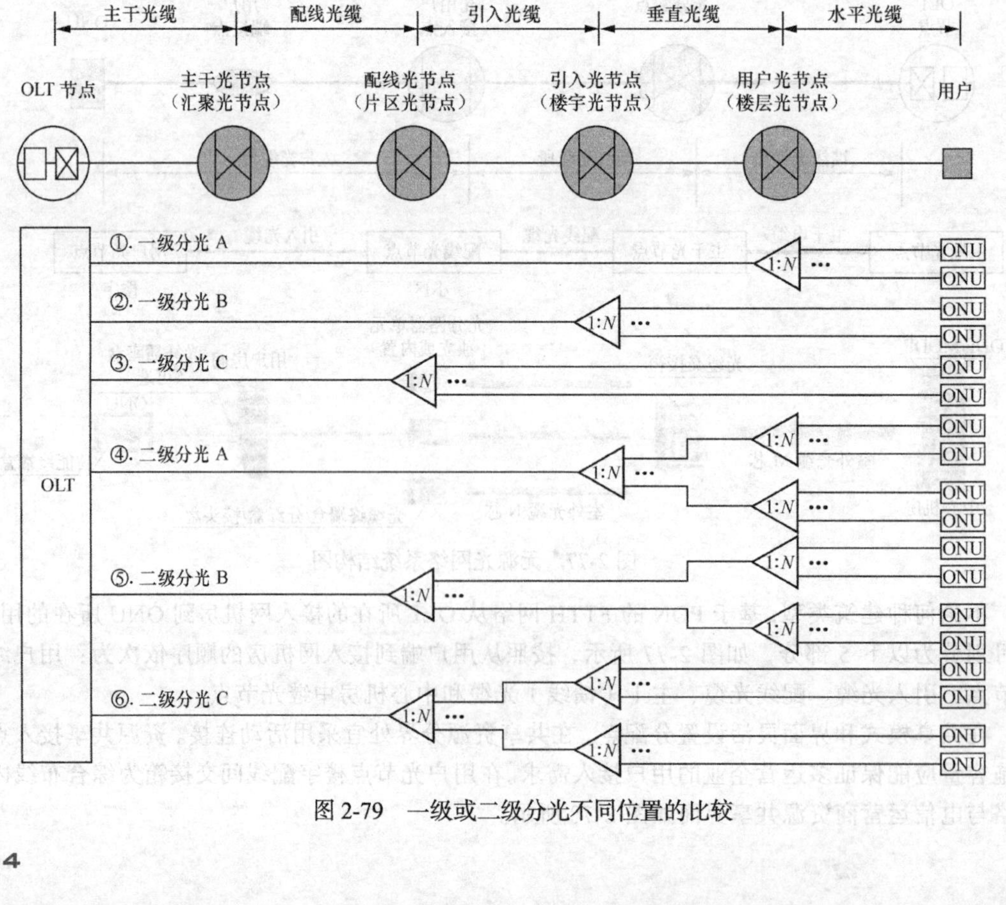

图 2-79　一级或二级分光不同位置的比较

集中分光模式指光分路器集中放置在小区的配线光节点，不在其他节点放置光分路器的组网模式。配线光节点根据驻地网规模，同一个小区内可设置一个或多个配线光节点，覆盖小于 300 户家庭住宅，配线光节点容量通常为 576 芯或 288 芯。（用户光缆小于 144 芯时，宜共用配线箱，各电线业务经营者的配线模块应在配线箱内分区域安装）。

引入光节点：每楼道单元设置一个（多层、小高层场景时）或几个（高层场景时）引入光节点，箱体容量通常为 12～48 芯。

根据理论计算和实际项目得出，集中分光模式下，用户皮线光缆通过热熔方式与引入光缆接续，具有熔接稳定可靠，光衰耗小，箱体价格低，零维护、业务开通方便等优势。因此集中分光模式下建设的光分线箱选用热熔直连方式。集中分光模式系统结构如图 2-80 所示。

分散分光放置模式下，初期按 1:32 或 1:64 的总分光比组网（例如在引入光节点内放置 1:16 光分路器，在配线光节点内放置 1:4 光分路器）由于光模块的灵敏度不断提高，可以通过替换配线光节点内光分路器等方式，将总分光比增大到 1:64（EPON）或 1:128（GPON）。

主干光节点与配线光节点之间建设配线光缆，按 1:64 比例计算光缆芯数。配线光节点与引入光节点之间建设引入光缆，光缆芯数通常为 2～4 芯。每套住宅与引入光节点之间建设一根皮线光缆。皮线光缆在住宅家庭信息箱内适当盘留，通常不做成端。

分散分光模式引入段光缆纤芯少，管道投资较少是优点。但 OBD 设置在楼道，端口利用率低；PON 口、主干光缆的占用稍高。

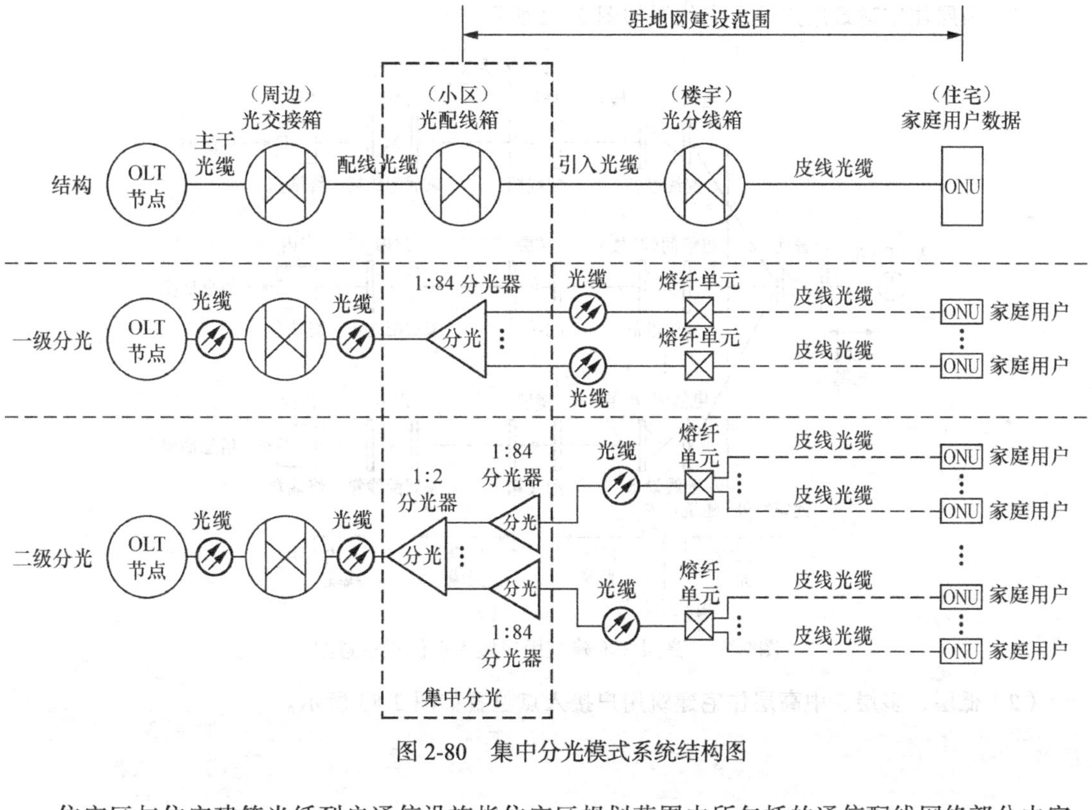

图 2-80　集中分光模式系统结构图

住宅区与住宅建筑光纤到户通信设施指住宅区规划范围内所包括的通信配线网络部分内容，具体如图 2-81 所示。

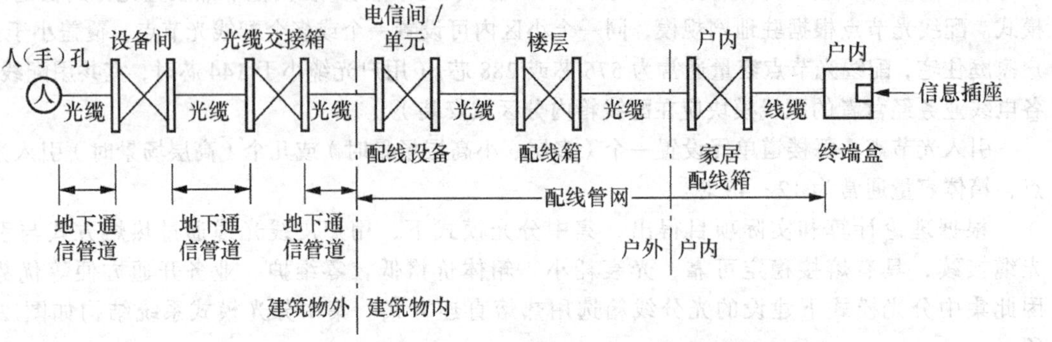

图 2-81　住宅区及住宅建筑内通信设施构成示意图

图 2-81 中，人（手）孔为地下通信管道与公用通信网管道互通的部位，为多家电信业务经营者管线的接入提供了条件。为了保障住宅区内的美观，应尽量减少光缆交接箱的设置。当住宅建筑内每一层的住户数较少时，相邻几层可设置一个共用楼层配线箱。

用户接入点处的配线箱具有光缆分路、配线及分纤的功能，住宅建筑单元或楼层配线箱的主要作用为用户光缆中光纤的熔接和分纤。

在光纤到户工程设计中，用户接入点的设置位置非常重要，为了减少用户光缆与管道的数量，一般会在用户接入点配线设备的机柜或箱体内设置光分路器设备，并将配线光缆与用户光缆互连。

（1）高层住宅建筑用户接入点位置如图 2-82 所示。

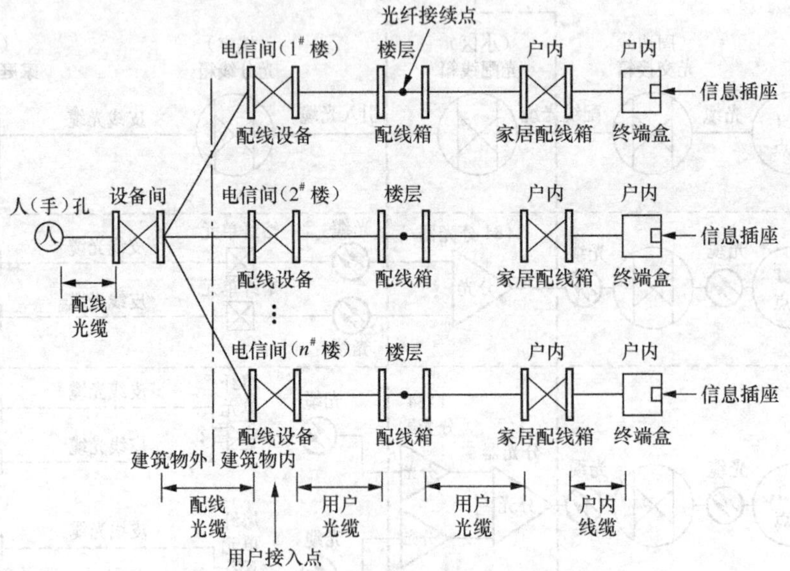

图 2-82　高层住宅建筑用户接入点位置示意图

（2）低层、多层、中高层住宅建筑用户接入点位置如图 2-83 所示。

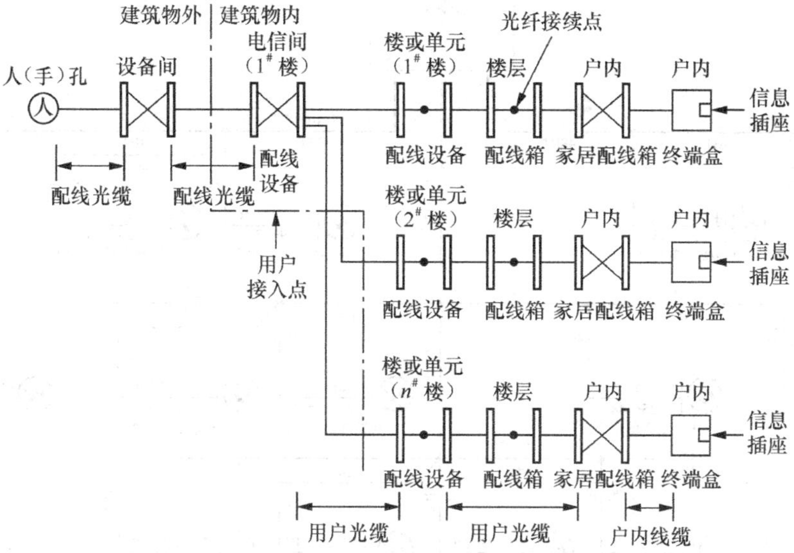

图 2-83　低层、多层、中高层住宅建筑用户接入点位置示意图

图 2-83 中，当住宅区只有一个配线区且规模较小（小于 300 户）时，也可将用户接入点设于设备间，采用从设备间直接布放光缆至每栋住宅建筑的配线设备。

（3）别墅建筑用户接入点位置如图 2-84 所示。

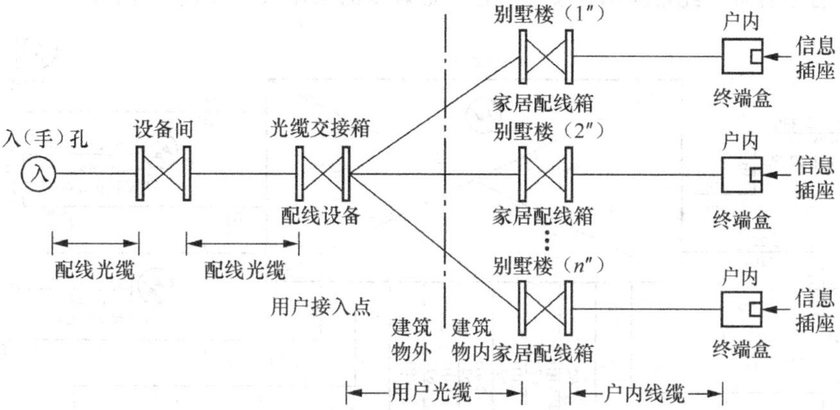

图 2-84　别墅建筑用户搂入点设置示意图

图 2-84 中，当住宅区规模较小（小于 120 户），别墅建筑相对集中时，也可将用户接入点设于设备间，采用从设备间直接布放光缆至每栋别墅的家居配线箱。家居配线箱作为配线模块的连接与管理场所，通过光纤连接器与通信设备光端口实现互通。

（三）引入光缆建设方式

1. 配线光节点光缆的不同分配方法

（1）光缆从每幢单元楼引出后，逐级汇聚接续，如图 2-85 所示，同一方向仅 1～2 根大芯数光缆（144 芯以上）到达配线光节点。其优点是该建设方式对管道占用少。缺点是光缆熔接量大，投资高，链路衰耗大，障碍点多。在工程建设中应尽量避免采用。

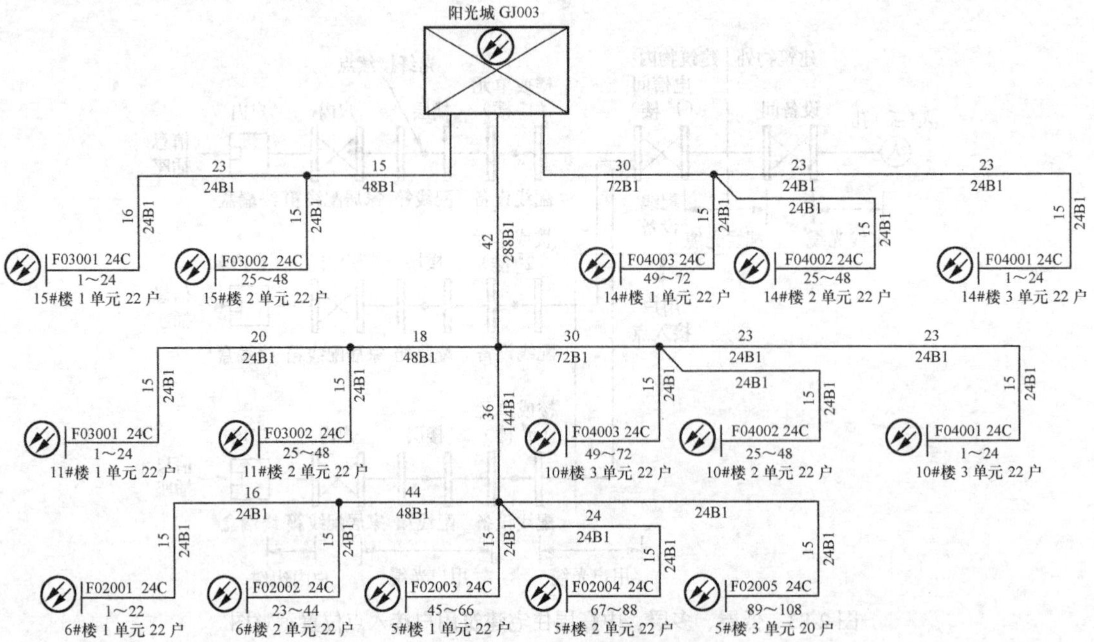

图 2-85　逐级汇聚接续方式

（2）光缆从每幢单元楼引出后，不进行汇聚接续，直接布放到配线光节点，如图 2-86 所示。其优点是无熔接，投资低，接续带来障碍点少。缺点是配线光节点引出光缆多，造成管理上混乱，需适当增加管道容量。经常就用在多层（住户数较少时采用），小高层，高层。

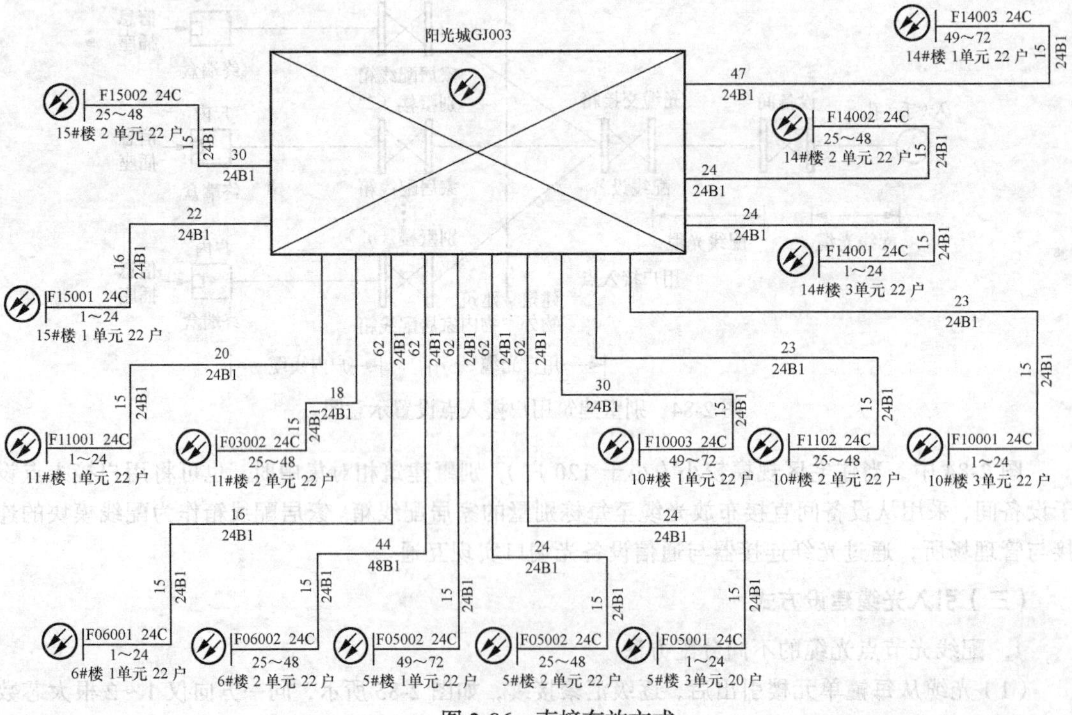

图 2-86　直接布放方式

（3）每 2～4 个单元楼采用同一条光缆布放到光配线箱，通常光缆芯数为 36～72 芯，同方向光缆数量为 4～8 条（可同管孔穿放）。该建设方式是前两种方式的折中，如图 2-87 所示。其接点可通过开天窗技术降低熔接、投资，对管道占用少。多应用在多层、小高层。

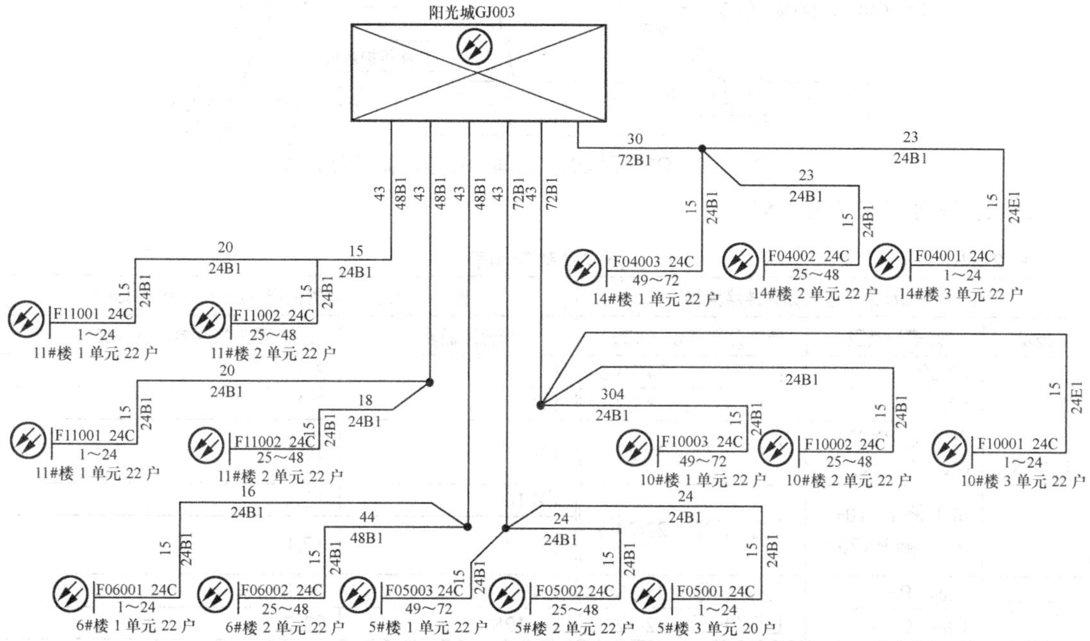

图 2-87　直接布放式与逐级汇聚接续方式

2. 活动连接头控制

根据 OLT 设置位置及覆盖距离、设计分光比，有效控制活接头数量。对 FTTH 全覆盖区域，建议采用直接配纤，利用分支接头盒做主干与配缆的目标连接。

凡采用交接配纤的 ODN，宜采用一级交接，ODN 的活动连接点宜采用无跳纤连接方式，以减少活接头的数量。ODN 合路段（OLT 侧 ODF/MODF 至光分路器合路侧）的活动连接点不宜超过 2 个（不含 ODF/MODF、光分路器合路侧的连接点）。ODN 分路段（光分路器的分路侧至 ONU）的活动连接点不宜超过 1 个（不含 ONU、光分路器支路侧的连接点）。

在下列情形之一时，可设置活动连接。当 ODN 的工程界面在楼层光分纤盒时，可在楼层分纤盒处采用活动连接；当需要在户内采用光纤插座盒方式成端时，光纤插座盒作为活动连接点。

3. PON 组网传输距离测算

无源光网（PON）光链路包含的光器件如图 2-88 所示。

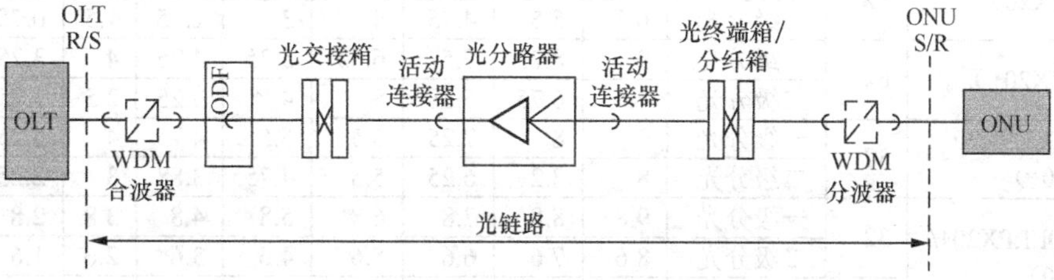

图 2-88　无源光网（PON）光链路

光链路距离的计算公式如图 2-89 所示。

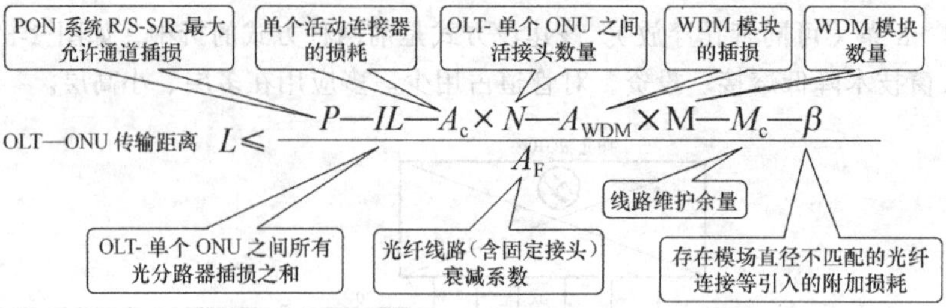

图 2-89　OLT 到 ONU 之间的传输距离计算公式

公式参数对照表见表 2-54。

表 2-54　　　　公式参数对照表

• P：PON 系统最大允许通路插损			• IL：1×N 光分路器插损（2×N 增加 0.3dB）	
技术	光模块类型	最大允许插损（dB）	光分路器规格	插入损耗典型值（dB）
EPON	PX20	上行/下行：24/23.5	1×2	3.9
	PX20+	上行/下行：28/28	1×4	7.2
	0LT 侧 PX20 0NU 侧 PX20+	上行/下行：25/27	1×8	10.5
	0LT 侧 PX20+ 0NU 侧 PX20	上行/下行：27/24.5	1×16	13.8
			1×32	17.1
GPON	Class B+	上行/下行：28/28	1×64	20.1
	Class C+	上行/下行：32/32	1×128	23.7

• Mc：线路维护余量		• Af：光纤衰减系数（含固定接头）	
传输距离（km）	线路维护余量取值（dB）	波长窗口	光纤线路衰减系数（dB/km）
L≤5	≥1	1310nm	0.38（光纤带光纤 0.4）
5＜L≤10	≥2	1490nm	0.26（光纤带光纤 0.28）
＞10	≥3	1550nm	0.25（光纤带光纤 0.27）

- Ac 活接头连接损耗：0.5dB/个
- β：附加损耗

G.652D 光纤与模场直径不匹配的 G.657B 光纤连接时可取 0.2dB/连接点

- WDM 合波器/分波器插损根据实际参数取定。

不考虑 CATV 业务承载、光链路保护、附加损耗，典型传输距离见表 2-55 中框出部分。

表 2-55　　　　无源光网（PON）光链路典型传输距离与接头数量

光分路数 \ 活接头个数			3	4	5	6	7	8	9	10	11
EPON（PX20）	32	一级分光	7.25	6.5	5.75	5	4	3.25	2.5	1.75	1
		二级分光	6.5	5.5	4.75	4	3	2.25	1.5	0.75	–
EPON（PX20+）	64	一级分光	9	8.25	7.5	6.75	5.75	4.75	4	3.25	2.5
		二级分光	7.5	6.75	5.88	5	4	3.25	2.5	1.75	0.88
EPON（OLT:PX20/ONU:PX20+）	32	一级分光	9	8	7.25	6.5	5.5	4.75	4	3.25	2.5
		二级分光	8	7.2	6.25	5.5	4.75	3.88	3	2.25	1.25
EPON（OLT:PX20+/ONU:PX20）	32	一级分光	9.8	8.8	7.8	6.8	5.8	4.8	3.8	2.8	1.8
		二级分光	8.6	7.6	6.6	5.6	4.6	3.6	2.6	1.6	0.6
	64	一级分光	3.8	2.8	1.8	0.8	—	—	—	—	—
GPON（class B+）	64	一级分光	9	8.25	7.5	6.75	5.75	4.75	4	3.25	2.5
		二级分光	7.5	6.75	5.88	5	4	3.25	2.5	1.75	0.88

续表

活接头个数 / 光分路数			3	4	5	6	7	8	9	10	11
GPON（class C+）	128	一级分光	9.75	8.75	8	7.25	6.25	5.5	4.75	3.75	3
		二级分光	8.75	7.75	7	6.25	5.25	4.5	3.75	2.75	2

按 PON 系统支持的最大光分路比进行组网，在 OLT 覆盖范围 5km 左右时，OLT 至单个 ONU 之间的活接头数量不应超过 7 个。

三、任务分析

无源光网络（ODN）系统解决方案分析

1. 公共建筑光纤配线解决方案

楼宇内基本上按照建筑与建筑群综合布线系统的要求实施，将光纤布放到工作区的光纤信息插座。光纤至桌面的规划设计有 3 种情况：集中式、分布式、集中式与分布式结合。配线系统构成如图 2-90 所示。

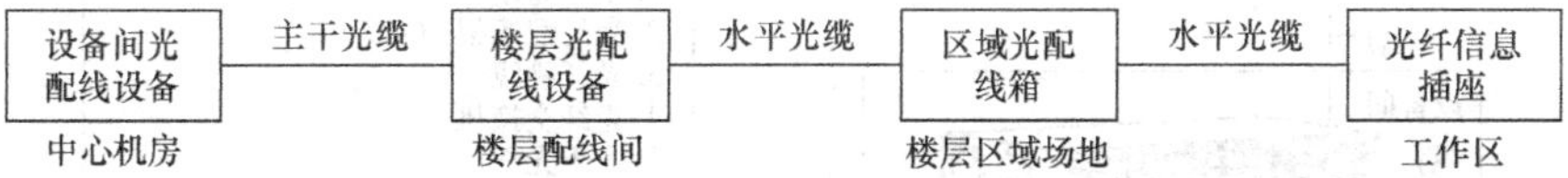

图 2-90　公共建筑光纤配线网络构成图

（1）集中式局域光网方式

从大楼设备间光配线设备直接布放光缆经过楼层电信间至桌面光信息插座如图 2-91 所示。 集中式局域网光纤解决方案是跳过楼层配线间，直接通过一条光纤连接设备间与工作区，光纤信道构成如图 2-92 所示。这种解决方案的特点是需要的光纤数量较大，管理维护较为复杂，适用于每层楼面光纤点数不太多的情形，否刚会造成垂直通道内光纤数量巨大（皮线光缆除外），不易于管理维护和光纤利用率的浪费。

这种方式的优点在于：

① 每个光纤到桌面点都可以独立运行，不依赖楼层交换机的故障造成楼层网络接入的中断。

② 节约交换机的端口，提高网络设备的利用率。

③ 减少通信机房的数目和维护网络的技术人员。

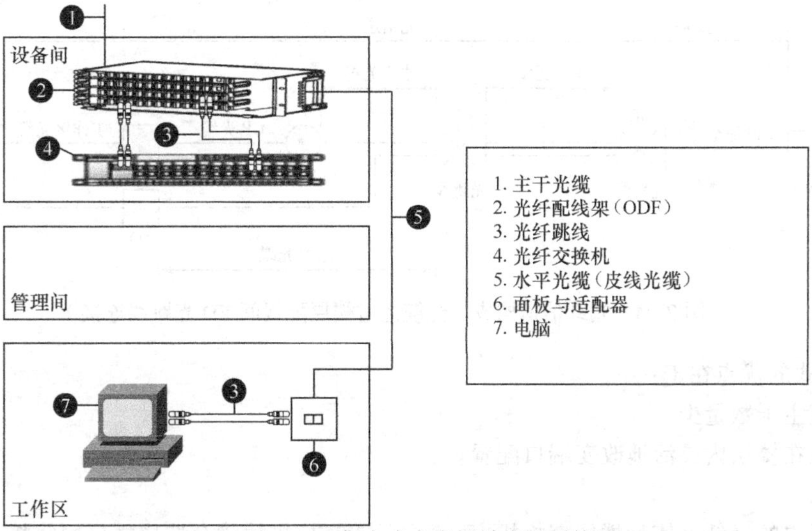

图 2-91　集中式全光局域光网系统图

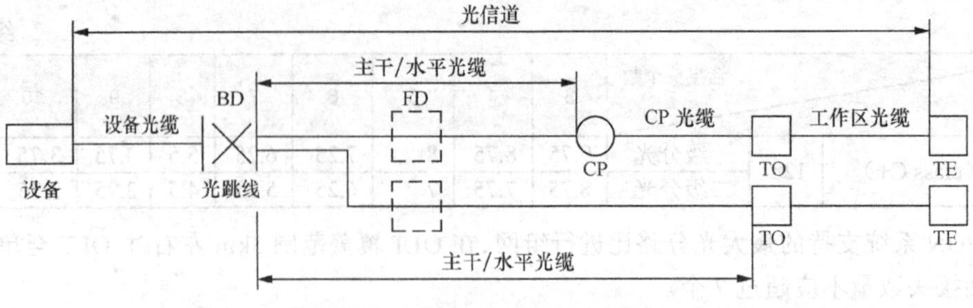

图 2-92　光纤信道构成（光缆经过楼层配线间 FD 直接连至设备间）

（2）分布式局域光网方式

从楼层电信间光配线设备布放水平光缆至桌面光信息插座如图 2-93 所示。分布式局域网光纤解决方案是通过桌面光纤信息点连接至楼层配线间，通过垂直主干与设备配线间连接，光纤信道构成如图 2-94 所示。这种解决方案的特点是提高光纤的利用率，对于楼层内光纤信息点较多的情况，可以设立几根垂直主干，通过光纤交换，就可以满足 FTTD 应用。

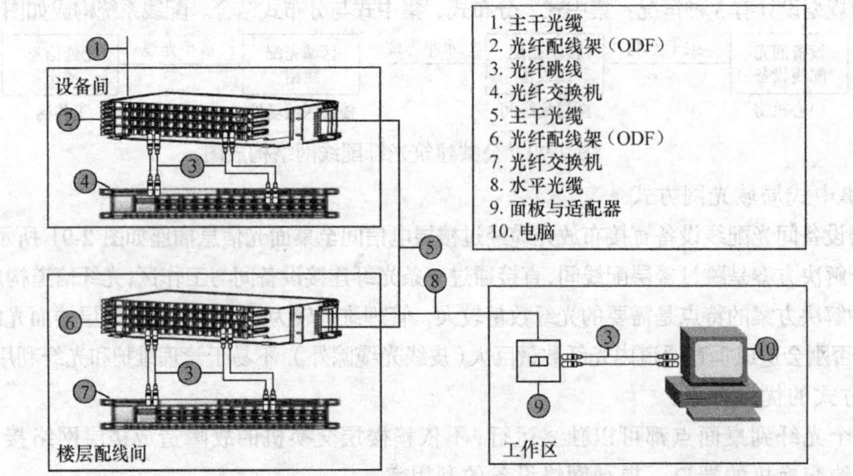

图 2-93　分布式局域网系统图

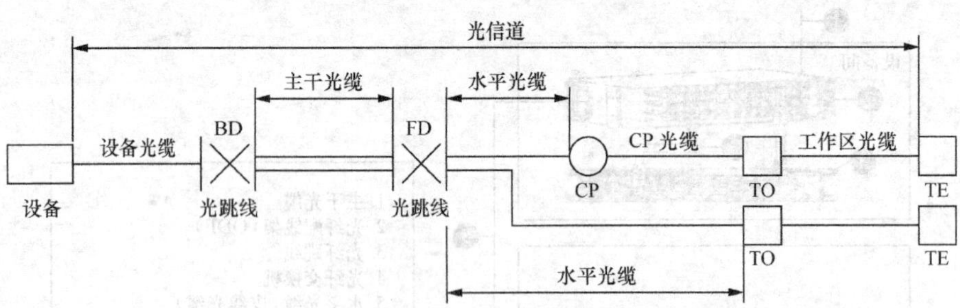

图 2-94　光纤信道构成（光缆经过楼层配线间 FD 光跳线连接）

这种方式的优点在于：

① 垂直主干数量少。

② 可以在楼层内灵活地改变端口配置。

缺点为：

① 楼层内的光纤点依赖楼层交换机，垂直主干或交换机故障会造成楼层网络接入点的中断。

② 交换机的配置数量可能较多，网络设备的投资较大。

③ 垂直主干的光纤数量可能会对未来的应用形成瓶颈等。

（3）集中式与分布式结合局域光网方式

从大楼设备间光配线设备直接布放光缆至桌面光信息插座。但是，主干光缆和水平光缆的光纤在楼层电信间作连接（熔接或机械连接），如图 2-95 所示；集中式与分布式结合局域网光纤解决方案综合以上两种方式，采用分布式管理和集中式管理共用的方式，信道构成如图 2-96 所示。

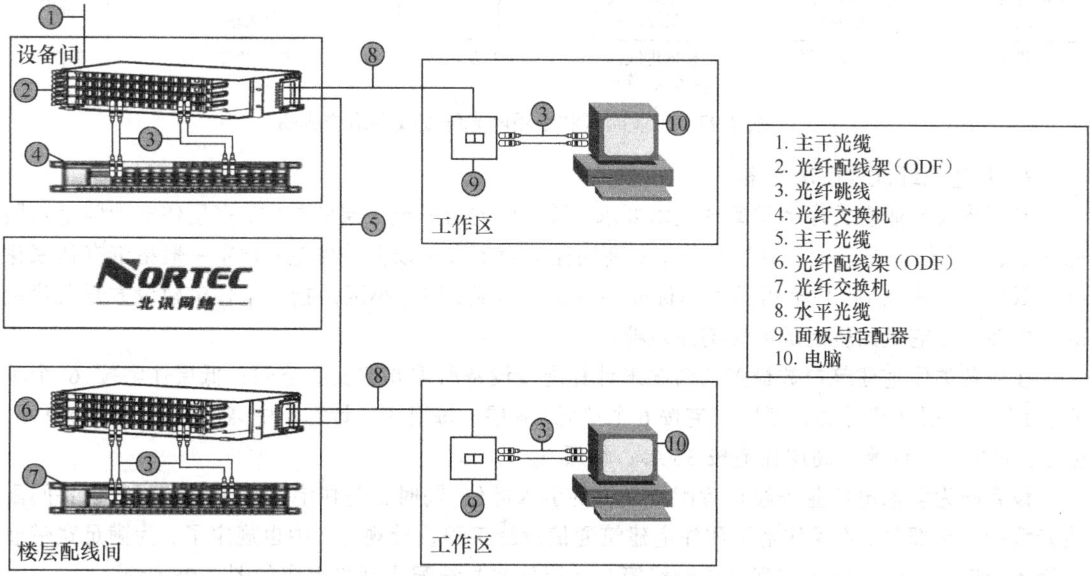

图 2-95　集中式与分布式结合局域网系统图

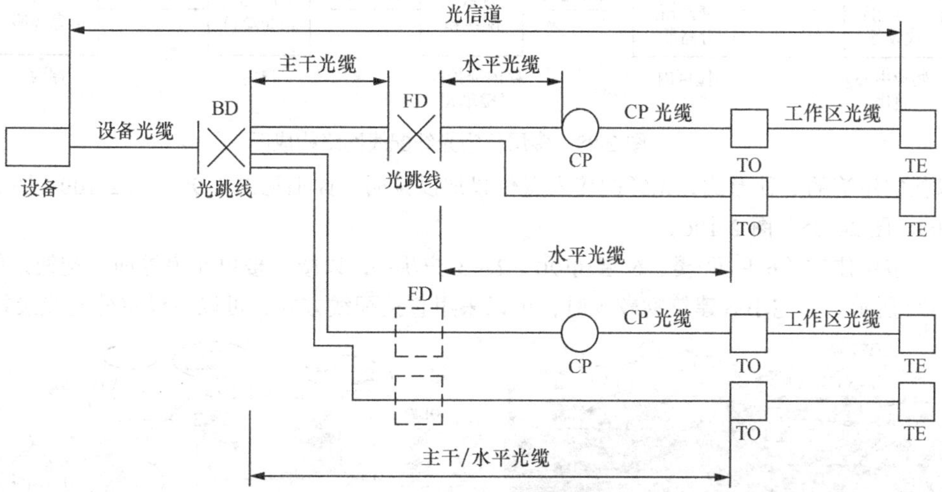

图 2-96　光纤信道构成（光缆经过楼层线间 FD 光跳线连接或光缆经过楼层配线间 FD 直接连至设备间）

2. 工业园区和专用网光纤解决方案

工业企业园区内及专用网（如医院、校园、城铁等）基本上为自建项目，光纤配线系统工程情况复杂，没有固定的模式。加之地域较大，往往可以涉及城区的范围，如公路交通、城铁等，其网络带有链形与树形的特征。因为传输距离较远，往往又会超出综合布线系统 3 ~ 5km 的范畴。

此时，只能以本地通信线路的规范与标准的要求去进行规划与设计。

作为自建项目，确定规划红线之内的区域为建设范围。在自建的光纤配线系统中，实现光纤到建筑物、光纤到区域、光纤到工作区，并且以信息通信中心机房的光纤配线设备为界面与公用通信网络实现互通。同样，光纤配线设备的容量应该满足至少 2～3 家电信运营商接入的需求，配线系统构成如图 2-97 所示。

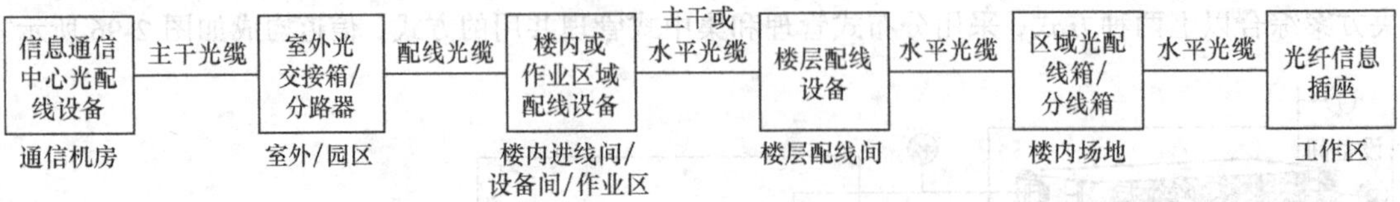

图 2-97　工业园区和专用网光纤配线网络构成图

3. 住宅光纤配线解决方案

参照建筑行业有关住宅类型的技术要求，低层住宅为一至三层的住宅；多层住宅为四至六层的住宅；中高层住宅为七至九层的住宅；高层住宅为十层及以上的住宅；别墅一般指带有私家花园的低层独立式住宅。住宅组团由单栋或多栋建筑组成；住宅小区是指一个住宅建设方开发建设的，由多个住宅组团所组成的住宅建筑群。

按照各类住宅建筑户数最多的情况来计算配线设备所需要的安装空间：低层住宅按 6 个单元、3 层，每层 3 户计算，多层住宅按 6 个单元、6 层、每层 3 户计算，中高层住宅按 6 个单元、9 层、每层 3 户计算，高层住宅按 35 层、每层 9 户计算。

设备间为多家电信业务经营者配线光缆的引入部位，同时也是住宅区多个电信间至设备间配线光缆的汇聚部位。在《住宅区和住宅建筑通信设施工程设计规范》中也规定了，为满足宽带业务接入家庭，应将光纤布放到家居配线箱。多层住宅光纤配线网络组成如图 2-98 所示。

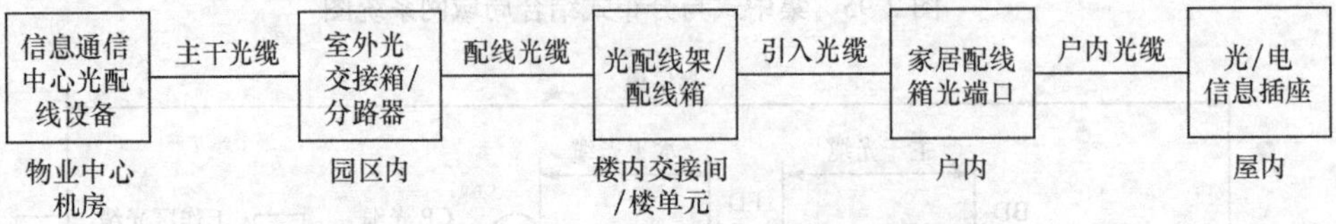

图 2-98　多层住宅光纤配线网络构成图

以住宅建筑的 3 种形式，光纤的接入点位置加以说明，详细见图 2-99、图 2-100、图 2-102、图 2-103、图 2-105、图 2-106。

（1）多层住宅（6 单元/楼、6 层/单元、2～3 户/层），以楼、楼单元为界面。配线系统构成如图 2-98 所示。住宅小区建筑物较少时，可以采用直接配线方式，可以不设室外光交接箱。

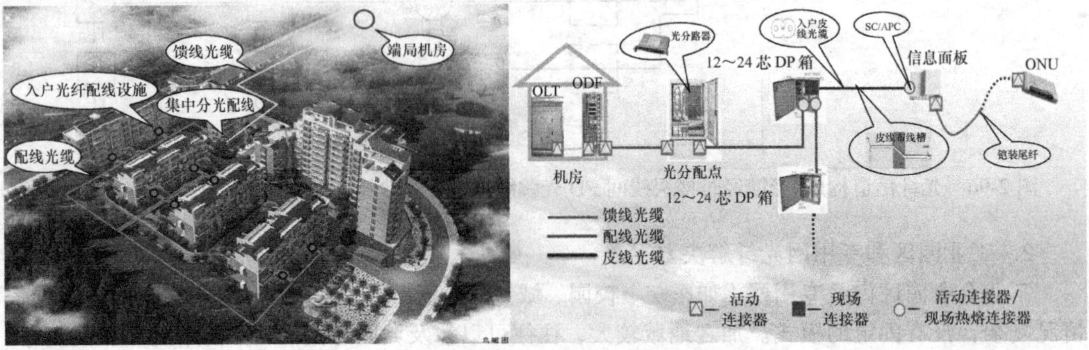

图 2-99　多层住宅通过 DP 箱的光缆分歧与接续的模拟图

多层住宅（ODN）解决方案　方案（1）

采用集中式分光，分光器安装在光交箱里面，馈线光缆与配线光缆在光交接箱进行分光交接。拉 96 芯配线光缆到第 1 个楼道，楼道内安装 DP 盒（12 芯全部成端），通过光缆分歧与接续，剩余光缆到第 2 个楼道、第 3 个楼道……

多层住宅（ODN）解决方案　方案（2）

采用集中式分光，分光器安装在光交箱里面。拉 12 芯光缆到每个楼道，楼道内安装 DP 盒（12 芯全部成端），几个楼宇的多根光缆通过接头盒进行收敛，再汇聚到光交。

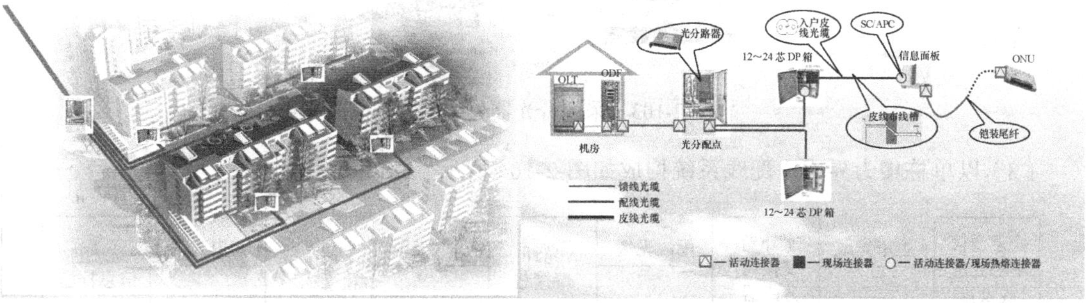

图 2-100　多层住宅通过多根光缆联接各接头盒进行收敛模拟图

（2）高层住宅，以单栋楼、楼层、为界面。配线系统构成如图 2-101 所示。

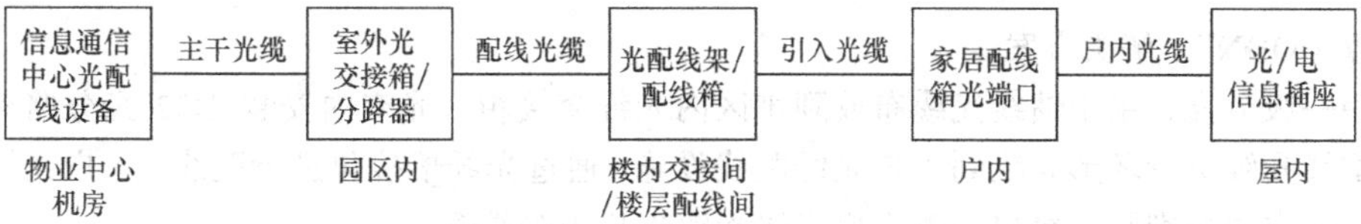

图 2-101　高层住宅光纤配线网络构成图

高层住宅（ODN）解决方案　方案（1）

采用集中式分光，分光器安装在光交箱里面，馈线光缆与配线光缆在光交接箱进行分光交接。根据实际楼层高度间隔几层在楼道内安装楼道分歧盒，通过皮线光缆连入用户终端盒中。

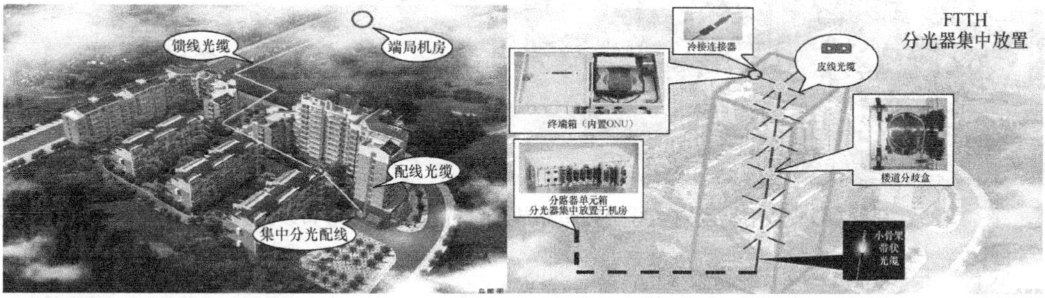

图 2-102　采用分光器集中放置模拟图

高层住宅（ODN）解决方案　方案（2）

成熟小区高层：分光器分散放置，拉 12～24 芯配线光缆到每个楼道，根据实际楼层高度间隔几层在楼道内安装光分配点（24～48 芯光纤配线箱），通过光缆分歧与接续，剩余光缆到另个楼层，皮线光缆通过光纤配线箱分光连入用户终端盒中。

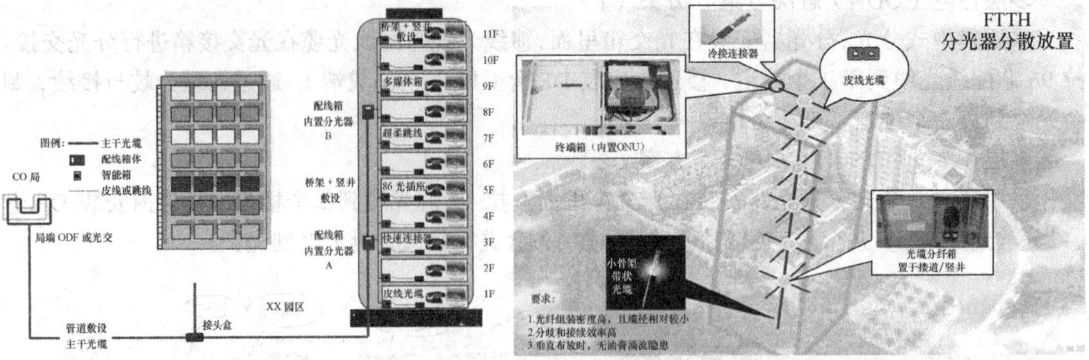

图 2-103 采用分光器分散放置模拟图

（3）以单栋楼为界面。配线系统构成如图 2-104 所示。

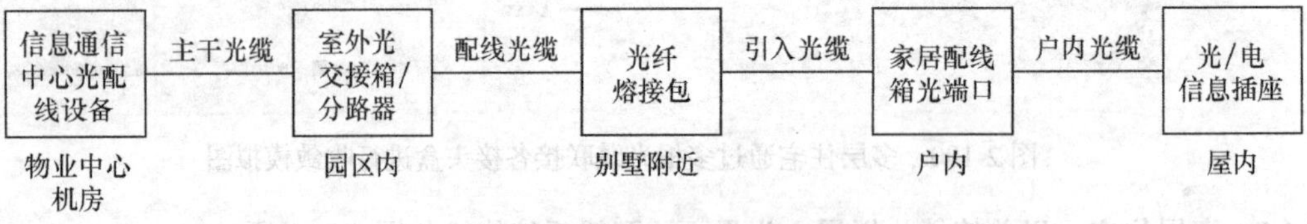

图 2-104 单栋别墅光纤配线网络构成图

别墅（ODN）解决方案

采用一级分光，主干馈线光缆布放到小区内光纤交接箱。光交内安装 1:32 光分路器，从光交布放配线光缆进行环形布线到入户光纤配线设施，通过光纤熔接包进行配线，入户光缆为皮线光缆到小区内每栋别墅，每户一条入户皮线光缆进户内终端盒。

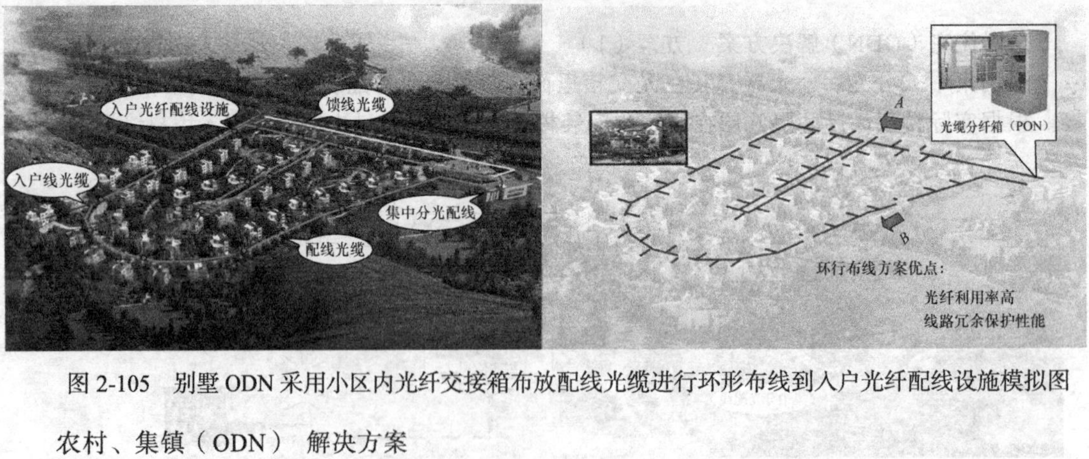

图 2-105 别墅 ODN 采用小区内光纤交接箱布放配线光缆进行环形布线到入户光纤配线设施模拟图

农村、集镇（ODN）解决方案

采用分光器安装在光交内的集中分光方式，拉 8 芯光缆到需要覆盖区域，使用电杆或者壁挂的方式，安装室外光缆分配箱。等开通用户时再布放皮线光缆。开通用户时：皮线光缆在专业跳线工厂加工好 SC/APC 接头后从用户家 86 盒反拉至室外 DP 箱，皮线光缆采用铆接方式固定在墙壁或者电杆抱箍上。同时再在 DP 盒内接续 SC/PC 插头（可采用机械快速接头或现场热熔接头）。

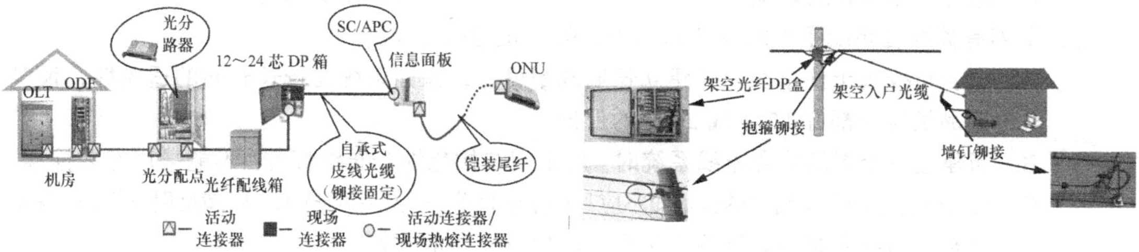

图 2-106　农村、集镇 ODN 采用分光器安装在光交内的集中分光方式模拟图

四、任务训练

实操项目名称：某商务楼光电缆建筑群及垂直主干子系统布线工程

一、任务：继续完成某商务楼 FTTH 光缆建筑群及垂直主干子系统布线工程设计

二、填空题

1. 对于建筑物的综合布线系统，一般可以根据其复杂程度定义 3 种不同的布线系统等级，分别是________、________和________。应根据实际需要，选择适当等级的综合布线系统。

2. 综合型综合布线系统适用于综合布线系统中配置标准较高的场合，一般采用________和________混合布线。

3. 如果是综合布线系统专用的设备间，要求建筑设计中将其位置尽量安排在邻近________和________处，以减少建筑中的管线长度，保证不超过综合布线系统规定的电缆或光缆最大距离。

4. 在综合布线系统中，安装在工作区墙壁上的信息插座应该距离地面________以上。

5. 双绞线一般以箱为单位订购，每箱双绞线长度为________。

6. 水平干线子系统的网络拓扑结构都为星型结构，它是以________为主节点，各个通信引出端为分节点，两者之间采取独立的线路相互连接，形成向外辐射的星型线路网状态。

7. 管理间中主要放置了________、________、________、________等网络连接及管理设备。

8. 设备间应采用________，防止停电造成网络通信中断。

9. 要使得信号可以被正确地识别，ISO 规定双绞线的传输距离一般应不超过________，链路最差的时间延迟为 1μs。延迟时间是局域网要有长度限制的主要原因之一。因此就必须要限制电缆的长度。

10. 以太网属于“基频”，即在一条传输线路上，同一个时间内只能传送一个数据，其介质取得方法主要是________。

三、选择题（答案可能不止 1 个）

1. 经济型综合布线系统是一种经济有效的布线方案，适用于综合布线系统中配置较低的场合，主要以（　　）作为传输介质。

A. 同轴电缆　　B. 铜质双绞线　　C. 大对数电缆　　D. 光缆

2. 有一个公司，其每个工作区需要安装 2 个信息插座，并且要求公司局域网不仅能够支持语音/数据的应用，而且应支持图像、影像、影视、视频会议等，对于该公司应选择（　　）等级的综合布线系统。

A. 经济型综合布线系统　　B. 基本型综合布线系统

C. 综合型综合布线系统　　D. 以上都可以

3. 下列有关综合布线系统的设计原则中，叙述正确的是（　　）。

A. 综合布线属于预布线，要建立长期规划思想，保证系统在较长时间的适应性，很多产品供应商都有15年或20年的保证

B. 当建立一个新的综合布线系统时，应采用结构化综合布线标准，不能采用专署标准

C. 设计时应考虑到更高速的技术而不应只局限于目前正在使用的技术，以满足用户将来的需要

D. 在整个布线系统的设计施工过程中应保留完整的文档

4. 在进行网络需求分析的过程中，工程设计和施工人员必须做的工作有（　　）。

A. 了解用户的数量及其位置　　B. 了解网络服务范围

C. 了解网络的通信类型　　D. 实地考察地理布局

E. 对用户进行培训

5. 下列系统中，在一定条件下可以与综合布线系统统一规划，采取利用综合布线系统中的缆线进行传送的有（　　）。

A. 有线电视系统（CATV）　　B. 民用闭路监视电视系统

C. 大楼自动化控制系统　　D. 消防通信系统

6. 布线系统的工作区，如果使用4对非屏蔽双绞线作为传输介质，则信息插座与计算机终端设备的距离保持在（　　）以内。

A. 2m　　B. 90m　　C. 5m　　D. 100m

7. 综合布线系统采用4对非屏蔽双绞线作为水平干线，若大楼内共有100个信息点，则建设该系统需要（　　）个RJ-45水晶头。

A. 200　　B. 400　　C. 230　　D. 460

8. 对大开间而言，有时需要使用分隔板（隔段）将大开间分成若干个小工作区，所以信息插座的选用、安装方法和安装位置就要受到隔段的影响。从目前情况来看，大开间的信息插座通常会（　　）。

A. 安装在高架地板上　　B. 安装在墙壁上

C. 安装在分隔板上　　D. 直接接到桌面

9. 一个信息插座到管理间都用水平线缆连接，从管理间出来的每一根4对双绞线都不能超过（　　）。

A. 80m　　B. 500m　　C. 90m　　D. 100m

10. 下列电缆中可以作为综合布线系统的水平电缆的是（　　）。

A. 特性阻抗为100Ω的双绞线电缆　　B. 特性阻抗为150Ω的双绞线电缆

C. 特性阻抗为120Ω的双绞线电缆　　D. 62.5μm/125μm多模光纤光缆

11. 在水平干线子系统的布线方法中，（　　）采用固定在楼顶或墙壁上的桥架作为线缆的支撑，将水平线缆敷设在桥架中，装修后的天花板可以将桥架完全遮蔽。

A. 直接埋管式　　B. 架空式

C. 地面线槽式　　D. 护壁板式

12. （　　）就是弱电井出来的线走地面线槽到地面出线盒或由分线盒出来的支管到墙上的信息出口。由于地面出线盒或分线盒不依赖墙，直接走地面垫层，因此这种方式适合于大开间或需要打隔断的场合。

A. 直接埋管式　　B. 架空式

C. 地面线槽式　　D. 护壁板式

13. 管理间机柜的语音点区有一个 S110 配线面板，该配线区分为两部分。一部分是来自语音点用户的双绞线缆；另一部分是（　　），用来连接公共电话网络。

A. 4 对 5 类非屏蔽双绞线电缆　　B. 62.5μm/125μm 多模光纤光缆

C. 25 对大对数线　　D. 50μm/125μm 多模光纤光缆

14. 110A 器件通常由（　　）组成。

A. 100 或 300 线对配线块　　B. 4 或 5 线对接线块

C. 接插软线和接插线走线背板　　D. 标识带

15. 建筑物中有两大类型的通道，即封闭型和开放型。下列通道中不能用来敷设垂直干线的是（　　）。

A. 电缆竖井　　B. 电梯通道　　C. 通风通道　　D. 电缆孔

16. 建筑物之间通常有地下通道，大多是供暖供水的，利用这些通道来敷设电缆不仅成本低，而且可利用原有的安全设施，采用这种方法的布线方法叫做（　　）。

A. 架空电缆布线　　B. 直埋电缆布线

C. 管道内电缆布线　　D. 隧道内电缆布线

四、问答题

1. 在图 2-107 中，图（a）和图（b）分别是什么标准的信息插座引线？

2. 说出综合布线的设计主要步骤。

3. 设计综合布线系统时，应注意哪些原则？

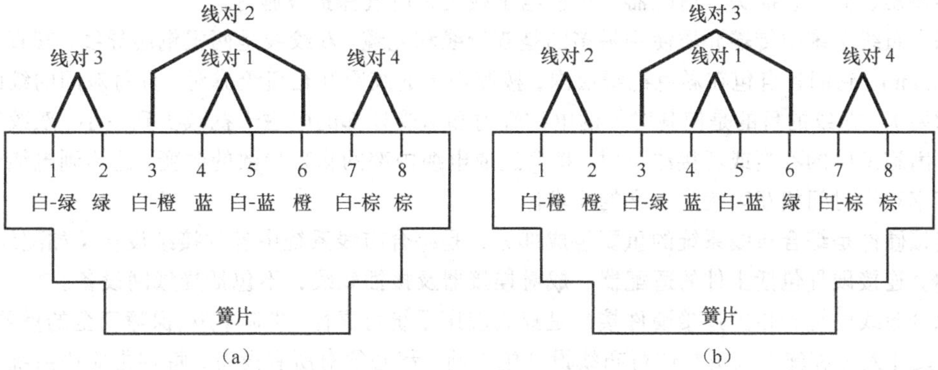

图 2-107　1 题图

4. 建筑群配线架（CD）、建筑物配线架（BD）和楼层配线架（FD）分别属于哪个布线子系统？

5. 综合布线系统工程的设备配置是指什么内容？

6. 在综合布线系统中，应该如何统计水晶头和信息模块数量？

7. 综合布线的地线设计要注意哪几个要点？

8. 综合布线系统 3 个不同设计等级的应用范围和配置有什么不同？

9. 在综合布线系统中，如果水平干线子系统使用双绞线，则应怎样计算所需双绞线的长度？

10. 说出垂直干线子系统的设计范围，一般应怎样布线？

11. 应如何确定设备间的位置？

12. 建筑群子系统通常有哪几种布线方法？各有什么特点？

13. 在新建或改建的建筑物内，为方便今后综合布线系统的安装，要考虑哪些内容？

项目三

综合布线铜缆施工

综合布线是计算机网络基础，采用的主要布线部件并不多。按其外形、作用和特点可粗略分为两大类，即传输介质和连接硬件（包括接续设备）。部件组成主要包括传输介质、线路管理硬件、连接器、插座、插头、适配器、传输电子线路、电气保护设施等。

综合布线系统中传输介质使用最多的是双绞线和光缆。双绞线是两根铜芯导线，其直径常用的是 0.5mm。它们各自包在彩色绝缘层内，按照规定的绞距互相扭绞成对，且每对间的绞距都有一定的要求。扭绞的目的是使其对外的电磁辐射和遭受外部的电磁干扰减少到最小。双绞线电缆出厂后因施工中的不当或者接法不对，将会造成电缆内部的物理参数的改变，达不到电缆使用中传输速率和线对间相互串扰防卫度的要求。

连接硬件是综合布线系统的重要组成部分，是综合布线系统中各种接续设备（如配线架等）的统称。连接硬件包括主件的适配器、成对连接器及接插软线，不包括局域网设备。

综合布线电缆和相关连接硬件接地是提高应用系统可靠性、抑制噪声、保障安全的重要手段。因此，设计人员和施工人员在进行布线设计施工前，都必须对所有设备，特别是应用系统的设备接地要求进行认真研究，弄清接地要求以及各类地线之间的关系。如果接地系统处理不当，将会影响系统设备的稳定性，引起故障，甚至会烧毁系统设备，危害操作人员生命安全。综合布线系统机房和设备的接地，按不同作用分为直流工作接地、交流工作接地、安全保护接地、防雷保护接地、防静电接地及屏蔽接地等。

任务 3.1　安装综合布线标准机柜

【学习目标】

知识目标：了解设备间、管理间的设备机柜及走线架、地线的安装。

技能目标：能正确养成良好的安全施工习惯，掌握各种钳工工具的正确使用。会阅读施工图纸并做出施工计划安排。

一、任务导入

任务资料：

关于设备的安装，由于国内外生产的配线接续设备品种和规格不同，其安装方法也有区别。在安装施工时，应根据选用设备的特点采取相应的安装施工方法。整排机柜的表面应该处于同一平面上，排列要整齐紧密。机架部分不应变形，否则影响设备外观。机柜的安装排列如图 3-1 所示。

图 3-1　机柜的安装排列

机架固定应可靠，且符合工程设计文件上的抗震要求。机柜的底座安装如图 3-2 所示。

图 3-2　机柜的底座安装

所有用于固定的膨胀螺钉应安装紧固，绝缘垫片、大平垫片和螺母（螺栓）的安装顺序要正确，且支架或支脚的安装孔与膨胀螺钉的配合要好。机柜的底座抗震镙丝的安装如图 3-3 所示。

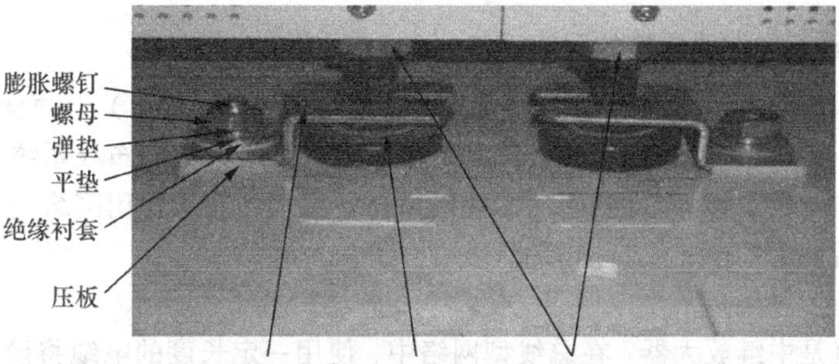

图 3-3　机柜的底座抗震镙丝的安装

绝缘垫片应安装在支架和地面之间，应符合绝缘要求，使用客户自制的底座安装时，应符合客户的要求。支架和地面之间应符合绝缘的安装，如图 3-4 所示。

 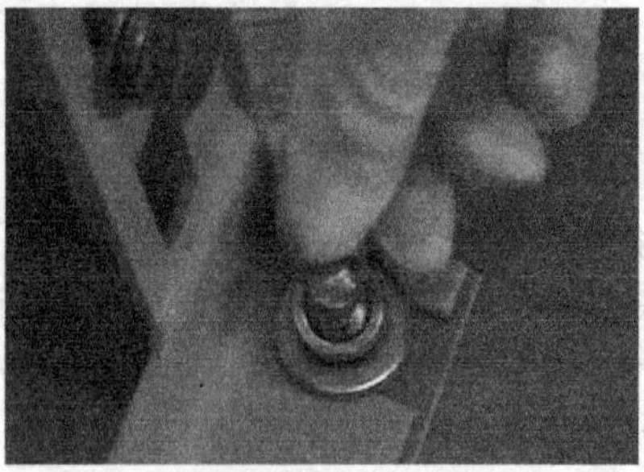

图 3-4　支架和地面之间应符合绝缘的安装

设备间接地系统的安装如图 3-5 所示。

图 3-5　接地系统

任务目标：

1. 完成综合布线设备机柜的固定安装

（1）机架安装完毕后，水平度和垂直度应符合生产厂家规定。若无厂家规定时，垂直度偏差不应大于 3mm。

（2）机架上的各种零件不得脱落或碰坏，各种标志应完整清晰。

（3）机架的安装应牢固，应按施工的防震要求进行加固。

（4）安装机架面板时，架前应留有 0.6m 空间，机架背面离墙面的距离视其型号而定，应便于安装和维护。

（5）交接箱或暗线箱根据实际也可考虑设在墙体内。机架、配线设备接地体的安装应符合设计要求，并保持良好的电气连接。

2. 完成综合布线走线架的固定安装

（1）采用下走线方式时，架底位置应与电缆上线孔相对应。

（2）各直列垂直倾斜误差应不大于 3mm，底座水平误差每平方米应不大于 2mm。

（3）接线端子各种标记应齐全。

3. 接地体的接地电阻要求

单独接地对接地电阻的要求为不大于 4Ω，如是综合性大楼，接地体的接地电阻要求不大于 1Ω。

二、知识准备

（一）综合布线系统铜缆连接的网络设备

以太网常用的网络设备有中继器（Repeater）、网络集线器（Hub）、交换机（Switch）、网桥（Bridge）、路由器（Router）、网关（Gateway）等。这些网络设备与布线系统紧密相关。对一个优秀的布线设计与安装工程师来说，全面掌握网络设备原理和熟悉常用网络连接设备也是极为重要的，这对安装后期的调试和故障排除都有好处。

1. 中继器

网络中继器就是中继放大器。在总线型网络中，使用一定长度的电缆将设备连接在一起。由于信号传输受线路衰减的影响，为使网络范围更大，可用中继器连接多根电缆。中继器是一个物理层设备，可双向接收、放大并重发信号，如图 3-6 所示。设备可以在不影响系统中其他设备工作的情况下从总线中取下。总线型网络中最主要的实现就是以太网，它目前已经成为局域网的标准。连接在总线上的设备通过监察总线上传送的信息来检查发给自己的数据。当两个设备想在同一时间内发送数据时，以太网上将发生碰撞现象，但是使用载波侦听多路访问/碰撞监测（CSMA/CD）协议可以将碰撞的负面影响降到最低。

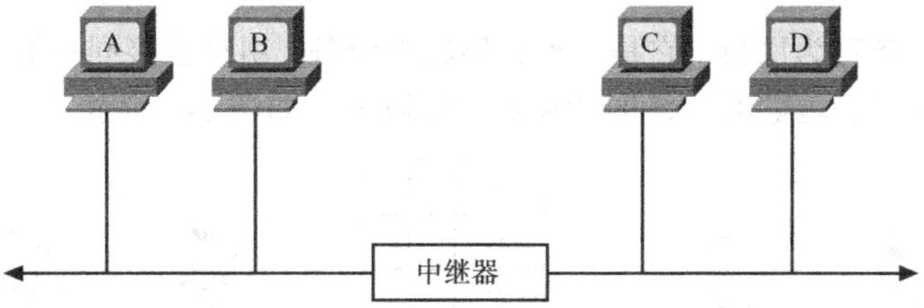

图 3-6　中继器

2. 网络集线器

现在的以太网拓扑主要以非屏蔽双绞作为传输介质，每一网段的最大距离为 100m。超过 100m，就需要利用中继器来扩展网络的拓扑距离。这是因为信号在经过长距离的传输后会产生信号衰减现象。中继器的功能就是将经过衰减而变得不完整的信号经过整理后，重新产生出完整的信号再继续传送。中继器是普通集线器的前身。普通集线器也称共享式集线器，是一种多端口的中继器。以图 3-7 所示集线器为例，集线器一般有一个 BNC 接口、一个 AUI 接口和 4、8、16 不等数量的 RJ-45 接口。普通集线器叫做 Hub，英语就有“中心”的意思。集线器很重要，是综合布线网络常用的接点设备，各端口的功能分别如下。

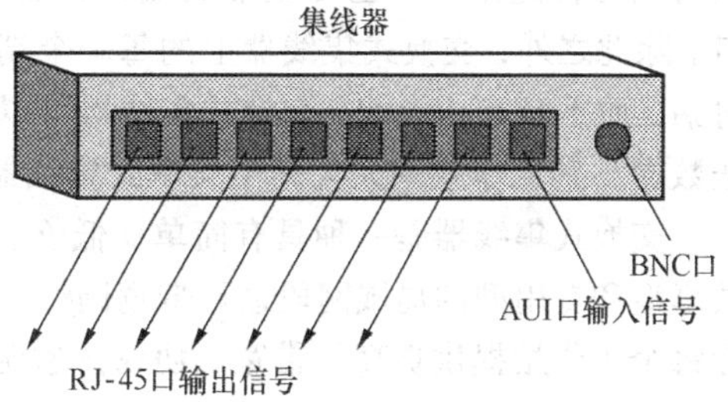

图 3-7　多端口的集线器

（1）BNC 接口是一种标准细缆接口，它可以连接 10BASE-2 网络标准中的 50Ω 同轴电缆。由于现在常见的以太网络大多为 10BASE-T 或 100BASE-T，因此，BNC 头已经基本被淘汰。但如果想用它作为级联的话，其速率也还有一定的优势。

（2）AUI 接口是收发器接口，它用来连接与粗缆连在一起的信号收发器。AUI 接口是一种 10BASE-5 网络标准，同 10BASE-2 一样，现在它已经不再用了。

（3）RJ-45 接口是现在最常使用的网络接口。网络中与计算机网卡连接的双绞线会无一例外地插到这个接口上来。RJ-45 是 10BASE-T 网络标准中的接口形式，现在被广泛使用。RJ-45 接口内部有 8 个线槽，在 10BASE-T 网络中，1、2 线为发送线，3、6 线为接收线。

（4）级联接口的作用有点特殊，级联接口是专门为 Hub 之间的级联准备的。在一个网络中可能会拥有几十台工作站。以一台 16 口 Hub 为例，如果在一个 10BASE-T 网络中有 30 台工作站，则一台 16 口 Hub 远远不能满足要求；如果使用 3 台 16 口的 Hub 链接，就有 3×16 共 48 个接口。级联口的作用是在多个 Hub 需要级联时使用。在不需要级联的网络中，级联口处于关闭状态，这样，Hub 的 1 口就与其他 15 个口一样，可以直接连接标准双绞线到工作站。如果需要级联 Hub，就将 Hub 的 1 口不用。此时，Hub 的级联口中的收发端被对调，可以使用一条标准的双绞线在级联口将两台 Hub 连接起来一起工作。有的 Hub 没有级联口，就需要通过人为地调换连接线的收发线位来解决。

以上所讲的共享式集线器不能提高网络性能，也不能检测信号错误。它们只是简单地从一个端口接收数据并通过所有端口分发，这是集线器可以做的最简单的事情。共享式集线器是星型拓扑以太网的入门级设备，以上所讲的普通集线器就属此类。此集线器的总带宽为10Mbit/s，如果我们共连接了4台工作站，当这4台工作站同时上网时，每台工作站的平均带宽将仅为总带宽的1/4，即2.5Mbit/s。

3. 网桥

链路层的互连设备称为网桥。它是一种存储转发设备，用来连接同一类型的局域网。一个网桥具有两个或多个接口，能够对网络的冲突域进行隔离，如图3-8所示。

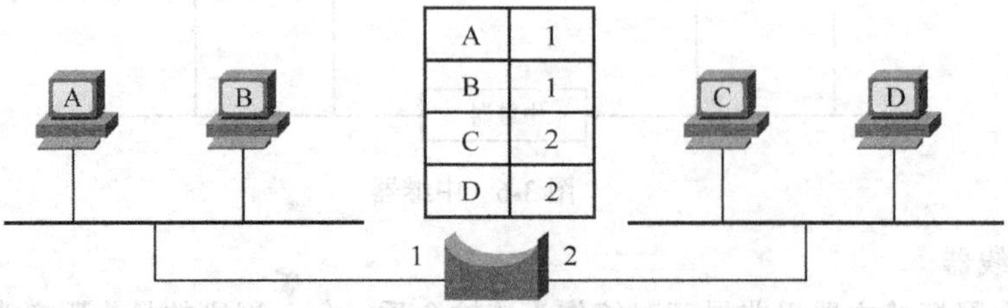

图3-8 网桥

4. 交换机

交换式集线器与共享式集线器不同，它具有信号过滤的功能。交换式集线器与网桥类似，它只将信号传送给某一已知地址的端口，而不像共享式集线器那样将信号传送给网络上的所有端口。除此之外，交换式集线器上的每一个端口都拥有专用带宽，它可以让多个端口之间同时进行对话，而不会互相影响。交换式集线器可以以直通传送、存储转发和改进型直通传送的形式来传送数据，其工作效率大大高于共享式集线器。

交换式集线器是一种具有简单、低价、高性能和高端口密集特点的交换产品，交换技术允许共享型和专用型的局域网段进行带宽调整。后来出现的交换机能经济地将网络分成小的冲突网域，为每个工作站提供更高的带宽。协议的透明性使得交换机在软件配置简单的情况下直接安装在多协议网络中。交换机使用现有的电缆、中继器、集线器和工作站的网卡，不必做高层的硬件升级。交换机对工作站是透明的，这样管理开销低廉，简化了网络节点的增加、移动和网络变化的操作。

以太网交换机是由高速交换机建立的智能网络交换中心，实质上是一种具有多端口和低时延特性的智能网桥，能在多个端口之间建立点对点的专用通道，从而大大降低了网络拥塞的可能性，极大地提高了网络效率。

（1）交换式以太网的特点。

① 实现简单。交换式以太网并不是一种新的网络协议，而是现有以太网技术的交换应用，即属于数据链路层交换。因此，交换式以太网继承了以太网、快速以太网的简单性。

② 带宽独占。由于交换式以太网将网络带宽的使用模式从共享方式改为独占方式，网络中任意两个节点都可通过交换机建立一条专用通道，因此，网络的带宽将会数倍或数十倍于共享式集线器的带宽。

③ 网络效率提高。由于采用以太网交换机能将一个大的局域网划分成若干小的独立子网，子网间不共享带宽，避免了广播风暴，缓解了网络拥塞，大大提高了网络效率。

④ 网络覆盖范围扩大。交换式以太网扩大了网络直径，使用交换机来连接不同的网段能扩大网络的覆盖范围。

⑤ 扩展性。采用以太网交换机可实现多种局域网的互连，并能提供不同的传输速率。

（2）以太网交换原理。通常，1台以太网交换机有8～48个端口，每个端口与一个节点或另一个局域网相连。以太网交换机内部保存有一个MAC地址（网络端口物理地址）和交换端口的对照表，由 MAC 地址可迅速查找到相应的端口。通过 MAC—端口对照表，交换机能迅速在任意两个端口之间建立一个连接。一旦通信完毕，交换机可立即拆除连接。

图 3-9 所示为以太网交换机的工作原理，端口 2 与端口 3、端口 1 与端口 4 建立连接，缓存用于缓冲存储信息帧。由于以太网交换机能同时建立多个连接，信息帧可在不同的连接上并行传输，因此大大提高了网络利用率。目前，以太网交换机主要有以下几种实现方式。

① 直通方式。直通方式是指以太网交换机收到信息帧的帧头后就立即进行分析，取出目的地址（MAC 地址），查找 MAC—端口对照表，找出相应的输出端口，并直接将该信息帧转发到该输出端口。直通方式的优点是转发速度快，延迟小，原因是直通方式只需检查信息帧前面的 14 字节就可以转发信息帧。直通方式的缺点是可能转发差错帧，浪费带宽资源。因此，直通方式适合于差错率较小的网络环境。

② 存储转发方式。所谓存储转发方式是指将接收到的信息帧先暂存在缓冲存储器中，然后检查该帧的正确性并分析目的地址，只转发正确无误的信息帧。存储转发方式的优点是不会浪费带宽，但延迟较直通方式大，因此适合于差错率较大的网络环境。

③ 综合法。所谓综合法是指综合直通方式和存储转发方式的优点，通常按直通方式工作，如果检测到差错率大于某一门限值，表示网络质量较差，此时按存储转发方式工作。

采用交换式以太网，引入以太网交换机组网，可以拓展网络拓扑的限制，如采用双绞线网络拓扑可达 400m 以上，而采用光纤网络拓扑可达 2000m 以上，如图 3-10 所示。

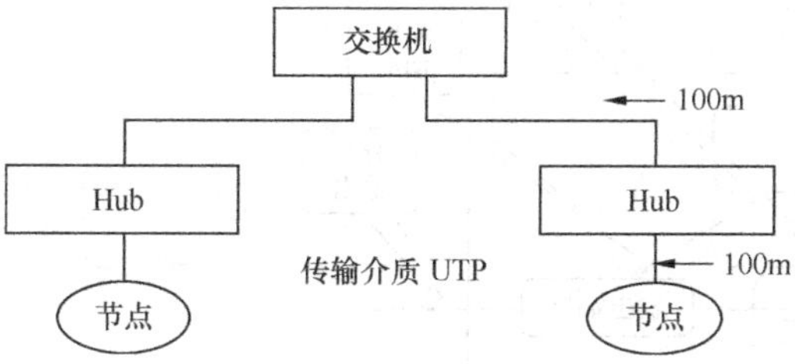

图 3-9　交换原理图

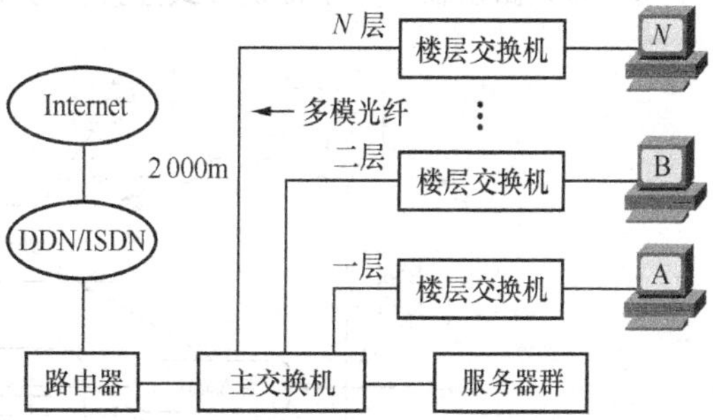

图 3-10　2000m 以上的网络直径

5. 路由器

网络层的互联设备为路由器。路由器是用于连接多个逻辑上分开的网络，在网络层将数据包进行存储转发，并且具有判断网络地址和选择路径的功能。它只接收源站或其他路由器的信息，如图 3-11 所示。

（1）路由器主要作用

路由器的应用如图 3-12 所示。

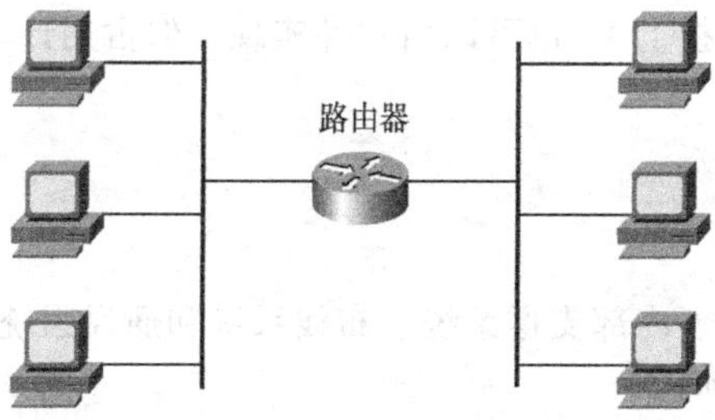

图 3-11　路由器

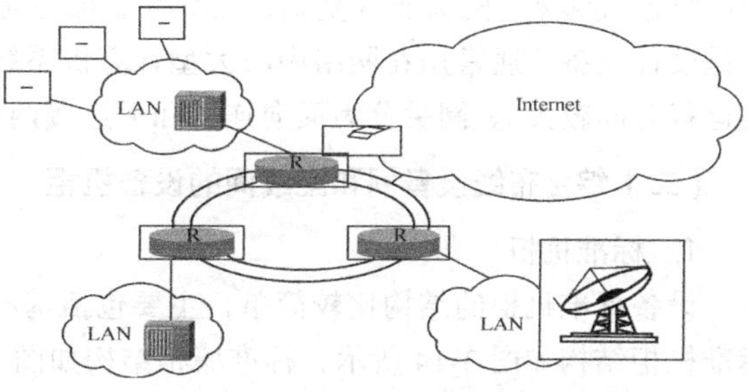

图 3-12　路由器应用

① 连接 WAN：光纤链路、X.25、帧中继、同步链路、ISDN、无线链路、ATM 等。

② 数据处理：过滤、转发、优先、复用、加密、压缩等。

③ 设施管理：配置管理、容错管理、性能管理等。

（2）路由器的功能

路由器的功能分为数据通道功能和控制通道功能。数据通道功能用于完成每一个到达分组的转发处理，包括路由查表、向输出端传送分组和输出分组调度；控制通道功能用于系统的配置、管理及路由表维护。

（3）路由器主要组成

① 输入/输出端口：连接与之相连的子网。

② 交换机构：在路由器内部连接输入与输出端口。

③ 处理机：建立路由转发表。

路由器根据路由表转发信息，路由表中存有子网的标志信息、网上路由的个数和下一跳路由器的名字等内容。路由表可由系统管理员预先固定设置好（静态路由表），也可由路由器自动动态修改（动态路由表）。路由器概念模型如图 3-13 所示。

（4）路由器分类

① 骨干路由器：用于连接各企业网。

② 企业路由器：用于互连大量的端系统。

③ 接入路由器：用于传统方式连接拨号用户。

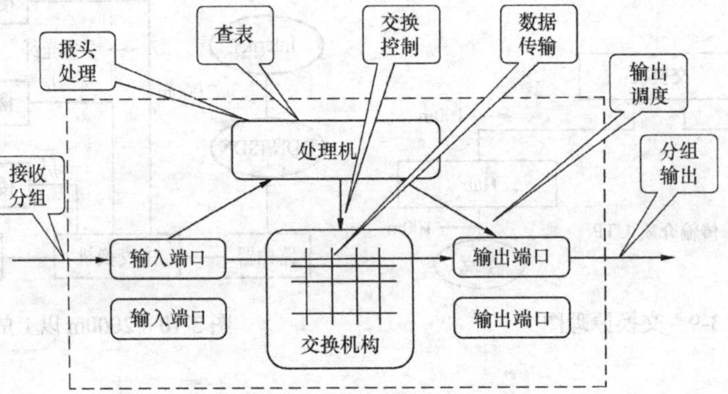

图 3-13　路由器概念模型

6. 网关

支持任何网络层之上的网络互连的设备称为网关或网间连接器（Connector）。网关是将一种协议转换为另一种协议，并且保留原有的功能，其可将具有不同体系结构（或彼此协议差别很大）的网络连接起来。网关非常复杂，效率也很难提高，一般只提供有限的几种协议的转换。网关可以是硬件设备（通常用在网络中心大型计算机系统的连接上），也可以由软件实现（但占用计算机运行时间较大）。网关分为面向连接和无连接两种。

（二）综合布线设备间和配线间的设备机柜

1. 标准机柜

设备标准机柜的结构比较简单，主要包括基本机架、内部支撑系统、布线系统和通风系统。标准机柜结构如图 3-14 所示，标准墙柜结构如图 3-15 所示。

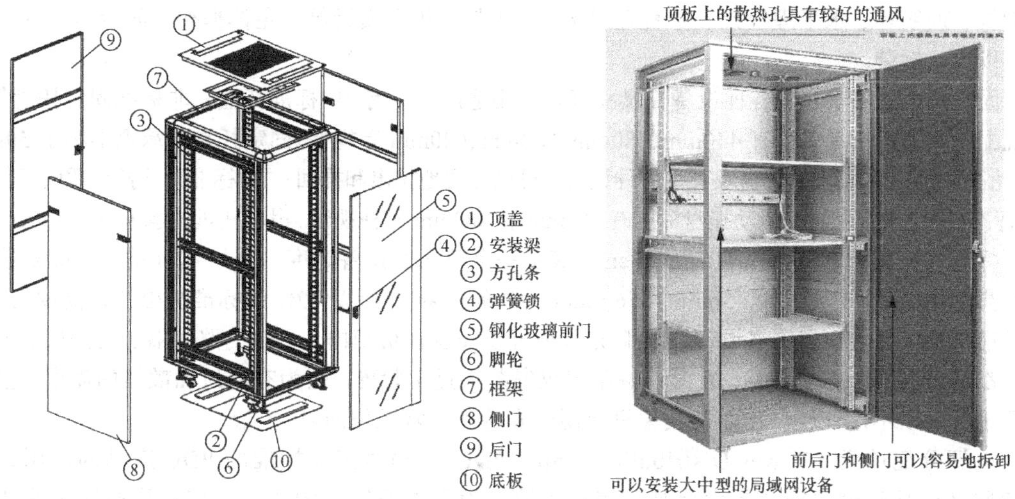

图 3-14　标准机柜结构

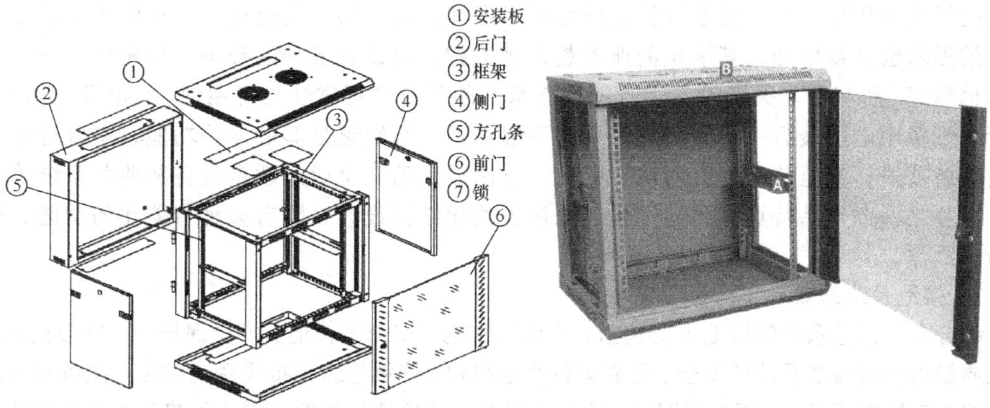

图 3-15　标准墙柜结构

早期所用的机柜大都是用铸件或角钢经螺钉、铆钉连接或焊接成机柜框架，再加由薄钢板制成的盖板（门）而成。这种机柜的体积大、笨重、外形简陋，已被淘汰。随着晶体管、集成电路的使用和各种元件、器件的超小型化，机柜的结构也向小型化、积木化方向发展。机柜已由过去的整面板结构发展成为具有一定尺寸系列的插箱、插件结构。插箱、插件的组装排列方式分水平排列和垂直排列两类。机柜材料普遍采用薄钢板、各种断面形状的钢型材、铝型材及各种工程塑料等。机柜的框架除用焊接、螺钉连接外，还采用粘接工艺。

标准网络机柜特点：外观设计高贵典雅，工艺精湛，尺寸精密，极富时代气息，为工程安装的首选。国际流行的白色透明钢化玻璃前门，玻璃四周丝印黑色网纹；带透气孔的前门条和三段六角网孔后门，方便通风散热，提高内置设备运行可靠性；前后为圆形通风孔的上下框；可同时安装脚轮和支撑脚；可关闭的上部、下部多处走线通道，底部大走线孔尺寸可按需调整。

标准网络机柜的分类：机柜一般分为服务器机柜、网络机柜、控制台机柜等。

服务器机柜：为安装服务器、显示器、UPS 等 19"标准设备及非 19"标准的设备专用的机柜，在机柜的深度、高度、承重等方面均有要求。高度有 2.0m、1.8m、1.6m、1.4m、1.2m、1m 等各种高度；常用宽度为 600mm、750mm、800mm 三种；常用深度为 600mm、800mm、900mm、960mm、1000mm 五种。

各厂家亦可根据需要订做可选配件，如：专用固定托盘、专用滑动托盘、电源支架、地脚轮、地脚钉、理线环、水平理线架、垂直理线架、L 支架、扩展横梁等。主体框架、前后门、左右侧门可以快速拆装。

固定托盘：用于安装各种设备，尺寸繁多，用途广泛，有 19"标准托盘、非标准固定托盘等。常规配置的固定托盘深度有 440mm、480mm、580mm、620mm 等规格。固定托盘的承重不小于 50kg。

滑动托盘：用于安装键盘及其他各种设备，可以方便地拉出和推回；19"标准滑动托盘适用于任何 19"标准机柜。常规配置的滑动托盘深度有 400mm 和 480mm 两种规格。滑动托盘的承重不小于 200kg。

标准机柜用 U 为单位，1U=4.445cm，表示一个单元的设备高度。比如 42U 是指实际安装设备的高度（U 数），42×44.45mm=1866.9mm，约等于 2m。所以 42U 的标准机柜就是高度为 2m 的标准机柜。目前很多网络设备以及服务器都可以安装在机柜内。一般的路由器、交换机、配线架等都可以安装。正常来讲，有源设备不建议安装得过于紧凑。因为有通风和散热的需求。但是无源设备可以不用计较。比如配线架只要便于安装和日常操作即可。

电源分配单元（Power Distribution Unit，PDU）：通过工业标准的 PDU 产品的使用，可以使网络产品的电源安全更为提高，满足了重要设备电源输入的要求。接地线检测电路通过高亮度发光管指示，能有效真实地检测供电线路是否接地线及接地线质量，以确保防雷泄流通道的畅顺和用电安全。随着计算机网络技术发展，服务器、交换机、各种电子设备等关键设备的需求也日益增加，其承担的业务越来越关键，对设备所处的环境（如机房、机柜等）要求也越高，所有参与关键设备运行的设施都必须具有高可靠性与可用性。对电源插座而言，是所有设备用电的最后一道关口，如果它不够稳定，且缺乏足够的保护功能，将有可能导致昂贵设备被毁，甚至整个系统崩溃。因此，电源插座的安全稳定性是设备和业务系统价值的有力保障之一。产品特点、产品结构：采用模块化结构设计，附有多种智能化的功能，便于管理和操作。

2. 接地系统的安装

综合布线信息系统的接地主要包括：直流工作地、交流工作地、安全保护地、屏蔽接地，其施工质量均会对布线系统的安全、可靠运行产生影响。特别是综合布线系统的接地系统与建筑物整体接地系统密不可分，很多情况下，综合布线系统的接地是借助已完成的建筑物接地系统实现的。在施工技术和方法上，与建筑物接地系统的施工是一致的。综合布线系统的接地与建筑物等电位联结，从防雷安全观点分析是一种最经济实用的措施，并列入现行国家电气规范。

（1）信息系统设备直流工作地

直流工作地就是信息系统中所有逻辑电路的共同参考点，也称逻辑地；是指信号或功率传输电流流通的参考电位基准线或基准面；是信号和功率传输的公共通道；同时也是系统中数字电路的等电位地。

信息系统的支流工作地可以是接至大地上，也可以不接至大地上，有两种情况。

1）直流地悬浮

信息系统局部的直流工作地不接大地，与地严格绝缘，对地的绝缘电阻一般在 1MΩ以上。最主要的原因是信息系统的直流地和交流地接在一起，可能会引入交流地网的干扰。

2）直流地接大地

信息系统中数字电路的等电位地与大地相接，接地电阻原则上越小越好，一般 1Ω以下，有以下几种接地方式。

① 串联式直流接地如图 3-16 所示。

综合布线系统设备机架安装机壳（架）接地时，机壳（架）接地不能和直流工作地在机柜中直接连接，如图 3-17 所示。

② 并联式直流接地如图 3-18 所示，地线与地线之间、地线与电路各部分之间的电感和电容

耦合强度都会随频率的增高而增强。特别在高频情况下，当地线长度达到波长 $\lambda/4$ 的奇数倍时，地线阻抗可以变得很高，地线会转化成天线，而向外辐射干扰。所以，在采用这种接地方式时，每根地线的长度都不允许超过 $\lambda/20$。由于接地体需要用大量的铜板，所以造价较高，只适用于要求较高的重要中心机房。

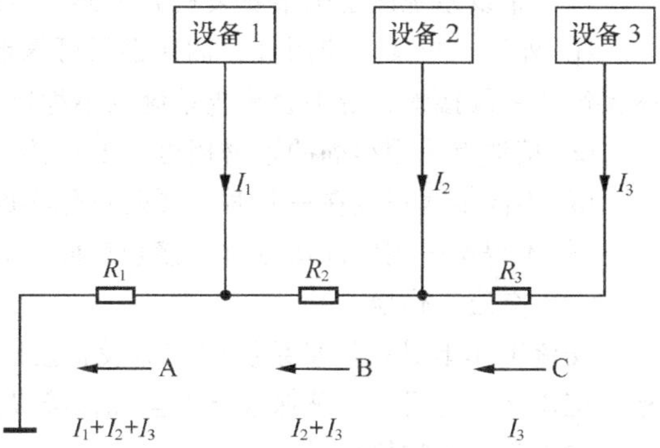

图 3-16 串联式直流接地示意图

③ 网格式直流接地，这种接地方式大大提高了设备内部和外部抗干扰的能力，用铜带做格网可以节省大量的贵金属，适用于一般的通信及计算机主机房，如图 3-19 所示。

④ 混合接地系统，许多情况下需要把几种接地形式结合使用，如，串联和并联接地组成的混合低频信号接地系统小信号地线、噪声地线、机壳（架）地线等。

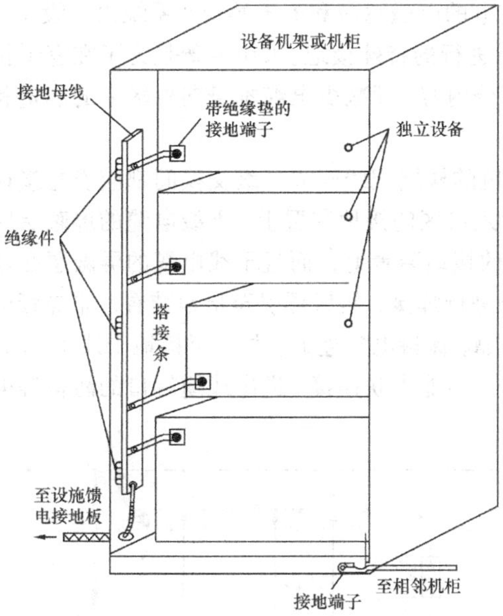

图 3-17 机架中串联式接地的实施

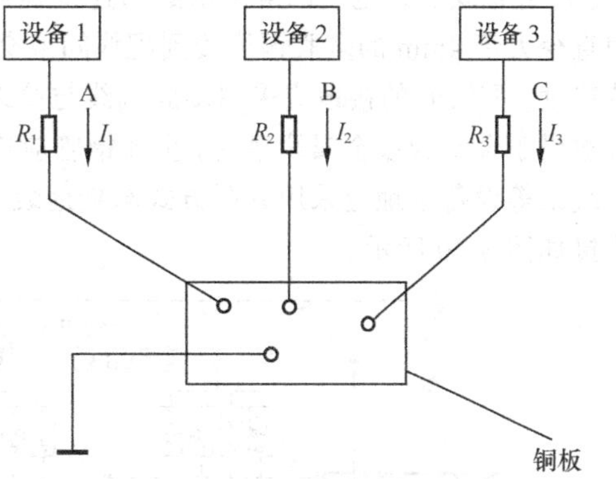

图 3-18 并联式直流接地

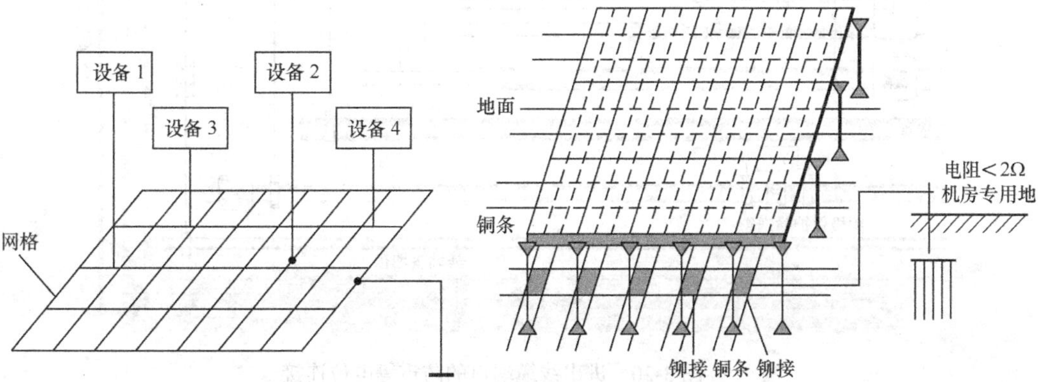

图 3-19 网格式直流接地示意图

综合布线系统设备机架安装机壳（架）接地时，必须注意以下事项。

① 外壳、机架、控制台、抽斗必须可靠地接硬件地，不能依赖于可抽动的抽斗、铰链等机械接触的手段接地，否则会造成系统的不稳定。

② 接地点采用牢固的紧密接触，如焊接、铜焊、熔焊等，不能靠螺纹联接紧固接触。

③ 不同金属焊接在一起时，要防止化学原电池引起的腐蚀效应。

④ 不得不采用紧固接触时，接触表面应涂上稳定的导电涂层。

（2）交流工作地

交流工作地是指信息系统中交流设备按照有关规程的要求进行工作接地，也称之为二次接地。交流接地的目的是确保人身安全和保障设备的安全。

（3）安全保护接地

安全保护接地就是为了防止电力设备的金属外壳，由于进线电源绝缘层被破坏，有可能带上危险相电压，而将设备的金属外壳接地，其接地电阻要求小于4Ω。

（4）信息系统的屏蔽接地

屏蔽接地是指为了防止外来电磁波干扰（含雷电的电磁感应和静电感应）系统内的设备，以及防止系统内的设备产生的电磁辐射外传而失密所进行的特殊接地。采用屏蔽是为了在有干扰的环境下保证综合布线通道的传输性能。它包括两部分内容，即减少电缆本身向外辐射的能量和提高电缆抗外来电磁干扰的能力。

根据国家规范的要求，在建筑入口区、高层建筑的楼层配线间或二级交换间都应设置接地装置。综合布线引入电缆的屏蔽层必须连接到建筑物入口区的接地装置上。干线电缆的屏蔽层应采用直径大于4mm的多股铜线接到配线间或交换间的接地装置上，而且干线电缆的屏蔽层必须保持连续，配线间的接地应采用多股铜线与接地母线进行焊接，然后再引至接地装置。非屏蔽电缆应敷设于金属管或金属线槽内，金属槽管应连接可靠，保持电气连通，并引至接地干线上。同时，配线架等设备接地应采用并联方式与接地装置相连，不能串联连接。进出线缆端口的防雷等电位连接如图3-20所示。

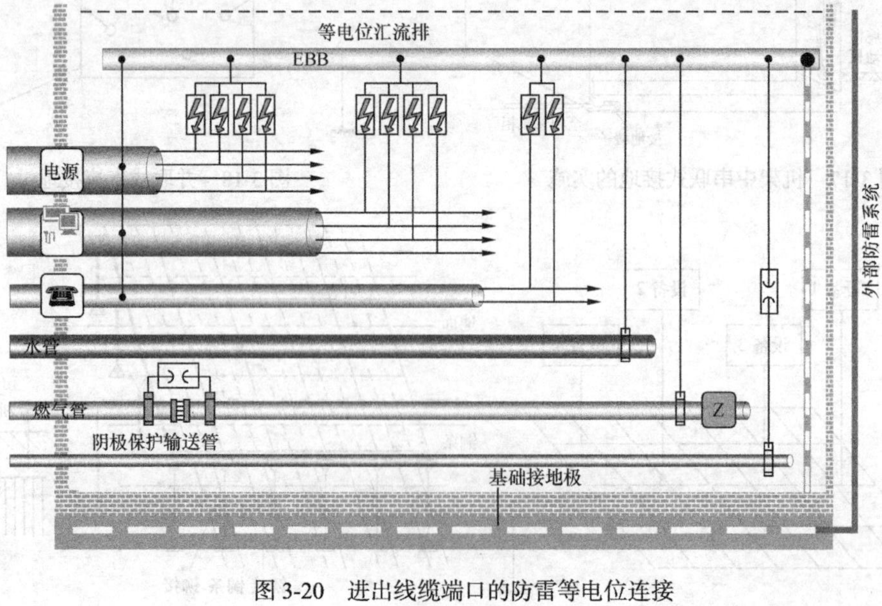

图3-20　进出线缆端口的防雷等电位连接

室外电缆进入建筑物时，通常在入口处经过一次转接进入室内，在转接处应加装电气保护设备，这样可以避免因电缆受到雷击产生感应电势或与电力线路接触而给用户设备带来损坏。这种电气保护主要分为过压保护和过流保护两种，这些保护装置通常安装在建筑物入口的专用房间或墙面上。综合布线系统除了采用过压保护外，还同时采用过流保护。过流保护器串联在线路中，当线路发生过流时，就切断线路。为了维护方便，过流保护一般都采用有自动恢复功能的保护器。

综合布线的过压保护可选用气体放电管保护器或固态保护器，气体放电管保护器使用断开或放电间隙来限制导体和地之间的电压。放电间隙由粘在陶瓷外壳内密封的两个金属电极形成，并充有惰性气体。当两个电极之间的电位差超过交流 250V 或雷电浪涌电压超过 700V 时，气体放电管出现电弧，为导体和地电极之间提供一条导电通路。

固态保护器适合于较低的击穿电压（60V ~ 90V），而且其电路中不能有振铃电压。它利用电子电路将过量的有害电压泄放至地，而不影响电缆的传输质量。固态保护器是一种电子开关，在未达到击穿电压前，可进行稳定的电压箝位，一旦超过击穿电压，它便将过电压引入地。固态保护器为综合布线提供了最佳的保护。

综合布线的整体性能取决于应用系统中的电缆和相关连接硬件性能及其连接工艺，在综合布线中，最薄弱的环节是配线架与电缆连接部件以及信息插座与插头的接触部位。当屏蔽电缆的屏蔽层在安装过程中出现裂缝时也构成了屏蔽通道的薄弱环节。为了消除电磁干扰，除了要求屏蔽层没有间断点外，还要求整体传输通道必须达到 360°全程屏蔽。这种要求对于一个点对点的连接通道来说是很难达到的，因为其中的信息插口和跳线等很难做到全屏蔽，再加上屏蔽层的腐蚀、氧化破损等因素，因此，没有一个通道能真正做到全程屏蔽。同时，屏蔽电缆的屏蔽层对低频磁场的屏蔽效果较差，不能抵御诸如电动机等设备产生的低频干扰，所以采用屏蔽电缆也不能完全消除电磁干扰。

从理论上讲，为减少外界干扰可采用屏蔽措施，屏蔽有静电屏蔽和磁场屏蔽两种。屏蔽的原理是，在屏蔽层接地后使干扰电流经屏蔽层短路入地。因此，屏蔽的妥善接地是十分重要的，否则不但不能减少干扰，反而会使干扰增大。因为当接地点安排不正确、接地电阻过大、接地电位不均衡时会引起接地噪声，即在传输通道的某两点产生电位差，从而使金属屏蔽层上产生干扰电流，这时屏蔽层本身就形成了一个最大的干扰源，导致其性能远不如非屏蔽传输通道。因此，为保证屏蔽效果必须对屏蔽层正确可靠接地。

在实际应用中，为最大程度降低干扰，除保持屏蔽层的完整、对屏蔽层可靠接地外，还应注意传输通道的工作环境，应远离电力线路、变压器或电动机房等各种干扰源。数据铜线与干扰源间的间隔距离是：与大电机和变压器的间隔距离大于 1.2m；与电源线管道和电力电缆的间隔距离大于 30cm；荧光灯、节能灯等高频发光器件的间隔距离大于 12cm。

当综合布线环境极为恶劣，电磁干扰强、信息传输率又高时，可直接采用光缆，以满足电磁兼容性的需求。

在屏蔽保护接地系统安装中应注意以下几点。

① 具有屏蔽性能的建筑群主干布线子系统的主干电缆包括公用通信网等各种引入电缆在进入房屋建筑后，应在电缆屏蔽层上即接地点焊好直径为 5mm 的多股铜芯线，连接到临近入口处的接地线装置上，要求焊接牢靠稳固。接地线装置的位置距离电缆入口处不应大于 15m（入口处是指电缆从管道的引出处），同时应尽量使电缆屏蔽层接地点接近入口处为好。

② 综合布线系统所有缆线均采用了具有屏蔽性能的结构，且利用其屏蔽层组成整体系统性接地网时，在施工中对各段缆线的屏蔽层都必须保持良好的连续性，并应注意导线相对位置不变。此外，应根据线路情况，在一定段落设有良好的接地措施，并要求屏蔽层接地线，即电缆接地线的接地点应尽量邻近接地线装置，一般不应超过 6m。

③ 综合布线系统为屏蔽系统时，其配线设备端也应接地。用户终端设备处的接地视具体情况来定。两端的接地应尽量连接在同一接地体，即单点接地。若接地系统中存在两个不同的接地体时，其接地电位差下应大于 1V（有效值）。这是采用屏蔽系统的整体综合性能要求，每一个环节都有其重要的特定作用，不容忽视。每个楼层配线架应单独设置接地导线至接地体装置，成为并联连接，不得采用串联连接。

④ 通信引出端的接地可利用电缆屏蔽层连接到楼层配线架上。工作站的外壳接地应单独布线连接到接地体装置。在一个办公室内可以将邻近的几个工作站组合在一起，采用同一根接地导线。为了保证接地系统正常工作，接地导线应选用截面积不小于 2.5mm^2 的铜芯绝缘导线。

⑤ 由于采用屏蔽系统的工程建设投资较高，为了节约投资而采用非屏蔽缆线。或虽用屏蔽缆线，但因屏蔽层的连续性和接地系统得不到保证时，应采取以下措施。

a. 在每根非屏蔽缆线的路由附近敷设直径为 4mm 的铜线作为接地干线，其作用与电缆屏蔽层完全相同，并要求像电缆屏蔽层一样采取接地措施。

b. 在需要屏蔽缆线的场合，如采用非屏蔽缆线穿放在钢管、金属槽道或桥架内敷设时，要求各段钢管或金属槽道应保持连续的电气连接，并在其两端有良好的接地。

⑥ 综合布线系统中的干线交接间应有电气保护和接地，其要求如下。

a. 干线交接间中的主干电缆如为屏蔽结构，且有线对分歧到楼层时，除应按要求将电缆屏蔽层连接外，还应做好接地。接地线应采用直径为 4mm 的铜线，一端在主干电缆屏蔽层焊接，另一端则连接到楼层的接地端。这些接地端包括建筑的钢结构、金属管道或专供该楼层用的接地体装置等。

b. 干线交接间中主干电缆的位置应尽量选择在邻近垂直的接地导体，如高层建筑中的钢结构，并尽可能位于建筑物内部的中心部位。如果房屋的顶层是平顶，其中心部位的附近遭受雷击的概率最小，因此该部位雷电的电流最小。由于主于电缆与垂直接地导体之间的互感作用，可最大限度地减少通信电缆上产生的电动势。在设计中应避免把主干线路设在邻近建筑的外墙处，尤其是墙角，因为这些地方遭受雷击的概率最大，对通信线路是极不安全的。

当通信线路处在下述的任何一种情况时，就认为该线路处于危险环境内，根据规定应对其采取过压、过流保护措施。

① 雷击引起的危险影响。

② 工作电压超过 250V 的电源线路碰地。

③ 地电位上升到 250V 以上引起的电源故障。

④ 交流 50Hz 感应电压超过 250V。

当通信线路能满足和具有下述任何一个条件时，可认为通信线路基本不会遭受雷击，其危险性可以忽略不计。

① 该地区每年发生的雷暴日不大于 5 天，其土壤电阻率 ρ 小于或等于 100Ω · m。

② 建筑物之间的通信线路采用直埋电缆，其长度小于 42m，电缆的屏蔽层连续不断，电缆两端均采取了接地措施。

③ 通信电缆全程完全处于已有良好接地的高层建筑，或其他高耸构筑物所提供的类似保护伞的范围内（有些智能化小区具有这样的特点），且电缆有良好的接地系统。

综合布线系统中采取过压保护措施的元器件，目前有气体放电管保护器或固态保护器两种。宜选用气体放电管保护器。固态保护器因价格较高，所以不常采用。

综合布线系统的缆线会遇到各种电压，有时过压保护器因故而动作。例如 220V 电力线可能不足以使过压保护器放电，却有可能产生大电流进入设备，因此，必须同时采用过电流保护。为了便于维护检修，建议采用能自复的过流保护器。此外，还可选用熔断丝保护器，因其便于维护管理和日常使用，价格也较适宜。

当智能化建筑避雷接地采用外引式泄流引下线入地时，通信系统接地应与建筑避雷接地分开设置，并保持规定的间距。这时综合布线系统应采取单独设置接地体的方法，其接地电阻值不应大于 4Ω。如建筑避雷接地利用建筑物结构的钢筋作为泄流引下线，且与其基础和建筑物四周的接地体连成整个避雷接地装置时，由于综合布线系统的通信接地无法与它分开，或因场地受到限制不能保持规定的安全间距，因此应采取互相连接在一起的方法。如在同一楼层有避雷带及均压网（高于 30m 的高层建筑每层都设置）时，应将它们互相连通，使整幢建筑物的接地系统组成一个笼式的均压整体，这就是联合接地方式，其主要优点如下。

① 当建筑物遭受雷击时，楼内各点电位的分布比较均匀，工作人员和所有设备的安全将得到较好的保障。

② 较容易采取比较小的接地电阻值。

③ 地线可节省金属材料，且占地少。

当采用联合接地方式时，为了减少危险，要求总接线排的工频接地电阻不应大于 1Ω，以限制接地装置上的高电位值出现。如果智能化建筑中有些设备对此有更高的要求，或建筑物附近有强大的电磁场干扰而要求接地电阻更小时，应根据实际需要采用其中最小规定值作为设计依据。

智能化建筑内综合布线系统的有源设备的正极和外壳、主干电缆的屏蔽层及其连通线均应接地，并应采用联合接地方式。

三、任务分析

设备间和管理间的设备机柜主要用于布线配线设备、计算机网络设备、通信设备、电子设备等的叠放具有增强电磁屏蔽、消弱设备工作噪声、减少设备占地面积等优点。同时也用于综合布线电缆成端固定，还用于配线架配线和跳线的地方。有的设备机柜还配备有模块化多功能化结构的 PDU 电源，包含有电源插座模块、控制功能模块、保护功能模块、电涌保护模块、通道浪涌保护模块、数字式交流电流表模块、漏电仪护器模块等功能模块组成。

机柜在安装时，要读懂安装图纸，了解安装位置及尺寸要求。

（1）机架和设备的排列位置和设备朝向都应按设计安装，并符合实际测定后的机房平面布置图的要求。

（2）机架和设备安装完工后，其水平度和垂直度都应符合厂家规定，若无规定时，其前后左右的垂直度偏差均不应大于 3mm。要求机架和设备安装牢固可靠，如有抗震要求时，必须按抗震标准要求加固。各种螺丝必须拧紧，无松动、缺少和损坏，机架没有晃动现象。

（3）为便于施工和维护，机架和设备前应预留 1.5m 的过道，其背面距墙面应大于 0.8m。相邻机架和设备应互相靠近，机面排列平齐。

（4）建筑物（群）配线架如采用双面的落地安装方式时，应符合以下规定。

① 缆线从配线架下面引上时，配线架的底座与缆线的上线孔必须相对应，以利于缆线平直顺畅引入架中。

② 各个直列上下两端的垂直倾斜误差不应大于 3mm，底座水平误差每平方米不应大于 2mm。

③ 跳线环等设备部件装置牢固，其位置横竖、上下、前后均应平直一致。

④ 接线端子应按标准规定和缆线用途划分连接区域，以便连接，且应设置标志，以示区别

和醒目。

（5）如采用单面配线架（箱），且在墙壁安装时，要求墙壁必须坚固牢靠，能承受机架重量，其机架（柜）底距地面距离宜为300~800mm，也可视具体情况而定。接线端子应按标准规定和缆线用途划分连接区域，并应设置标志，以示区别与醒目。此外，在干线交接间中的楼层配线架一般采用单面配线架（箱），其安装方式多为墙壁安装，要求也与前述相同。

（6）在新建的智能化建筑内使用的小型配线设备和分线设备宜采用暗敷方式，其箱体埋装在墙内。为此，房屋建筑施工时，在墙壁上需按要求预留洞孔，先将箱体埋装墙内，综合布线系统施工时装设接续部件和面板，这样有利于分别施工。在已建的建筑物中如无条件暗敷时，也可采用明敷方式，以减少凿墙打洞和对房屋建筑强度的影响。

（7）机架设备、金属钢管和槽道的接地装置应符合设计施工及验收标准规定，要求有良好的电气连接，所有与地线连接处应使用接地垫圈，垫圈尖角应对向铁件，刺破其涂层，必须一次装好，不得将已装过的垫圈取下重复使用，以保证接地回路通畅无阻。

（8）接续模块等接续或插接部件的型号、规格和数量，都必须与机架和设备配套使用，并根据用户需要配置，做到连接部件安装正确、牢固稳定、美观整齐、对号入座、完整无缺。缆线连接区域划界分明、标志完整、清晰，以利于维护和日常管理。

（9）缆线与接续模块等接插部件连接时，应按工艺要求的标准长度剥除缆线护套，并按线对顺序正确连接。如采用屏蔽结构的缆线时，必须注意将屏蔽层连接妥当，不应中断，并按设计要求做好接地。

（10）通信引出端即信息插座的品种多种多样，其安装方式和规格型号有所不同，应根据设计配备确定。安装方法应根据工艺要求，结合现场实际条件选择。如在地面安装时，盒盖应与地面齐平，要求严密防水和防尘；在墙壁安装时，要求位置正确，便于使用。

综合布线系统工程中设备的安装，主要是指各种配线接续设备和通信引出端的安装。机架类型有墙架型、骨架型和机柜型，各种机架一般都带有理线设备。

墙架型机架有一个可以旋转90° 的机架以便靠近后面的面板。一定注意有足够空间可打开前面的面板而不会碰到墙，使用户可以在背面操作。

骨架型机架是开放式的，无论从前面还是从后面安装设备都很方便。要注意留出足够的地方来容纳需安装的设备，而且有足够的空间进行安装工作。最后骨架型机架要固定在地板上，以保证它不会倒也不会被移动。

机柜型有加锁的门，所以更安全，防尘效果也较好。复杂的机柜带树脂玻璃门，通过它可看到设备的灯光和循环制冷系统，而且避免了电磁干扰。

四、任务训练

一、选择题

1. 手电钻的功能是：（　　）。

   A. 金属桥架上钻孔　　B. 打墙洞

   C. 拧螺钉　　D. PVC线槽钻孔

2. 楼层配线间是放置（　　）的专用房间。

   A. 信息插座　　B. 配线架（柜）

   C. 计算机终端　　D. 应用系统设备

3. 网络工程施工过程中需要许多施工材料，这些材料有的必须在开工前就备好，有的可以在开工过程中准备。下列材料中在施工前必须就位的有（　　）。

A. 服务器　　B. 塑料槽板

C. 集线器　　D. PVC 防火管

4. 在综合布线工程施工过程中，施工人员穿着合适的工装可以保证工作中的安全。在某些操作中，还需要（　　）。

A. 安全眼镜　　B. 安全帽　　C. 劳保鞋　　D. 手套

5. （　　）是指综合布线系统各种设备与接地母线之间的连线，一般为铜质绝缘导线。

A. 接地线　　B. 接地干线

C. 主接地母线　　D. 接地引入线

6. 下列情况发生时，可以认为该线路处于危险环境内。根据规定应对其采取过压、过流保护措施的有（　　）。

A. 雷击引起的危险影响

B. 工作电压超过 250 V 的电源线路碰地

C. 地电位上升到 250 V 以上引起的电源故障

D. 交流 50 Hz 感应电压超过 250 V

二、判断题

1. 综合布线系统的接地与建筑物等电位联结，从防雷安全观点分析是一种最经济实用的措施，并列入现行国家电气规范。（　　）

2. 金属膨胀螺栓安装，钻孔直径的误差不得超过+0. 5 ~ -0.5mm；深度误差不得超过+3mm；钻孔后应将孔内残存的碎屑清除干净。（　　）

三、问答题

1. 按综合布线系统机房和设备的不同作用，分为哪几种接地？

2. 设备间在安装设备机架过程中，水平和垂直误差在没有特殊要求时分别为多少？

3. 综合布线中的机柜有什么作用？

4. 综合布线系统的网络连接设备中有哪几种连接转换设备？它们分别工作在 OSI 层次模型的哪一层？

任务 3.2　安装综合布线金属桥架、PVC 管槽

【学习目标】

知识目标：了解目前敷设电缆常用的管道、线槽和桥架的种类、规格及其附件的特点和应用。掌握 PVC 管槽、金属桥架的的安装方法。

技能目标：能根据不同的施工环境选择合适的路由和布线方式。学会导线管、导线槽和导线架 3 种方式布线路径的安装方法和安装要求以及施工技巧。

一、任务导入

任务资料：

1. 金属管槽及其附件

2. PVC 塑料管槽及其附件

3. 桥架及其附件

任务目标：

1. 金属管槽的敷设
2. PVC 塑料管槽的敷设
3. 桥架的敷设

二、知识准备

（一）综合布线管槽施工

综合布线系统为了保护、隐藏或引导布线，一般用导线槽、导线管和导线架 3 种方式作为布线路径依托。电缆、光缆需要通道的保护支撑和引导，因此传输通道的施工是综合布线的基础工作。

1. 路由选择

两点间最短的距离是直线，布线目标就要寻找最短和最便捷的路径。然而敷设电缆的具体布线工作不一定容易实现。既使找到最短的路径也不一定就是最佳的便捷路由。在选择布线路由时，要考虑便于施工，便于操作。有时候选择较长的路由可以省去很多安装的工序，只要线路在允许长度内都值得考虑，即使花费更多的线缆也要这样做。对一个有经验的安装人员来说，宁可使用额外的 100m 线缆，而不使用额外的 10 个工时，通常材料要比劳动力费用便宜。如图 3-21 所示的环境，我们可以选择在每一层各自如虚线所划的路由布线，这是通常会考虑的思路，不过也可考虑两层共用一层天花板的布线方法。采用何种方式需要权衡具体工序哪种更简单。

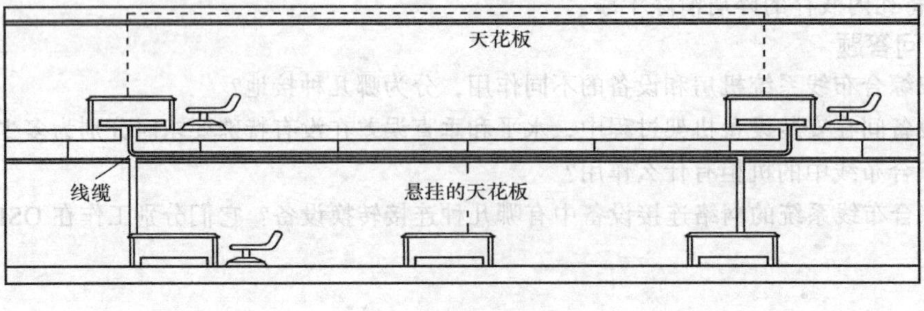

图 3-21　路由选择

如果所做的布线方案不是很好，则换一种思路选择另一种布线方案。在某些场合，没有更多的选择余地。例如，一个潜在的路径可能被其他的线缆塞满了，第二路径又没有可通过的天花板。也就是说，这两种路径都不可能实现，这就要考虑安装新的管道，但由于成本费用问题，用户又不同意。这时，只能采用布明线，将线缆固定在墙上和地板上。总之，如何布线要根据建筑结构及用户的要求来决定，选择好的路径时，布线人员要考虑以下几点。

（1）了解建筑物的结构

对布线施工人员来说，需要彻底了解建筑物的结构。由于绝大多数的线缆是走地板下或天花板，故对地板和吊顶内的情况要了解得很清楚，就是说要准确地知道什么地方能布线，什么地方不易布线，并向用户方说明。

现在绝大多数的建筑物设计是规范的，并为强电布线和弱电布线分别设计了通道和电缆上升房。利用这种环境时，也必须了解走线的路由，并在确定的路由做出标记。

（2）检查拉（牵引）线

对于现存的已经预埋在建筑物中的管道，安装任何类型的线缆之前，都必须检查有无拉线。

拉线是某种细绳，它沿着要布放线缆的路由在管道中安放好。拉线必须是路由的全长，绝大多数的管道安装者都为后继的安装者留下一条拉线，使线缆布放容易进行。如果没有拉线，则首先考虑穿接线问题，管道是否通畅和是否需要疏通管道等问题。

（3）确定现有线缆的状况

如果布线的环境是一座旧楼，则需要了解旧线缆布放的现状，已用的是什么管道，这些管道是如何走向的。了解这些有助于为新的线缆建立路由，在某些情况下能够利用原来的路由。

（4）提供线缆支撑

根据安装情况和线缆的长度，要考虑使用托架或吊杆槽，并根据实际情况决定托架吊杆，使新安装的电缆加在原有结构上的重量不至于超重。

2. 管槽规格及安装

布线路由确定以后，首先考虑是线槽铺设。布线系统中除了线缆外，槽和管是一个重要的组成部分。金属槽、PVC 槽、金属管和 PVC 管是综合布线基础性材料。

选槽时，建议宽高之比为 2:1，这样安装的线槽较为美观、大方。在工作区的水平布线和垂直干线铺设槽（管）时，表 3-1 可以作为槽或管的规格选择及可容纳线缆条数的参考。

表 3-1　　管规格型号与容纳的双绞线条数

管类型	管规格（mm）	容纳双绞线条数
PVC、金属	16	2
PVC	20	3
PVC、金属	25	5
PVC、金属	32	7
PVC	40	11
PVC、金属	50	15
PVC、金属	63	23
PVC	80	30
PVC	100	50
PVC	20 × 12	2
PVC	25 × 12.5	4
PVC	30 × 16	7
金属、PVC	50 × 25	18
金属、PVC	60 × 30	23
金属、PVC	75 × 50	40
金属、PVC	80 × 50	50
金属、PVC	100 × 50	60
金属、PVC	100 × 80	80
金属、PVC	200 × 100	150
金属、PVC	250 × 125	230
金属、PVC	300 × 100	280
金属、PVC	300 × 150	330
金属、PVC	400 × 100	380
金属、PVC	150 × 75	100

（1）金属管和塑料管

综合布线系统中，明敷或暗敷管路是系统常用的一种辅助布线设施，有时把它称为管道系统或管路系统。采用的材料有钢管、塑料管、室外用的混凝土管及高密度乙烯材料制成的双壁波纹管。

金属管用于分支结构或暗埋的线路，它的规格有多种，以外径 mm 为单位，工程施工常用的金属管有 D16、D25、D32、D50、D63、D100 等规格。

在金属管内，穿线比线槽布线难度大一些，选择金属管时要注意管径选择得大一点，一般使内填充物占30%左右，以便于穿线。金属管还有一种是软管，俗称蛇皮管，供弯曲的地方使用。

塑料管产品分为两大类，即PE阻燃导管和PVC阻燃导管。PE阻燃导管是一种塑制半硬导管，按外径划分有D16、D20、D25、D32四种规格。外观为白色，具有强度高、耐腐蚀、挠性好、内壁光滑等优点，明、暗装穿线兼用。PE阻燃导管以盘为单位，每盘重量为25kg。

PVC 阻燃导管是以聚氯乙烯树脂为主要原料，加入适量的助剂，经加工设备挤压成型的刚性导管，小管径PVC阻燃导管可在常温下进行弯曲，便于用户使用。PVC阻燃导管按外径划分有D16、D20、D25、D32、D40、D45、D63、D80、D100等规格。与PVC管安装配套的附件有接头、螺圈、弯头、弯管弹簧、一通接线盒、二通接线盒、三通接线盒、四通接线盒、开口管卡、专用截管器和PVC粘合剂等。

用于固定管路的有管卡、塑料膨胀螺栓、钢制膨胀螺栓等，如图3-22所示。

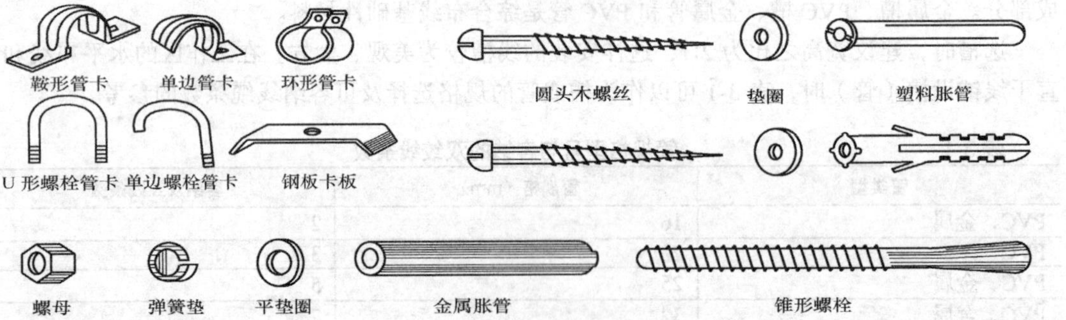

图3-22　用于固定管路的配件

（2）金属管及PVC塑料管的铺设

1）金属管的要求

金属管应符合设计文件的规定，表面不应有穿孔、裂缝和明显的凹凸不平，内壁应光滑，不允许有锈蚀。在易受机械损伤的地方和在受力较大处直埋时，应采用足够强度的管材。

金属管的加工应符合下列要求。

① 为了防止在穿电缆时划伤电缆，管口应无毛刺和尖锐棱角。

② 为了减小直埋管在沉陷时管口处对电缆的剪切力，金属管口宜做成喇叭形。

③ 金属管在弯制后，不应有裂缝和明显的凹瘪现象。弯曲程度过大，将减小金属管的有效管径，造成穿设电缆困难。

④ 金属管的弯曲半径不应小于所穿入电缆的最小允许弯曲半径。

⑤ 镀锌管锌层剥落处应涂防腐漆，可增加使用寿命。

2）金属管切割套丝

在配管时，应根据实际需要长度对管子进行切割。管子的切割可使用钢锯、管子切割刀或电动切管机，严禁用气割。

管子和管子连接、管子和接线盒或配线箱的连接都需要在管子端部进行套丝。焊接钢管套丝可用管子绞板套丝或电动套丝机。硬塑料管套丝可用圆丝板。套丝时，先将管子在管子压力架上固定压紧，然后再套丝。若利用电动套丝机，可提高工效。套完丝后，应随时清扫管口，将管口端面和内壁的毛刺用挫刀挫光，使管口保持光滑，以免割破线缆绝缘护套。

3）金属管弯曲

在铺设金属管时应尽量减少弯头。每根金属管的弯头不应超过3个，直角弯头不应超过2

个，并不应有 S 弯出现。弯头过多，将造成穿电缆困难。对于较大截面的电缆，不允许有弯头。当实际施工不能满足要求时，可采用内径较大的管子或在适当部位设置拉线盒，以利于线缆的穿设。

金属管的弯曲一般都用弯管器进行。先将管子需要弯曲部位的前段放在弯管器内，焊缝放在弯曲方向背面或侧面，以防管子弯扁。然后用脚踩住管子，手扳弯管器进行弯曲，并逐步移动弯管器，即可得到所需要的弯度。弯曲半径应符合下列要求。

① 明配时，弯曲半径一般不小于管外径的 6 倍；只有一个弯时，可不小于管外径的 4 倍；整排钢管在转弯处，宜弯成同心圆的弯。

② 暗配时，弯曲半径不应小于管外径的 6 倍，铺设于地下或混凝土楼板内时，不应小于管外径的 60 倍。

为了穿线方便，水平铺设的金属管路超过下列长度并弯曲过多时，中间应增设拉线盒或接线盒，否则应选择大一级的管径。

① 管子无弯曲时，长度可达 45m。

② 管子有 1 个弯时，直线长度可达 30m。

③ 管子有 2 个弯时，直线长度可达 20m。

④ 管子有 3 个弯时，直线长度可达 12m。

当管子直径超过 50mm 时，可用弯管机或热煨法弯管。暗管管口应光滑，并加有绝缘套管，管口伸出部位应为 25～50mm。

4）金属管连接要求

金属管连接应牢固，密封应良好，两管口应对准。套接的短套管或带螺纹的管接头的长度不应小于金属管外径的 2.2 倍。金属管的连接采用短套接时，施工简单方便。采用管接头螺纹连接则较为美观，保证金属管连接后的强度。无论采用哪一种方式，均应保证牢固、密封。

金属管进入信息插座的接线盒后，暗埋管可用焊接固定，管口进入盒的露出长度应小于 5mm。明设管应用锁紧螺母或管帽固定，露出锁紧螺母的丝扣为 2～4 扣。

引至配线间的金属管管口位置应便于与线缆连接。并列铺设的金属管管口应排列有序，便于识别。

5）金属管铺设

金属管的暗设应符合下列要求。

① 预埋在墙体中间的金属管内径不宜超过 50mm，楼板中的管径宜为 15～25mm，直线布管 30m 处设置暗线盒。

② 铺设在混凝土、水泥里的金属管，其地基应坚实、平整和不应有沉陷，以保证铺设后的线缆安全运行。

③ 金属管连接时，管孔应对准，接缝应严密，不得有水和泥浆渗入；管孔对准无错位，以免影响管路的有效管理，保证铺设线缆时穿设顺利。

④ 在室外金属管道应有不小于 0.1%的排水坡度。

⑤ 建筑群之间金属管的埋设深度不应小于 0.8m，在人行道下面铺设时，不应小于 0.5m。

⑥ 金属管内应安置牵引线或拉线。

⑦ 金属管的两端应有标记，表示建筑物、楼层、房间和长度。

金属管明铺时应符合下列要求。

金属管应用卡子固定，这种固定方式较为美观，且在需要拆卸时方便拆卸。金属的支持点间距，有要求时应按照规定设计，无设计要求时不应超过 3m。在距接线盒 0.3m 处，要加管卡将管子固定。在弯头的地方，弯头两边也应用管卡固定。

光缆与电缆同管铺设时，应在暗管内预置塑料子管。将光缆铺设在塑料子管内，使光缆和电缆分开布放。子管的内径应为光缆外径的 2.5 倍。

PVC 管一般是在工作区暗埋线管，操作时要注意两点。

① 管转弯时，弯曲半径要大，便于穿线。

② 管内穿线不宜太多，要留有 50%以上的空间。一根管子宜穿设一条综合布线电缆。管内穿放大对数的电缆时，直线管路的管径利用率宜为 50%～60%，弯管路的管径利用率宜为 40%～50%。

（3）金属槽和塑料槽

槽道由多种外形和结构的零部件、连接件、付件和支、吊架等组成，金属槽由槽底和槽盖组成。每根槽一般长度为 2m，槽与槽连接时使用相应尺寸的铁板和螺丝固定主要的部件。

直线段又称直通段，它是指一段不能改变方向、尺寸和截面积的用于直接承托（电）光缆的刚性直线段基本部件。

弯通又称弯通段，它是一段改变方向、尺寸和截面积的用于直接承托（电）光缆的刚性非直线段基本部件，弯通有折弯形和圆弧形，常见的弯通部件有以下几种。

1）水平弯通，在同一个水平面改变托盘、梯架方向的部件，分为 30°、45°、60° 和 90° 4 种形式。

2）水平 3 通，在同一个水平面上以 90° 分开 3 个方向（成丁字形）连接托盘、梯架的部件，分为等宽和变宽两种形式。

3）水平 4 通，在同一个水平面上以 90° 分开 4 个方向（成十字形）连接托盘、梯架的部件，分为 4 种形式。

4）上弯管，使连接托盘、梯架从水平面改变方向向上连接的部件，它分为 30°、45°、60° 和 90° 4 种形式。

5）下弯管，使连接托盘、梯架从水平面改变方向向下连接的部件，它分为 30°、45°、60° 和 90° 4 种形式。

6）垂直 3 通，在同一垂直面以 90° 分开 3 个方向连接托盘、梯架的部件，分为等宽和变宽两种形式。

7）垂直 4 通，在同一垂直面以 90° 分开 4 个方向连接托盘、梯架的部件，分为等宽和变宽两种形式。

8）变径直通，在同一平面上连接不同宽度和高度的连接托盘、梯架的部件。

槽道的连接件和附件较多，它们是槽道连接的重要部件，具有品种繁杂、数量较多和涉及面广的特点。

连接件包括调宽片、调高片、调角片、隔板和护罩等，它是电缆桥架安装中的变宽、变高、连接、水平和垂直走向中的小角度转向、动力电缆与控制电缆的分隔等必需的附件。

附件这一部分主要包括各种电缆、管缆卡子和连接、紧固螺栓等电缆桥架安装中所需的通用附件。附件部分中所有连接、紧固螺栓和电缆卡子全部镀锌，其他槽板、花盘角铁表面处理分有静电喷塑、镀锌、烘漆 3 种。

槽道的其他部件品种较多，主要用来对槽道支承或悬吊的部件，又称支架或吊架。它们直接支承或吊挂固定安装托盘或梯架。通常有托壁、立柱、吊架和其他固定支架等几种形式。

在综合布线系统中，一般使用的金属槽的规格有 50mm×100mm、100mm×100mm、100mm×200mm、100mm×300mm 和 200mm×400mm 等多种规格。

塑料槽的外观与图 3-23 类似，但它的品种规格更多，从型号上讲，有 PVC-20 系列、PVC-25 系列、PVC-25F 系列、PVC-30 系列、PVC-40 系列和 PVC-40Q 系列等，从规格上讲，有 20×12、

25×12.5、25×25、30×15 和 40×20 等。

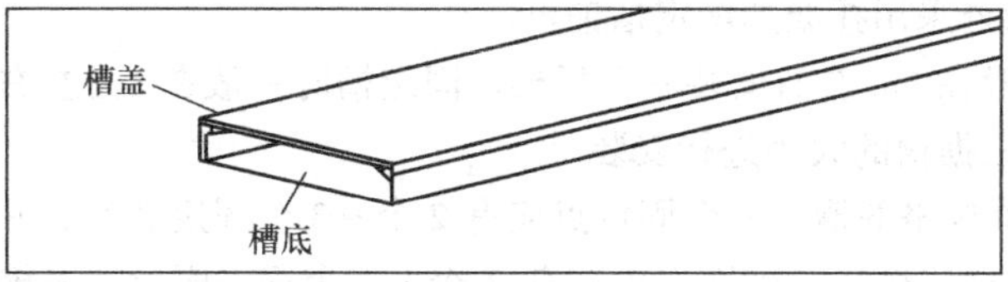

图 3-23　槽的外形

与 PVC 槽配套的附件有阳角、阴角、直转角、平 3 通、左 3 通、右 3 通、连接头、终端头和接线盒（暗盒、明盒）等，外型如图 3-24 所示。

产品名称	图　例	产品名称	图　例	产品名称	图　例
阳角		平 3 通		连接头	
阴角		顶 3 通		终端头	
直转角		左 3 通		接线盒插口	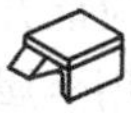
		右 3 通		灯头盒插口	

图 3-24　PVC 塑料线槽配套附件

（4）线槽的铺设

1）线槽安装要求

安装线槽应在土建工程基本结束以后，可以与其他管道，如风管、给排水管同步进行。在整座大楼的所有管线中，综合布线毕竟是弱者，不过迂徊的机动性较大，可以比其他管道稍迟一段时间安装，但尽量避免在装饰工程结束以后进行安装，造成铺设线缆的困难。安装线槽应符合下列要求。

① 线槽安装位置应符合施工图规定，左右偏差视环境而定，最大不超过 50mm。

② 线槽水平度每米偏差不应超过 2mm。

③ 垂直线槽应与地面保持垂直，并无倾斜现象，垂直度偏差不应超过 3mm。

④ 线槽节与节间用接头连接板拼接，螺丝应拧紧，两线槽拼接处水平偏差不应超过 2mm。

⑤ 当直线段桥架超过 30m 或跨越建筑物时应有伸缩缝，其连接宜采用伸缩连接板。

⑥ 线槽转弯半径不应小于其槽内的线缆最小允许弯曲半径的最大者。

⑦ 盖板应紧固，并且要错位盖槽板。

⑧ 支吊架应保持垂直、整齐牢固和无歪斜现象。

为了防止电磁干扰，宜用辫式铜带把线槽连接到其经过的设备间或楼层配线间的接地装置上，并保持良好的电气连接。

2）塑料槽铺设

塑料槽的安装规格有多种，塑料槽的铺设从原理上讲类似金属槽，但操作上还有所不同，具体表现为以下 3 种方式。

① 在天花板吊顶打吊杆或托式桥架铺设。

② 在天花板吊顶外采用托架桥架铺设。

③ 在天花板吊顶外采用托架加配定槽铺设。

采用托架时，一般在1m左右安装一个托架。固定槽时一般在1m左右安装固定点。固定点是指把槽固定的地方根据槽的大小进行安装。

① 25×20～25×30规格的槽，一个固定点应有2个～3个固定螺丝，并水平排列。

② 25×30以上的规格槽，一个固定点应有3个～4个固定螺丝，呈梯形状，使槽受力点分散分布。

③ 除了固定点外，应每隔1m左右钻2个孔，用双绞线穿入，待布线结束后，把所布的双绞线捆扎起来。

水平干线布槽和垂直干线布槽的方法是一样的，差别在于一个是横布槽，一个是竖布槽。在水平干线与工作区交接处不易施工时，可采用金属软管（蛇皮管）或塑料软管连接。

3. 水平子系统线缆敷设支撑保护

（1）预埋金属线槽支撑保护要求

① 在建筑物中，预埋线槽可为不同的尺寸，按一层或两层设置，至少预埋两根以上，线槽截面高度不宜超过25mm。

② 线槽直埋长度超过15m或在线槽路由交叉和转弯时宜设置拉线盒，以便布放线缆盒时维护。

③ 拉线盒盖应能开启，并与地面齐平，盒盖处应能开启，并采取防水措施。

④ 线槽宜采用金属管引入分线盒内。

（2）设置线槽支撑保护

① 水平敷设时，支撑间距一般为1.5m～2m，垂直敷设时固定在建筑物构体上的间距宜小于2m。

② 金属线槽铺设在线槽接头处，间距1.5m～2m，离开线槽两端口0.5m处、转弯处的情况下设置支架或吊架，塑料线槽固定点间距一般为1m。

③ 在活动地板下铺设线缆时，活动地板内净高不应小于150mm。如果活动地板内作为通风系统的风道使用时，地板内净高不应小于300mm。

④ 采用公用立柱作为吊顶支撑柱时，可在立柱中布放线缆，立柱支撑点宜避开沟槽和线槽位置，支撑应牢固。

⑤ 在工作区的信息点位置和线缆铺设方式未定的情况下，或在工作区采用地毯下布放线缆时，在工作区宜设置交接箱，每个交接箱的服务面积约为80m^2。

⑥ 不同种类的线缆布放在金属线槽内时，应同槽分室或用金属板隔开布放。

⑦ 采用格形楼板和沟槽相结合的方式时，铺设线缆支槽保护要求如下。

a. 沟槽和格形线槽要沟通。

b. 沟槽盖板可开启，并与地面齐平，盖板和信息插座出口处应采取防水措施。

c. 沟槽的宽度宜小于600mm。

（3）干线子系统的线缆铺设支撑保护

① 线缆不得布放在电梯或管道竖井这样开放式的管道中。

② 干线通道间应沟通。

③ 弱电间的线缆穿过每层楼板的孔洞宜为方形或圆形，孔的边沿要高出地面20mm；长方形孔尺寸不宜小于300mm×100mm，圆形孔洞处应至少够安装3根圆形钢管，管径不宜小于100mm。

④ 建筑群干线子系统线缆铺设支撑保护应符合设计要求。

（二）综合布线桥架施工

金属桥架多由厚度为 0.4mm ~ 1.5mm 的钢板制成，与传统桥架相比，具有结构轻、强度高、外型美观、无需焊接、不易变形、连接款式新颖和安装方便等特点，它是铺设线缆的理想配套装置。

金属桥架分为槽式和梯式两类。槽式桥架是指由整块钢板弯制成的槽形部件，梯式桥架是指由侧边与若干个横档组成的梯形部件。桥架附件是用于直线段之间、直线段与弯通之间连接所必需的连接固定或补充直线段和弯通功能的部件。支、吊架是指直接支承桥架的部件，它包括托臂、立柱、立柱底座、吊架以及其他固定用支架。

为了防止金属桥架腐蚀，其表面可采用电镀锌、烤漆、喷涂粉末、热浸镀锌、镀镍锌合金纯化处理或采用不锈钢板。可以根据工程环境、重要性和耐久性，选择适宜的防腐处理方式，一般腐蚀较轻的环境可采用镀锌冷轧钢板桥架。腐蚀较强的环境可采用镀镍锌合金纯化处理桥架，也可采用不锈钢桥架。综合布线中所用线缆的性能对环境有一定的要求。为此，在工程中常选用有盖无孔型槽式桥架（简称线槽）。

桥架分为普通型桥架、重型桥架、槽式桥架。在普通桥架中还可分为普通型桥架和直边普通型桥架。

在普通桥架中，有以下主要配件供组合：梯架、弯通、三通、四通、多节二通、凸弯通、凹弯通、调高板、端向联结板、调宽板、垂直转角联接件、联结板、小平转角联结板和隔离板等。

在直边普通型桥架中，有以下主要配件供组合：梯架、弯通、三通、四通、多节二通、凸弯通、凹弯通、盖板、弯通盖板、三通盖板、四通盖、凸弯通盖板、凹弯通盖板、花孔托盘、花孔弯通、花孔四通托盘、联结板垂直转角联结扳、小平转角联结板、端向联结板护扳、隔离板、调宽板和端头挡板等。

重型桥架和槽式桥架在网络布线中很少使用，故不再叙述。常用的桥架样式有以下 5 种。

（1）有孔托盘式槽道，简称托盘式桥架或托盘式槽道，如图 3-25 和图 3-26 所示。

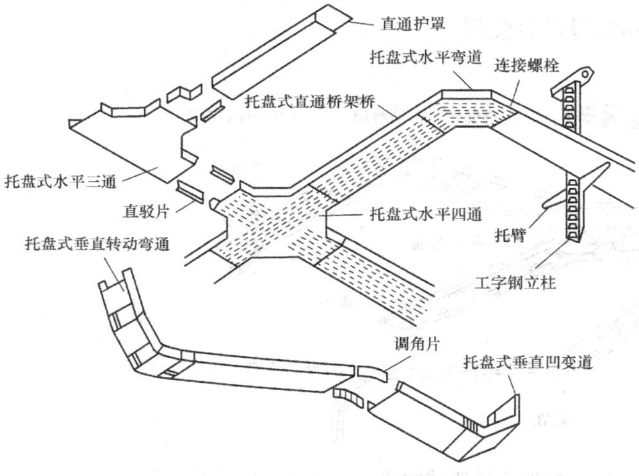

图 3-25　托盘式桥架结构

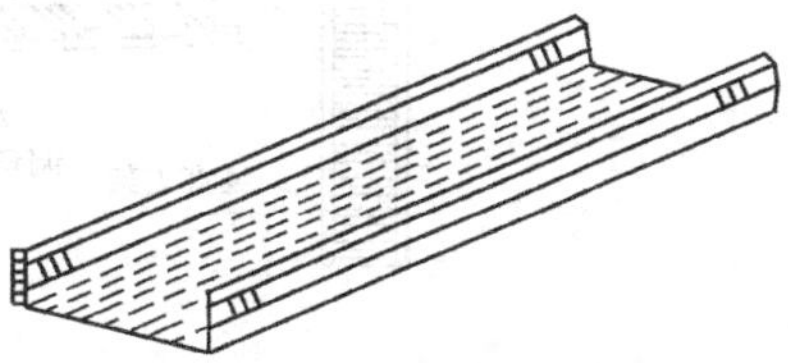

图 3-26　有孔托盘式槽道部件

它是由带孔洞眼的底板和无孔洞眼的侧边所构成的槽形部件，或采用由整块钢板冲出底板的孔眼后按规格弯成槽形的部件。它适用于敷设环境无电磁波干扰，不需要屏蔽接地的地段，或环境干燥清洁、无灰、无烟等不会污染或要求不高的一般场合。

（2）无孔托盘式槽道，简称槽式桥架或槽式槽道，如图 3-27 和图 3-28 所示。无孔托盘式槽道和有孔托盘式槽道的主要区别是底板无孔洞眼，它是由底板和侧边构成或由整块钢板弯制成的槽形部件，因此有时称它为实底型电缆槽道。这种无孔托盘式槽道如配有盖时，就成为一种全封闭型的金属壳体，它具有抑制外部电磁干扰、防止外界有害液体、气体和粉尘侵蚀的作用。因此，它适用于需要屏蔽电磁干扰或防止外界各种气体或液体等侵入的场合。

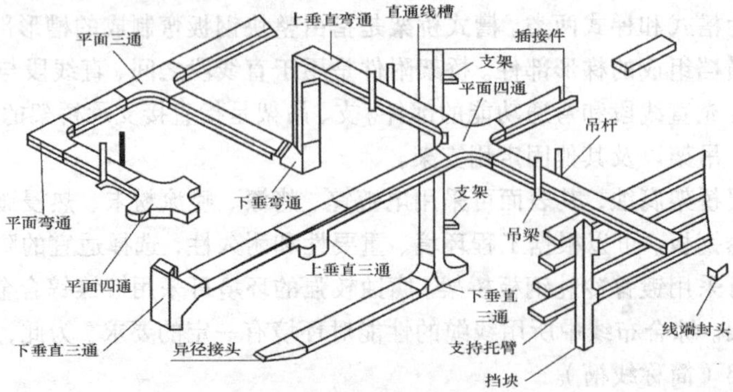

图 3-27　槽式桥架

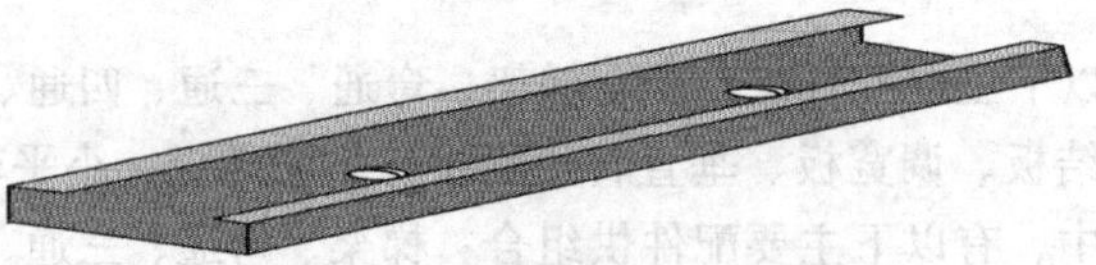

图 3-28　无孔托盘式槽道部件

（3）梯架式槽道，又称梯级式桥梁，简称梯式桥架，如图 3-29 和图 3-30 所示。它是一种敞开式结构，由两个侧边与若干个模档组装构成梯形部件，与布线机柜/机架中常用的电缆走线架的形式和结构类似。因为它的外面没有遮挡，是敞开式部件，因此在使用上有所限制，适用环境干燥清洁或无外界影响的一般场合，不得用于有防火要求的区段，或易遭受外界机械损害的场所，更不得在有腐蚀性液体、气体或有燃烧粉尘等场合使用。

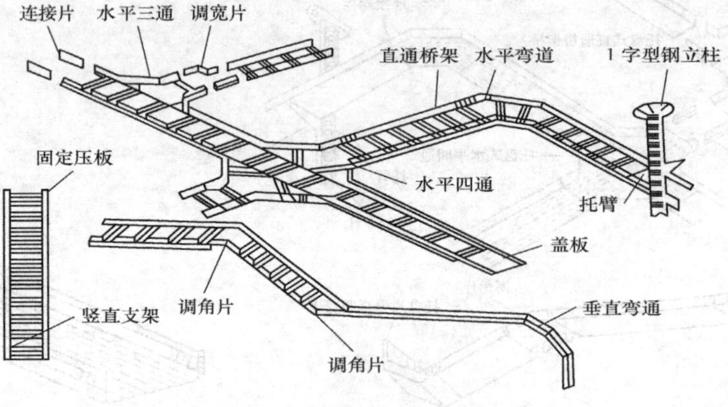

图 3-29　梯架式桥架结构图

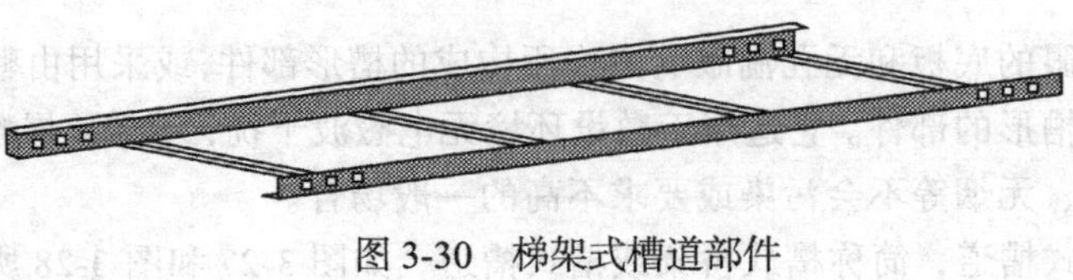

图 3-30　梯架式槽道部件

（4）组装式托盘槽道，又称组装式托盘、组合式托盘或组装式桥梁，如图 3-31 所示。组装式桥架槽道是一种适用于工程现场,可任意组合的若干有孔零部件,且用配套的螺栓或插接方式,连接组装成为托盘的槽道。组装式托盘槽道具有组装规格多种多样、灵活性大、能适应各种需要等特点。因此，它一般用于电缆条数多、敷设线缆的截面积较大、承受荷载重，且具有成片安装固定空间的场合。组装式托盘槽道通常是单层安装，它比多层的普通托盘槽道的安装施工简便，并且有利于检修缆线。这种组装式托盘槽道在一般建筑物中很少采用，只有在特大型或重要的大型智能建筑中设有设备层或技术夹层，且敷设的缆线较多时才采用。

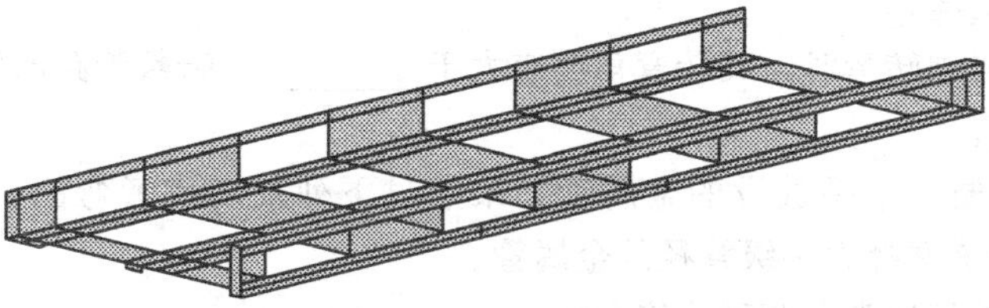

图 3-31　组装式托盘槽道部件

（5）大跨距电缆桥架，在布线项目中很少用到。大跨距电缆桥架比一般电缆桥架的支撑跨度大，且由于结构上设计精巧，因而与一般电缆桥梁相比具有更大的承载能力。大跨距电缆桥架不仅适用于炼油、化工、纺织、机械、冶金、电力、电视和广播等厂矿企业的室内外电缆架空的敷设，也可作为地下工事，例如地铁、人防工程的电缆沟和电缆隧道内支架。

大跨距电缆桥架包括大跨距的梯架、托盘、槽式、重载荷梯架和相应型号的连接件，并备有盖板。而且它的高度有 60mm、100mm 和 150mm 三种，长度有 4m、6m 和 8m 三种，也可根据工程需要任意确定型式、高度、宽度和长度。大跨距电缆桥架表面处理分塑料喷涂、镀锌、喷漆等，在重腐蚀性环境中，可选用镀锌后再喷涂处理。

（6）非金属材料槽道，也称桥架，采用非金属材料，有塑料和复合玻璃钢等多种。其中塑料槽道规格尺寸均较小。不燃烧的复合玻璃钢槽道应用较广，它分别有有孔托盘、无孔托盘、桥架式和通风式 4 种，如图 3-32 所示是塑料明敷线槽。

图 3-32　塑料明敷线槽

对于缆线的通道敷设方式，在新建或扩建的建筑中应采用暗敷管路或槽道，又称桥架的方式。一般不宜采用明敷管槽方式，以免影响内部环境美观，不能满足使用要求。若原有建筑物进行改造需增设综合布线系统时，可根据工程具体情况，采用暗敷系统或明敷管槽系统。

桥架及金属槽的铺设目的一样，是为了托住电缆走线。安装时根据实际环境进行固定。注意拧好每一个螺栓和连接配件，不能马虎，更不能少上螺栓或偷工减料。工艺上讲究横平竖直，使用铅垂线和水平直尺是保证安装质量的最好检验工具。

三、任务分析

综合布线金属桥架、PVC 管槽的安装过程分析

1. 准备施工工具和劳动保护用品。
2. 仔细阅读施工图纸，做出施工规划安排。
3. 在综合布线施工工地或实训墙上完成指定的管道、线槽或走线架的安装，注意相互配合。
4. 检查需要固定的自承式电缆、电缆挂钩、布线管道、线槽或走线架支撑物的受力情况。

5. 用水平仪和铅垂线检验施工质量，要保证横平竖直在允许的误差范围之内。
6. 检验布线通道对后续布线有没有不良影响。
7. 安全操作五金工具和冲击、手电钻、电动切割机等电动工具。

四、任务训练

一、填空题与选择题

1. 暗敷管路如必须转弯时，其转弯角度应大于________。暗敷管路曲率半径不应小于该管路外径的________倍。

2. 为了穿线方便，水平敷设的金属管如果超过下列长度或者弯曲过多时，中间应该增设________，否则应该选择大一级管径的金属管。

3. 金属管间的连接通常有两种连接方法：________和________。

4. 由于建筑物内多种管线平行交叉，空间有限，特别是大型写字楼、金融商厦、酒店、场馆等建筑，信息点密集。因此缆线敷设除了采用楼板沟槽和墙内埋管方式外，在竖井和屋内天棚吊顶内广泛采用________，提供不同走向的布线。

5. 关于拉线盒的设置叙述正确的是（　　）。

A. 管子无弯曲时，长度可达 45m
B. 管子有 1 个弯时，直线长度可达 30m
C. 管子有 2 个弯时，直线长度可达 20m
D. 管子有 3 个弯时，直线长度可达 15m

6. 综合布线工程中，如果要使用金属管，则在配管时，应根据实际需要长度对管子进行切割。管子的切割可使用（　　）。

A. 钢锯　　B. 管子切割刀
C. 气割　　D. 电动机切管机

7. 关于金属管的暗设应符合的要求，叙述正确的是（　　）。

A. 金属管道应有不小于 0.1%的排水坡度
B. 建筑群之间金属管的埋没深度不应小于 0.8m
C. 金属管内应安置牵引线或拉线
D. 金属管的两端应有标记，表示建筑物、楼层、房间和长度

8. 对于预埋金属线槽的支撑保护要求，叙述正确的是（　　）。

A. 当线槽直埋长度超过 15m，或在线槽路由上出现交叉、转变时，宜设置拉线盒
B. 在建筑物中预埋线槽按一层或二层设备，应至少预埋两根以上
C. 接线盒盒盖应该能够开启，并低于地面
D. 线槽截面高度不宜超过 25mm

9. 线槽敷设时，在（　　）时应该设置支架或吊架。

A. 线槽接头处　　B. 间距 1.5m ~ 2m
C. 离开线槽两端口 0.5m 处　　D. 转弯处

10.（　　）是各方面应用最广泛的一种桥架，既可用于动力电缆的敷设，也可用于控制的敷设，同时具有散热、透气性好等优点。

A. 梯式桥架　　B. 槽式桥架
C. 托盘式桥架　　D. 组合式桥架

11.（　　）为封闭式结构，适用于无天花板且电磁干扰比较严重的布线环境。但对系统扩充、修改和维护比较困难。

A. 梯级式桥架　　B. 槽式桥架

C. 托盘式桥架　　D. 组合式桥架

二、问答题

1. 选用布线用线管线槽和桥架时，应该考虑哪些问题？

2. 简述敷设管路和槽道的安装要求。

3. 安装线槽的施工应该选择在建筑物其他装修施工之前，稍后，还是最后进行？请说明原因。

4. 在普通桥架中，有哪几种主要配件可供组合？说出其名称。

5. 敷设金属管时，一般在什么情况下需要设拉线盒？

6. 金属线槽铺设时，在哪些位置需要设置支架或吊架？

7. 在综合布线选择路由时应该考虑哪些因素？

8. 为了保护、隐藏或引导布线，一般用哪几种材料和方式作为布线路径？

9. 敷设暗管和暗槽时，对金属管、金属槽的口径有什么要求？

10. 为什么分层桥架安装，先安装下层，后安装上层？

任务 3.3　敷设综合布线电缆

【学习目标】

知识目标：掌握综合布线电缆布放的要求、步骤及布线施工中的注意事项。熟悉综合布线各子系统电缆结构及布线方法。

技能目标：能根据具体施工环境选择适当的布线方法。在工程中能分清各个子系统所用电缆的标签，并能正确利用各种工具进行工程施工。

一、任务导入

任务资料：

（1）3 类大对数双绞线电缆；5 类双绞线电缆；6 类双绞线电缆；超 5 类双绞线屏蔽电缆。

（2）电缆交接箱；电缆分线箱（盒）；标准机柜或墙柜。

（3）110 型双绞线配线架；5 类非屏蔽数据配线架；超 5 类屏蔽数据配线架；6 类非屏蔽数据配线架；语音模块；5 类非屏蔽数据模块。

（4）各种固定电缆配件器材

任务目标：

（1）用 5 类双绞线电缆、6 类双绞线电缆、3 类大对数双绞线电缆完成建筑群子系统、建筑物垂直干线子系统和楼层水平配线子系统布线。学会用引线牵引电缆；学会整理、捆扎、固定电缆，学会在 CD、BD、FD 配线架以及工作区信息终端面板上端接电缆端头，并且会做标签。

（2）用电缆能手通断仪测试已接电缆连接质量。

（3）大楼进线间引入配线架的接地保护单元的安装及告警试验。

（4）大楼等电位联结体的接地电阻的测量。

二、知识准备

（一）综合布线系统通信电缆的敷设

在架设好桥架、管和槽等线缆支撑系统后，就可以考虑实施电缆的布放。布线看起来是一项粗活，但在宏观上却体现了工艺水平，决定了工程质量。同样的网络因工程施工方法不一样，带来的结果是截然不同的。有的网络网速上不去，甚至时常掉线，就跟网络布线时电缆参数被改变有关。

布线工作要求施工人员穿着合适的衣服，有效安全地使用工具，要两个人同时配合一道工作。

线缆牵引技术

用一条拉线将线缆牵引穿入墙壁管道、吊顶和地板管道称为线缆牵引。在施工中，应使拉线和线缆的连接点尽量平滑，所以要采用电工胶带在连接点外面紧紧缠绕，以保证平滑和牢靠，所用的方法取决于要完成作业的类型、线缆的质量、布线路由的难度（例如在具有硬转弯的管道布线要比在直管道中布线难），还与管道中要穿过的线缆数目有关，在已有线缆的拥挤的管道中穿线要比空管道难。

从理论上讲，线的直径越小，则拉线的速度越快。但是，有经验的安装者采取慢速而又平稳的拉线，而不是快速的拉线，原因是快速拉线会造成线的缠绕或被绊住。

拉力过大，线缆变形，将引起线缆传输性能下降。线缆最大允许的拉力如下。

① 一根4对线电缆，拉力为100N。

② 二根4对线电缆，拉力为150N。

③ 三根4对线电缆，拉力为200N。

④ n根线电缆，拉力为($n \times 50 + 50$)N。

不管多少根线对电缆，最大拉力不能超过400N。对布线施工人员来说，需要彻底了解建筑物的结构，由于绝大多数的线缆是走地板下或天花板内，故对地板和吊顶内的情况应了解清楚，要准确地知道什么地方能布线而什么地方不易布线。

（1）牵引少量5类线缆

① 少量的线缆很轻，只要将它们对齐。在80mm的裸线拨开塑料绝缘层，将铜导线平均分成两股，如图3-33所示。

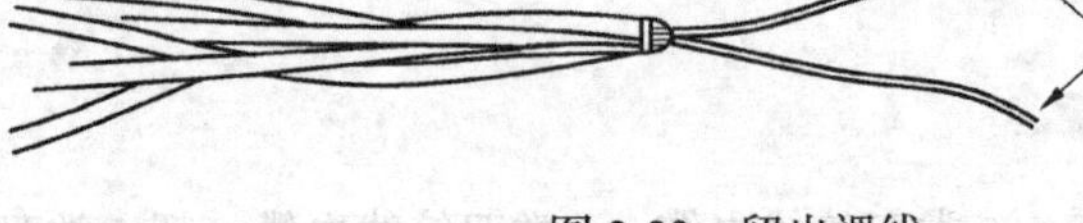

图3-33　留出裸线

② 把两股铜导线相互打圈子结牢，如图3-34所示。

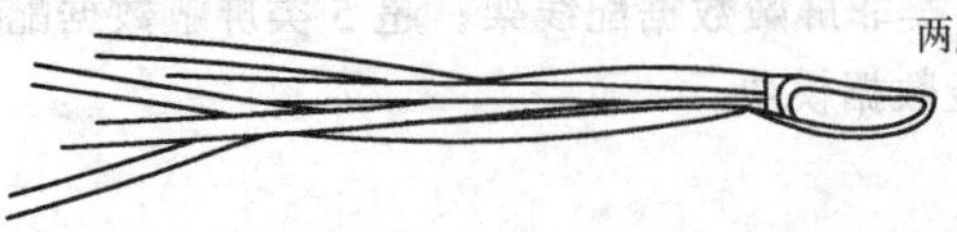

图3-34　编织导线相互打圈

③ 将拉线穿过已经打结的圈子后自打活结（使越拉越紧），如图3-35所示。

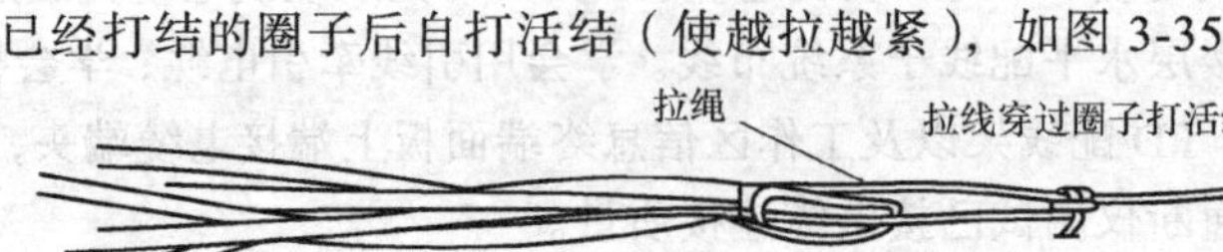

图3-35　固定拉绳

④ 用电工胶布紧紧地缠在绞好的接头上，扎紧，使得导线不露出，并将胶布末端夹入线缆中，如图 3-36 所示。

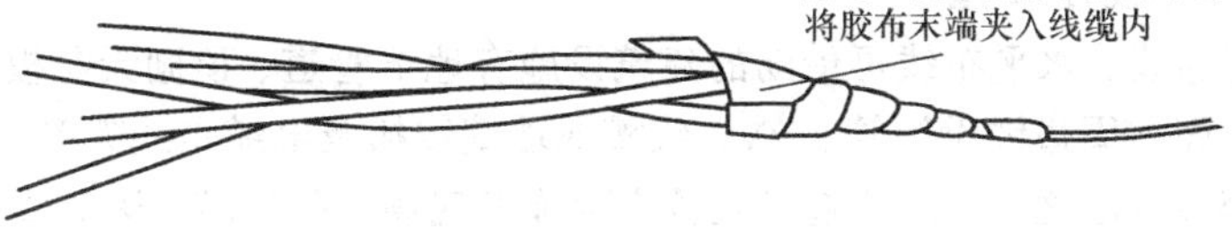

图 3-36　用电工带包裹接头

（2）牵引多对线数电缆

用一种称为芯套/钩的连接，这种连接是非常牢固的，它能用于“几百对”的电缆上，为此执行下列过程。

① 剥除约 30cm 的缆护套，包括导线上的绝缘层。

② 使用斜口钳将线切去，留下约 12 根（一打）。

③ 将导线分成两个绞线组，如图 3-37 所示。

④ 将两组绞线交叉的穿过拉绳的环，在缆的那边建立一个闭环，如图 3-38 所示。

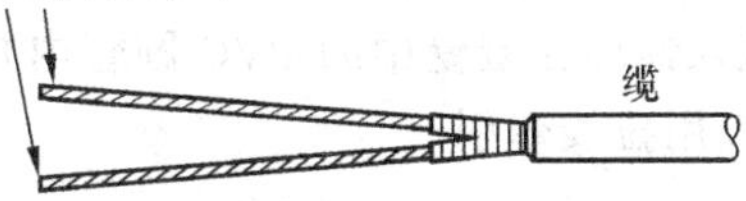

图 3-37　将缆导线分成两个均匀的绞线组

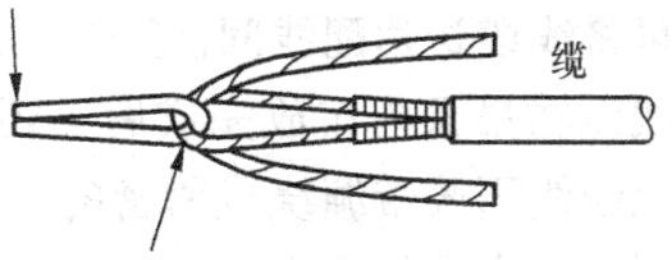

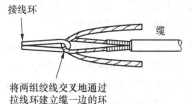

图 3-38　通过拉线环馈送绞线组

⑤ 将缆一端的线缠绕在一起以使环封闭，如图 3-39 所示。

⑥ 用电工带紧紧地缠绕在缆周围，覆盖长度约是环直径的 3～4 倍，然后继续再绕上一段，如图 3-40 所示。

图 3-39　用绞线缠绕在自己上面的方法建立的芯套/钩来关闭缆环

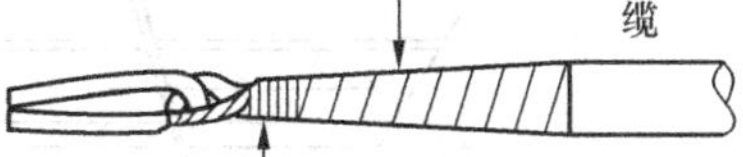

图 3-40　用电工带紧密缠绕

某些较重的电缆上装一个牵引眼，在缆上制作一个环，使拉绳固定在它上面。对于没有牵引眼的电缆，可以使用一个分离的缆夹，如图 3-41 所示。将夹子分开缠到缆上，在分离部分的每一半上有一个牵引眼。当吊缆已经缠在缆上时，可同时牵引两个眼，使夹子紧紧地保持在缆上，用这种办法可以较好地保护好电缆的封头。

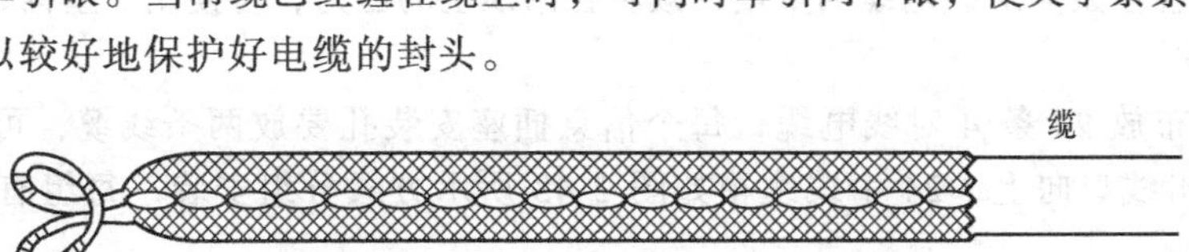

图 3-41　用将牵引缆的分离吊缆夹

（二）综合布线在各子系统的布线方法

根据所处位置或作用不同，线缆分为水平线缆、垂直线缆、室外线缆和模块跳接线缆4种线缆。

1. 水平线缆的布线技术

建筑物内水平布线，水平布线可借助的建筑设施有地下管道、顶棚天花板、开放空间、预埋管道、活动地板下面、周边铺设缆管、PVC线槽或墙壁线槽及电缆走线架等。

在决定采用哪种方法之前，设计施工人员应到施工现场进行比较，从中选择一种最佳的施工方案。

（1）管道布线

管道布线是在浇筑混凝土时已把管道预埋在地板中，管道内预先穿放着牵引电缆的钢丝或铁丝。施工时只需通过管道图纸了解地板管道就可做出施工方案。对于没有预埋管道的新建筑物，布线施工可以与建筑物装潢同步进行，这样便于布线而不影响建筑物的美观。对于老的建筑物或没有预埋管道的新建筑物，设计施工人员应向业主索取建筑物的图纸，并到布线建筑物现场查清建筑物内电、水、气管路的布局和走向，然后详细绘制布线图纸，确定布线施工方案。

水平子系统电缆宜穿钢管或沿金属桥架敷设，并应选择最捷径的路径。管道一般从配线间埋到信息插座安装孔。安装人员只要将4对线电缆固定在信息插座的拉线端，从管道的另一端牵引拉线就可将线缆送达配线间。

当线缆在吊顶内布放完成后，还要通过墙壁或墙柱的管道将线缆向下引至信息插座安装孔内。将双绞线用胶带缠绕成紧密的一组，将其末端送入预埋在墙壁中的PVC圆管内并把它往下压，直到在插座孔处露出25mm~30mm即可，也可以用拉线牵引。

（2）天花板顶内布线

水平布线最常用的方法是在天花板吊顶内布线，具体施工步骤如下。

① 索取施工图纸，确定布线路由。

② 沿着所设计的路由，即在电缆桥架槽体下方打开吊顶，用双手推开每块镶板，如图3-42所示。

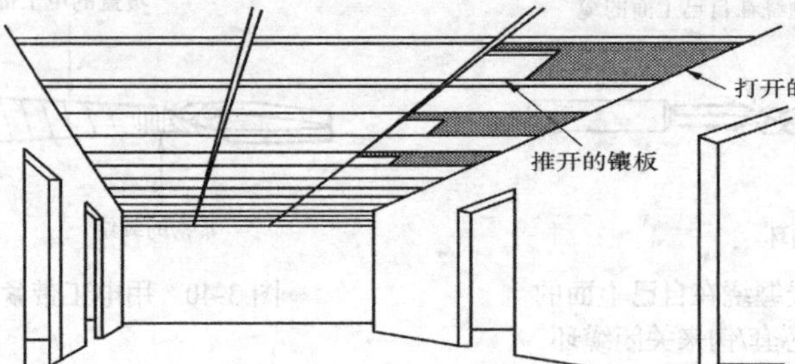

图3-42 移动镶板的悬挂式天花板

③ 为了减轻多条4对线电缆的重量，减轻在吊顶上的压力，可使用J型钩、吊索及其他支撑物来支撑线缆。

④ 假设要布放24条4对线电缆，每个信息插座安装孔要放两条线缆，可将线缆箱放在一起并使线缆出线口向上，24个线缆箱如图3-43所示方式分组安装，每组有6个线缆箱，共有4组。

⑤ 在箱上标注并且在线缆的末端注上标号。

⑥ 在离管理间最远的一端开始，拉到管理间。

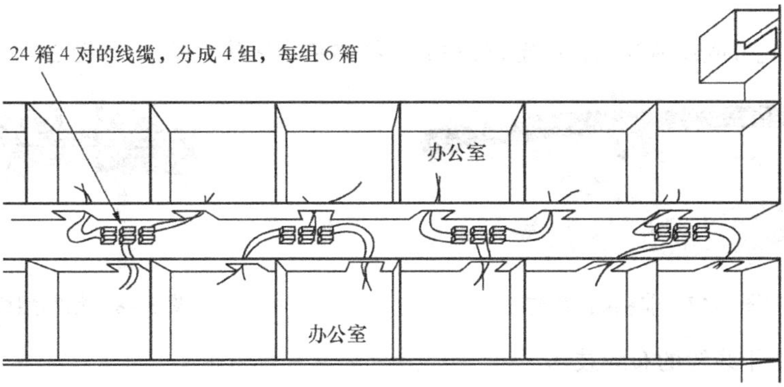

图 3-43　共布 24 条 4 对线缆，每一信息点布放 2 条 4 对的线

（3）地板底下布线方式

水平子系统电缆在地板下的安装方式，应根据环境条件选用地下桥架布线法，蜂窝状地板布线法、高架（活动）地板布线法、地板下管线布线法等 4 种安装方式。

（4）墙壁线槽布线

在墙壁上的布线槽布线一般遵循下列步骤。

① 确定布线路由。

② 沿着路由方向放线讲究直线美观。

③ 线槽每隔 1m 要安装固定螺钉。

④ 布线时线槽容量为 70%。

⑤ 盖塑料槽盖应错位盖好。

（5）布线中墙壁线管及线缆的固定方法

① 钢钉线卡

钢钉线卡全称为塑料钢钉电线卡，用于明敷电线、护套线、电话线、闭路电视线及双绞线。塑料钢钉电线卡外型如图 3-44 所示。在敷设线缆时，用塑料卡卡住线缆，用锤子将水泥钉钉入建筑物即可。管线或电缆水平敷设时，钉子要钉在水平管线的下边，让钉子可以承受电缆的部分重力。垂直敷设时，钉子要均匀地钉在管线的两边，这样可起到夹住电缆的定位作用。

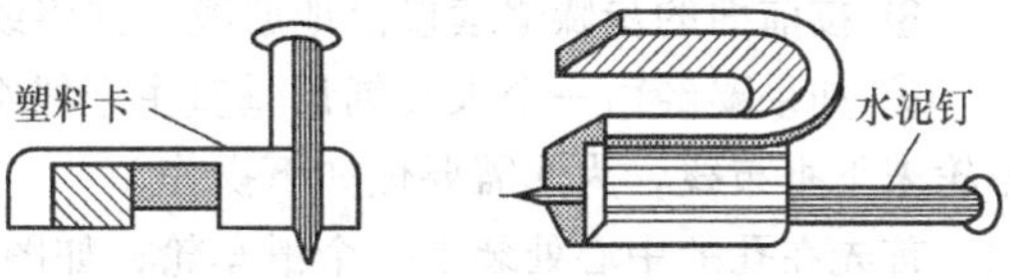

图 3-44　塑料钢钉电线卡

② 尼龙扎带

适合综合布线工程中使用的尼龙扎带如图 3-45 所示，具有防火、耐酸、耐蚀、绝缘性良好、耐久和不易老化等特点，使用时只需将带身轻轻穿过带孔一拉，即可牢牢扣住线把。扎带使用时也可用专门工具，如图 3-46 所示。它使得扎带的安装使用极为简单省力。使用扎带时要注意不能勒得太紧，避免造成电缆内部参数的改变。

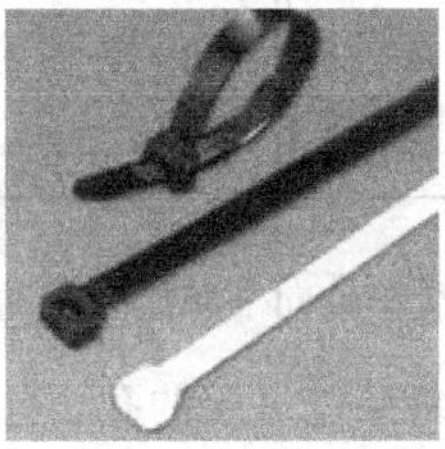

图 3-45　尼龙扎带

图 3-46　用扎带工具进行扎带安装

③ 线扣

线扣用于将扎带或线缆等进行固定，分粘贴型线扣和非粘贴型线扣，如图 3-47 和图 3-48 所示。

图 3-47　非粘贴型线扣

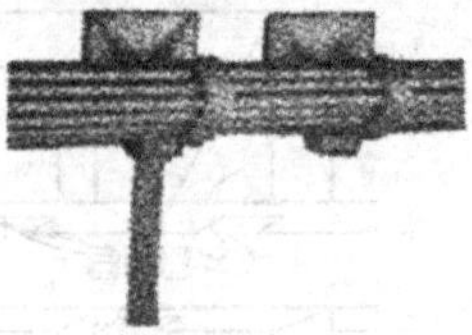

图 3-48　粘贴型线扣

2. 建筑物主干线缆的布线技术

主干线缆是建筑物的主要线缆，为设备间到每层楼管理间之间的信号传输提供通路在电缆孔、管道、电缆竖井等 3 种方式中。干线子系统垂直通道宜采用电缆孔方式，水平通道常选择管道方式或电缆桥架方式。

在新的建筑物中，通常有竖井通道。在竖井中铺设主干电缆一般有两种方式，即向下垂放电缆和向上牵引电缆，相比较而言，向下垂放比向上牵引容易。

（1）向下垂放线缆

向下垂放线缆的一般步骤如下。

① 首先把线缆卷轴放到最顶层。

② 在离房子的开口（孔洞口）处 3 ~ 4m 处安装线缆卷轴，并从卷轴顶部放出馈线。

③ 在线缆卷轴处安排所需的布线施工人员（数目视卷轴尺寸及线缆质量而定），每层都要有一个工人以便引导下垂的线缆。

④ 开始旋转卷轴，将线缆从卷轴上拉出。

⑤ 将拉出的线缆引导进竖井中的孔洞。在此之前应先在孔洞中安放一个塑料的套状保护物，如图 3-49 所示，以防止孔洞不光滑的边缘擦破线缆的外皮。

⑥ 慢慢地从卷轴上放缆并进入孔洞向下垂放，切不要快速放缆。

⑦ 继续放线，直到下一层布线人员能将线缆引到下一个孔洞。

⑧ 按前面的步骤继续慢慢地放缆，并将线缆引入各层的孔洞。

⑨ 如果要经由一个大孔铺设垂直主干线缆，就无法使用塑料保护套，此时最好通过一个滑车轮来下垂布线，为此需要做如下操作。

首先在孔的中心处装上一个滑车轮，如图 3-50 所示。

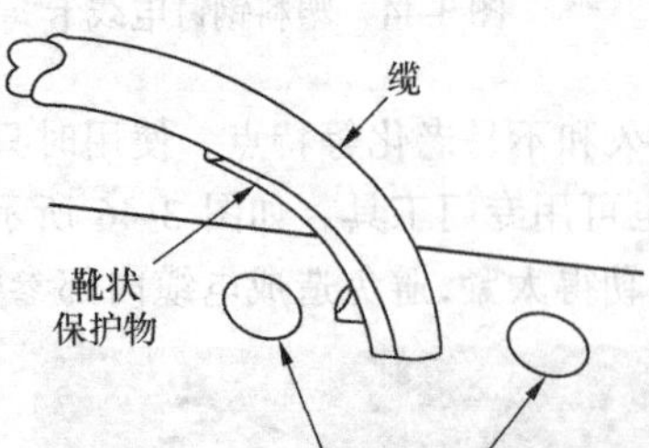

图 3-49　保护线缆的塑料靴状物

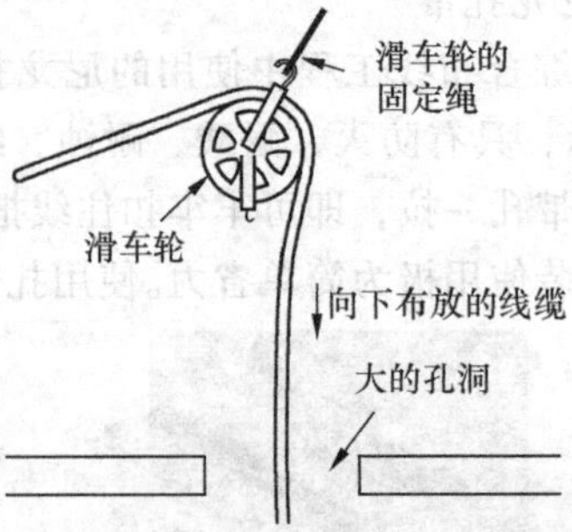

图 3-50　用滑车轮向下布放线缆通过大孔

然后将线缆拉出绕在滑车轮上，按前面所介绍的方法牵引线缆穿过每层的孔。当线缆到达目的地时，把每层上的线缆绕成卷放在架子上固定，等待以后的端接。

在布线时，若线缆要越过的弯曲半径小于允许的值，如双绞线弯曲半径为 8～10 倍于线缆的直径，光缆为 20～30 倍于线缆的直径，可以将线缆放在滑车轮上以解决线缆的弯曲问题，方法如图 3-51 所示。

（2）向上牵引线缆

向上牵引线缆可用电动牵引绞车。

① 按照线缆的质量选定绞车型号，并按绞车制造厂家的说明书进行操作，先往绞车中穿一条绳子。

② 启动绞车，往下垂放一条拉绳，并且确认此拉绳的强度能保证牵引线缆，拉绳向下垂直到安放线缆的底层。

③ 如果缆上有拉眼，则将绳子连接到此拉眼上。

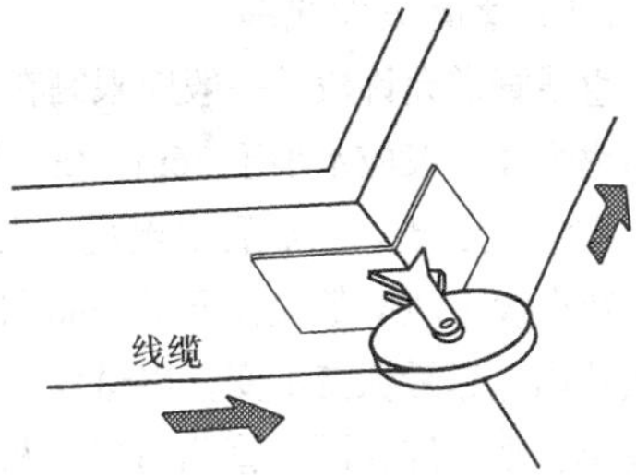

图 3-51　用滑轮车解决线缆的弯曲半径

④ 启动绞车，慢慢地将线缆通过各层的孔向上牵引。

⑤ 线缆的末端到达顶层时停止绞车。

⑥ 在地板孔边沿上用夹具将线缆固定。

⑦ 当所有的固定完成之后，从绞车上释放线缆的末端。

3. 建筑群间的电缆布线技术

建筑群主干布线子系统主要有杆上架空敷设和地下管道敷设两种。杆路敷设直观，工程时间较短，但是影响美观，容易与空中其他线路交越。地下管道敷设便于今后的升级和电缆更换，电缆表面受力以及与周围环境隔离较好。敷设管道是综合布线中建筑群主干布线的一种较好的方法，但工期较长，费用也较高，对电缆的防潮有要求，这将影响对电缆种类的选择。

（1）室外布线时影响电缆性能的因素

① 不要将无紫外线防护的电缆应用于阳光直射的环境内。

② 电缆在金属管道或线槽内的温度很高，许多聚合材料在这种温度下会降低使用寿命。

③ 双绞线电缆中的水分会增加电缆的电容，从而降低阻抗并引起近端串扰问题。

④ 为避免外界对电缆的干扰和影响，电缆的屏蔽层需要接地。

（2）布线施工中应当注意的问题

① 当电缆在两个终端之间有多余时，应该按照需要的长度将其剪断，而不应将其卷起并捆绑起来。

② 双绞线电缆的接头处反缠绕开的线段距离不应超过 2cm。过长会引起较大的近端串扰。水晶接头处电缆的外保护层需要压在接头中而不能在接头外。因为当电缆受到外界的拉力时，受力的应是整个电缆，否则受力的是电缆和接头连接的金属部分。

③ 在电缆接线施工时电缆的拉力是有一定限制的，一般为 9kg 左右。过大的拉力会破坏电缆内部对绞的匀称性。

④ 在屋檐下或外墙上布线时，应避免阳光直接照射到电缆，电缆只有在不直接暴露在阳光照射或超高温的环境中才可直接明线布线，否则建议使用管道布线。

⑤ 塑料或金属管道里的电缆要注意塑料管道的易损坏及金属管道的导热。

⑥ 悬空应用的架空电缆，应考虑电缆的下垂重力及捆绑方式。

⑦ 考虑地下管道及时排水，地下管道埋设要有管道总长度的 0.3%坡度。

（3）架空敷设线缆

架空线缆敷设时的一般步骤如下。

① 电杆以 30～50m 的间隔距离为宜。电杆的埋深要占电杆总长的五分之一。

② 根据线缆的质量选择钢丝绳，一般选 7/2.2、7/2.6 和 7/3.0 芯钢丝绳，用三眼夹板固定在电杆上。

③ 考虑每根电杆受力情况接好钢丝绳，平衡电杆受力，增加电杆必要的拉线。

④ 每隔 0.5m 挂一个电缆钩架。

⑤ 杆路的净空高度≥4.5m。

（4）管道敷设线缆

直线管道允许段长一般应限制在 150m 内，弯曲管道应比直线管道相应缩短。采用弯曲管道时，它的曲率半径一般应不小于 36m，在一段弯曲管道内不应有反向弯曲即“S”弯曲，在任何情况下也不得有“U”形弯曲出现。布放管道电缆，选用管孔时总的原则是按先下后上、先两侧后中央的顺序安排使用。大对数电缆一般应敷设在靠下和靠侧壁的管孔中，管孔必须对应使用。同一条电缆所占管孔的位置在各个人孔内应尽量保持不变，以避免发生电缆交错现象。一个管孔内一般只穿放一条电缆，如果电缆截面积较小，则允许在同一管孔内穿放两条电缆，必须防止电缆穿放时因摩擦而损伤护套。布放管道电缆前应检查电缆线号、端别、电线长度、对数及程式等，准确无误后再敷设。敷设时，电缆盘应放在准备穿入电缆管道的同侧。在这个位置布放电缆可以使电缆展开到出厂前的状态，避免电缆扭曲变形。当两孔之间为直线管道时，电线应从坡度较高处往低处穿放；若为弯道时，应从离弯曲处较远的一端穿入。

4. 6类布线安装方法

近几年综合布线中选择使用 6 类电缆的情况逐渐增多，同 5 类电缆差别在于更加严格的施工工艺。安装优良的 6 类布线工程，对施工工艺的要求非常严格。6 类系统的链路余量已经很小，一般链路的近端串扰 NEXT 余量只有 2 ~ 5 个 dB（与链路长度有关），使用 5 类的施工工艺进行 6 类的施工很难得到通过的测试结果。例如，现在很多 6 类线的线缆都使用高质量、转动更轻的线轴，其目的是减小脱拽电缆的拉力。此外，电缆的扭曲、挤压都可能产生不良的后果。在施工过程中，使用劣质的工具、卡线钳、卡刀都会使链路的性能下降，从而不能通过测试。6 类布线中的任何安装错误或捷径，都有可能会导致测试勉强合格或不合格。建议严格遵守布线标准文件中规定的安装方法。必须采用优质的安装方法，因为产品和安装会对布线系统的整体质量产生同样的影响。

（1）安装 6 类线的过程中需要注意以下几个环节

① 电缆拉伸张力

不要超过电缆制造商规定的电缆拉伸张力。张力过大会使电缆中的线对绞距变形，严重影响电缆抑制噪声及衍生物的能力和电缆的结构化回波损耗，这会改变电缆的阻抗，损害整体回波损耗性能。这些因素是高速局域网系统传输中的重要因素，如吉比特以太网。此外，张力过大还可能会导致线对散开造成损坏导线。

② 电缆弯曲半径

避免电缆过度弯曲，因为这会改变电缆中线对的绞距。如果弯曲过度，线对可能会散开，导致阻抗不匹配及不可接受的回波损耗性能。另外，这可能会改变电缆内部 4 个线对绞距之间的关系，进而导致噪声抑制问题。各电缆制造商都建议，电缆弯曲半径不得低于安装后的电缆直径的 8 倍。对典型的 6 类电缆，弯曲半径应大于 50mm。存在问题的最关键区域之一是配线柜，因为大量的电缆引入配线架，为保持布线整洁，可能会导致某些电缆压得过紧、弯曲过度。这种情况通常看不见，即使最敬业的安装人员也可能会因为疏忽而降低布线系统的性能。如果制造商提供了背面线缆管理设备，那么要保证根据制造商的建议使用这些设备。同时，器件内部的电缆弯曲半径有着不同的或者更加严格的限制。一般来说，安装过程中的电缆弯曲半径是电缆直径的 8 倍。在实践中，在背面盒中的弯曲半径以 50mm 为宜，进线的电缆管道的最小弯曲半径是 100mm。这对于最初已确定安装直径较小电缆的大楼利用大楼内部的传统管道系统布放 6 类电缆有着明显影响。

③ 电缆压缩

避免由于电缆扎线带过紧而压缩电缆。在大的成捆电缆或电缆设施中最可能会发生这个问题，其中成捆电缆外面的电缆会比内部的电缆承受更多的压力。电缆过紧会使电缆内部的绞线变形，从而影响其性能，一般会使回波损耗更明显地处于不合格状态。回波损耗的效应会积累，每个过紧的电缆扎线都会提高总损耗。长距离悬挂线上的走线电缆中每隔300mm就要使用一条电缆扎线带。如果挂在悬挂线上的电缆长40m，那么电缆扎线次数为134次。在使用电缆扎线带时，要特别注意扎线带应用的压力大小。电缆扎线带的强度以能够支撑成捆电缆即可。较好的方法是保证在使用电缆扎线把电缆捆在一起时，没有出现任何电缆护套变形的情况。这在配线柜中也非常重要，因为用户一般会扎紧电缆扎线带，以使电缆保持整洁，或在配线柜中造成配线架背面的端接点进线非常困难。建议使用挂钩和环形电缆扎线带。

④ 电缆重量

23号（直径为0.6mm）6类电缆的重量大约是5类电缆的两倍。1m长的24条6类电缆的重量接近1kg，而相同数量的5类或超5类电缆的重量仅0.6kg。在使用悬挂线支撑电缆时，必须考虑电缆重量。建议每个悬挂线支撑点每捆最多支撑24条电缆。

⑤ 电缆打结

在从卷轴上拉出电缆时，要注意电缆有时可能会打结。如果电缆打结，应该视为电缆损坏，需更换这段电缆。安装人员可能会用力弄直电缆结，但是损坏已经发生，在电缆测试时会发现在这一点上有回波损耗增加。所有这些效应会积累在一起，尽管一个电缆打结不会导致测试不合格，但这种效应与电缆扎线带导致的性能下降及6类布线降低的总量综合在一起，会导致测试不合格。所以安装6类线时一定要让电缆顺其自然。

⑥ 成捆电缆中的电缆数量

当任意数量的电缆以很长的平行长度捆在一起时，具有相同绞距的成捆电缆中不同电缆的线对电容耦合（如蓝线对到蓝线对）会导致串扰明显提高，这称为“外来串扰”。这一指标还有待布线标准的规范或精确定义。消除外来串扰不利影响的最佳方式是最大限度地降低长并行线缆的长度，以伪随机方式安装成捆电缆。从历史上看，我们在走线中一直采用“梳状”布线方式以保持整洁是一个误区。把电缆捆在一起要避免不同电缆的任何两个线对可能会在有效长度内平行敷设的可能性。这一点没有捷径或其他的有效方法。但应该注意以很长的平行长度敷设电缆时可能会导致潜在的外来串扰。

⑦ 电缆护套剥开

在端接点上电缆护套被剥开后裸露出的线对必须保持最小长度。有的安装人员为了方便电缆的端接操作，随意剥开电缆护套的长度。这样很难保持电缆内部的线对绞距以实现最有效的传输通路。在配线架接线块上剥开的电缆护套过长，将损害6类布线系统的近端串扰（NEXT）和远端串扰（FEXT）性能指标。

⑧ 线对散开

在电缆端接点，应使电缆中每个线对的绞距尽可能保持到最末端。线对绞距由电缆制造商通过计算机控制产生，改变电缆绞距将给电缆性能带来不利影响。尽管ISO和TIA超5类布线标准规定了线对散开的长度（13mm），但它们没有对6类布线做出此类规定。目前操作只能遵守制造商提供的建议。在配线架接线块上的导线槽内，线对散开过大将会损害6类布线系统的NEXT、FEXT和回波损耗性能指标。

⑨ 环境温度

在6类布线中，安装电缆的环境温度确实会影响电缆的传输特性。应避免可能会遇到的高温环境（温度>60℃），如天花板上的屋顶暴露在阳光直射下很容易会发生这种情况。电缆温度提高时，传输衰减会增大，尤其是长距离电缆所处高温环境的影响会导致衰减这一参数勉强合格或不合格。

（2）6类布线施工时应该注意以下5大事项

① 由于6类线缆的外径要比一般的5类线粗，特别是在弯头处为了避免线缆的缠绕，在管线施工时一定要注意管径的填充度，一般内径20mm的线管宜放两根6类线。

② 桥架拐弯合理，保证合适的线缆弯曲半径。上下左右绕过其他线槽时，转弯坡度要平缓，重点注意两端线缆下垂受力后是否还能在不压损线缆的前提下盖上盖板。

③ 放线过程中主要是注意对拉力的控制。对于带卷轴包装的线缆，建议两头至少各安排 1 名工人，把卷轴套在自制的拉线杆上，放线端的工人先从卷轴箱内预拉出一部分线缆，供合作者在管线另一端抽取；预拉出的线不能过多，避免多根线在场地上缠结环绕。

④ 拉线工序结束后，两端留出的冗余线缆要整理和保护好。盘线时要顺着原来的旋转方向，线圈直径不要太小，有可能的话，用废线头固定在桥架、吊顶上或纸箱内，做好标注，提醒其他人员勿动勿踩。

⑤ 在整理、绑扎和安置线缆时，冗余线缆不要太长，不要让线缆叠加受力，线圈应顺势盘整，固定扎绳不要勒得过紧。

5. 屏蔽布线系统的安装

一个完整的屏蔽系统要求处处屏蔽，是一个连续的、完整的屏蔽路径，才能达到用户预期的效果。因此，如果选择采用屏蔽系统，那么除了电缆外，模块、配线架等连接件都需要使用屏蔽的，同时再铺以金属桥架和管道。静电屏蔽的原理是在屏蔽罩接地后干扰电流经屏蔽外层流入大地，因此屏蔽层的妥善接地十分重要，否则不但不能减少干扰，反而会引入更多的干扰。端接时应尽量减少屏蔽层中接地线的剥开长度，因为剥开长度越短，则引起的电感越少，接地效果越好，现场接地时，建议采用单点接地的方法，避免多点接地引起的电压回路干扰。

另外，针对屏蔽系统的特殊性，在处理屏蔽层的连接时需要特别注意，按照标准的要求，屏蔽布线系统的屏蔽层接地连接应该在电信间的配线架处进行，即电缆的屏蔽层通过配线架和机架的连接以及机架与接地端子的连接实现接地。同时还要保证电缆的屏蔽层在 360° 的范围均与模块或配线架的屏蔽层有良好的连接，而不仅仅是在某些点上实现连接，在整个链路上需要保持屏蔽层的完整性，屏蔽层不能在链路中间出现断裂。

（三）综合布线的布线图例

信号电缆在安装时应检查信号线有无破损、断裂和中间接头。信号线接头应干净无损坏，现场制作的接头应规范，连接正确可靠。每根客户线和中继线必须通过导通测试。

信号线不能布放在机柜散热孔上，如图 3-52 所示。

线缆绑扎应间距均匀，松紧适度，线扣应整齐。绑扎后，线扣的多余部分应齐根剪断不留毛刺，如图 3-53 所示。

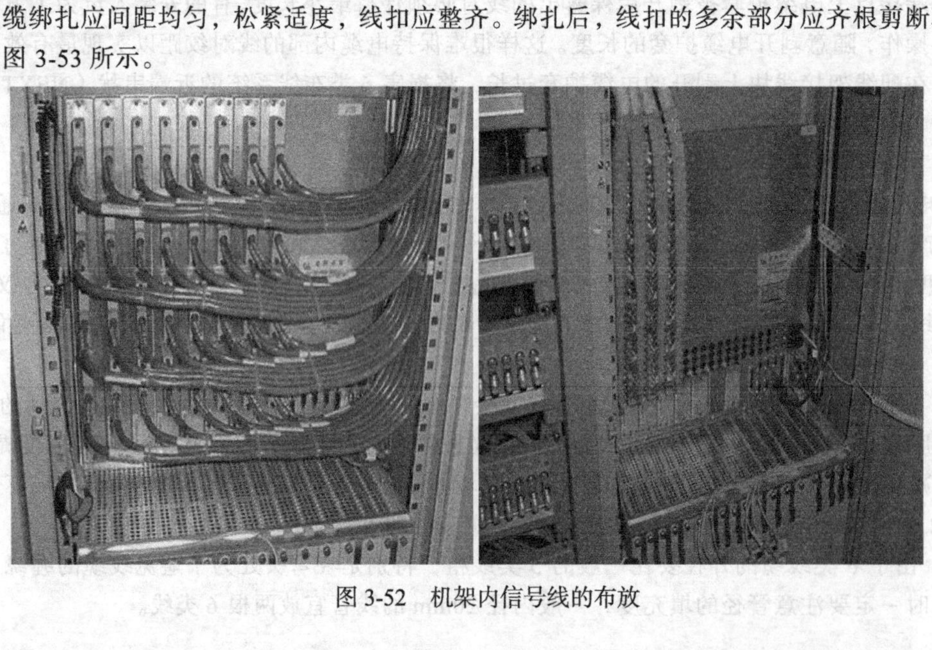

图 3-52　机架内信号线的布放

图 3-53　信号线的绑扎固定

电缆标签应填写正确，粘贴可靠，标签位置要整齐，朝向一致。建议标签粘贴在距插头 2cm 处，标签还可以根据客户的要求统一制作，如图 3-54 所示。

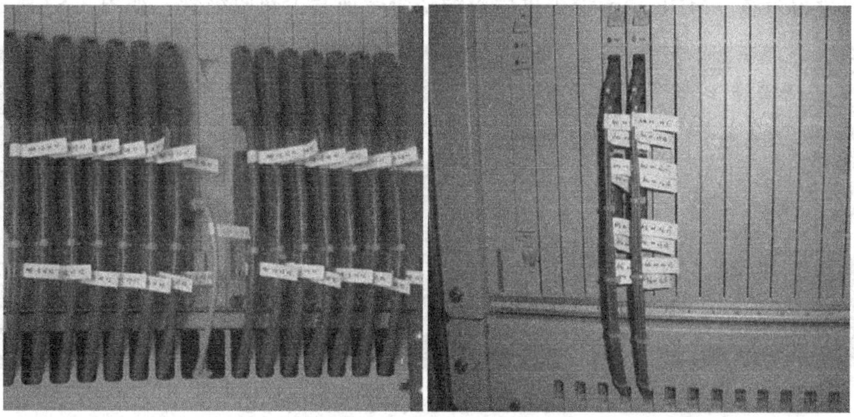

图 3-54　电缆标签的位置

使用走线梯时，电缆应固定在横梁上并绑扎成矩形（单芯电缆可以绑扎成圆形），如果走线梯和机柜顶部的间距大于 0.8m，应在机柜顶部设置下线梯，如图 3-55 所示。

图 3-55　信号线在走线梯上布线

在地板下走线多排叠加布放时，高度不能超过防静电地板下净空的 3/4，如图 3-56 所示。

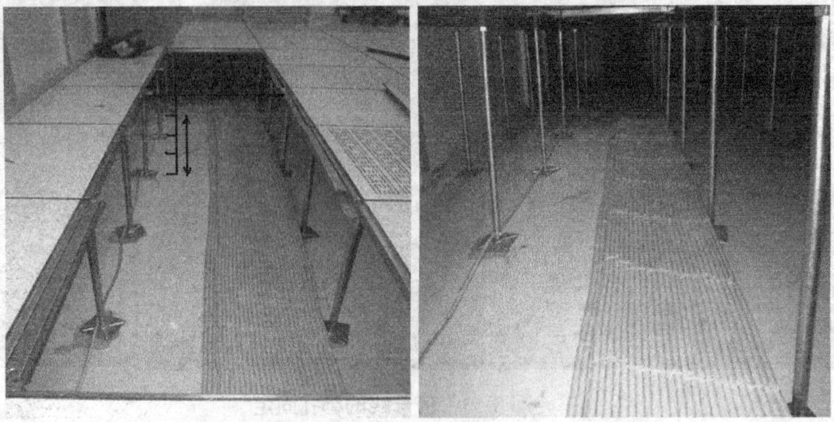

图 3-56　信号线在活动地板下的走线

信号电缆走线转弯处应圆滑，与有棱角结构件固定时，建议采取必要的保护措施。用户电缆转弯处应圆滑留余量，MDF 端卡线去皮后应缠绕胶带或套上热收缩管，如图 3-57 所示。

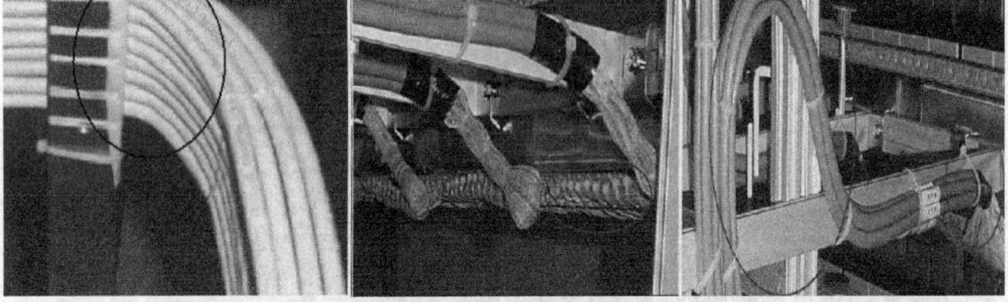

图 3-57　信号线在拐弯处的处理

线缆布放要整齐，无任何交叉和留余量。电缆标签粘贴位置要整齐，需粘贴在距插头 2cm 处，如图 3-58 所示。

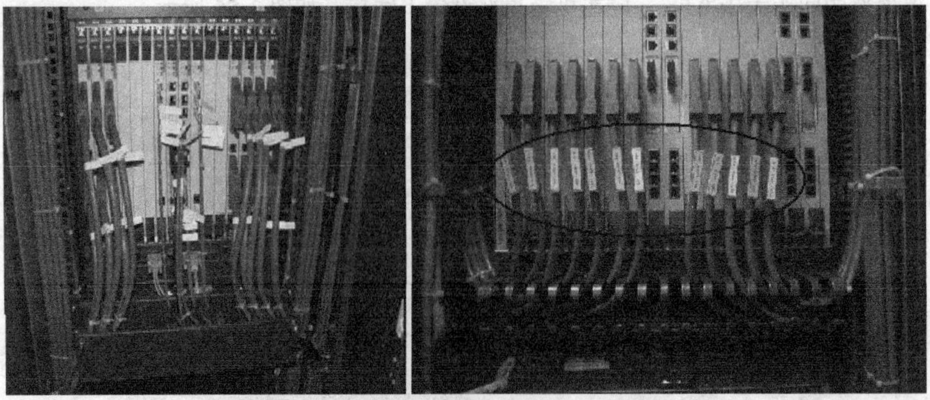

图 3-58　机柜后面连接电缆的布放

机柜的所有出线进线口应被封闭，机柜出线的封闭处理，如图 3-59 所示。

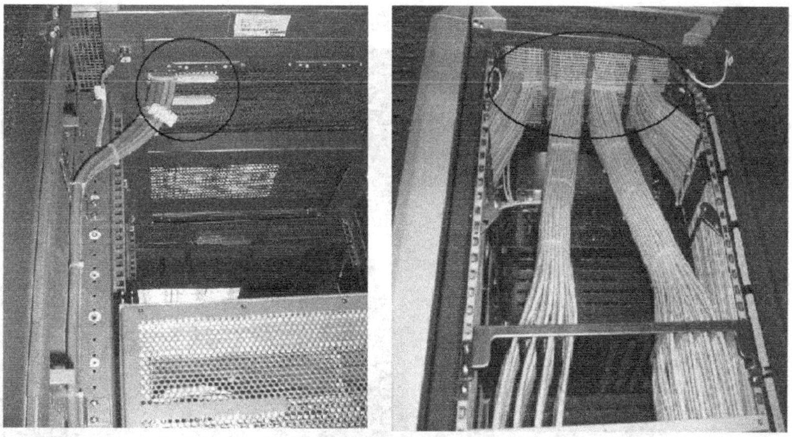

图 3-59　机柜出线的封闭处理

所有的进线口和出线口应封闭，如图 3-60 所示。

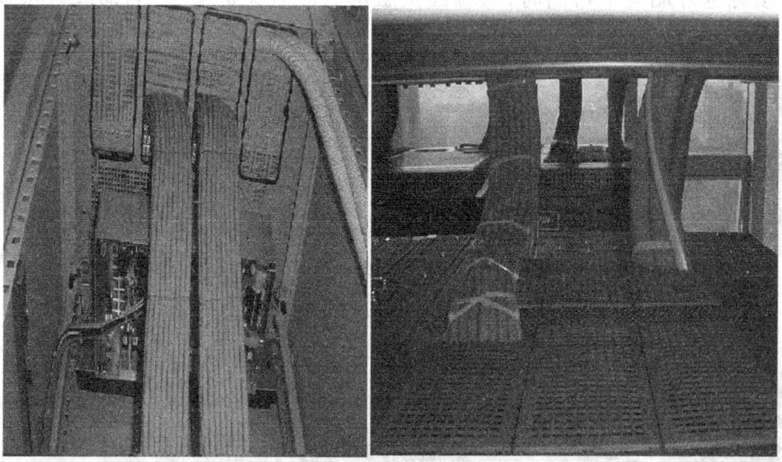

图 3-60　进线口和出线口的封闭处理

楼顶安装馈窗引馈线入室时，必须封闭好馈窗，如图 3-61 所示。

图 3-61　室外电缆入室前的处理

天线跳线和馈线在进入馈线窗之前必须做好防水弯，如图 3-62 所示。

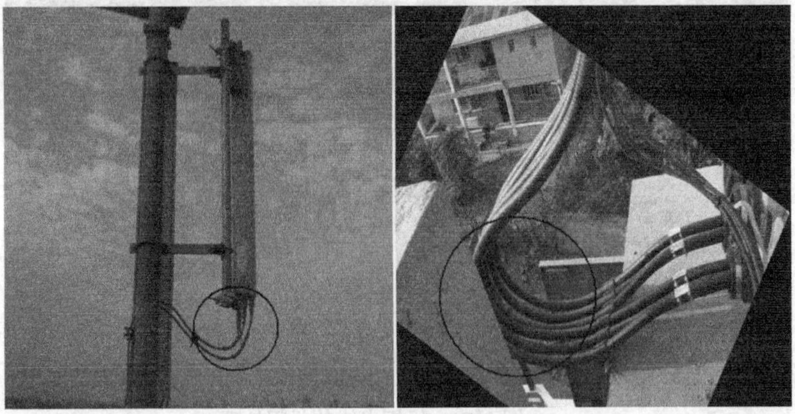

图 3-62　电缆防水弯的设置

馈线由楼顶翻越外墙向下弯曲时，与墙面接触部分应有保护措施。当馈线自楼顶沿墙入室时，应使用馈线夹固定好馈线，如图 3-63 所示。

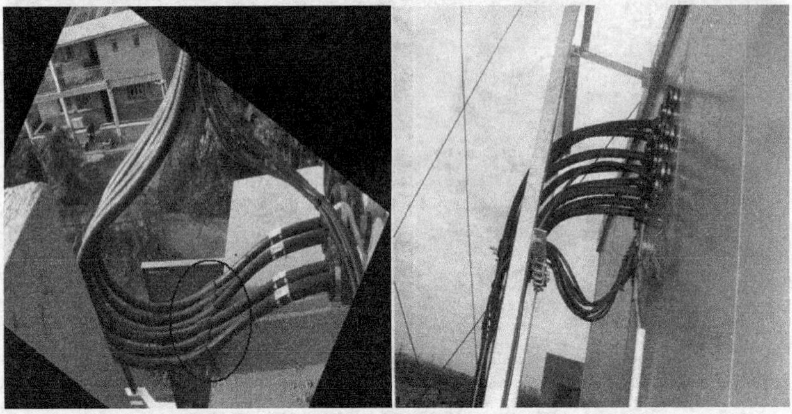

图 3-63　当布线电缆遇到锐角物件时的处理

馈线的接头制作要规范，不要有任何松动，如图 3-64 所示。

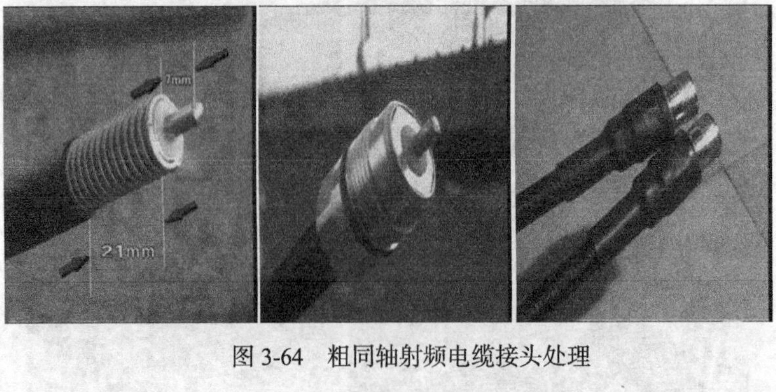

图 3-64　粗同轴射频电缆接头处理

所有室外跳线和馈线应根据规范做好防水和密封措施，馈线不应有明显的弯曲、扭曲和露铜现象，如图 3-65 所示。

安装后的馈线夹间距要均等，方向应一致，应安装牢固，不要有任何松动。馈线布放不得交叉，入室时要整齐平直，弯曲度要一致。馈线的最小弯曲半径不应小于馈线线径的 20 倍，如图 3-66 所示。

图 3-65　室外电缆的接头金属部分不能有外露

图 3-66　电缆布放不得交叉，弯曲有最小半径要求

布放尾纤时，拐弯处不应过紧或互相缠绕。成对尾纤要理顺绑扎，且力度适宜。尾纤在线扣环中可自由抽动，不能成直角转弯。布放后不应有其他电缆或物体压在上面，如图 3-67 所示。

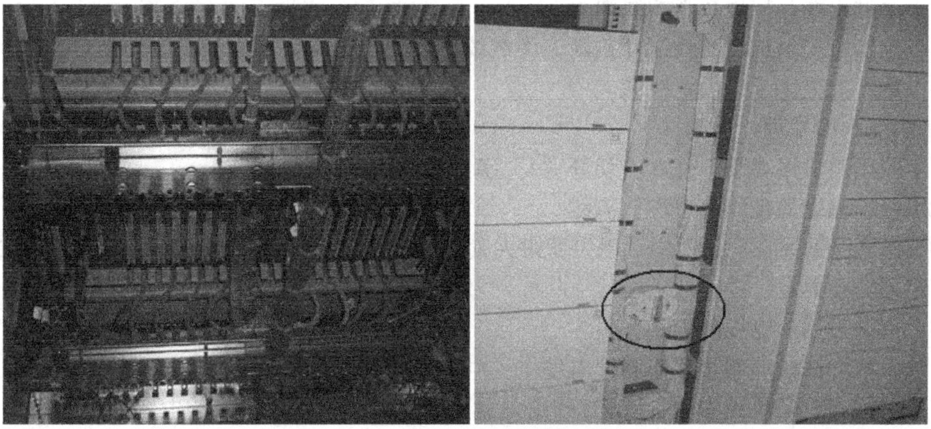

图 3-67　光纤尾纤的固定

当尾纤在机柜外布放时，需采取保护措施，如加保护套管或槽道。保护套管应进入机柜内部，长度不宜超过 10cm，且套管应绑扎固定。尾纤保护套管切口应光滑，否则要用绝缘胶布等做防割处理。尾纤连接点应干净，无灰尘，未使用的光纤头和单板光口应用保护帽（塞）做好保护，如图 3-68 所示。

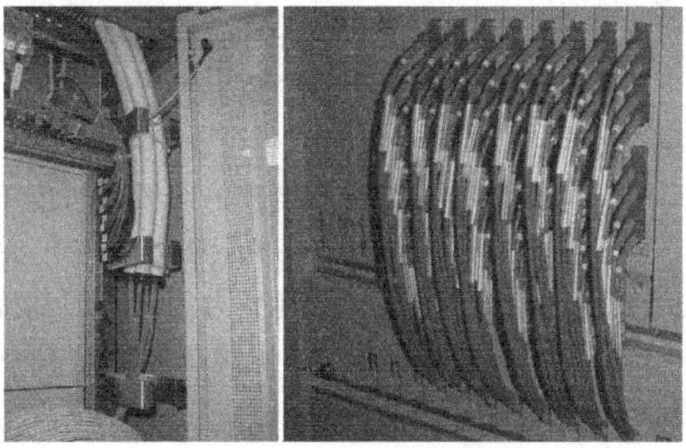

图 3-68　光纤尾纤的保护

三、任务分析

综合布线电缆敷设过程分析

1. 线缆布放的一般要求

（1）线缆布放前，应核对规格、程式、路由及位置是否与设计规定相符合。

（2）布放的线缆应平直，不得产生扭绞和打圈等现象，更不能受到外力挤压和损伤。

（3）在布放前，线缆两端应贴有标签，标明起始和终端位置以及信息点的标号，标签书写应清晰、端正和正确。

（4）信号电缆、电源线、双绞线缆、光缆及建筑物内其他弱电线缆应分离布放。

（5）布放线缆应有冗余。在 2 级交接间和设备间双绞电缆预留长度一般为 3m ~ 6m，工作区为 0.3m ~ 0.6m，特殊要求的应按设计要求预留。

（6）布放线缆，在牵引过程中吊挂线缆的支点相隔间距不应大于 1.5m。

（7）线缆布放过程中为避免受力和扭曲，应制作合格的牵引端头。如果采用机械牵引，应根据线缆布放环境、牵引的长度和牵引张力等因素选用集中牵引或分散牵引等方式。

2. 放线步骤

（1）从线缆箱中拉线。

（2）除去塑料塞。

（3）通过出线孔拉出数米的线缆。

（4）拉出所要求长度的线缆并割断，将线缆滑回到槽中留数厘米伸出在外面。

（5）重新插上塞子以固定线缆。

3. 线缆头的处理（即剥线）

（1）使用斜口钳在塑料外衣上切开“1”字型的长缝。

（2）找出尼龙的扯绳，也称剥离线。

（3）将电缆紧握在一只手中，用尖嘴钳夹紧尼龙扯绳的一端，并把它从线缆的一端拉开，拉的长度根据需要而定。

（4）割去无用的电缆外衣。

另外一种方法是利用切环器剥开电缆。

有的电缆布放是单独占用管线，有的则是需要和不同途径不同路由的电缆共同使用同一条管线，特别是几根电缆要共同穿越同一根管线时，最好同时一起穿越，否则要在管内留有拉线，以便今后要穿越的电缆穿线使用，同时还要留有一定的空间。

4. 布线施工中应当注意的问题

（1）当电缆在两个终端有多余的电缆时，应该按照需要的长度将其剪断，而不应将其卷起并捆绑起来。

（2）电缆的接头处反缠绕开的线段的长度不应超过 2cm，如果过长会引起较大的近端串扰。

（3）在接头处电缆的外保护层需要压在接头中而不能在接头外，因为当电缆受到外界的拉力时，受力的是整个电缆，否则受力的是电缆和接头连接的金属部分。

（4）在电缆接线施工时，电缆的拉力是有一定限制，一般为 9kg 左右，过大的拉力会破坏电缆对绞的匀称性。

四、任务训练

一、填空题

1. 线槽内布设的电缆容量不应超过线槽截面积的________。

2. 在竖井中敷设干线电缆的方式一般有________和________。

3. PVC 管一般是在工作区暗埋线槽，管内穿线不宜太多，要留有________的空间。

4. 无源缆线不能与有源电缆并排敷设，如果受条件所限必须敷设在同一桥架内，其间必须采用________分设。

5. 弱电电缆与其他低电压电缆合用桥架时，应严格执行选择具有________的弱电系统的弱电电缆，避免相互间的干扰。

6. 用一条________将线缆牵引穿入墙壁管道、吊顶和地板管道的技术称为线缆牵引技术。

7. 垂直干线是建筑物的主要线缆，它为从设备间到每层楼上的管理间之间传输信号提供通路。在新的建筑物中，通常利用________敷设垂直干线。敷设垂直干线一般有两种方式，即________和________。

8. 金属管间的连接通常有两种连接方法：________和________。

9. 通信信号缆线不能与有源电缆并排敷设，如果受条件所限必须敷设在同一桥架内，其间必须采用________分设。

10. 当综合布线系统周围的环境干扰场强很高，采用屏蔽系统也无法满足规定的要求时，应该采用________。

二、选择题

1. 拉力过大会造成线缆的变形，从而引起线缆传输性能的下降。在路由选择时，应考虑线缆能承受的拉力。下列有关线缆最大允许的拉力描述正确的有（　　）。

A. 1 根 4 对线电缆，最大允许拉力为 100N

B. 2 根 4 对线电缆，最大允许拉力为 150N

C. 6 根 4 对线电缆，最大允许拉力为 350N

D. 8 根 4 对线电缆，最大允许拉力为 450N

2. 综合布线施工过程中，布放在线槽的缆线应顺直，槽内缆线应顺直，尽量不交叉，缆线不应溢出线槽，但在一些特殊的位置需要对缆线进行绑扎。下列有关缆线的绑扎叙述正确的是（　　）。

A. 在缆线进出线槽部位应绑扎固定

B. 在缆线转弯处应绑扎固定

C. 垂直线槽布放缆线应每隔 3m 固定在缆线支架上

D. 除上述情况外，布放在线槽的缆线一般可以不绑扎

3. 目前在网络布线方面，主要有 3 种双绞线布线系统在应用，即（　　）。

A. 4 类布线系统　　B. 5 类布线系统

C. 超 5 类布线系统　　D. 6 类布线系统

4. 水平干线子系统的主要功能是实现信息插座和管理子系统间的连接，其拓扑结构一般为（　　）结构。

A. 总线型　　B. 星形　　C. 树形　　D. 环形

5. 目前使用有线电视电缆进行模拟信号传输的同轴电缆系统被称为（　　）。

A. 基带同轴电缆　　B. 粗缆　　C. 宽带同轴电缆　　D. 细缆

三、问答题

安装 6 类电缆与 5 类电缆在哪几个方面有区别？

任务 3.4　连接语音水平子系统硬件

【学习目标】

知识目标：认识各种常见综合布线语音连接硬件设备价格及性能。了解交叉连接硬件的选型

和应用。掌握楼层配线间及大楼设备间的语音电缆布线、配线和端接方法。

技能目标：在工程中能选择和应用合适的交叉连接硬件设备。学会 110 型双绞线电缆配线架和 RJ-11 信息接口模块安装及打线操作。

一、任务导入

任务资料：

（1）建筑群配线架（CD）、建筑物配线架（BD）和楼层配线架（FD）。

（2）大对数 25 对 3 类电缆。

（3）RJ-11 水晶头。

（4）2 对（4 芯）跳线。

（5）小程控电话交换机；电话机。

任务目标：

（1）3 类电缆在 110 配线架进行 IDC 端接。

（2）水平语音配线子系统语音永久链路的连接。

（3）语音跳线的制作。

（4）语音信道的连接与测试，基本链路的测试。

二、知识准备

语音水平子系统连接硬件，由于综合布线系统中连接硬件的功能、用途、装设位置以及设备结构有所不同，连接硬件的分类方法也有区别，一般有以下几种。

（1）按连接硬件在综合布线系统中的线路段落来划分。

① 终端连接硬件：如总配线架（箱、柜），终端安装的分线设备（如电缆分线盒、光纤分线盒等）和各种信息插座（即通信引出端）等。

② 中间连接硬件：如中间配线架（盘）和中间分线设备等。

（2）按连接硬件在综合布线系统中的使用功能来划分。

① 配线设备：如配线架（箱、柜）等。

② 交接设备：如配线盘（交接间的交接设备）和屋外设置的交接箱等。

③ 分线设备：有电缆分线盒、光纤分线盒和各种信息插座等。

（3）按连接硬件的设备结构和安装方式来划分。

① 设备结构：有架式和柜式（箱式、盒式）。

② 安装方式：有壁挂式和落地式，信息插座有明装和暗装方式，且有墙上、地板和桌面安装方式。

（4）按连接硬件装设位置来划分。在综合布线系统中，通常以装设配线架（柜）的位置来命名，有建筑群配线架（CD）、建筑物配线架（BD）和楼层配线架（FD）。

目前国内外产品的综合布线电缆连接硬件主要有用于 100Ω 的电缆布线、150Ω 的电缆布线、通信机房 75Ω 数据同轴电缆布线以及用光缆布线光纤跳接等 4 大类型（它们都包括通信引出端的连接硬件）。

（一）电话连接线 RJ-11 头的连接

（1）电话 RJ-11 插座模块的端接。电话模块有 2 种，一种是一个圆盘，四角有 4 个接线端子，相对应4芯电话线；一种是与RJ-45相似的4脚（或2脚）卡座，也相对应4芯电话线。

① 按照接线盘上的4个端子的颜色（红、黄、绿、黑），将4芯电话线分别接上即可。

② 按照卡线座上的4个端子的颜色（红、黄、绿、黑），将4芯电话线分别卡接上即可。

③ 如果4根电话线不按颜色次序，就将有信号的2根线接到RJ-11插座模块的中间2芯上。

（2）RJ-11头用于语音（电话）链路的连接。RJ-11水晶头有4芯和2芯两种。相对应电话线的4芯线或2芯线，水晶头中的电话线只用中间2芯。

① 将电话线的4芯按次序整理好，用中间2芯，另2芯随便。用手指（食指和拇指）把线头捏紧，另一只手用剪刀将线头剪平。留出8mm长的线头。

② 将线插进水晶头中（一定要插到底）。

③ 将插有数据线的水晶头插入专用夹具中（一定要插到底）。

④ 将专用夹具中的水晶头用适当力夹紧。

⑤ 目测水晶头上镀金的把刀有否插入线中，把刀面是否平整。

（二）电话信息插座RJ-11模块的端接

RJ-11电话模块是布线系统中信息插座（即通信引出端）连接器的一种，连接器由插头和插座组成。这两种元器件组成的连接器连接于导线之间，以实现导线的电气连续性。RJ-11模块就是连接器中最重要的一种插座。模块的核心是模块化插孔。镀金的导线或插座孔可维持与模块化的插座弹片间稳定而可靠的电器连接。由于弹片与插孔间的摩擦作用，电接触随着插头的插入而得到进一步加强。插孔主体设计采用整体锁定机制，这样当模块化插头插入时，插头和插孔的界面外可产生最大的拉拔强度。RJ-11模块上的接线模块通过“U”形接线槽来连接双绞线，锁定弹片可以在面板等信息出口装置上固定RJ-11模块。RJ-11模块如图3-69所示。

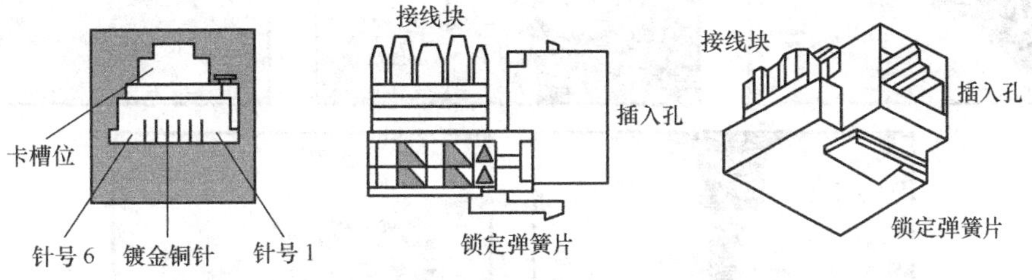

（a）正视图　（b）侧视图　（c）立体图

图3-69　RJ-11模块

RJ-11为4针或6针，显然RJ-45（为8针）插头不能插入RJ-11插孔。反过来却在物理上是可行的（RJ-11插头比RJ-45插孔小），由此让人误以为两者应该或者能够协同工作，实际上不是这样。强烈建议不要将RJ-11插头用于RJ-45插孔。因为RJ-11不是国际标准化的，其尺寸、插入力度、插入角度等没有统一依照国际标准接插件设计要求，因此不能确保能够具有互操作性。它们甚至引起两者的破坏。由于RJ-11插头比RJ-45插孔小，插头两边的塑料部分将会损坏插入的插孔的金属针。

卡接式接线模块原理，双绞线电缆的两头端接在配线架或信息模块的端子上，有许多种接线方法，如焊接法、绕线法和卡接法。其中卡接法最为简单，不受任何条件的限制，而且不需要剥去芯线绝缘层，所以在综合布线电缆的端接上都使用卡接法，同时配线架上进行跳线也使用卡接法。卡接式模块“U”形卡接片是关键部件，卡接式接线模块原理如图3-70

所示。

全塑电缆芯线压接的接续中，一般都是采取措施让导线在接续处保持一定的机械压力。导线连接后两接触面间的接触电阻主要是因污染或氧化而产生的电阻。

任何金属表面在显微镜下都能看出是凸凹不平的，当两个金属面间彼此接触时，不平的粗糙尖顶部分互相接触而构成了电的连通。如果施加于接触面两侧的压力增大，则微小的接触点就会变形而形成更大的接触面和更多的新接触点以产生足够的承受面积来支持所施加的压力。在使用导线卡接法压接时，压力使材料的总体变形，使其实际的接触面积显著增大，但与外观的几何面积相比则仍然是很小的。为了使其保证有较好的接触，需要进行下列操作。

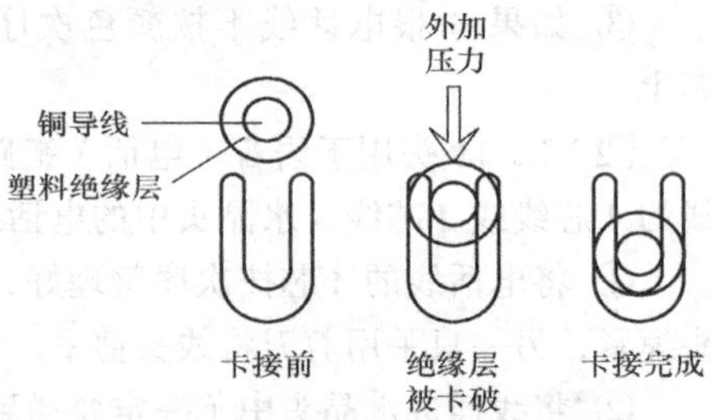

图 3-70　卡接式接线模块原理

（1）在芯线接续过程中，要除去或刺穿导线表面的不导电薄膜，所以“U”形卡接片的口总是略小于被接导线的线径。

（2）接续后要在芯线接头处长期保持稳定与持久的压力，这个压力应能保证接触面的气密状态以防止新的氧化膜产生，同时压力也应能增加接触面，从而使接触电阻降低。

语音模块的连接方法如图 3-71 所示的步骤进行：（1）采用剥线器去除外表护套；（2）通用线序标签清晰注于模块上；（3）将导线所定的线序要求依次嵌在对应的端接模块槽中；（4）采用 110 型单对打线工具将导线压入 IDC 打线柱夹子内；（5）压接完毕后的模块。

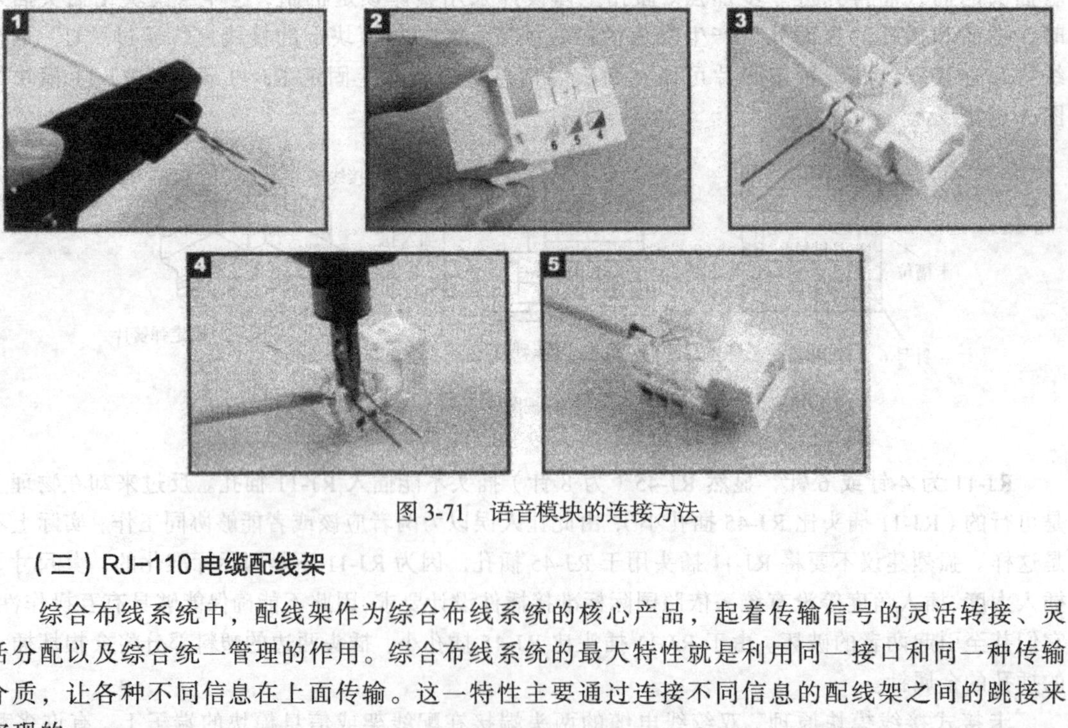

图 3-71　语音模块的连接方法

（三）RJ-110 电缆配线架

综合布线系统中，配线架作为综合布线系统的核心产品，起着传输信号的灵活转接、灵活分配以及综合统一管理的作用。综合布线系统的最大特性就是利用同一接口和同一种传输介质，让各种不同信息在上面传输。这一特性主要通过连接不同信息的配线架之间的跳接来实现的。

配线架按跳线类型不同可分为分跨接线（简易跳线）管理型配线架（110A 型）和插刀接线（快速跳线）管理型配线架（110P 型）。这两种硬件的电气性能完全相同，但跳线方法、规模和体积大小有所不同。110A 型配线架有 25 对、50 对、100 对、300 对多种规格，若有其他对数需要，可根据现场随意组合。110A 型配线架在对线路不进行改动、移位或重新组合的情况下使用单线跳接。110P 型配线架有 300 对和 900 对两种规格。110P 型配线架在经常需要重新安排线路情况下可使用快接式跳线。

配线架中的接线块是阻燃的模制塑料件，其上面装有若干齿形条，足够用于端接 25 对线。所有的接线块每行均端接 25 对线。如图 3-72 所示为 110A 型配线架接线块组装件，由于其外形酷似鱼骨，俗称鱼骨架式配线架。

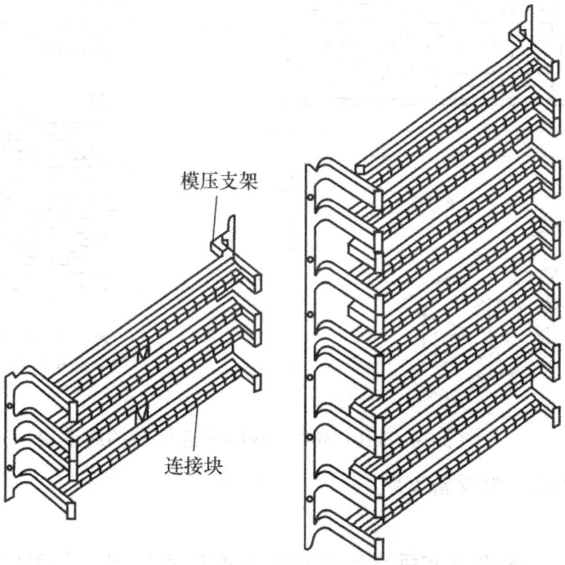

图 3-72　110A 接线块组装件

接线块正面从左到右均有色标，以区分各条双绞线电缆的输入线。这些线放入齿形的槽缝里，再利用安装插接件工具与连接块结合，就可以把连接块的连线冲压到连接块和插件上。接线块要与连接插件配合使用。连接插件有 3 对线、4 对线和 5 对线之分，4 对线连接插件用于 4 对双绞线插接，5 对线连接插件用于 25 对大对数双绞线插接，连接插件如图 3-73 所示。

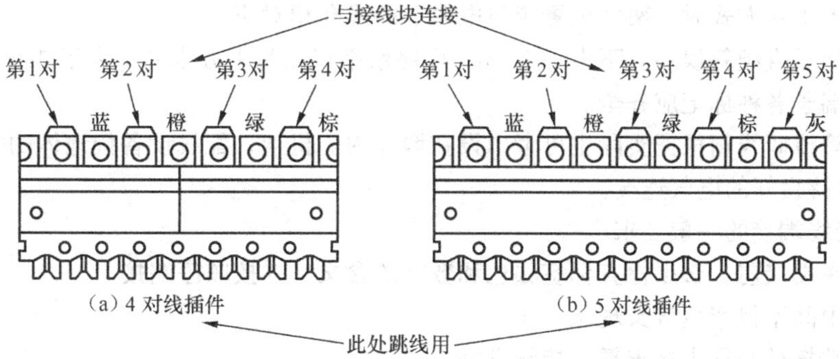

图 3-73　连接插件

3 对线、4 对线或 5 对线的连接插件的使用具体取决于每条线路所需的线对数目。一条含 3 对线的线路（线路模块化系数为 3 对线）需要使用 9 对线的连接插件；一条 4 对线的线路需要使用 4 对线的连接插件；一条 2 对线的线路也可以使用 4 对线的连接插件，因为 4 是 2 的整倍数。5 对线的连接插件用于其他场合。

如图 3-74 所示为 110P 300 对线的带连接器的终端块。

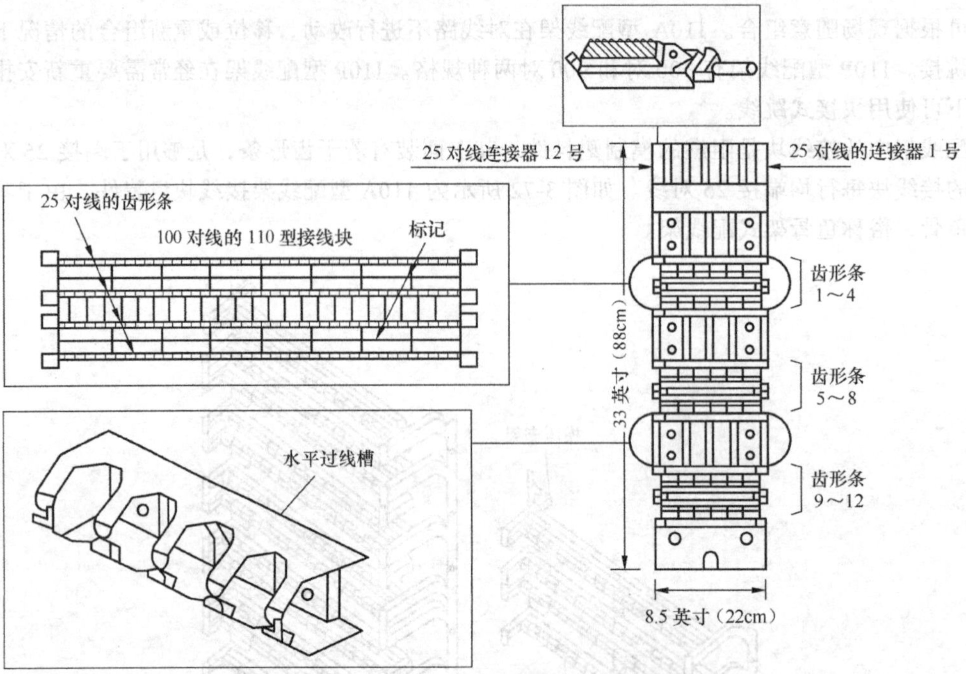

图 3-74　110P 300 对线的带连接器的终端块

1. 110 系列配线架的配线设备安装

（1）机架安装要求

① 机架安装完毕后，水平度和垂直度应符合生产厂家规定。若无厂家规定时，垂直度偏差不应大于 3mm。

② 机架上的各种零件不得脱落或碰坏，各种标志应完整清晰。

③ 机架的安装应牢固，应按施工的防震要求进行加固。

④ 安装机架面板时，架前应留有 0.6m 空间，机架背面离墙面的距离视其型号而定，应便于安装和维护。

⑤ 采用下走线方式时，架底位置应与电缆上的线孔相对应。

⑥ 各直列垂直倾斜误差应不大于 3mm，底座水平误差每平方米应不大于 2mm。

⑦ 接线端子各种标记应齐全。

⑧ 交接箱或暗线箱根据实际也可考虑设在墙体内。机架、配线设备接地体的安装应符合设计要求，并保持良好的电气连接。

（2）双绞线端接的一般要求

① 线缆在端接前，必须检查标签颜色和数字的含义，并按顺序端接。

② 线缆中间不得产生接头现象。

③ 线缆端接处必须卡接牢靠，接触良好。

④ 线缆端接处应符合设计和厂家安装手册要求。

⑤ 双绞电缆与连接硬件连接时，应认准线号、线位色标，不得颠倒和错接。

（3）接插式配线架的端接

① 第 1 个 110 配线架上要端接的 24 条线牵拉到位，每个配线槽中放 6 条双绞线。左边的线缆端接在配线架的左半部分，右边的线缆端接在配线架的右半部分。

② 在配线板的内边缘处将松弛的线缆捆起来，保证单条的线缆不会滑出配线板槽，避免线

缆束的松弛和不整齐。

③ 在配线板边缘处的每条线缆上标记一个新线的位置，这有利于下一步在配线板的边缘处准确地剥去线缆的外衣。

④ 拆开线缆束并紧握住，在每条线缆的标记处划痕，然后将刻好痕的线缆束放回去，为盖上 110 配线板做准备。

⑤ 当 4 个缆束全都刻好痕并放回原处，用螺钉安装 110 配线架，并开始进行端接（从第一条线缆开始）。

⑥ 在刻痕处向外最少 15cm 处切割线缆，并将刻痕的外套剥掉。

⑦ 沿着 110 配线架的边缘将 4 对导线拉进前面的线槽中。

⑧ 拉紧并弯曲每一线对使其进入到索引条的位置中，用索引条上的高齿将一对导线分开，在索引条最终弯曲处提供适当的压力使线对的变形最小。

⑨ 当上面两个索引条的线对安放好，并使其就位及切割后，再进行下面两个索引条的线对安置。在所有 4 个索引条都就位后，再安装 110 连接模块。

2. 110 系列连接块的安装

110 系列连接块上彩色标识顺序为蓝、橙、绿、棕、灰。3 对连接块分别为蓝、橙、绿；4 对连接块分别为蓝、橙、绿、棕；5 对连接块分别为蓝、橙、绿、棕、灰。在 25 对的 110 系列配线架基座上安装时，应选择 5 个 4 对连接块和 1 个 5 对连接块，从左到右完成白区、红区、黑区、黄区和紫区的安装，这顺序和大对数电缆的色谱顺序是一致的，如图 3-75 所示。

使用 110 配线架的专用打线刀如图 3-76 所示。打线时要把刀体竖直，切线刀口要对准多余的线头，注意不可放反，凹槽对准导线，如图 3-77 所示。用直线的力量向里按压。可听到一声反弹的喀嗒声，说明此时的用力刚好，已经成功。

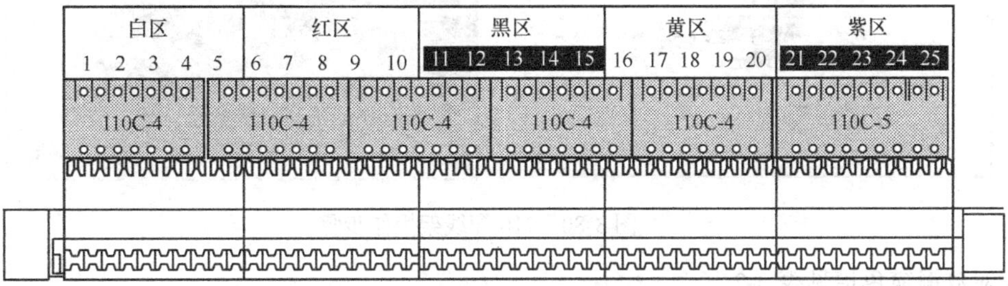

图 3-75　连接块在 25 对 110 配线架基座上的安装顺序

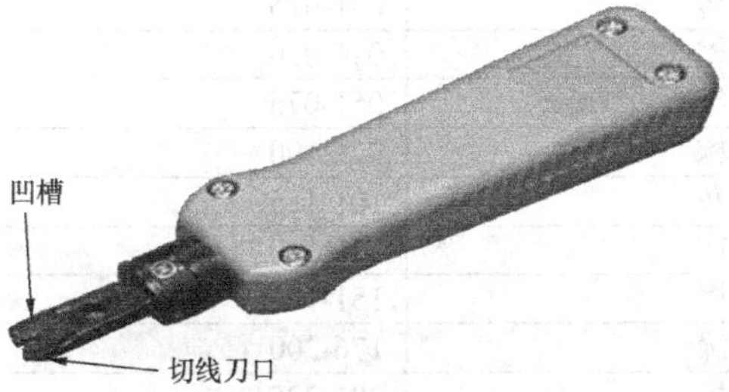

图 3-76　配合 110 配线架的专用打线工具

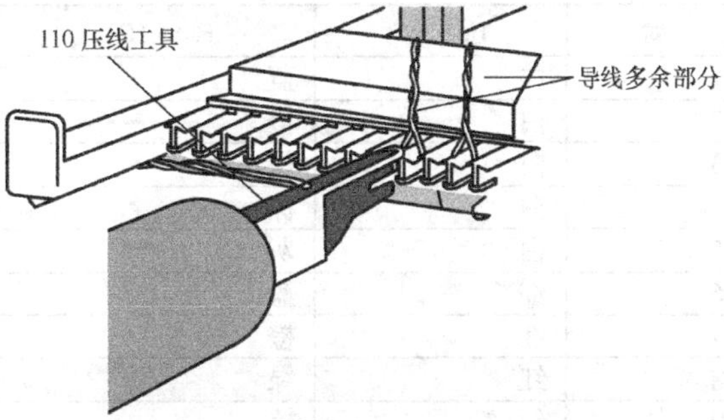

图 3-77　使用打线工具示意图

110 系列连接块需要一次同时压接 4 线对时，可使用接线块配线工具对准接线块入导线进行安装，工具外形如图 3-78 所示。配线工具在进行线缆压紧操作时如图 3-79 所示。

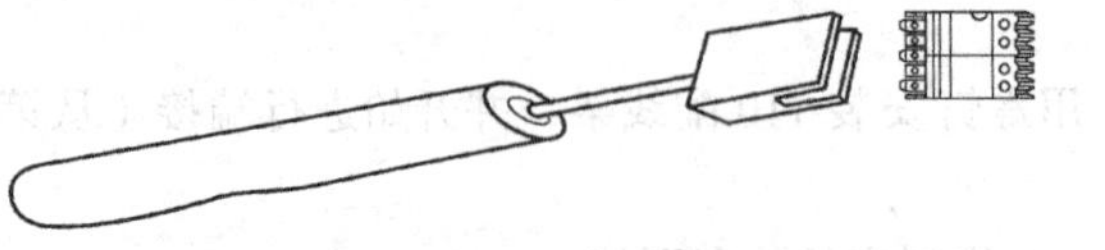

图 3-78　多对线端接工具

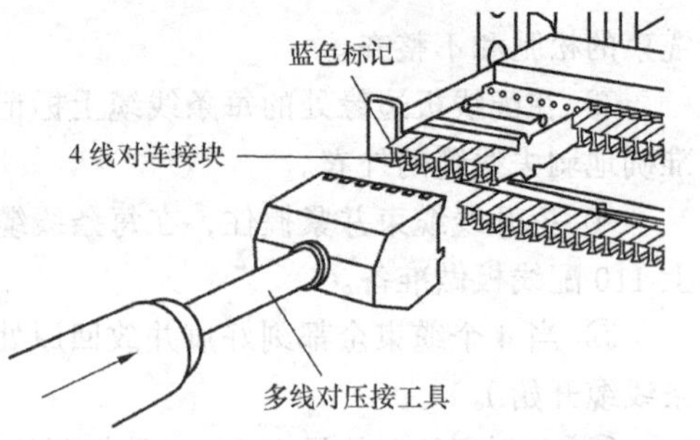

图 3-79　使用配线工具进行线缆压接操作

110 配线架操作步骤如图 3-80 所示。（1）将导体按所定的线序要求依次嵌入对应的 110 型配线架主体线槽中；（2）将跳接块嵌入 110 型 5 对打线工具头部对位卡槽中；（3）把有卡槽的跳接块的 110 型 5 对打线工具垂直用力压入已嵌导体的 110 型配线架主体线槽中；（4）去除多余部分的导线；（5）采用压接跳线对端口进行跳接使用。

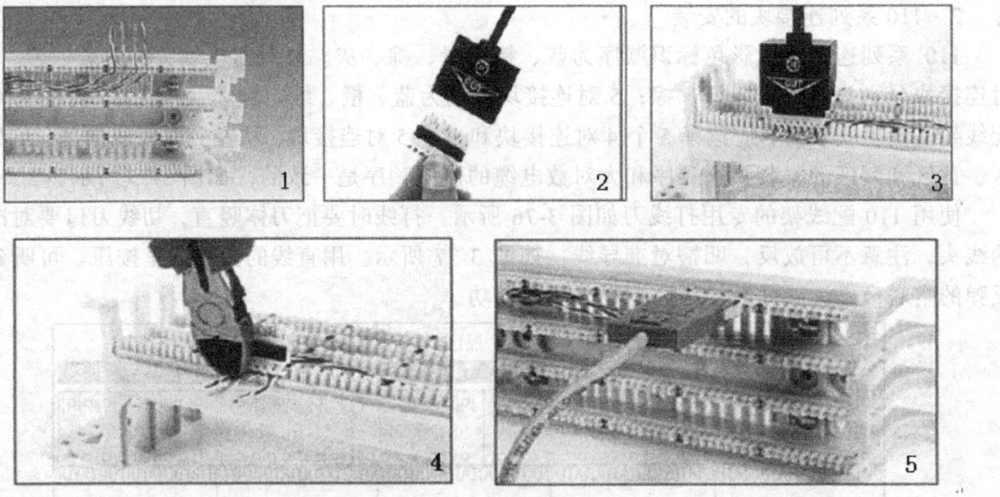

图 3-80　110 配线架操作步骤

大对数铜缆色谱见表 3-2。

表 3-2　大对数铜缆色谱

对	Tip（A）	Ring（B）	线束	对数
1	白	蓝	白蓝	001-025
2	白	橙	白橙	026-050
3	白	绿	白绿	051-075
4	白	棕	白棕	076-100
5	白	灰	白灰	101-125
6	红	蓝	红蓝	126-150
7	红	橙	红橙	151-175
8	红	绿	红绿	176-200
9	红	棕	红棕	201-225
10	红	灰	红灰	226-250
11	黑	蓝	黑蓝	251-275
12	黑	橙	黑橙	276-300

续表

对	Tip（A）	Ring（B）	线束	对数
13	黑	绿	黑绿	301-325
14	黑	棕	黑棕	326-350
15	黑	灰	黑灰	351-375
16	黄	蓝	黄蓝	376-400
17	黄	橙	黄橙	401-525
18	黄	绿	黄绿	426-550
19	黄	棕	黄棕	451-575
20	黄	灰	黄灰	476-500
21	紫	蓝	紫蓝	501-525
22	紫	橙	紫橙	526-550
23	紫	绿	紫绿	551-575
24	紫	棕	紫棕	576-600
25	紫	灰		

3. 电缆交连部件管理标记

综合布线系统中的线对连接，要求点到点始终保持正确连接，以保证其统一性。为此，应按照规定的统一标志或代码，例如不同颜色（简称代码）、阿拉伯字母或其他方法，在综合布线系统内以始终一致的方式，使连接硬件的电缆或光缆对应连接。在同一个布线子系统中，如使用两种物理上不同或相似的布线类型（包括接插软线或连接器）时，例如不同性能类别有100Ω 和 150Ω 的对称电缆，或 62.5μm/125μm/和 50μm/125μm 的光缆，应按 YD/T926.1 的规定，以便识别。

配线架是一种使用接插线连接链路的交接装置，通过配线架的连线可以方便地改换或断开链路。小规模的 110 配线架可以方便地实现语音电话跳线连接操作。如果需要跳线的规模较大，如电话交换机的配线配号，靠配线架完成语音电话跳线连接操作是不够的，要用到专门提供配线配号的跳线架。跳线架连线链路所用的硬件设备和配线架没有什么大的不同，但是使用跳线交叉连接设备使重新配置水平线缆和骨干线缆工作变得容易，便于今后的配线配号、调线使用和维护管理。为了便于在较大规模的场合查找资料、跳线操作和维护管理，可以根据电缆来自于不同的设备和要配置的区域方向划分为不同的场，并用颜色来区别。

在每个交连区实现线路管理是采用各种色标场之间跳线的方法实现的，这些色标用来分别标明该场是哪一种类型的电缆，如干线电缆、水平电缆或设备电缆。在管理过程中，跳线架中的线缆可用下述相应的色标表示。

（1）交接间

① 白色表示来自设备间的干线电缆端接点。

② 蓝色表示连接交接间输入/输出服务的站线路。

③ 灰色表示至二级交接间的连接电缆。

④ 橙色表示来自交接间多路复用器的线路。

⑤ 紫色表示来自系统公用设备（如分组交换集线器）的线路。

（2）二级交接间

① 白色表示来自设备间的干线电缆的点对点端接。

② 蓝色表示连接交接间输入/输出服务的站线路。

③ 灰色表示连接交接间的连接电缆端接。

④ 橙色/紫色与交接间所述线路类型相同。

（四）综合布线系统的配线管理

在建筑物每层的配线间内配线设备（双绞线配线架、光纤配线架）的交叉连接方式取决于工作区设备的需要和数据网络的拓扑结构。在不同类型的建筑物中，配线管理常采用单点管理单交连、单点管理双交连和双点管理双交连 3 种方式。

1. 单点管理单交连方式

这种方式使用的场合较少，它的结构如图 3-81 所示。

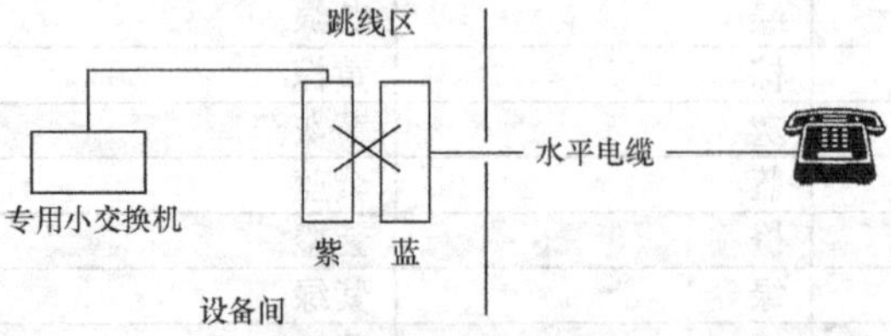

图 3-81 单点管理单交连结构

2. 单点管理双交连方式

当建筑物的规模不是很大时，宜采用单点管理双交连方式。单点管理位于设备间的交换设备或互连设备附近，通过干线连至管理配线间里面的第 2 个接线交接区。如果没有配线间第 2 个交连点，则可放置在用户间的墙壁上。单点管理双连接结构如图 3-82 所示。

图 3-82 单点管理双交连结构

第 2 个交连在配线间用固定跳接线实现，用于构造交连场的硬件所处的地点、结构和类型决定综合布线系统的管理方式。交接场的结构取决于工作区、综合布线规模和选用的硬件。

3. 双点管理双交连方式

当建筑物单层面积大（如机场、大型商场）、管理规模大时，多采用二级交接间，即采用双点管理双交连方式。双点管理除了在设备间里有一个管理点之外，第 2 个交连用做配线，在管理配线间仍为一级管理交接（跳线）。双点管理双交连结构如图 3-83 所示。第 1 个交连可能是一个连接块，它对一个交接线块或多个终端块（其到建筑物各主干线的配线场与到中继线的辅助场各自独立）的主干配线和中继配线进行组合。

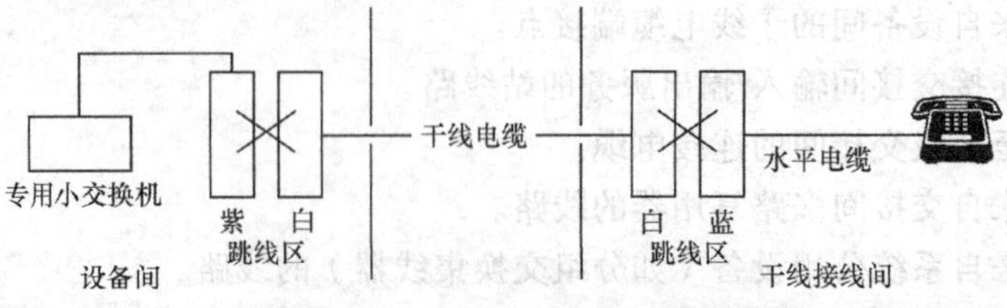

图 3-83 双点管理双交连结构

三、任务分析

语音信道的测试和配线管理分析

语音信道的配线配号依靠建筑群配线架（CD）、建筑物配线架（BD）、楼层配线架（FD）、工作区的语音信息模块和双绞电缆及其连接硬件构成语音的连接通路。在连接过程中要保持每条永久链路的畅通，不断线，不短路，不错线，有高质量的对地绝缘。需要用电缆通断测试器进行通路测试。在此基础上，在建筑群配线架（CD）接入小程控电话交换机就可实现各配线架之间的交连和管理。在各工作区的语音信息模块通过语音跳线连接电话机就可实现电话交换的互相呼叫和通话。

四、任务训练

问答题：

1. 配线架用于什么场合？跳线架用于什么场合？
2. 信息插座与地面的安装距离要求是多少？
3. 管理间的配线交连形式有几种？
4. 电缆交连部件管理标记一共用几种颜色表示电缆的走向？各种颜色都表示什么含义？
5. 大对数电缆的第 15 对、第 23 对、第 128 对、第 344 对、第 455 对是如何用颜色区分的？
6. 在综合布线系统中配线架起到什么作用？

任务 3.5　连接数据水平子系统硬件

【学习目标】

知识目标：认识各种常见综合布线数据连接硬件设备价格及性能。了解数据交叉连接硬件的选型和应用。掌握楼层配线间及大楼设备间的 5 类、6 类数据电缆布线、配线和端接方法。

技能目标：在工程中能选择和应用合适的交叉连接硬件设备。学会 110 型双绞线电缆配线架和 RJ-45 信息接口模块安装及打线操作。

一、任务导入

任务资料：

（1）建筑群配线架（CD）、建筑物配线架（BD）和楼层配线架（FD）。

（2）5 类双绞线电缆、超 5 类双绞线电缆、6 类双绞线电缆、5 类双绞线屏蔽电缆。

（3）RJ-45 水晶头。

（4）二层网络交换机、三层网络交换机。

（5）计算机或网络终端。

任务目标：

（1）5 类电缆在 110RJ-45 口式的 110 数据配线架进行 IDC 端接。

（2）水平数据配线子系统数据永久链路的连接。

（3）568A、568B 数据直连跳线的制作、交叉连线的制作。

（4）数据信道的连接与测试、永久链路的测试。

二、知识准备

（一）双绞线传输信号原理

双绞线（Twisted Pair，TP）是综合布线工程中最常用的一种传输介质。双绞线是由两根具有绝缘保护层的铜导线组成，即把两根绝缘的铜导线按一定密度互相绞在一起。为了降低信号的干扰，双绞线电缆中的每一线对都是由两根绝缘的铜导线按逆时针方向相互扭绕而成，同一电缆中的不同线对具有不同的扭绕度，如最密、较密、较疏、最疏。双绞线的扭绕度在生产中都有较严格的标准。如果存在扭绕密度不符合要求等问题，将会引起双绞线的近端串扰（指两线对之间的信号干扰），从而使传输距离达不到要求。实际选购时，有条件的情况下可用一些专业设备进行测量。

双绞线每一根导线在传输中辐射出来的电磁波会被另一根线上发出的电磁波抵消。除组成双绞线线对的两条绝缘铜导线要进行互绕外，标准双绞线电缆中的线对之间也要按逆时针方向进行扭绕，否则将会引起电缆电阻的不匹配，限制传输距离。双绞线一般由两根 22 号、24 号或 26 号绝缘铜导线相互缠绕而成。如果把一对或多对双绞线放在一个绝缘套管中，便成了双绞线电缆。双绞线与其他传输介质相比，在传输距离、信道宽度、数据传输速率等方面均受一定限制，但价格较为低廉。对于双绞线，用户所关心的主要是衰减、近端串扰、特性阻抗、分布电容、直流电阻等。

双绞线串扰消除原理

作为信号传输的介质，传输线不仅要求能够有效地传输信号，同时应该具有很好地抑制干扰的能力。在双绞线中，干扰主要来自以下两方面：第一，外部干扰；第二，同一电缆内部各线对之间的相互串扰。下面我们对双绞线消除干扰的原理进行分析。

（1）干扰信号对未扭绞的双绞线回路的干扰

干扰信号对未扭绞的双线回路的干扰如图 3-84 所示。U_e为干扰信号源，干扰电流 I_e在双线回路的两条导线 L_1、L_2上产生的干扰电流分别是 I_1 和 I_2。由于 L_1距离干扰源较近，因此，$I_1 > I_2$，$I_3=I_1-I_2$，$I_3 \neq 0$，则有干扰电流存在。

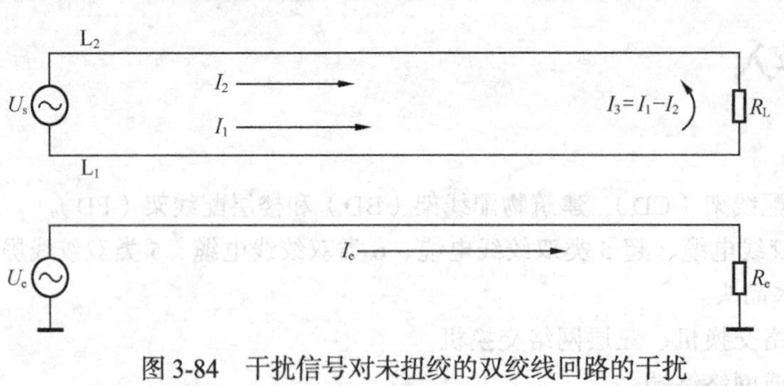

图 3-84　干扰信号对未扭绞的双绞线回路的干扰

（2）干扰信号对扭绞的双线回路的干扰

干扰信号对扭绞的双线回路的干扰如图 3-85 所示。与图 3-84 不同的是，双线回路在中点位置进行了一次扭绞。在中点的两边，各自存有干扰电流 I_1 和 I_2，$I_1=I_{11}-I_{21}$，$I_2=I_{22}-I_{12}$。因为两段线路的条件完全相同，所以 $I_1=I_2$。总干扰电流 $I_3=I_1-I_2=0$。通过分析可以得出结论：只要合理地设置线路的扭绞，就能达到消除干扰的目的。

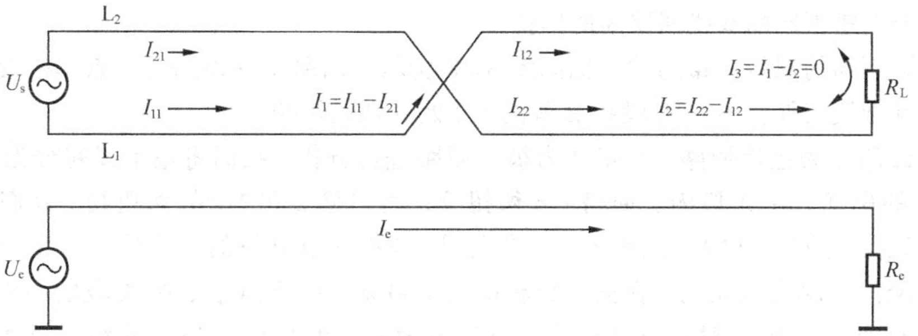

图 3-85　干扰信号对扭绞的双线回路的干扰

（3）同一电缆内部各线对之间的串扰

两个未作扭绞的双线回路间的串扰如图 3-86 所示，其中回路 1 为主串回路，回路 2 为被串回路。回路 1 的导线 L_1 上的电流 I_1 在被串回路 L_3 和 L_4 中产生感应电流 I_{13} 和 I_{14}。因为 L_1 与 L_3 的距离较近，所以 $I_{13} > I_{14}$，两者方向相对，抵消后尚余差值 I_4。同样，回路 1 的导线 L_2 上的电流 I_2 在被串回路 L_3 和 L_4 中产生感应电流 I_{23} 和 I_{24}，$I_{23} > I_{24}$。两者相互抵消后，余下差值 I_3。由于导线 L_2 与回路 2 的距离比导线 L_1 近，其差值电流 I_3 一定大于 I_4，I_3 与 I_4 的差为 I_5，在回路 2 内形成干扰。

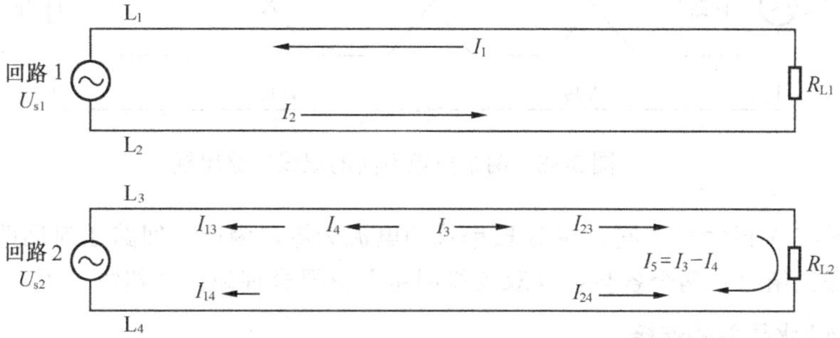

图 3-86　两个未作扭绞的双线回路间的串扰

（4）两个扭绞相同的双线回路间的串扰

两个扭绞相同的双线回路间的串扰如图 3-87 所示。回路 1 和回路 2 同时在线路中点位置同时做扭绞。可以把图 3-87 分成左右两部分分析，各部分两个回路的 4 根导线之间的相对关系与未做扭绞是完全相同的。根据对图 3-86 的分析可知，图 3-87 的左边在回路 2 有 I_5 形成干扰；同样图 3-87 的右边在回路 2 有 I_{55} 形成干扰。结果在回路 2 内同时有 I_5 和 I_{55} 两个同方向的干扰存在，$I_5 + I_{55}$ 不能起到消除回路间串扰的作用。U_{s1} 对 U_{s2} 回路中产生有干扰电流 I_{12}。由此可得出结论：两个绞合的双线回路扭矩相同时，不能消除串扰。

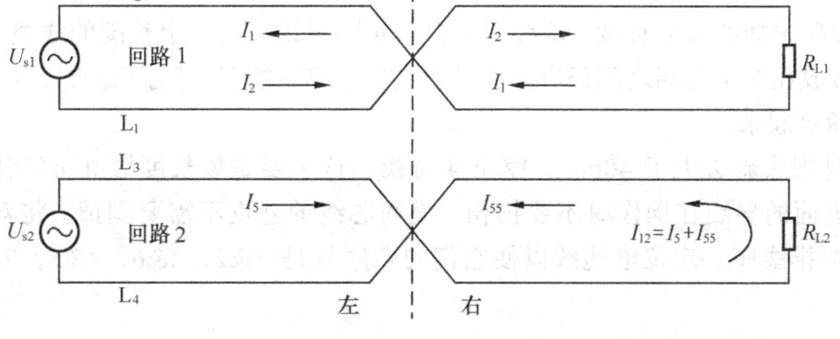

图 3-87　两个扭绞相同的回路间的串扰

（5）两个扭矩不同的双线回路间的串扰

两个扭矩不同的双线回路间的串扰如图 3-88 所示。回路 1 在线路的中点作扭绞。回路 2 除在线路的中点做扭绞外，还在 A 段和 B 段的 1/2 处分别做扭绞。

下面以回路 1 为主串回路，回路 2 为被串回路进行分析。我们将整个线路分为 A、B 两段，先分析 A 段的串扰。在 A 段内，回路 1 末做扭绞，而回路 2 在 1/2 处做扭绞。我们进一步来看回路 1 的导线 L_1对回路 2 的干扰情况，不难发现，与第 2 点分析的干扰信号对扭绞的双线回路的干扰所讨论的情况完全相同。根据已分析的情况可知，由于回路 2 在 A 段的中点扭绞，干扰电流为零。同理，导线 L_2对回路 2 的干扰电流也为零。因此在 A 段，回路 1 对回路的串扰电流为零。

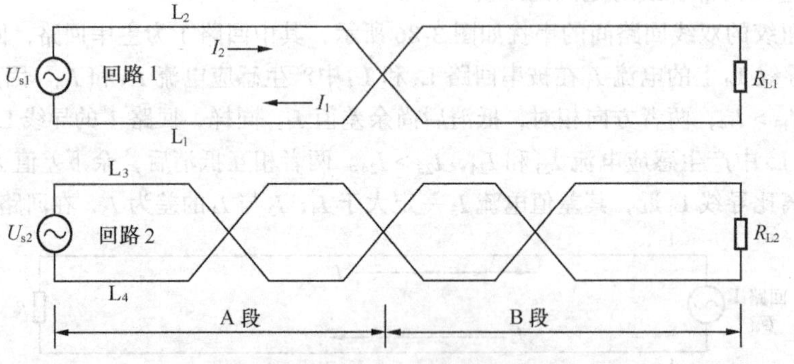

图 3-88　两个扭矩不同的双线回路串扰

B 段的情况与 A 段完全相同，在 B 段串扰的电流为零。因此，回路 1 对回路 2 的总串扰为零。由此可以得出结论：两个各自扭绞双绞线回路，只要合理地设计扭矩，可以消除相互串扰。

（二）RJ-45 水晶头的连接

RJ-45 的连接分为 568A 与 568B 两种方式，二者没有本质的区别，只是颜色上的区别。本质的问题是要保证线对的对应关系如下。

（1）1，2 线对是一个绕对。

（2）3，6 线对是一个绕对。

（3）4，5 线对是一个绕对。

（4）7，8 线对是一个绕对。

工程中为避免不一致而造成混乱，习惯使用的打线方法是 568B。一般情况下，不论采用哪种方式，都必须与信息模块采用的方式相同。对于 RJ-45 插头与双绞线的连接，下面以 568B 为例，说明操作方法。

第 1 步，准确选择线缆的长度。从线箱中根据实际走线取出一定长度的线缆后，使用专用夹线钳剪断，当布放在 2 个终端之间仍有多余的线缆时，应该按照实际需要的长度将其剪断，而不应将其卷起并捆绑起来。

第 2 步，自端头剥去大于 40mm，露出 4 对线，这主要是该长度恰好可以让导线插进水晶头里面。但是里面的导线在操作时不要损伤，里面芯线的外皮不需要剥掉。将双绞线反向缠绕开，根据 568B 排线序。定位电缆线以便它们的顺序号是 1&2，3&6，4&5，7&8，如图 3-89 所示。

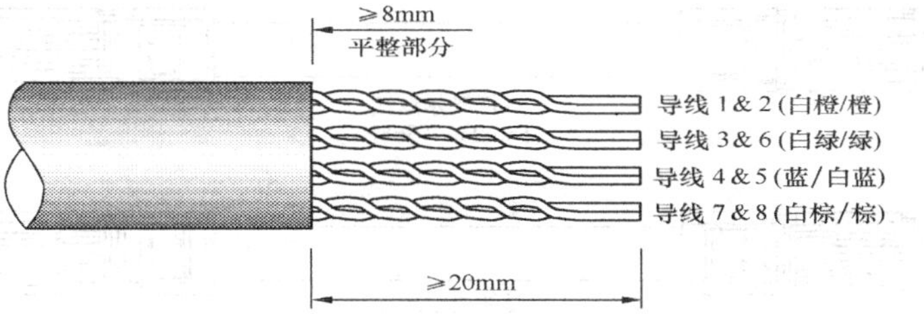

图 3-89　RJ-45 连接剥线示意图

第 3 步，剪齐线头。注意一定要齐，同时线缆接头处反缠绕开的线段的长度不应超过 2cm。过长会引起较大的近端串扰。插入插头时，应保证线缆护套也恰好进入水晶头里面。在接头处，线缆的外保护层需要压在接头中而不能在接头外。只有这样，当线缆受到外界的拉力时，受力的是整个线缆，否则受力的是线缆和接头连接的金属部分。

导线按正确的顺序平行排列，绝缘导线扭绞时导线 6 是跨过导线 4 和 5，在护套管里不应有未扭绞的导线。导线经修整后（导线端面应平整，避免毛刺影响性能），距护套管的长度约 14mm，从线头开始，至少 10mm ± 1mm 之内跨过导线 4 和 5，如图 3-90 所示。

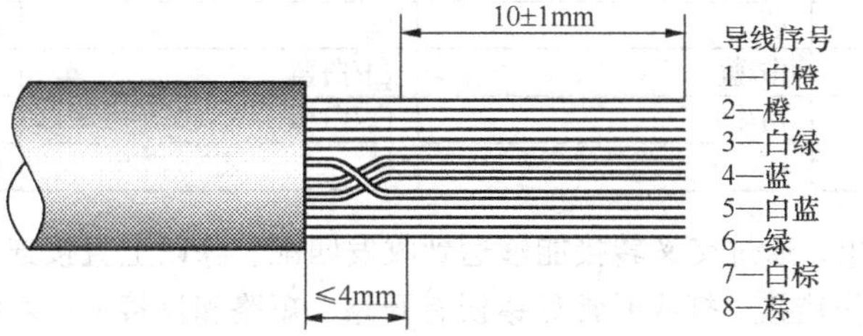

图 3-90　双绞线排列方式和必要的长度

第 4 步，压线。当确定前面的工作都已经完成以后，将导线插入 RJ-45 头，导线在 RJ-45 头部能够见到铜芯，如图 3-91 所示。用压线钳压实 RJ-45 头。压接力量要到位，不用担心水晶头会被压坏。在布线时最好多使用一些固定卡子，以减轻线缆自身重量对接头的张力，因为在线缆接线施工时，线缆的拉力是有一定限制的，一般为 9kg 左右。过大的拉力会破坏线缆对绞的匀称性。

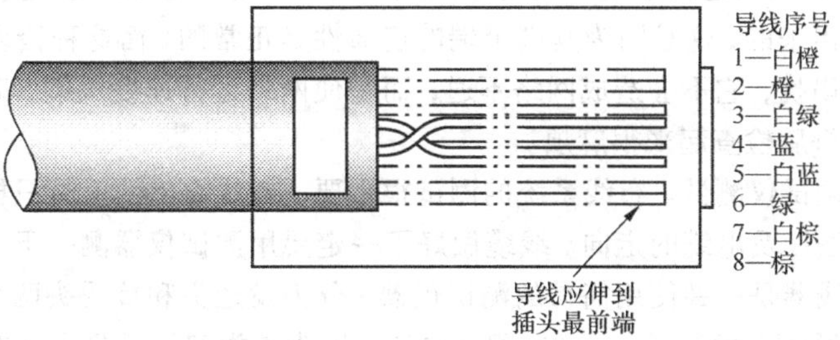

图 3-91　RJ-45 头的压线要求

用双绞线线缆作为连接线，在设备和插座间用直连线或设备和设备间用交叉线进行连接。电缆两头都需要做 RJ-45 头，一般只有直连线和交叉线两种连接方式，如图 3-92 所示。

（1）直连线一般两端都做成 T568B 线序，用于上下级设备之间的连接，如集线器端口与计算机网卡间的连接。

（2）交叉线将一端做成 T568B 线序，另一端做成 T568A 线序。交叉线主要用于同级设备之间的连通，如两台电脑之间的联网、两台集线器之间的级联。

图 3-92　直连线和交叉线

T568A/T568B 的转接线的插针/导线颜色分配见表 3-3。

表 3-3　T568A/T568B 的转接线的插针/导线颜色分配

一端的插针	T568A 的导线颜色	T568B 的导线颜色	另一端的插针
1　发送+	白绿/绿	白/橙	3　接收+
2　发送−	绿	橙	6　接收−
3　接收+	白/橙	白绿/绿	1　发送+
6　接收−	橙	绿	2　发送−
4　备用	蓝	蓝	4　备用
5　备用	白/蓝	白/白蓝	5　备用
7　备用	白/棕	白/白棕	7　备用
8　备用	棕	棕	8　备用

从表 3-3 可以看出，通过交叉转接能够达到收发匹配。除以上直接连通、交叉连通外，其他接法均为不合格，称作错接。打线时常见错误有开路、短路和反接（一对线中的两根交叉了，如 1 对应 2，2 对应 1）。

在某些情况中，使用了交叉线或直连线没什么区别，即使用了不正确接线也能进行 Hub 的级连。这是因为所使用的 Hub 是智能 Hub，这种 Hub 可以自动识别连接线，并会将接口的线对调到正确位置，但这不代表这种打线的方式是正确的。

还有一种错误就是串扰，通常造成这种结果的原因是 1、2 为一对，3、4 为一对，5、6 为一对，7、8 为一对。而网络进行通信时使用 1、2 和 3、4，而不是 3、6。这种错误接线是无法用眼睛或万用表检查出来的，这是因为其端至端的连通性是正常的。而这种错误接线的最大危害是会产生很大的近端串扰，它不会造成网络不通，而是使网络运行速度很慢，时通时断，属于软故障，这样的网络运行后检查起来很麻烦。

第 5 步，使用测试仪测试。布线系统的测试很重要，布线施工的人员只检查电缆的通断、长度、电缆的打线方法以及电缆的走向。线缆做好了一定要用测试仪器测一下，否则安装以后查错就很麻烦。连通对线器是一种使用简易的测试仪器，分为发送头和接受头两个部分，分别接于被测电缆的两端。发送头里配备了一个 9V 积层电池，因为 5 类双绞线只有 4 对导线，所以面板上提供了 4 个信号灯以对应接线情况，通过它可以很清楚地知道线序的情况。如果接线没问题，4 个信号灯会顺序点亮并循环。如果灯不按顺序循环点亮则说明线对接错，如个别灯不亮则说明有断线问题。如果线对间出现反接，如 1 和 2 间的线对接反，则测试器会出现红灯。

如果需要将一条 4 对线的 5 类（3 类）线缆一端接 RJ-45，另一端接 RJ-11，即 4 对线接 6 针，这时应按图 3-93 进行操作。注意，在 RJ-11 端，棕色的一对线作废。

在实际使用中有以下几种常见情况。

① 在 10M/100Mbit/s 网络中，可以只用到其中的 1、2、3、6 四芯线。

② 在安装 IP 宽带网中，若遇到橙、绿两对线中有被占用或损坏的情况，可用其他线对来替代。

③ 在 1000Mbit/s 网络中，需要全部使用其中的八芯线。

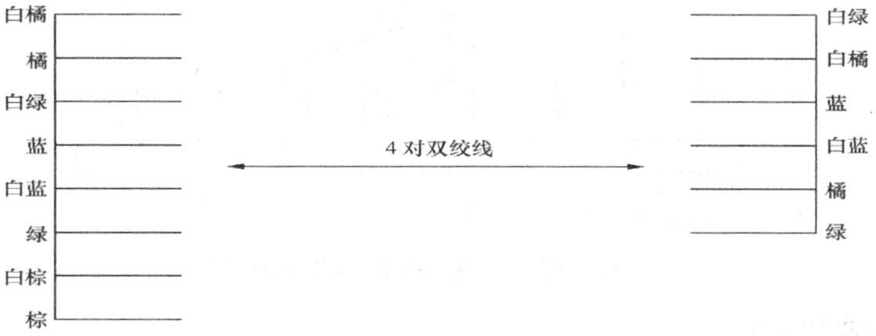

图 3-93　RJ-45 连接 6 针模块

RJ-45 水晶接头与信息模块的连接关系，信息模块是连接硬件的重要部件，提供信息连接的插口。信息模块安装在工作区，所处环境复杂，地点分散，数量较大，一定要在现场安装，给施工带来难度。为确保正确无误需要做好标记，随做随检查。信息插口到终端设备之间的连线是一条两头带有 RJ-45 水晶接头的双绞线，也是用于配线架面板上的跳线，可以现场制作安装或者由工厂定制。

RJ-45 水晶接头与信息模块的关系如图 3-94 所示。电缆的一端接配线架 110 连接块的 1～4 线位分别是第 1 对模拟语音，第 2 对数据发送，第 3 对数据接收，第 4 对电源备线。而电缆的另一端就是连接信息模块。信息模块平面朝上，第 1、2 针供网卡数据接收，第 3、6 针供网卡的数据发送，第 4、5 针信息模块为模拟语音而留，第 7、8 针为远程电源备线。

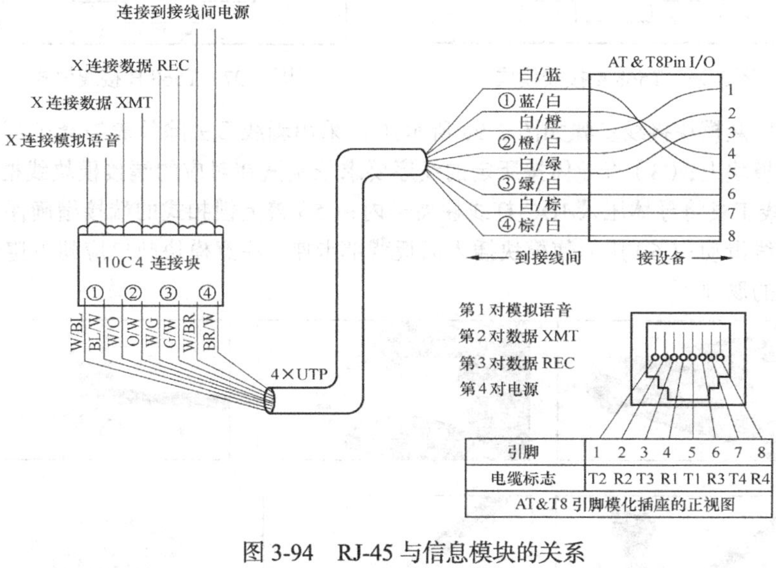

图 3-94　RJ-45 与信息模块的关系

RJ-45 插头的排列顺序总是 1，2，3，4，5，6，7，8，在端接时可能是 568A 或 568B 的标准线序。透过水晶插头可看到双绞线色标顺序排列，不能有差错。无论是采用 568A 还是采用 568B，均在一个模块中实现。在一个系统中只能选择一种，即 568A 或 568B，不可混用。在工程施工中习惯使用 568B，至于为什么要把 568A 第 2 对线（568B 第 3 对线）安排在 4、5 的两边，这主要考虑安排线对位置方便，把 3 和 6 位置颠倒，形成的线对分布可改变导线中信号流通的方向，使相邻的线路变成同方向的信号，在并排布置线对中减少了产生的串扰对，如图 3-95 所示。

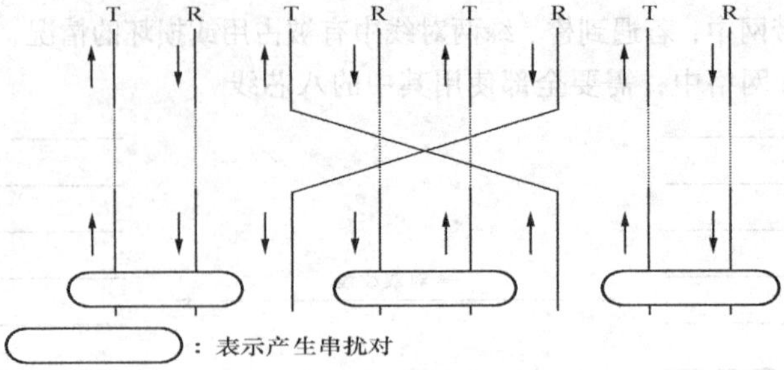

图 3-95　改变导线排列减少串扰对

（三）信息插座的端接

目前，信息模块产品的结构都类似，只是排列位置有所不同。在面板后面，模块标注有双绞线颜色标记，双绞线压接时，注意颜色标记配对就能够正确地压接。AT＆T 公司的 568B 信息模块与双绞线连接的背面位置如图 3-96 所示。AMP 公司的信息模块与双绞线连接的背面位置如图 3-97 所示。

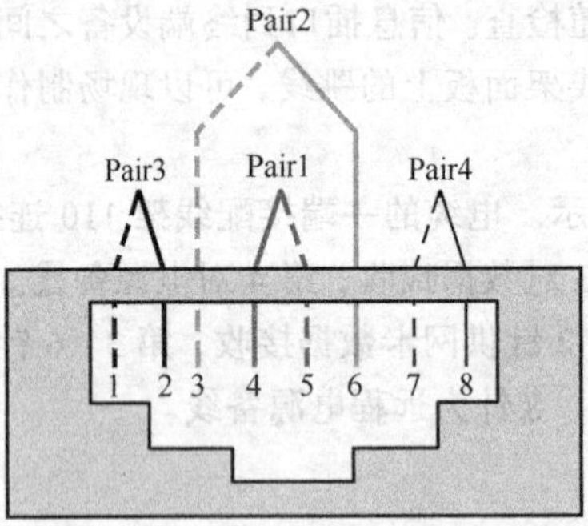

图 3-96　T568 A 接线模式

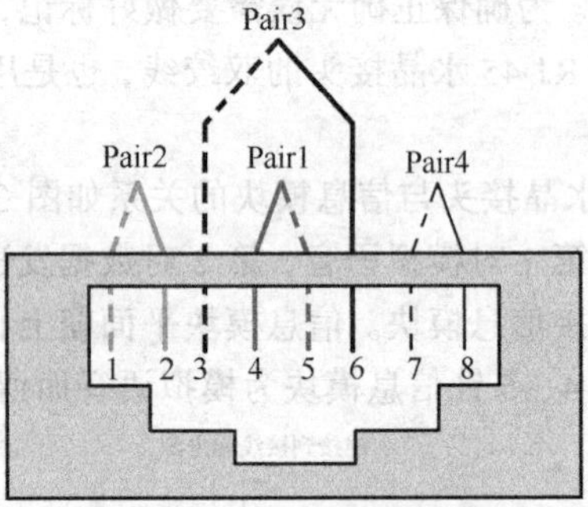

图 3-97　T568 B 接线模式

超 5 类非屏蔽模块接线步骤如图 3-98 所示。（1）采用剥线刀去除外表护套；（2）T568A/T568B 标签清晰注于模块上；（3）将导体按所定的线序要求依次嵌在对应的端接模块线槽中；（4）采用 110 型单对打线工具将导体压入 IDC 打线柱夹子内；（5）盖上锁扣式的端接帽确保导线全部端接到位并防止导线滑动；（6）用力使模块插入面板背部卡座，注意模块凸口应朝下避免长期不用触针受下落灰尘的腐蚀。

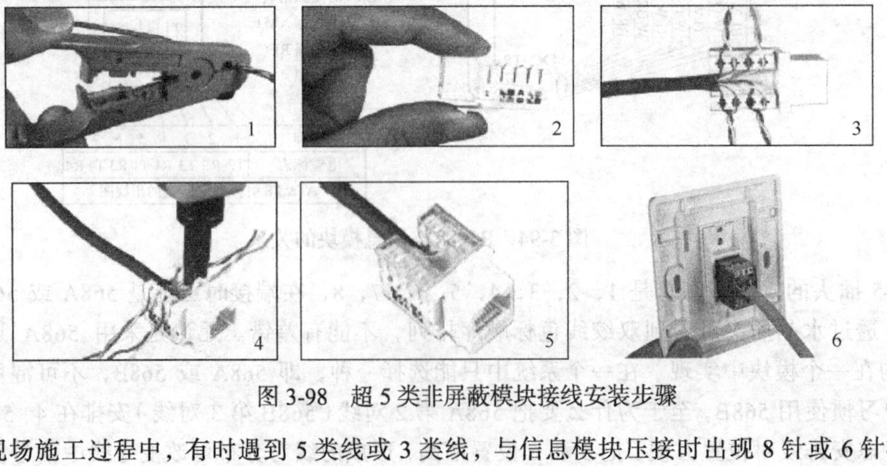

图 3-98　超 5 类非屏蔽模块接线安装步骤

在现场施工过程中，有时遇到 5 类线或 3 类线，与信息模块压接时出现 8 针或 6 针模块。例如，要求将 5 类线（或 3 类线）一端压在 8 针的信息模块（或配线面板）上，另一端在 6 针的语音模块上，如图 3-99 所示。

在这种情况中，无论是 8 针信息模块还是 6 针语音模块在交接处都是 8 针，只有输出时有所不同。压接都按 5 类线 8 针压接方法压接，6 针语音模块将自动放弃不用的棕色线对。

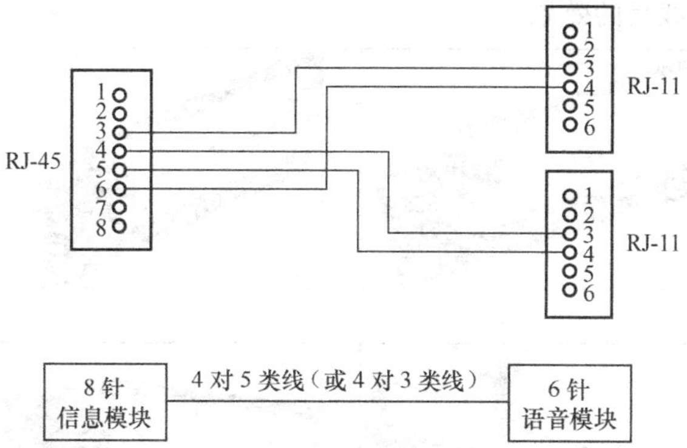

图 3-99　8 针信息模块连接 6 针语音模块

（四）数据配线架的使用

20 世纪 80 年代末，综合布线系统刚进入我国，当时信息传输速率很低，布线系统只有 3 类（16MHz）产品。配线系统主要采用 110 鱼骨架式配线架，主要分为 50 对、100 对、300 对、900 对壁挂式几种，而且从主设备间的主配线架到各楼层配线间的分配线架，无论连接主干还是连接水平线缆，全部采用此种配线架。110 鱼骨架式配线架的优点是体积小、密度高、价格便宜，主要与 25/50/100 对大对数线缆配套使用，其主要作用是语音电话配线。110 鱼骨架式配线架的缺点是线缆端接较麻烦、一次性端接不宜更改、无屏蔽产品、端接工具较昂贵和维护管理升级不方便等。

随着网络传输速率的不断提高，布线系统出现了 5 类（100MHz）产品，网络接口也逐渐向 RJ-45 统一。用于端接传输数据线缆的配线架采用 19 英寸 RJ-45 口式的 110 配线架，如图 3-100 所示。此种配线架背面进线采用 110 端接方式，正面全部为 RJ-45 口，用于跳接配线，它主要分为 24 口、36 口、48 口、96 口几种，全部为 19 英寸机架/机柜式安装，其优点是体积小、密度高、端接较简单，且可以重复端接。

RJ-45 口的 110 配线架主要用于 4 对双绞线的端接，有屏蔽产品。其缺点是由于进线线缆在配线架背面端接，而出线的跳接管理在配线架正面完成，所以维护管理较麻烦。由于端口相对固定，无论要管理的桌面信息口数量多少，必须按 24 和 36 的端口倍数来配置，造成了配线端口的空置和浪费，也不灵活。另外其价格相对 110 鱼骨架式配线架较贵。

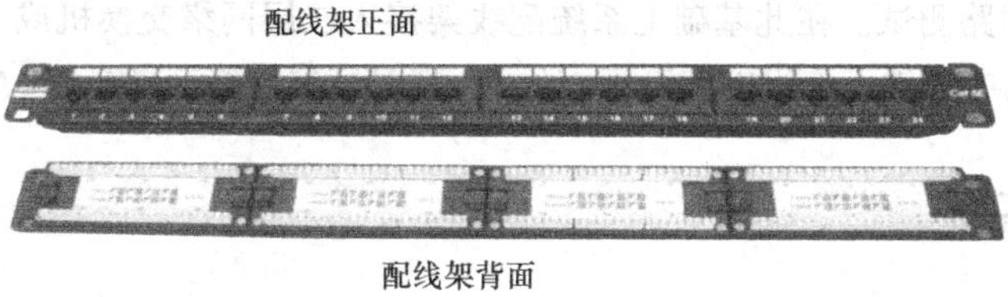

图 3-100　RJ-45 口式的 110 配线架

目前语音通信也在发生巨大的变革，通常大家所熟知的模拟电话系统正在逐渐被新的数字通信系统所淘汰；最新的网络电话（VoIP）以及 4 芯数字电话的普及，也使语音配线系统发生变化。部分布线厂商相继推出了 RJ-45 口的 IDC 语音配线架，其背面采用 IDC 方式端接语音多对数线缆，前面采用 RJ-45 口来进行配线管理；相对 110 鱼骨配线架，它具有端接简便、可重复端接、安装维护成本低的特点；RJ-45口配线简单快速，配线架整体外观整洁的优势。

超5类非屏蔽配线架操作步骤如图3-101所示：（1）超5类配线架背板示意图；（2）将导体按所定的线序要求依次嵌入对应的卡线槽中；（3）采用单对110打线工具将导体压入IDC打线柱夹子内；（4）完成打线后的效果。

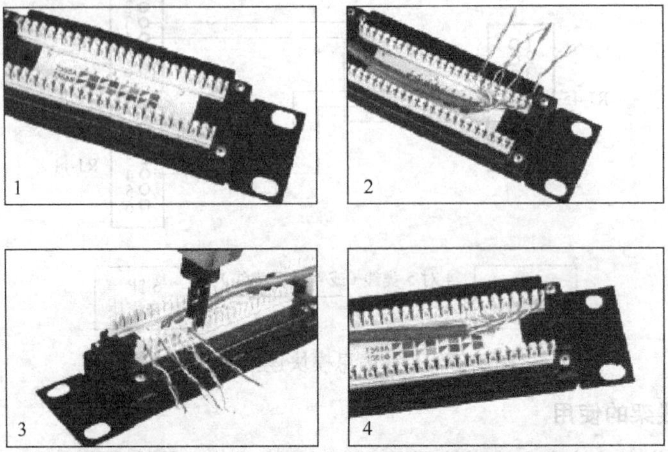

图3-101　超5类非屏蔽配线架操作步骤

对于以上介绍的几种常用配线架，在实际应用中经常存在如何正确搭配的问题。鉴于综合布线系统的最好特性就是利用同一接口和同一种传输介质，让各种不同信息在上面传输，同时利用配线跳接方式来灵活控制每个桌面信息点的应用功能，所以用于端接来自所有桌面信息点水平双绞线的配线架，应采用RJ-45口110配线架；而用于端接来自电话主机房的多对数语音线缆的配线架，采用相应对数的110鱼骨配线架即可，通过跳线与RJ-45口110配线架跳接实现语音的连通；数据光纤主干通过光纤配线箱，再通过网络交换机将一路高速光信号转换成多路数据电信号，通过标准RJ-45跳线与RJ-45口110配线架跳接，实现桌面信息点连网的需求。

三、任务分析

数据语音信道的测试和配线管理分析

数据永久链路和数据信道的建立和管理依靠建筑群配线架（CD）、建筑物配线架（BD）、楼层配线架（FD）、工作区的数据信息模块和双绞电缆及其连接硬件构成数据的连接通路。在连接过程中要保持每条数据永久链路的畅通，不断线，不短路，不错线，有高质量的对地绝缘。需要用电缆通断测试器进行通路测试。在此基础上系统配线架接入二层网络交换机或三层网络交换机，就可实现各配线架之间的硬件交连组网和管理。还可实现对三层网络交换机VLAN划分和虚拟组网。

四、任务训练

1. 综合布线配线端接部分

网络配线端接在网络配线实训装置上进行，如图3-65所示。

（1）网络跳线制作和测试

完成4根超5类非屏蔽网络跳线制作，其中2根568B线序，长度600mm，2根568A-568B线序，长度600mm。

完成 1 根 6 类非屏蔽网络跳线制作，568B 线序，长度 600mm。

完成 1 根超 5 类屏蔽网络跳线制作，568B 线序，长度 600mm。

完成后必须在图 3-102 所示的网络配线实训装置上进行线序和通断测试。

（2）完成简单链路端接

在图 3-102 所示的网络配线实训装置 BD 上完成 2 组链路的布线和端接，路由按照图 3-103 所示。电缆两端用号码管做好编号标识。

每组链路路由为：标志为 21U 处 24 口网络配线架第 23、24 口→弹起式双口地插中模块。

要求链路端接正确，每段跳线长度合适，端接处拆开线对长度合适，剪掉牵引线。

图 3-102　网络配线实训装置

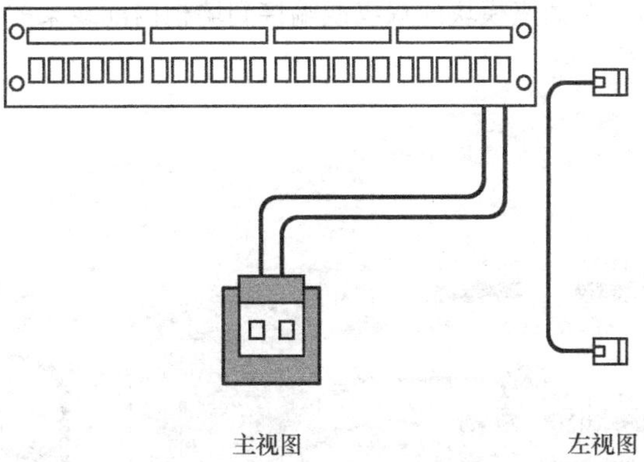

图 3-103　链路的布线和端接

（3）完成复杂测试链路端接

在图 3-104 所示的网络配线实训装置 BD 上并排完成 6 组测试链路的布线和模块端接，电缆两端用号码管做好编号标识。

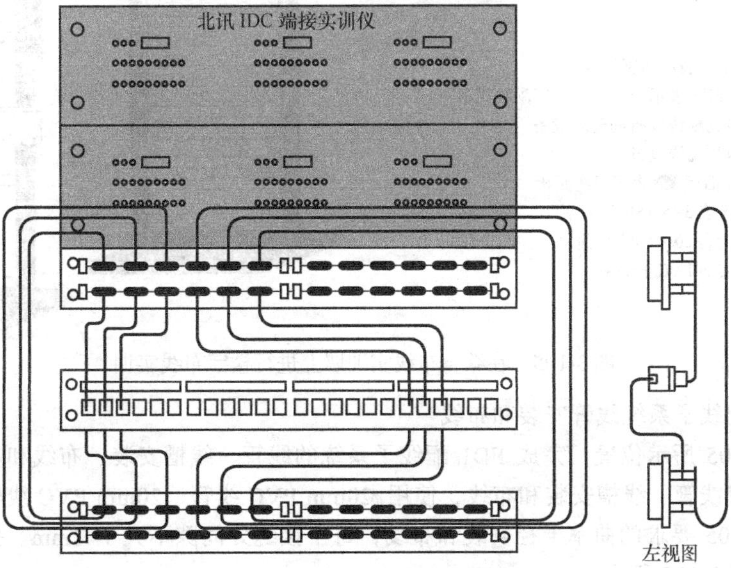

图 3-104　路由示意图

路由按照图 3-104 所示，完成 6 组复杂链路布线和端接。每组链路有 3 根跳线，端接 6 次，每组链路路由为：仪器面板通信模块→110 配线架模块上层→110 配线架模块下层→24 口超 5 类配线架→24 口超 5 类配线架 RJ-45 口→仪器面板通信模块。

要求链路端接正确，每段跳线长度合适，端接处拆开线对长度合适，剪掉牵引线。

每组包括 4 对连接块端接共 4 次，RJ-45 头端接（568B 线序）1 次，RJ-45 模块配线架端接 1 次。

2. 综合布线工程安装部分

综合布线工程安装施工在网络综合布线实训墙上进行，具体路由按照图 3-105 中表示的位置。完成 FD 配线子系统的线槽、线管、底盒、模块、面板的安装，同时完成布线和端接。要求横平竖直，按照图 3-105 要求的曲率半径安装和布线，每个接缝处间隙不大于 1mm。单口面板安装一个超 5 类模块，双口面板安装 2 个超 5 类模块。

每层第 1 个插座模块的双绞线端接到墙柜内配线架的第 1 端口，其余端口按顺序端接。

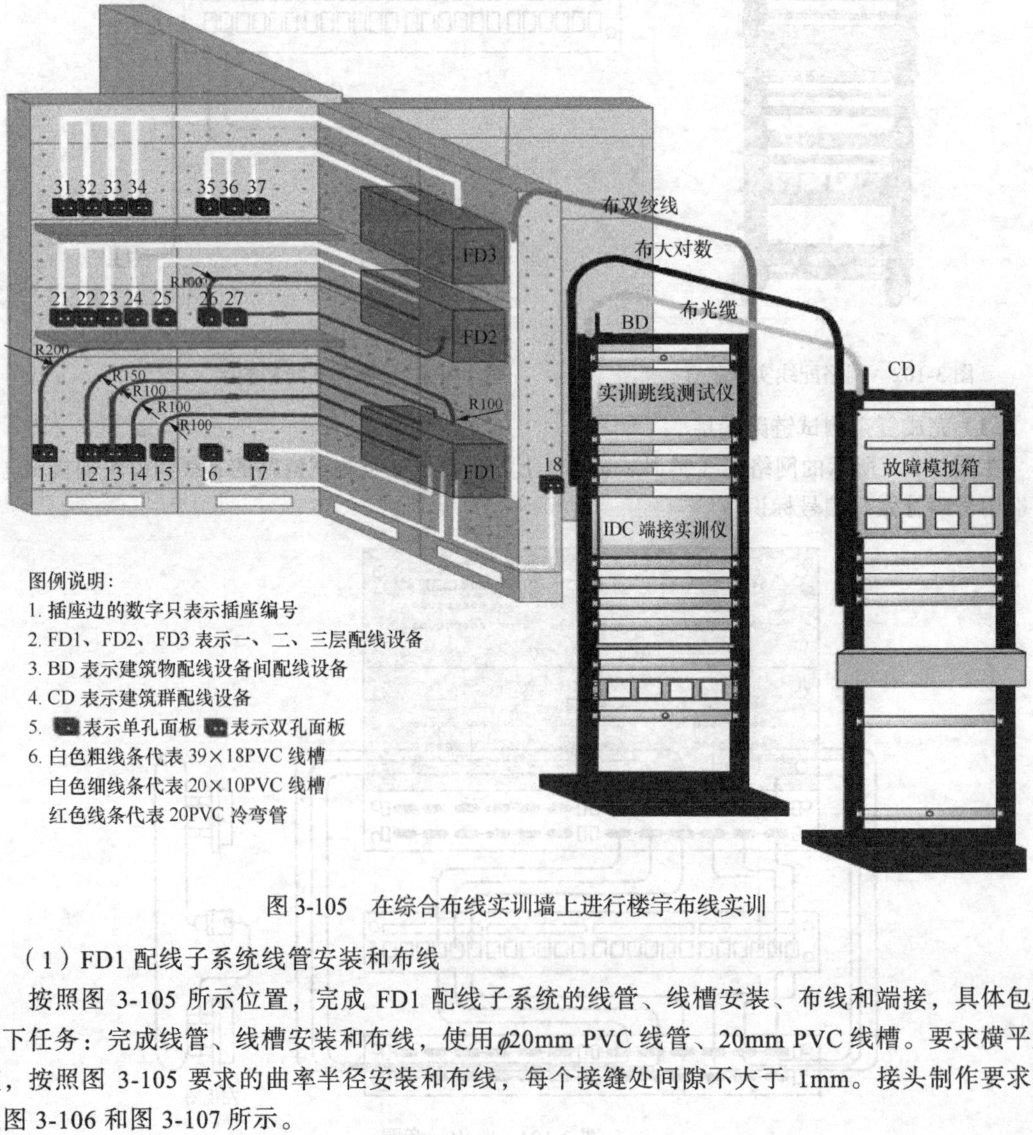

图 3-105　在综合布线实训墙上进行楼宇布线实训

（1）FD1 配线子系统线管安装和布线

按照图 3-105 所示位置，完成 FD1 配线子系统的线管、线槽安装、布线和端接，具体包括如下任务：完成线管、线槽安装和布线，使用ϕ20mm PVC 线管、20mm PVC 线槽。要求横平竖直，按照图 3-105 要求的曲率半径安装和布线，每个接缝处间隙不大于 1mm。接头制作要求按照图 3-106 和图 3-107 所示。

具体步骤如下：

① 11-15 插座布线路由：使用ϕ20mm PVC 线管和成品直接头及自制弯头，自制弯头按照图示曲率半径要求安装线管和布线。

② 16-18 插座布线路由：使用 20×10 线槽，并自制弯头安装线槽和布线。自制弯头接头安装制作要求按照如图 3-106 和图 3-107 所示。

③ 完成 F11-F18 底盒安装、双绞线布放、模块端接及面板安装。要求位置和端接正确。

④ 完成 FD1 机柜内超 5 类配线架、1U 理线架的安装和超 5 类配线架端接，端接位置从第 1 个端口开始连续端接。要求设备安装牢固。

⑤ 要求水平链路电缆两端、数据配线架端口位及主干电缆均需做好编号标识，标识标签书写清晰、端正，线缆标识采用号码管、配线架和工作区面板采用纸质标签书写（均现场提供）。要保证整个链路的合理、美观。对于 11 的面板采用 1FD11-1，1FD11-2 作为标识，其他依此类推。

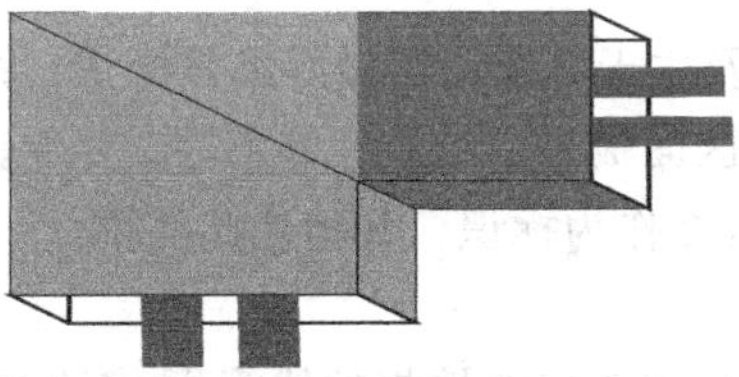

图 3-106　水平弯头制作示意图

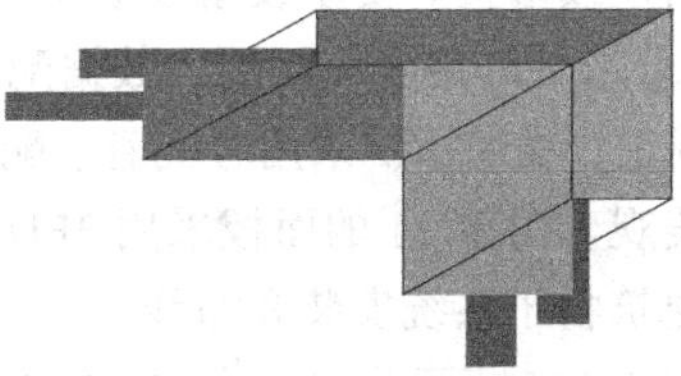

图 3-107　阴角弯头制作示意图

（2）FD2 配线子系统线槽安装和布线

按照图 3-105 所示位置，完成 FD2 配线子系统的线管、线槽安装、布线和端接，具体包括如下任务：完成线管、线槽安装和布线，如图 3-105 所示粗线条部分用宽度 39mm PVC 线槽，细线条部分用宽度 20mm PVC 线槽，线管使用ϕ20mm PVC 线管，要求横平竖直，按照图 3-105 要求的曲率半径安装和布线，每个接缝处间隙不大于 1mm，曲率半径不合格扣 10 分/处。接头制作要求按照图 3-106 和图 3-107 所示。

具体步骤如下：

① 21-23 插座布线路由：使用 39×18 线槽，并自制弯头安装线槽和布线，接头安装制作要求按照图 3-106 和图 3-107 所示。

② 24 插座布线路由：使用 39×18 和 20×14 线槽组合安装线槽和布线，并自制弯头安装线槽和布线，接头安装制作要求按照图 3-106 和图 3-107 所示。

③ 25 插座布线路由：使用 20×14 线槽，并自制弯头安装线槽和布线，接头安装制作要求按照图 3-106 和图 3-107 所示。

④ 26-27 插座布线路由：使用ϕ20mm PVC 线管和直接头及自制弯头，自制弯头按照图 3-105 所示曲率半径要求安装线管和布线。

⑤ 完成 F21-F27 底盒安装、双绞线布放、模块端接及面板安装。要求位置和端接正确。

⑥ 完成 FD2 机柜内超 5 类配线架、1U 理线架的安装和超 5 类配线架端接，端接位置从第 1 个端口开始连续端接。要求设备安装牢固。

⑦ 要求水平链路电缆两端、数据配线架端口位及主干电缆均需做好编号标识，标识标签书写清晰、端正，线缆标识采用号码管、配线架和工作区面板采用纸质标签书写。要保证整个链路的合理、美观。对于 21 的面板采用 2FD21-1，2FD21-2 作为标识，其他依此类推。

（3）FD3配线子系统线槽安装和布线

按照图3-105所示位置，完成FD3配线子系统的线槽安装、布线和端接，具体包括如下任务：

完成线槽安装和布线，如图3-105所示粗线条部分用宽度39mm PVC线槽，细线条部分用宽度20mm PVC线槽，要求横平竖直，按照图3-105要求布线，每个接缝处间隙不大于1mm，不合格扣10分/处。接头制作要求按照图3-106和图3-107所示。

具体步骤如下：

① 31-34插座布线路由：使用39×18线槽，并自制弯头安装线槽和布线，接头安装制作要求按照图3-106和图3-107所示。

② 35-37插座布线路由：使用39×18和20×14线槽组合安装线槽和布线，并自制弯头安装线槽和布线，接头安装制作要求按照图3-106和图3-107所示。

③ 完成F31-F37底盒安装、双绞线布放、模块端接及面板安装。要求位置和端接正确。

④ 完成FD3机柜内超5类配线架、1U理线架的安装和超5类配线架端接，端接位置从第1个端口开始连续端接。要求设备安装牢固。

⑤ 要求水平链路电缆两端、数据配线架端口位及主干电缆均需做好编号标识，标识标签书写清晰、端正，线缆标识采用号码管、配线架和工作区面板采用纸质标签书写。要保证整个链路的合理、美观。对于31的面板采用3FD31-1，3FD31-2作为标识，其他依此类推。

（4）建筑物子系统安装和布线

按照图3-105所示位置，完成BD-FD1，BD-FD2，BD-FD3墙柜的线管/槽安装布线和端接。垂直安装1根宽度60mm线槽连接FD1、FD2、FD3墙柜，从标识为BD的配线装置向线槽上端安装1根ϕ20 PVC线管。ϕ20 PVC线管用管卡固定在BD的侧边，对于主干电缆FD1端配线架与线缆采用FD1ZG01作为标识，纸质标签书写，其他依此类推。

从BD向FD3、FD2、FD1机柜分别安装1根网络双绞线，并且端接在FD3、FD2、FD1机柜内配线架的第24口。BD配线架分别端接在网络配线架（位置在8U）22、23、24口。

（5）CD-BD建筑群子系统大对数电缆安装和布线

按照图3-105所示位置，从配线实训装置CD向BD安装1根ϕ20 PVC线管，ϕ20 PVC线管用管卡固定在BD与CD设备的侧边，PVC线管内穿25对电缆，BD端将电缆接入110配线配线架（12U处）并通过施工工具完成25对电缆110配线架施工，CD端将25对电缆接入110配线架（22U处）并通过施工工具完成25对电缆110配线架施工端接。主干电缆采用ZG01作为标识，纸质标签书写。

一、填空题与选择题

1．双绞线电缆的每一条线都有色标，以易于区分和连接。一条4对电缆有4种本色：________、________、________和________。

2．按照绝缘层外部是否有金属屏蔽层，双绞线可以分为________和________两大类。目前在综合布线系统中，除了某些特殊的场合，通常采用________。

3．水平干线子系统的主要功能是实现信息插座和管理子系统间的连接，其拓扑结构一般为________结构。

A．总线形　　B．星形　　C．树形　　D．环形

4．信息模块的端接遵循的两种标准是________和________。

5．综合布线系统中常见的RJ-45跳线主要有________和________两类。

6．目前在网络布线方面，主要有3种双绞线布线系统在应用，即________。

A．4类布线系统　　B．5类布线系统

C. 超 5 类布线系统　　　　D. 6 类布线系统

二、问答题

1. 信息的插座模块上的 8 根触针中，与网卡上的数据收、发有关的分别是哪几根？

2. 综合布线跳线什么时候使用直连线，什么时候使用交叉线？

3. 5 类线进行打线时，什么样的错误会造成网络运行速度很慢，时通时断？为什么测试显示线对正确，却产生很大的近端串扰？

4. 在 25 对的 110 系列配线架基座上安装时，应选择几个 4 对连接块和几个 5 对连接块？

5. 如何把一个数据点变为 4 个语音点？

6. 为什么双绞线在施工拉线过程中用力不能太大，固定绑扎也不能太紧？

7. 为什么双绞线可以减少和抵消外部电磁耦合的干扰？

8. RJ-45 连接模块在综合布线中起什么作用？

9. 综合布线是计算机网络基础，由许多部件组成，主要包括哪些？

10. 目前计算机通信有哪两种方式？各利用哪些传输介质？

11. 使用交叉连接设备有何好处？

任务 3.6　端接常用铜质信号电缆

【学习目标】

知识目标：认识 AVVR 安装用软电缆、RS-232 连接电缆、RS-485 连接电缆、3 类线缆、5 类线缆、超 5 类线缆、6 类线缆、同轴电缆的分类、用途、产品性能、产品结构和适用范围。

技能目标：懂得有线电视 SYWV-75 射频电缆端接及连接装配；AV 音视频电缆的端接及连接装配；2M 同轴电缆的端接及连接装配；话筒线的端接及连接装配；RS-232 计算机串口连接电缆的端接及连接装配。会说出这些铜线线缆的规格型号、连接头形状规格、使用范围及性能和价格。

一、任务导入

任务资料：

（1）RS-232 连接电缆及接头。

（2）超 5 类屏蔽线缆及带屏蔽接头。

（3）AV 音频线缆及连接头。

（4）电视 SYWV-75 射频电缆端接及连接头。

（5）2M 同轴电缆的端接及连接。

任务目标：

常用的住宅门铃门禁连线、电话连线、安防监控报警连线、视频安防监控连线、闭路电视射频线、小区或校园有线广播连线、计算机局域网连线、通信设备机架间高频电缆连线、无线 W-ifi 的天线射频连线、音视频 AV 连线、唛克风话筒连线、高保真音箱等常用设备连线，各种规格型号的线缆及接头的装配和正确连接使用。

二、知识准备

（一）常用铜质信号电缆

现代通信技术可以采用的传输方式有无线和有线两类。无线传输是利用卫星、微波、红外线等作为传输介质，宽带固定无线技术代表了宽带接入的一种新的发展趋势。无线传输方式不仅开通快而且用户较密集时成本低，它有益于宽带网络运营商开展有效竞争。但无线信号传输易受干扰、保密性差，同时人们长期生活在较强电磁波的环境中，究竟会对人体健康有多大的影响，现在还没有确切的科学定论。此外，无线系统的易维护性等也不如有线传输方式。因此在现代建筑的智能化布线中，有线传输方式仍占绝对的主导地位，无线传输方式仅仅作为一种补充。

1. 综合布线常用的传输介质

建筑物中电线在弱电布线系统中担当重要角色。电线通常情况下是指单独、带电缆护套的铜导线。无论何种智能化控制设备，都需要通过某种传输方式进行信号传送，才能实现智能化控制。有线传输介质是连接设备之间的中间介质，也是信号传输的介质。综合布线使用各种线缆在网络节点之间传送信号，常用的介质有：屏蔽或非屏蔽双绞线、同轴电缆和光纤。纵观近年来国内外配线系统的发展，一般有 3 种方式。

（1）双绞线，其特点是成本低廉，目前电话用户线路主要采用普通的市话电缆双绞线。市话通信传输的是低速率的模拟信号，线路质量稍微下降对市话通信不会有太大的影响；数据通信（如 ADSL）传输的是高速率的数字信号，对线路质量的要求比市话通信高，线路质量若稍微下降，数据通信可能立刻会出现通信质量下降，甚至会出现通信中断的故障。室内的专用双绞线（5 类线）就适用于数据通信。

（2）同轴电缆+双绞线，它能满足用户的大量数据传输和视频的需求，但需要更多的接入设备，造价相对提高许多，且不易于今后的扩展需求。但是在视频监控和电视信号传输方面有着较好的传输性能。

（3）光纤+双绞线，即我们所说的最终方式，相应附属设备要求更完善，数据处理能力更强，扩展性更好，近年来发展特别快，可以说是一种很到位的综合通信方式。

信号传输线可分为平衡式和非平衡式两种。

平衡式电缆两根传输线对地绝缘电阻是完全平衡的，而且是越大越好，两根传输线的导线电阻也是完全平衡的。如现在用的电话平行线，若线路中串入干扰信号，则在两根导线中便会得到相同强度的干扰信号，但串入干扰信号极性相反，流过负载便会将串入干扰信号予以抵消抑制。这种在平衡式信号线中抑制两根导线中所共有的干扰信号的现象称为共模抑制。由于平行线抵消抑制干扰的能力有限，所以这种平行线有用信号传送的距离不会太远。

非平衡电缆由一根传输芯线和与这根芯线同轴并且包裹在芯线外层的屏蔽层组成，如视频设备使用的闭路电视电缆、射频电缆等。芯线的导线电阻和屏蔽层的连通电阻不平衡，一般屏蔽层的连通电阻越小越好。使用时要求屏蔽层接地，电缆芯线依靠屏蔽层隔离外界干扰信号。平衡式和非平衡式传输线不能直接连接，必须要完成平衡到非平衡间的转换才能实现对接。如图 3-108 所示为平衡接法和非平衡接法的不同。

2. 各类 UTP 电缆的性能及适用范围

目前，双绞线电缆可分为非屏蔽双绞线（Unshielded Twisted Pair，UTP，也称无屏蔽双绞线）电缆和屏蔽双绞线（Shielded Twisted Pair，STP）电缆，屏蔽双绞线电缆的外层由铝泊包裹着，它的价格相对要高一些。

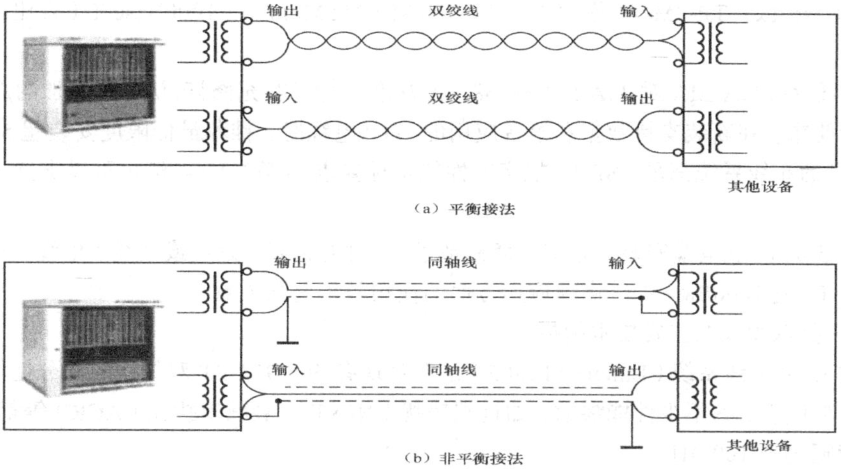

图 3-108 平衡接法和非平衡接法的不同

(1) 1 类 UTP 电缆

1 类 UTP 电缆用来支持工作频率在 100kHz 及以下的应用。工作频率小于 100kHz 的应用属于极低速的应用，如模拟语音、门铃、报警系统、RS-232、RS-422 等。1 类 UTP 电缆不经常使用，其原因在于它在数据和语音方面的有限应用，尽管安装便宜，但除了用于低速应用外，其他方面无法使用。

(2) 2 类 UTP 电缆

2 类 UTP 电缆用来支持工作频率小于 4MHz 的应用。这类电缆可用于低速应用中，如数字语音、串口应用、ISDN、某些 DSL 应用等。因扩展能力有限，2 类 UTP 电缆除了用于数据语音应用外，其他方面不经常使用。大多数电信设计人员在实现数据语音应用时最低限度选用 3 类 UTP 电缆。

(3) 3 类 UTP 电缆

3 类 UTP 电缆在作为一项标准得到认可后的数年间，成为网络工业发展的驱动力。它用来支持带宽要求高达 16MHz 的应用。应用领域包括数字和模拟语音、10Base-T 以太网、4Mbit/s 令牌环、100Base-T4 快速以太网、100VGA-AnyLAN、ISDN、DSL 等。对于大多数的数字语音应用来说，使用 3 类 UTP 电缆也是最低限度的要求。

3 类 UTP 电缆常为 4 对双绞电缆，但在 3 类 UTP 电缆应用中允许使用（25 对或 50 对的）集束电缆。在 10Base-T 以太网应用中有时使用这种主干电缆，但它只是推荐标准。

(4) 4 类 UTP 电缆

4 类 UTP 电缆从没获得广泛支持，它用来支持工作频率高达 20MHz 的应用。4 类 UTP 电缆和 5 类 UTP 电缆的价格几乎相同，因而大多数人选用 5 类 UTP 电缆，因为此种电缆能够支持更高速的应用。设置 4 类 UTP 电缆的初衷是用它来支持以太网、4Mbit/s 令牌环和 16Mbit/s 令牌环，以及数字语音等应用。TIA/EIA—568 标准的下一个修订版将把 4 类 UTP 电缆从推荐介质中删除。

通信网络的发展趋势是在语音和数据应用方面安装使用 5 类或超 5 类 UTP 电缆，取代 3 类、4 类 UTP 电缆。

(5) 5 类 UTP 电缆

5 类 UTP 电缆是当前所有数据应用在新装 UTP 电缆的主宰。5 类 UTP 电缆用来支持带宽要求高达 100MHz 的应用。除 4 类 UTP 电缆及其以下各类 UTP 电缆支持的应用外，5 类 UTP 电缆还支持 100Base-Tx、TP-PMD（铜缆 FDDI）、ATM（155Mbit/s）、1000Base-T（吉比特以太网）等应用。

1999 年秋季，TIA/EIA 对 TIA/EIA—568—A 标准进行了补充修订，认可了附加的超 5 类 UTP 电缆的性能要求。在新装支持数据和语音应用的 UTP 电缆时，推荐最低限度安装超 5 类 UTP 电缆。如果架设的布线系统满足 TSB-95 规定的性能指标要求，5 类 UTP 电缆也可以支持 1000Base-T 应用。

为支持 5 类 UTP 电缆安装，有些厂商制造了 25 对的集束（束缆或馈线）电缆，但这种电缆在 LooBase-Tx 或 1000Base-T 等高速应用方面的使用效果差强人意。

3. 超 5 类双绞线的主要技术指标

超 5 类 UTP 电缆系统（Enhanced cat 5）是在对现有的 5 类 UPT 双绞线的部分性能加以改善后产生的新型电缆，其不少性能参数，如近端串扰（NExT）、衰减串扰比（ACR）等都有所提高，但其传输带宽仍为 100MHz。

一条超 5 类双绞线电缆由 4 对线组成，每对线各自按逆时针方向扭绞，4 对线的扭矩是各不相同的。采取这些措施不仅可消除外部干扰，同时还可消除线对间的串扰。超 5 类双绞线各线对的扭矩见表 3-4。

表 3-4　　超 5 类双绞线各线对的扭矩

	蓝白/蓝	棕白/棕	橙白/橙	绿白/绿
扭矩（cm）	1.2	1.4	1.6	1.8

超 5 类双绞线的主要技术指标有特性阻抗、衰减和回路串扰防卫度。

（1）特性阻抗

特性阻抗是指在双绞线输入端加以交流信号电压时，输入电压与电流的比值。线路的特性阻抗与线路的直流电阻是完全不同的两个概念。线路的直流电阻与线路的长度成正比，而线路的特性阻抗完全由线路的结构和材料决定，与线路的长度无关。传输线的分布参数在高频状态下的等效电路如图 3-109 所示。

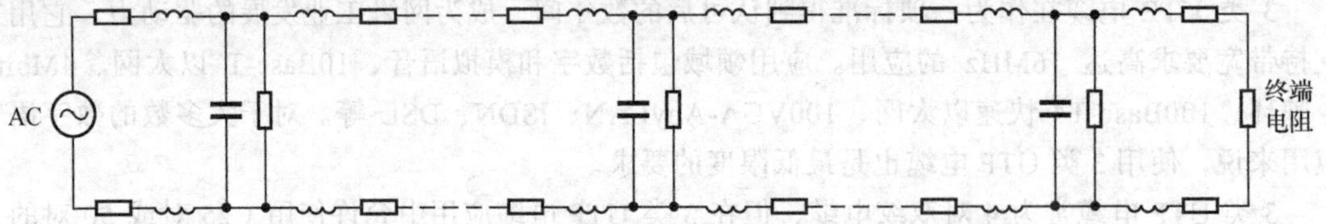

图 3-109　传输线的分布参数在高频状态下的等效电路

由图 3-109 可见，线路的分布电阻和分布电感串联在回路中，分布电容和分布电阻并联在回路中。线路可以认为是由无数个这样的基本节连接起来的。这样的一个混联电路，不论线路多长，输入阻抗是一个定值。根据分析，在信号达到一定频率时，线路阻抗 Z 的值为

$$Z=\sqrt{\frac{L}{C}}\quad（单位：\Omega）$$

式中，L 为一个基本节的电感，C 为一个基本节的电容。通常，专用的非屏蔽超 5 类双绞线的阻抗为 100Ω。

（2）衰减

信号通过双绞线会产生衰减。双绞线的衰减 B 是频率的函数，即

$$B=2\sqrt{f}\quad（单位：dB）$$

式中，f的单位是 MHz。

（3）回路串扰防卫度

双绞线的回路串扰防卫度是表示同一电缆中的一个回路对来自另一个回路的干扰的防卫能力，用B_c表示，即

$$B_c=20\lg\frac{U_s}{U_c}\quad（单位：dB）$$

式中，U_s为主串回路信号电压，U_c为被串回路干扰电压。

双绞线的串扰与频率有关。随着频率的增高，回路串扰防卫度降低。由表 3-5 可见，超 5 类双绞线的特性阻抗不随频率变化，衰减随着频率的增高而增大，串扰防卫度随着频率的增高而降低。

表 3-5　超 5 类双绞线的特性阻抗、衰减、串扰参数

频率（MHz）	特性阻抗（Ω）	衰减值（dB/100m）Max	串扰（dB）
1	100	2	72
10	100	6.3	57
20	100	8.9	52
50	100	14.1	50
100	100	20.0	42
150	100	24.5	35

4. 6 类 UTP 电缆

6 类 UTP 电缆系统是一个新级别的电缆系统，除了各项性能参数都有较大提高外，其带宽将扩展至 200MHz 或更高。不论是超 5 类还是 6 类 UTP 电缆系统，其连接方式与现在广泛使用的 RJ-45 细模块相兼容。

未来综合布线的主导产品将是 6 类线，6 类线是为了满足吉比特以太网的需求而产生的。超 5 类线作用于吉比特以太网时，4 对线中每一对线都要作双向应用，而 6 类线作用于吉比特以太网时，4 对线可单向（2 对发 2 对收）应用，从而降低网络设备的投资。

当然，目前 6 类线的造价为超 5 类的 1.3 ~ 1.4 倍，但 6 类线与超 5 类双绞线属于同一物理结构，大量生产 6 类双绞线会进一步减少其差价。因此，可预计未来几年 6 类双绞线将成为综合布线铜缆的主导产品。

5. 7 类 UTP 电缆

7 类 UTP 电缆系统是欧洲提出的一种电缆标准，其计划的带宽为 600MHz，但是其连接模块的结构与目前的 RJ-45 完全不兼容。7 类 UTP 电缆系统是一种屏蔽系统，此类电缆将更新以往各类电缆所用的导体类型，以便在整个带宽范围内支持 7 类 UTP 电缆安装。

虽然双绞线主要用来传输模拟声音信息，但其同样适用于数字信号的传输，特别适用于较短距离的信息传输。虽然在传输期间信号的衰减比较大，并且会使波形畸变，但是采用双绞线的局域网络的带宽和速率主要取决于所用导线的质量、导线的长度及传输技术。只要精心选择和安装双绞线，就可以在有限距离内达到每秒几个兆比特的可靠传输率。当距离很短并且采用特殊的编码传输技术时，传输率可达 100 ~ 155Mbit/s。

（二）双绞线电缆在综合布线中典型应用

1. 屏蔽双绞线电缆

尽管双绞线电缆采用了互相扭绞的交叉技术，但是双绞线传输信息时，还会在一定程度上向周围辐射电磁波，因此很容易被窃听，要花费额外的代价加以屏蔽，以减小辐射（但不能完全消除），这就是我们常说的屏蔽双绞线电缆。屏蔽双绞线电缆相对来说贵一些，安

装要比非屏蔽双绞线电缆难一些，要靠屏蔽层的全程连接并接地，类似于同轴电缆，它必须配有支持屏蔽功能的特殊连接器和相应的安装技术。但它有较高的传输速率，100m 内可达到 155Mbit/s。

2. 聚氯乙烯绝缘聚氯乙烯护套安装用软电缆

该电缆用于楼宇智能化报警系统多芯控制、楼宇对讲系统、三表自抄系统、电器内部控制、计算机控制仪表和电子设备及自动化装置等信号控制和采集。

在安防系统前端控测器到报警控制器之间距离较近时（如住户报警系统），一般采用 2 芯安装线 AVVR 2 × 0.3（信号线）以及 AVVR 4 × 0.3（2 芯信号线+2 芯电源线）进行连接。

该电缆常用于信号控制线，如用于视频监控的控制云台及电动可变镜头的多芯线缆。它一端连接于控制器或解码器的云台、电动镜头控制接线端，另一端则直接接到云台、电动镜头的相应端子上。由于信号控制线缆提供的是直流或交流电压，而且距离一般不超过 1m，基本不考虑干扰问题，因此一般不采用屏蔽线缆，常用的控制线缆多采用 4/6/8/10 芯的安装电缆 AVVR 系列，截面积一般为 $0.3mm^2$ 左右，如 6 芯安装线一般接云台的上、下、左、右、自动及公共 6 个接线端子，10 芯安装线除接云台的 6 个接线端子外，还需接电动镜头的变倍、聚焦、光圈、公共 4 个端子。

3. 聚氯乙烯护套软线

应用于楼宇自动化控制系统、防盗报警系统、消防系统、三表自抄系统、通信、音频、音响系统、仪表、电子设备及自动化装置等需防干扰线路的连接。

在安防系统距离较远时（如周界红外报警系统），连接前端控制器到报警控制器之间的线缆要采用导体截面积较大的聚氯乙烯护套软线 RVV 2 × 1.5 或屏蔽电线 RVVP 2 × 1.5，采用屏蔽或非屏蔽的线缆要视线路的外界干扰情况而定，而报警控制器与终端监控中心之间一般采用的也是 2 芯信号线缆，至于用屏蔽电线、双绞线还是普通护套线，要根据各品牌设备的具体要求来确定，导体截面积的大小则根据报警控制器与监控中心的距离来定，首先要确保报警设备与监控中心的距离符合各种品牌设备规定的长度，否则就不符合要求了。4 芯屏蔽电线（RVVP）多用于传输音频及控制信号等。

由于视频监控由中控室的控制器到云台及电动镜头的距离小则几十米，多则上百米，对信号控制线缆有一定的要求，如要求导体截面积要大，通常选用聚氯乙烯护套软线，如 RVV 10 × 0.5 或 RVV 10 × 0.75 等规格线缆。

4. RS-232 连接电缆

RS-232 通信又叫串口通信方式，是指计算机通过 RS-232 国际标准协议用串口连接线和单台设备（控制器）进行通信的方式。RS-232 通信原理接线图如图 3-110 所示，图 3-111 所示为 RS-232 通信连接电缆。常见的还有 1200、2400、4800、19200、38400 等。波特率越大，传输速度越快，但稳定的传输距离越短，抗干扰能力越差。因受到每米电缆的电容量的影响，如果电缆的电容量减小，则通信距离可以增加。RS-232 传输距离短的另一原因是 RS-232 属单端信号传送，存在共地噪声和不能抑制共模干扰等问题，因此一般用于 20m 以内的通信。

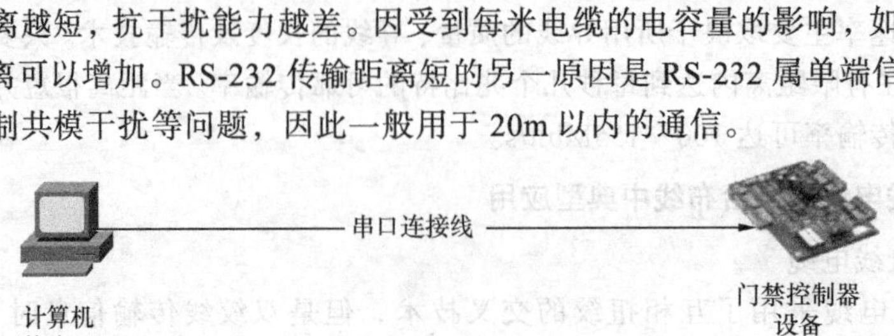

图 3-110　RS-232 通信原理接线图

通常 RS-232 接口以 9 个接脚（DB-9，如图 3-112 所示，9 针插头上带针的俗称公头，带针孔的俗称母头）或是 25 个接脚（DB-25）的型态出现，个人计算机上会有两组 RS-232 接口，分别称为 COM1 和 COM2。一般只用 2、3、5 号 3 根线。其中 2 RxD 接入数据。3 TxD 发送数据。5 GND 接地。注意串口连接线，一般标配是 3m 以内。

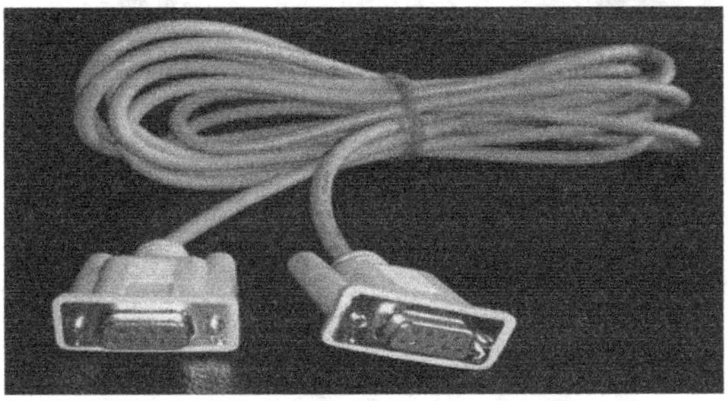

图 3-111　RS-232 通信连接电缆

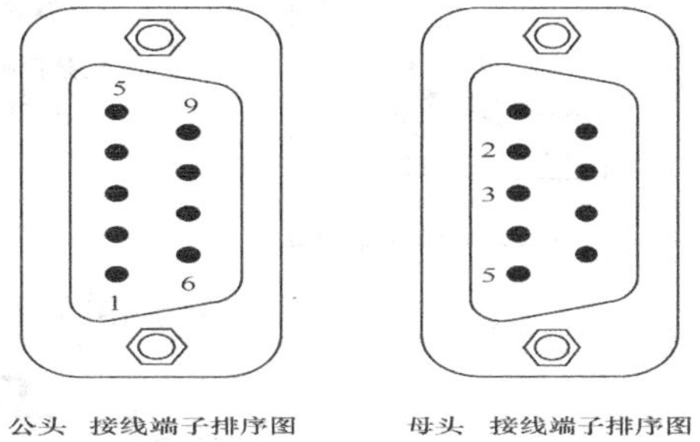

图 3-112　RS-232 接口（DB-9）

串口连接线一般标配 3m，通常不建议客户自己延长，除非某些特殊场合，单台控制器的门禁系统，控制器无法置放在计算机附近，此时可以通过延长串口连接线的方法来解决。延长线最远不能超过 13m，超过 13m 可能有时会通信不稳定，尽量避开强电等干扰源走线。串口连接线内有 9 条线，起作用的只有其中 2、3、5 号 3 根线，延长这 3 根就可以了。串口连接线越短，通信质量越好，不要盲目延长。

标配的串口连接线，两头的端子均为母头。如果你仔细观察，端子上也有很小的数字做标示。第一个母头的 2、3、5 号，分别连接着另一母头的 3、2、5 号（请注意 2 和 3 是交错的，所以，延长完毕，你可以用万用表检测一下，一个母头的 2 是否连接的是另一个母头的 3）。

5. RS-485 连接电缆

RS-485 和 RS-232 基本的通信机理是一致的，它的优点在于弥补了 RS-232 通信距离短，不能进行多台设备同时进行联网管理的缺点。计算机通过 RS-232 与 RS-485 转换器，依次连接多台 485 设备（门禁控制器），采用轮询的方式，对总线上的设备轮流进行通信。接线标示是 485+和 485-，分别对应连接设备（控制器）的 485+和 485-。

通信距离：最远的设备（控制器）到计算机的连线理论上的距离是 1200m，建议控制在 800m 以内，能控制在 300m 以内效果最好。如果距离超长，可以选购 485 中继器（延长器），选购中继器理论上可以延长到 3000m。RS-485 的数据最高传输速率为 10Mbit/s，但是由于 RS-485 常与 PC 的 RS-232 口通信，因此实际上一般最高 115.2kbit/s。又由于太高的速率会使 RS-485 传输距离减小，因此往往为 9600bit/s 左右。

负载数量：即一条 485 总线可以带多少台设备（控制器），这个取决于控制器的通信芯片和 485 转换器的通信芯片的选型，一般有 32 台、64 台、128 台、256 台几种选择，这是理论的数字，实际建议为理论值的三分之一台最为稳定。实际应用时，根据现场环境、通信距离等因素，负载数量达不到指标数。如果有几百上千台控制器，请采用多串口卡或者 485Hub 来解决。

RS-485 通信总线（必须用双绞线，或者网线的其中一组）连接方法如图 3-113 和图 3-114 所示。如果用普通的电线（没有双绞），干扰将非常大，通信不畅，甚至通信不上。每台控制器设备必须手牵手地串下去，不可以有星形连接或者分叉。如果有星形连接或者分叉，干扰将非常大，通信不畅，甚至不能通信。

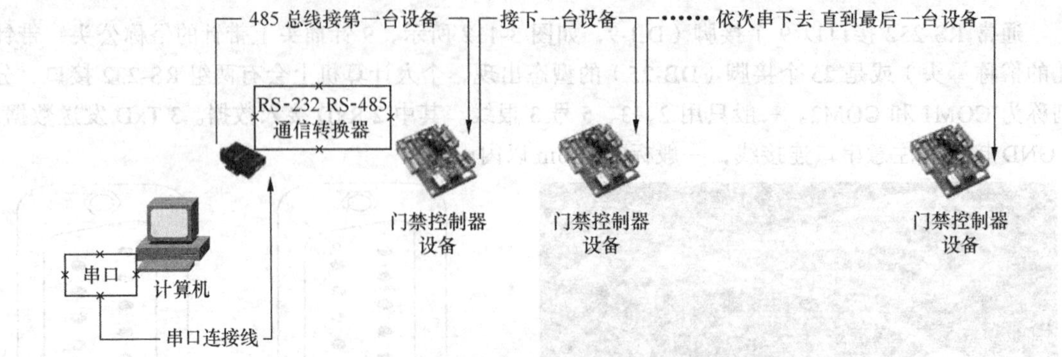

图 3-113　RS-485 通信原理接线图

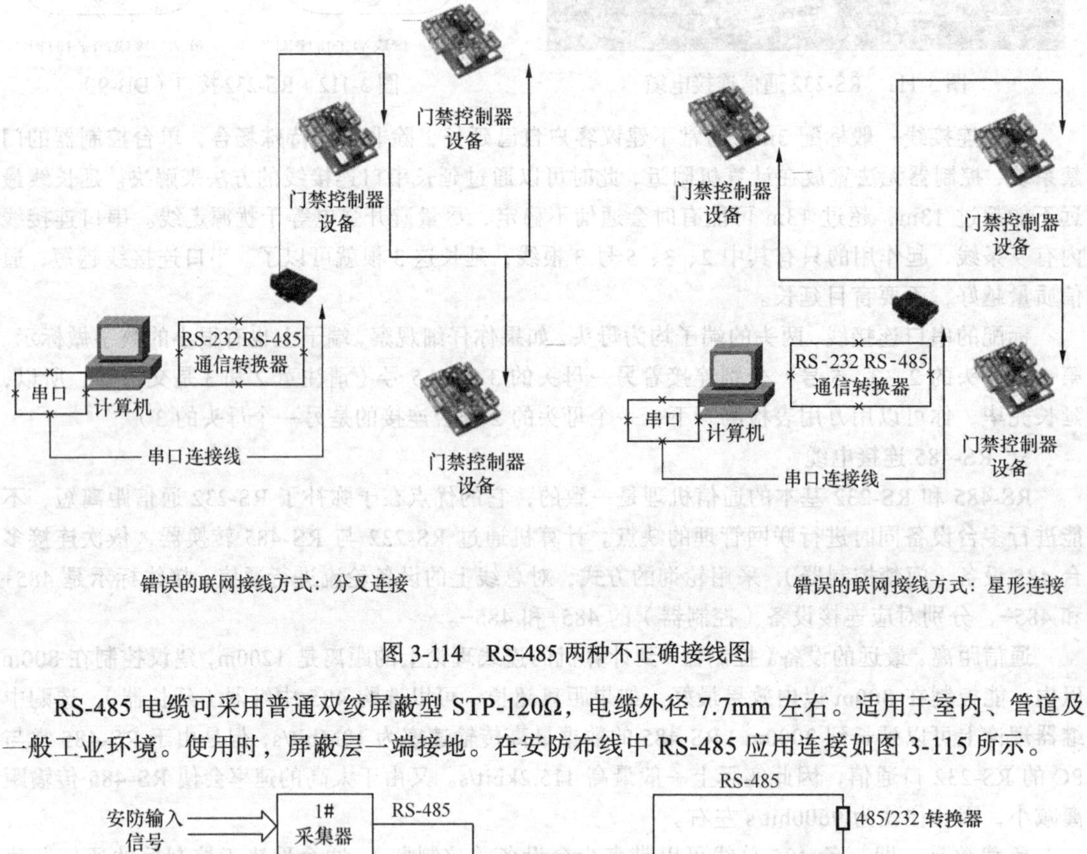

图 3-114　RS-485 两种不正确接线图

RS-485 电缆可采用普通双绞屏蔽型 STP-120Ω，电缆外径 7.7mm 左右。适用于室内、管道及一般工业环境。使用时，屏蔽层一端接地。在安防布线中 RS-485 应用连接如图 3-115 所示。

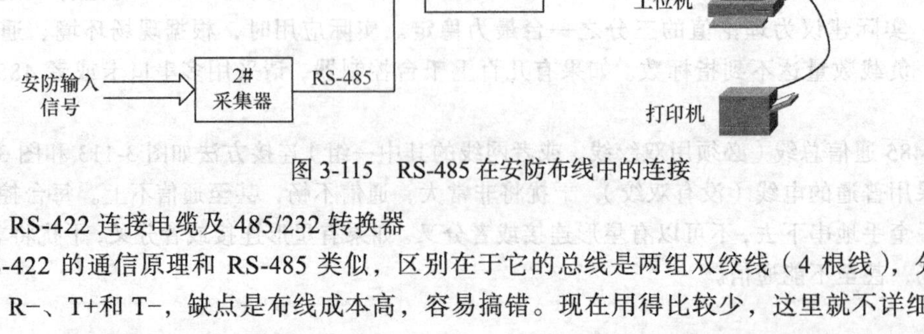

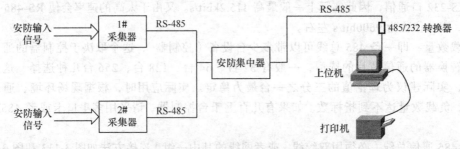

图 3-115　RS-485 在安防布线中的连接

6. RS-422 连接电缆及 485/232 转换器

RS-422 的通信原理和 RS-485 类似，区别在于它的总线是两组双绞线（4 根线），分别标示为 R+、R−、T+和 T−，缺点是布线成本高，容易搞错。现在用得比较少，这里就不详细介绍。

485/232 转换器如图 3-116 所示，是将 485 总线通信转换为 RS-232 接计算机串口进行通信的设备。它有效地解决了 RS-232 串口通信存在的以下几个缺点。

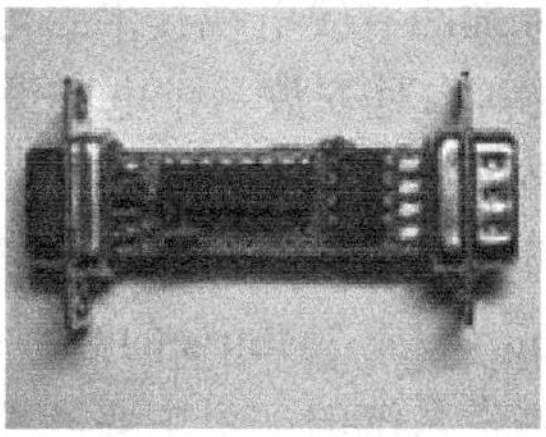

图 3-116 485/232 转换器

（1）RS-232 通信距离理论上是 20 多 m，实际应用建议不要超过 13m。

（2）RS-232 通信只能进行一对一的点对点通信，即一个串口只能接一台 RS-232 设备。

使用了 485/232 转换器后可以实现。

（1）计算机到最后一台 RS-485 设备理论距离是 1200m（手牵手联下去），实际建议在 800m 以内。

（2）计算机可以通过 485 转换器和 RS-485 总线上的任何一台设备进行通信，即可以进行多台设备的联网控制。

门禁系统选用 485/232 转换器最关键的两点是：防雷能力和负载能力，要提高转换器的信噪比和稳定可靠的抗干扰能力和带负载能力，所以不提倡使用无源 485/232 转换器。

（三）同轴电缆

同轴电缆（Coaxial Cable）是由一根空心的外圆柱导体及其所包围的单根内导线所组成，如图 3-117 所示。所谓同轴是指传输线的内导体的轴线与外导体的轴线相同。

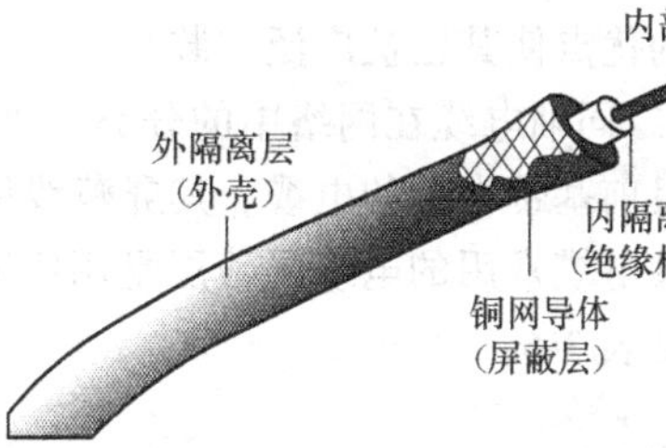

图 3-117 同轴电缆结构图

同轴电缆以单根铜导线为内芯，柱体与导线用绝缘材料隔开，外裹一层绝缘材料，外覆密集网状导体，最外面是一层保护性塑料。金属屏蔽层能将磁场反射回中心导体，同时也使中心导体免受外界干扰，故同轴电缆比双绞线具有更高的带宽和更好的噪声抑制特性。同轴电缆的频率特性比双绞线好，能进行较高速率的传输。同轴电缆的带宽取决于电缆长度，1km 的电缆可以达到 1～2Gbit/s 的数据传输速率。实际用户还可以使用更长的电缆，但是数据传输速率会降低，或需要使用中间放大器。目前，同轴电缆大量被光纤取代，但仍广泛应用于视频监控、有线电视和移动通信天馈线以及某些射频局域网内。

目前，广泛使用的同轴电缆有基带同轴电缆和宽带同轴电缆两种类型。

1．基带同轴电缆

基带同轴电缆是 50Ω电缆，传输速率最高为 10Mbit/s，有粗缆和细缆两种类型。其中细缆直径为 5mm，最大传输距离在 200m；粗缆直径为 10mm，最大传输距离可达 500～1000m。用于数字传输时，由于该种电缆多用于基带传输，因此称为基带同轴电缆。

2．宽带同轴电缆

宽带同轴电缆是一种 75Ω电缆，用于模拟传输。这种区别是由历史原因而不是技术原因造成的。有线电视使用的同轴电缆系统在进行模拟信号传输时被称为宽带同轴电缆。“宽带”这个词指比 4kHz 电话带宽更宽的频带。然而在计算机网络中，“宽带电缆”却指任何使用模拟信号进行多路传输的电缆网络。

宽带网使用标准的有线电视技术，可使用的频带高达 300MHz（常常到 450MHz）。使用模拟信号时，需要在接口处安放一个电子设备，用以把进入网络的比特流转换为模拟信号，并把网络输出的信号再转换成比特流。

宽带系统又分为多个信道，电视广播通常占用 6MHz 信道。每个信道可用于模拟电视、CD 质量声音（1.4Mbit/s）或 3Mbit/s 的数字比特流。电视和数据可在一条电缆上混合传输。

宽带系统和基带系统的一个主要区别是：宽带系统由于覆盖的区域广，因此需要模拟放大器周期性地加强信号。这些放大器仅能单向传输信号，因此如果计算机间有放大器，则报文分组就不能在计算机间逆向传输。为了解决这个问题，人们已经开发了两种类型的宽带系统，即双缆系统和单缆系统。

①双缆系统有两条并排铺设的完全相同的电缆。其中，通过电缆 1 将数据传输到电缆 2 的设备为顶端器（Head-end）。计算机通过顶端器将数据从电缆 1 传输到电缆 2，随后顶端器通过电缆 2 将信号沿电缆往下传输。所有的计算机都通过电缆 1 发送，通过电缆 2 接收。

②单缆系统是在每根电缆上为内、外通信分配不同的频段。低频段用于计算机到顶端器的通信，简称内向通信；顶端器收到的信号移到高频段，向计算机广播，简称外向通信。在子分段（Subsplit）系统中，规定 5 ~ 30MHz 频段用于内向通信，40 ~ 300MHz 频段用于外向通信。在中分段（Midsplit）系统中，规定内向频段是 5 ~ 116MHz，而外向频段为 168 ~ 300MHz。具体选择由设备使用频率而定。

宽带系统有很多种使用方式。在一对计算机间可以分配专用的永久性信道；另一些计算机可以通过控制信道申请建立一个临时信道，然后切换到申请到的信道频率；还可以让所有的计算机共用一条或一组信道。从技术上讲，宽带电缆在发送数字数据上比基带（即单一信道）电缆差，但它的优点使其已被广泛安装。

3. 同轴电缆在网络中的分类

目前基带常用的电缆，其屏蔽线用铜做成网状，特征阻抗为 50Ω（如 RG-8、RG-58 等）；宽带同轴电缆常用的电缆屏蔽层是用铝冲压成的，特征阻抗为 75Ω（如 RG-59 等）。最常用的同轴电缆见表 3-6。

表 3-6　　常用的同轴电缆特征阻抗

电缆型号	特征阻抗（Ω）
RG-8	50
RG-11	50
RG-58	50
RG-59	75
RG-62	93

计算机网络一般选用 RG-8 以太网粗缆和 RG-58 以太网细缆。RG-59 用于电视系统，RG-62 用于网络协议为 ARCnet 的专用网络。

在计算机网络布线系统中，对同轴电缆的粗缆和细缆有 3 种不同的构造方式，即细缆结构、粗缆结构和粗/细缆混合结构。粗同轴电缆与细同轴电缆是指同轴电缆的直径大小。粗缆适用于比较大型的局部网络，它的标准距离长、可靠性高。由于安装时不需要切断电缆，因此可以根据需要灵活调整计算机的入网位置。但粗缆网络必须安装收发器和收发器电缆，安装难度也大，所以总体造价高。

同轴电缆在网络中一般可分为 3 类，即主干网电缆、次主干网电缆和细线缆。

（1）主干网电缆：主干网电缆在直径和衰减方面和其他线路不同，直径较大，衰减较小，通常具有厚实的防护层电缆结构。

（2）次主干网电缆：次主干网电缆的直径比主干电缆小，当在不同建筑物的层次上使用次主干网电缆时，要采用高增益的分布式放大器，并要考虑连接电缆与用户出口的接口。

（3）细线缆：细线缆比较简单、造价低，但由于安装过程要切断电缆，两头需要装上基本网络连接头（BNC），并接在 T 形连接器两端，所以当接头长时间使用后，容易产生接触不良的隐患，这是目前运行中的以太网的最常见故障之一。

4. 同轴电缆在综合布线中的使用

（1）视频监控

视频监控系统中常用的是 SYV 75Ω 阻抗的同轴电缆。同轴电缆屏蔽层铜网能屏蔽电磁干扰或 EMI 的无线外部信号干扰，编织层中绞合线的多少和含铜量决定了其抗干扰的能力。编织层松散的商业电缆能屏蔽 80%干扰信号，适合于电气干扰较低的场合，如果使用金属管道效果更好。高干扰的场合要使用高屏蔽或高编织密度的电缆。铝箔屏蔽或包箔材料的电缆不适用于电视监控系统，但可用于发射无线电频率信号。

同轴电缆越细越长，损耗越大，信号频率越高，损耗越大。以 SYV 型电缆为例，国内的同轴电缆有 SYV75-3、SYV75-5、SYV75-7、SYV75-9 等规格。使用同轴电缆传输图像时，距离在 300m 以下的一般可以不考虑信号的衰减问题，在传输距离增加时，可以考虑使用低损耗的同轴电缆，如 SYV75-9、SYV75-18 等，或者加入电缆补偿器。

电缆补偿器又称为电缆均衡器，通过电缆校正电路来进行高频特性的补偿，以使信号传输通道的总频率特性基本上是平坦的。电路主要由 *RC* 电路组成，每一组 *RC* 串联电路都有一个中心频率 f，将电缆衰减曲线分成几段，对应各段都用一组 *RC* 电路进行补偿。一般加入 1 级补偿器，可以使传输线路延长 500m，对于不同规格的电缆适当增加电缆补偿器可使有效传输距离增至 2km 左右。

视频监控系统一般多是中短距离的中小型系统，几乎都采用同轴电缆传输视频图像信号。视频基带是指视频信号本身的频带宽度（0～6MHz）。将视频信号采用调幅或调频的方式调制到高频载波上，然后通过电缆传输，在终端接收后再解调出视频信号，这种方式称为调制传输方式，它可以较好地抑制基带传输方式中常有的各种干扰，并可实现一根电缆传送多路视频信号。但是在实际的监控系统中，由于摄像机布置地点比较分散，并不能发挥频分复用的优势，而且增加调制、解调设备还会增加系统成本，因此在传输距离不远的情况下，仍然以基带传输为主。而高频传输方式大多出现在有线电视系统中。

视频信号也可以用双绞线传输，这要用到双绞线传输设备。在某些特殊应用场合，双绞线传输设备是必不可少的。如，当建筑物内已经按综合布线标准敷设了大量的双绞线（标准中称 3 类线或 5 类线）并且在各相关房间内留有相应的信息接口（RJ-45 或 RJ-11），则新增闭路电视监控设备时就不需再布线，视音频信号及控制信号都可通过双绞线来传输，其中视频信号的传输就要用到双绞线传输设备。另外对已经敷设了双绞线（或两芯护套线）而需将前端摄像机的图像传到中控室设备的应用场合，也需用到双绞线传输设备。双绞线视频传输设备的功能就是在前端将适合非平衡传输（即适合 75Ω 同轴电缆传输）的视频信号转换为适合平衡传输（即适合双绞线传输）的视频信号；在接收端则进行与前端相反的处理，将通过双绞线传来的视频信号重新转换为非平衡的视频信号。双绞线传输设备本身具有视频放大作用，因而也适合长距离的信号传输。

对以上不同的传输方式，所使用的传输部件及传输线路都有较大的不同。

（2）安防监控

数字编码按键式可视对讲系统一般应用在高层住宅楼多住户场合。主干线视频用同轴线（SYV-75-3、SYV-75-5 等）、电源线（2 芯聚氯乙烯护套软线 RVV）、音频/数据控制线（4 芯屏蔽电线 RVVP）、分户信号线（6 芯屏蔽电线 RVVP）等。

目前市面上楼宇对讲系统所采用的连接线缆大都是信号控制线（如聚氯乙烯护套软线 RVV 及屏蔽电线 RVVP）、楼宇对讲系统对线缆的要求是传输语音、数据、视频等信号，同时对线缆的要求还表现在语音传输的质量、数据传输的速率、视频信号传输的质量及速率等，在楼宇可视对讲系统当中，对连接用线缆的质量要求是相当高的。传输语音信号及报警信号的线缆主要采用 4 芯以上聚氯乙烯护套软线（RVV），在视频传输上都采用同轴线 SYV-75-5 为主，现今也出现了一些用对绞线传输包括视频在内信号传输新技术，不采用同轴线。

上面所说的是按传输不同的信号来选用不同的线缆来进行分别布线，随着线缆厂家研发实力的增强，市面上也出现了一些功能齐全的适用于门禁可视对讲系统的综合电缆，采用特定的工艺结构，使缆芯组件包含有传输视频信号的同轴线、传输音频信号的信号线、传输控制信号的信号线、传输电源信号的电源线等，使一次布线就达到所要求的效果，可节省大量的工程量，但需视各种不同的可视对讲系统设备的具体要求来生产线缆。

（3）有线电视

在有线电视系统的不同位置或不同的场合，采用不同种类和规格的同轴电缆，以尽量满足有线电视系统的技术指标要求。因此，电缆的种类和规格繁多。我国对同轴电缆的型号实行了统一的命名，通常它由 4 个部分组成。其中第 2、3、4 部分均用数字表示，这些数字分别代表同轴电缆的特性阻抗（Ω）、芯线绝缘的外径（mm）和结构序号。例如，型号为 SYWV-75-5-1 的同轴电缆的含义是：同轴射频电缆，绝缘材料为物理发泡聚乙烯，护套材料为聚氯乙烯，特性阻抗为 75Ω，芯线绝缘外径为 5mm，结构序号为 1。在有线电视中常用到的有-4、-5、-7、-9 等，数字越大损耗越小。其中-4 用于不超过 5m 的用户线。-7、-9 常用在工程项目中，而-5 电缆不宜长于 100m 是家庭装潢中有线电视常用的同轴电缆，起到信息传输和反相信息传输的作用。有线电视同轴电缆的型号表示如图 3-118 所示。

图 3-118　有线电视同轴电缆型号标示

同轴电缆均可以作为双向传输用。所谓双向是指设备可以双向传输信号，如分支器和分配器等是双向传输器件。如果设备附件是单向传输器件，那么同轴电缆也就起不到双向传输的目的。当传输距离较远时，如果要保证抗电磁辐射与干扰指标，则必须使用 4 屏蔽同轴电缆，这样传输效果会更好。在家庭装潢中，单根电缆的长度一般不会超过二三十米，实际上采用 2 屏蔽同轴电缆与采用 4 屏蔽同轴电缆的效果是区分不出来的。

（4）用于传输 2M 数字信号的通信同轴电缆

在电信机房数字传输设备之间的传输业务对接和配线使用 SYV-75-2 通信同轴电缆如图 3-119 所示。一般 2Mbit/s 数字信号经 3 级 DDF 数字配线架最长可达 242m。目前在通信设备机架之间基群 2Mbit/s 口数字信号的连通中常用同轴电缆有：SYV-75-2-1、SFYZ-75-2-1、

SYFVZ-75-1-1、SYV-75-2-2、SFYFZ-75-1-1 等。

图 3-119　传输 2M 数字信号的通信同轴电缆

如图中“S”表示同轴射频电缆，“Y”表示绝缘介质为聚乙烯，“V”表示保护套材料为聚氯乙烯，“75”表示特性阻抗为 75Ω。“-2-1”代表线的直径大小型号，如图 3-120 所示为比较常见的同轴数据线缆。

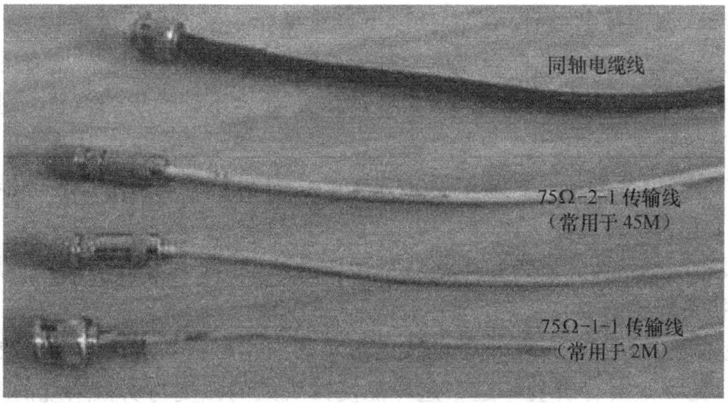

图 3-120　常见同轴数据线

电信号在电缆中的最长传输距离与该电接口的输出口规范、输入口规范、同轴线的衰减有关，见表 3-7。

表 3-7　同轴电缆的传输距离

传输速率	使用同轴电缆	最长传输实测值
2M（75Ω）	SYV-75-2-1	280m
34、45M	SYV-75-2-1（加均衡）	140m
140M	SYV-75-2-2	70m
155M	SYV-75-2-2	60m

（四）同轴电缆连接器的装配

1. 电视同轴电缆连接器的装配

（1）F 头的做法如图 3-121 所示（F 头用于有线电视线缆与分配器、分支器连接）。

① 将有线电视同轴电缆的铜芯剥出 10 ~ 15mm。

② 将固定环套入同轴电缆头内。

③ 将 F 头尾头插入同轴电缆的金属屏蔽网与内芯绝缘层间。

④ 用固定环在 F 头尾部处将同轴电缆固定于 F 头上。

⑤ 将多余的铜芯线头剪掉（与 F 头螺母平面齐平）。

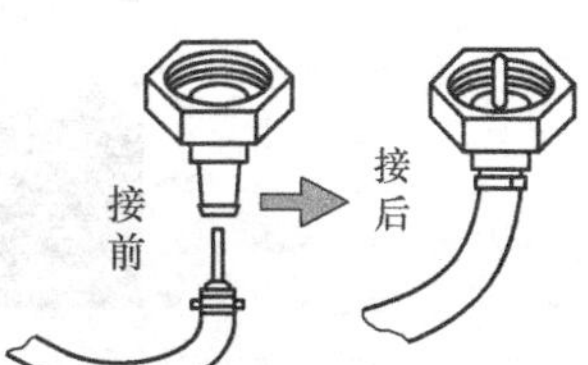

图 3-121　有线电视线缆 F 头的做法

在有线电视同轴电缆施工或维修中，因电缆长度不够需要接长时，一般都用双通接插件（俗称串接头）将两段电缆连接使用。由于在连接处操作不规范，信号故障屡见不鲜，常见的有以下几种。

1）电缆F头插入串接头时，因用力过猛将串接头内的弹簧片压瘪错位，使电缆芯线与弹簧片接触不良，尤其是馈电电缆易引起头子打火造成信号故障。

2）接头处电缆不留裕量，且接头位置任意留置，日久因电缆热胀冷缩或外力引起F头与电缆松脱，在看似一条直线的线路中接头处很容易被忽视，往往对故障原因造成错判，即使在查到接头时也因没有电缆裕量需重新做接头，当然比较困难。

3）电缆裕量不够或裕量过多，绑扎不牢固。一种做法是只留少数裕量，使盘圈半径过小，特别是-12电缆因其张力较大，常出现F头卡圈被弹出，使电缆屏蔽层脱离头子，致使低频段信号变劣；另一种则是裕量过多，十几圈电缆乱盘在一起，头子易随风摇动而被甩出。

4）接头处未用防水胶带密封，头子进水氧化，信号电平衰减增大。

根据上述情况，在连接电缆时，只要按以下方法操作，基本能消除故障。

① 电缆接头处一般应留在电杆旁或屋角等检修方便的位置，并留有足够裕量（视不同电缆规格不小于最小弯曲半径，一般能盘成3～4圈即够），如达不到理想的位置，则忍痛割爱剪去余缆，宁可多用几米接续部分的电缆。

② 做电缆F头必须仔细认真，将F头插入串接头时需对准弹簧芯片轻轻推入，确信插入正常后再用力旋紧F头。

③ 接头必须先用自粘性橡胶带作半搭式绕包作防水密封，在其外层再绕一层PVC胶粘带作保护层，以防止接头处进水。

④ 将余缆盘成圈，使其弯度不小于电缆的最小弯曲半径，然后用铁扎线成捆绑扎，在距串接头两端约 5cm 处一定要各绑扎一道，这样能使接头处的弧度与所盘余缆的弯度保持一体，F头就不会因电缆张力而弹出，最后将圈扎好的余缆在电杆线架或墙体上固定好不致摇摆即可。

（2）有线电视连接器的做法

首先剥去电缆的外层护套。在做这一步操作时，大家一定注意不要伤到屏蔽网，因为收视质量的好坏完全依赖于屏蔽网，如果镀锡屏蔽层损伤过大，会直接影响最终的收视结果。在工程量较多的时候，一定要注意不要只求速度不求质量。理想的状态应该如图3-122所示。

图3-122　同轴电缆外护套的剥离

然后将屏蔽层分散外折，如图3-123所示。

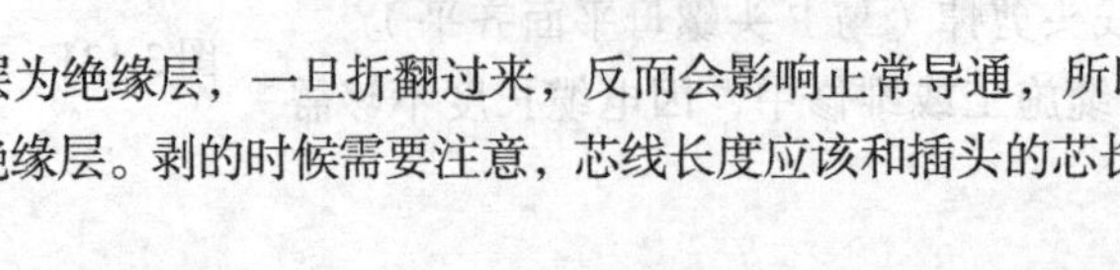

图3-123　屏蔽层分散并外折

铝复合薄膜由于内层为绝缘层，一旦折翻过来，反而会影响正常导通，所以这一段铝复合薄膜需要剪掉。然后剥去芯线的绝缘层。剥的时候需要注意，芯线长度应该和插头的芯长一致，如图3-124所示。

图 3-124　芯线长度应该和插头的芯长一致

接好插头，将铜芯用固定螺丝拧紧，并检查屏蔽层固定器是否与金属屏蔽丝良好接合，如图 3-125 所示中黑圈处。屏蔽层固定器在这里的作用是至关重要的，除了起到固定金属屏蔽丝的作用外，同时还是屏蔽层与插头的金属外壳相连接的桥梁，如图 3-125 所示中黑圈处。插头的金属外壳再与电视卡天线接口的金属外壳相接，连入电视卡的地。至此，一条完整的屏蔽通道完成，镀锡屏蔽网的外导电作用得以真正发挥。

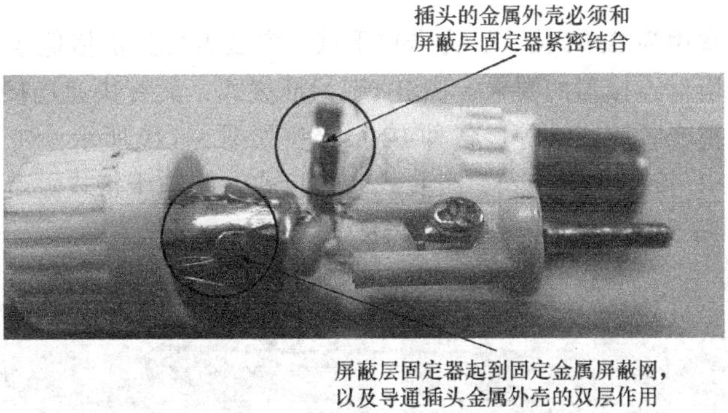

图 3-125　注意镀锡屏蔽网的外导电作用

最后的工作就是将插头拧紧，插头拧得牢固程度很重要。如果前面各步骤做得都非常好，绝缘层剥得也很够水平，金属屏蔽网也基本没有损伤，但使用效果就是不理想。往往动一动接线画面会突然变得很清晰，可手一松又不行了，问题就是由于插头没有拧紧，如图 3-126 所示。

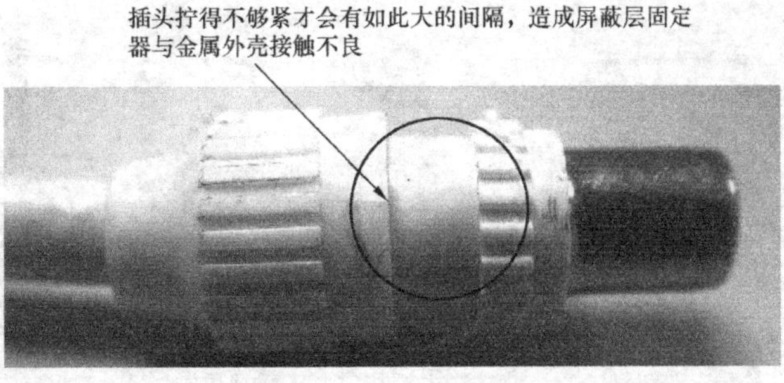

插头拧得不够紧才会有如此大的间隔，造成屏蔽层固定
器与金属外壳接触不良

图 3-126　插头的上下盖没有拧紧

像图 3-127 中这种松松地旋上几扣的做法，屏蔽层固定器与金属屏蔽网的结合肯定是似接非接，动一动线效果变好，手一松效果又不好了的现象也就不足为怪了。所以，最后一道工序也一定要做到位，千万别因为一点小小的疏忽而前功尽弃。制作标准的插头如图 3-127 所示。

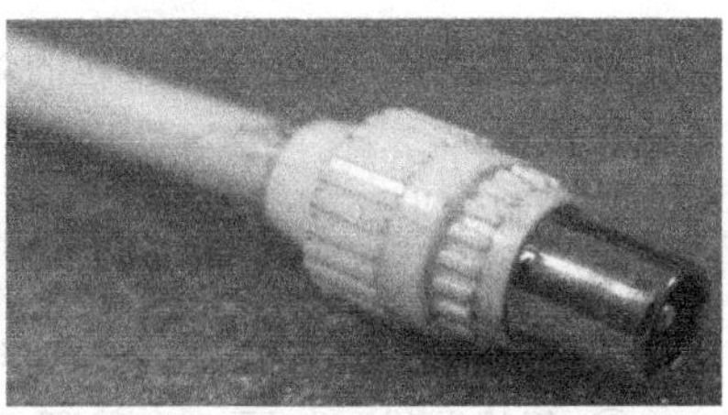

图 3-127　已经做好的标准的插头

2. 数据同轴电缆连接器的装配

数字配线架 DDF 侧常用同轴连接线器如图 3-128 所

示，L9（1.6/5.6）具有螺纹锁定机构射频同轴连接器、连接尺寸为 M9×0.5。L9 连接器的导体接触件材料为铍青铜，连接器内导体接触区域的镀金厚度不小于 2.0μm。L9 是国内的叫法，国际上称作 1.6/5.6 同轴连接器。

L9 头常见有 3 种规格，主要区别是配合使用的线缆口径大小不同。制作时注意各接头的口径大小。

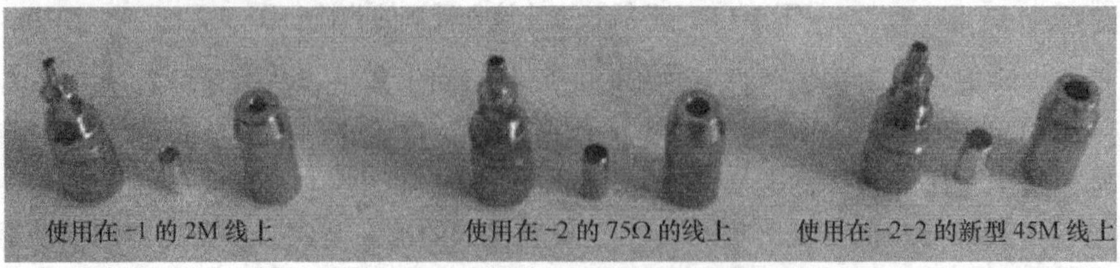

图 3-128　常见的数据同轴电缆连接器

适配器接口形式常用为 BNC 接头，为卡口形式，安装方便且价格低廉。SMA、TNC 为螺母连接，满足高振动环境对连接器的要求。SMB 则为插拔式，具有快速连接断开功能。还有用于同轴线的接头常见的视音频莲花头等。各种 BNC 接头如图 3-129 所示。

制作同轴电缆 BNC 接头有压接式、组装式和焊接式，制作压接式。

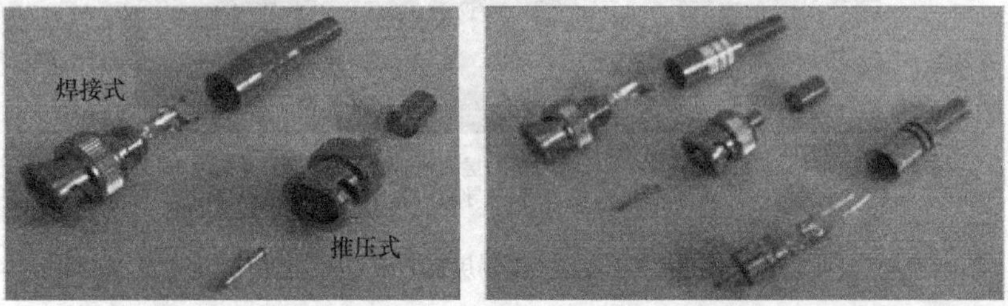

图 3-129　各种 BNC 接头

制作 BNC 接头需要专用工具，如图 3-130 所示：斜口钳、剥线钳、六角压线钳、烙铁、焊锡。

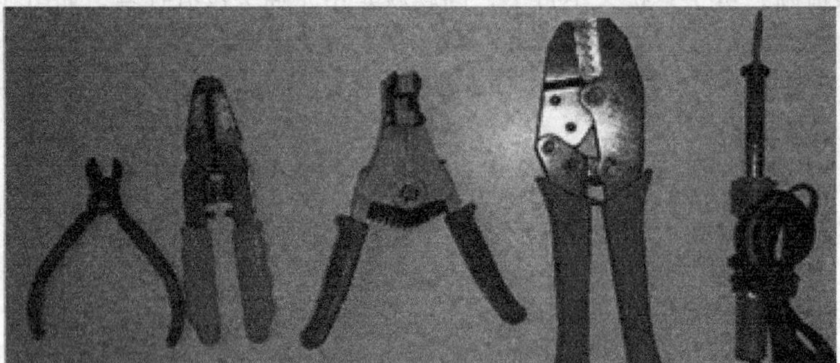

图 3-130　制作 BNC 接头专用工具

使用注意事项：使用带接地的烙铁并保证接地良好，或将要制作的电缆与设备分离，防止漏电烧坏设备。

接头制作步骤：

① 剥线。用小刀将同轴电缆外层保护胶皮剥去 1.5cm，如图 3-131 所示，小心不要割伤金属屏蔽线，再将芯线外的乳白色透明绝缘层剥去 0.6cm，使芯线裸露。

② 焊接芯线，如图 3-132 所示：依次套入电缆头尾套，压接套管，将屏蔽网（纺织线）往后翻开，剥开内绝缘层，露出芯线长 2.5mm，将芯线（内导体）插入接头，注意芯线必须插入接

的内开孔槽中，最后上锡。使用电烙铁焊接芯线与芯线插针，焊接芯线插针尾部的小孔中置入一点松香粉或中性焊剂后焊接，焊接时注意不要将焊锡流露在芯线插针外表面，否则会导致芯线插针报废。

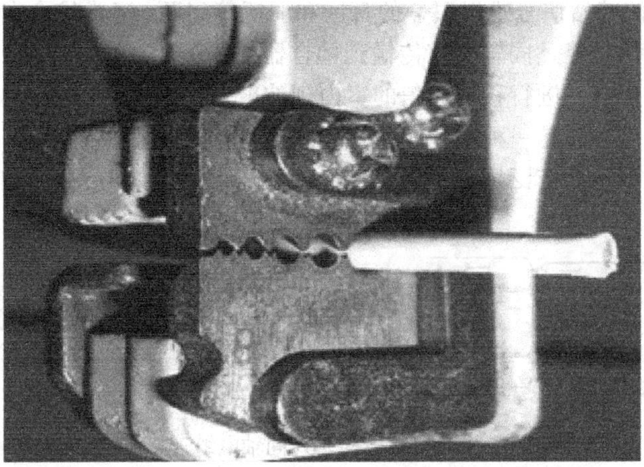

图 3-131　剥线

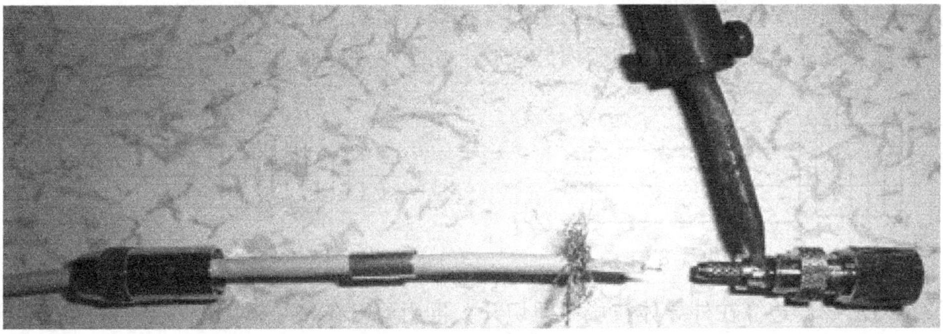

图 3-132　焊接

③ 装配 BNC 接头。连接好芯线后，先将屏蔽金属套筒套入同轴电缆，再将芯线插针从 BNC 接头本体尾部孔中向前插入，使芯线插针从前端向外伸出，最后将金属套筒前推，使套筒将外层金属屏蔽线卡在 BNC 接头本体尾部的圆柱体。

④ 压线。保持套筒与金属屏蔽线接触良好，用卡线钳上的六边形卡口用力夹，使套筒形变为六边形。重复上述方法，在同轴电缆另一端制作 BNC 接头即制作完成，如图 3-133 所示。使用前最好用万用电表检查一下，断路和短路均会导致无法通信，还有可能损坏网卡或集线器。

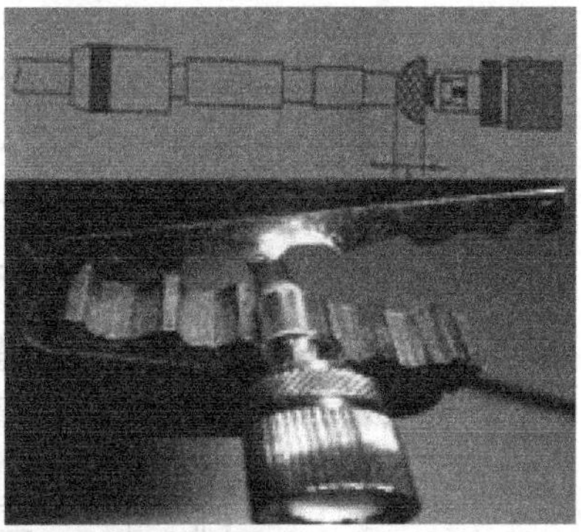

图 3-133　压线

制作组装式 BNC 接头需使用小螺丝刀和电工钳，按前述方法剥线后，将芯线插入芯线固定孔，再用小螺丝刀固定芯线，外层金属屏蔽线拧在一起，用电工钳固定在屏蔽线固定套中，最后将尾部金属拧在 BNC 接头本体上。

制作焊接式 BNC 接头需使用电烙铁，按前述方法剥线后，只需用电烙铁将芯线和屏蔽线焊接 BNC 头上的焊接点上，套上硬架料绝缘套和软架料尾套即可。

3. 粗同轴电缆连接器的装配

在综合大楼的布线工程中，如商场、宾馆、机场、码头、车站、体育馆、娱乐厅、地铁、隧道、高速公路、海岛等场所，为提高通信质量，优化网络结构，需要在上述场所安装移动通信直放站，以解决无线通信基站信号难以覆盖的盲区和弱区等问题。通常综合布线系统把室外移动通信信号源发出的射频信号经过同轴电缆传输到耦合器、功分器和室内天线，将信号均匀地分配到要覆盖区域的每一个角落，进行移动通信的室内延伸覆盖。

N系列射频同轴连接器是一种中型螺纹锁紧式连接器，使用频带宽，功率容量大，连接可靠，机械电气性能优越。该产品广泛用于武器系统、微波通信设备之中，连接部件如图 3-134 所示。

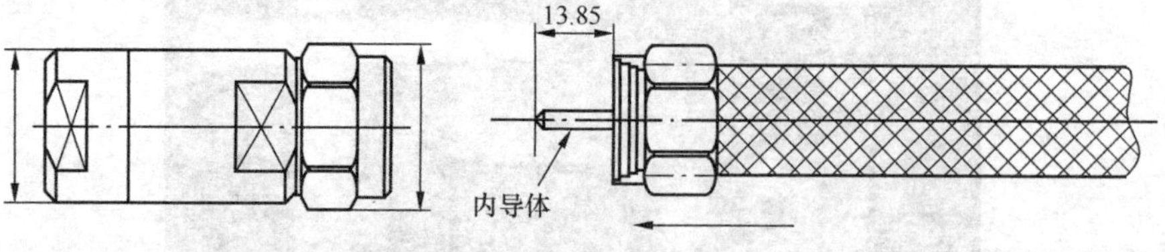

图 3-134　N 系列同轴电缆连接器

电缆接头装接制作步骤如下：

① 先将电缆端部整平，再用小刀剥去部分护套，如图 3-135 所示。

② 将螺套套在电缆外导体（螺套内硅橡胶上涂上少许硅脂），如图 3-136 所示。

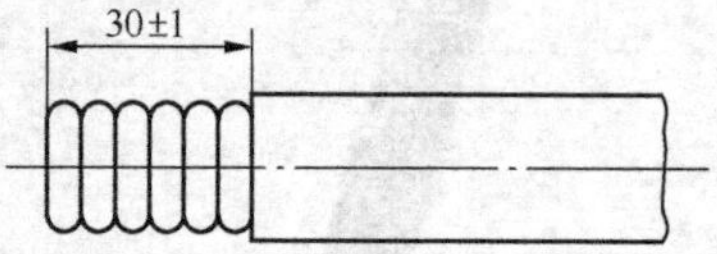

图 3-135　同轴电缆安装 1

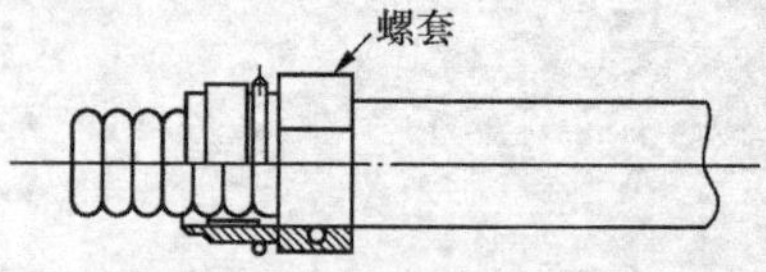

图 3-136　同轴电缆安装 2

③ 用刀沿螺套边缘在外导体波峰中间切开，再用剪刀在外导体上剪一轴向切口、用长嘴钳子扭绞去除，再用尖嘴钳沿外导体边沿向外扒一圈，使外导体呈喇叭口状，如图 3-137 所示。

④ 沿外导体端口环切泡沫介质，切口尽量接近内导体，但不要划伤内导体。用钳子将泡沫介质拔下，再用平锉除处去内导体末端毛刺，如图 3-138 所示。

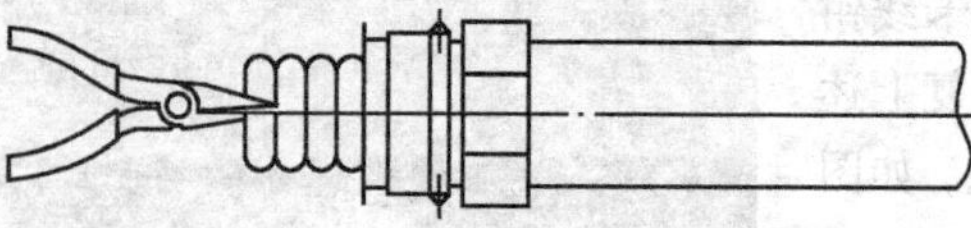

图 3-137　同轴电缆安装 3

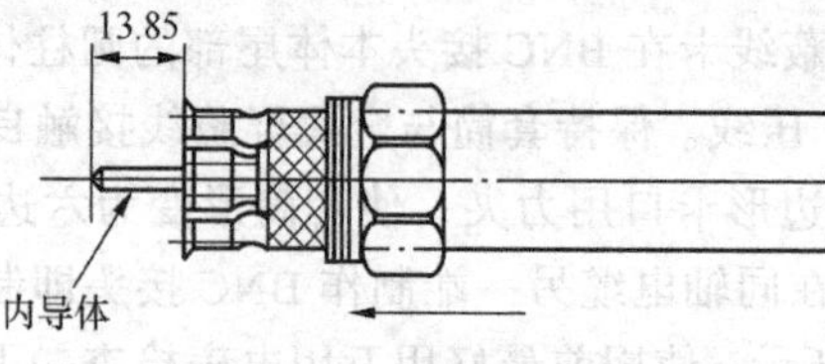

图 3-138　同轴电缆安装 4

⑤ 用高压气枪或毛刷清洁电缆内导体及附件，不能有铜屑、灰尘毛刺等。将电缆内导体插入外壳组件，与螺套配合板紧，如图 3-139 所示。

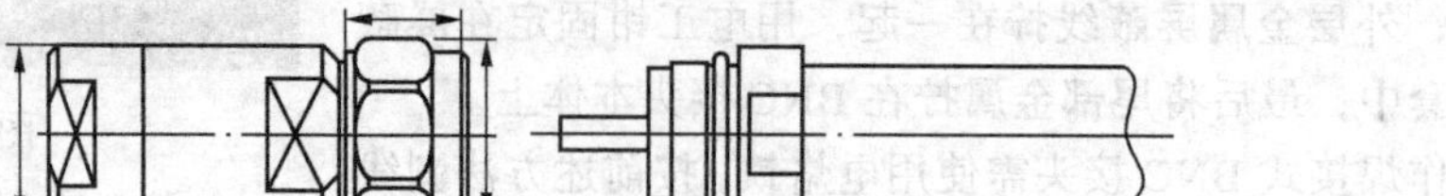

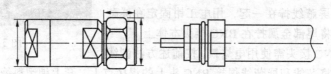

图 3-139　同轴电缆安装 5

4. 射频同轴电缆安装要求

射频同轴电缆安装要求如下。

（1）馈线、功分器、耦合器等元器件必须按照设计文件要求布放安装牢固。

（2）在馈线头制作后，与功分器、耦合器等元器件连接时馈线头不能有松动。

（3）走线必须横平竖直，不能有交叉、扭曲、裂损等情况。

（4）当馈线需要弯曲时，弯曲半径应符合最大弯曲半径要求，角度保持圆滑，如果馈线弯曲部分裸露在外面，要求在该部分套软管。

（5）馈线无论在吊顶上还是线井内都要用扎带或线卡固定，墙上线卡固定两点间距离不大于80cm。馈线末端扎线矩设备大于60cm，小于80cm。

（6）馈线应尽量在馈线井和天花吊顶内部布放，尽量避免馈线同消防管道或强电线槽一起走线，如若没有别的走线路径，非要和强电线槽一同走线，要将馈线套上PVC管并且放在强电线格外侧，绝对不能在强电线槽内走线。

（7）所有的馈线接头都得包上防水胶带。墙孔应用防水、阻燃的材料进行密封，并且保持墙孔的原样。

（8）暴露缆线通过高档房间区域、主机房、地下室、车库等，要用软金属管、PVC管或走线槽，并注意整齐美观，其转弯处要使用软管、蛇皮管或较金属管连接。

（9）每根馈线的两端都应贴正规标签。

（五）分配器和分支器

分配器和分支器都是同轴电缆中的无源网络设备，其主要功能为对下行信号进行功率分配，对上行信号进行汇集。使用分配器和分支器的电缆传输形式如图3-140所示。

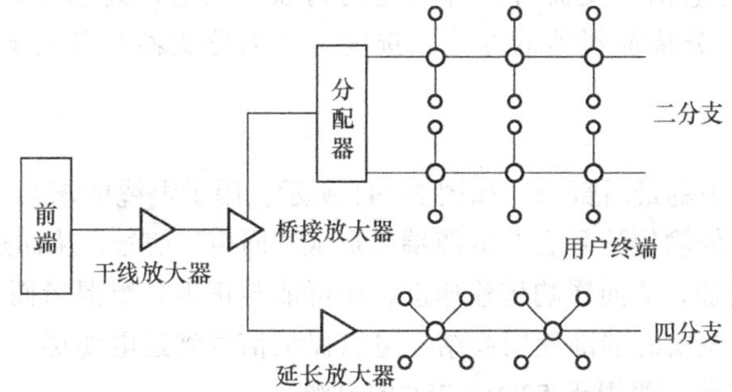

图3-140　使用分配器和分支器的电缆传输形式

1. 分配器原理

分配器是将下行信号均匀分成几路，在下行通道中起分路作用。常用的有二分配器（分两路）、三分配器（分三路）、四分配器（分四路）和六分配器（分六路）。

电视分配器是利用内部结构的电容和小磁性线圈，把通过分配器的电平信号适当衰减以增加稳定，使每个输出端口达到一定的损耗标准。在系统中总希望接入分配器损耗越小越好。分配损失 Ls 的多少和分配路数 n 的多少有关，在理想情况下 $Ls = 10\lg n$，当 $n = 2$ 时，二分配器分配损失为3dB。实际上除了等分信号的损失外，还有一部分是由于分配器件本身的衰减，所以实际值总比计算值要大。如二分配器分配损耗工程上常取值3.5dB，四分配器损失常取值8dB。相互隔离亦称分配隔离。如果在分配器的某一个输出端加入一个信号，该信号电平与其他输出端信号电平之差即是相互隔离，一般要求分配器输出端隔离度大于20dB。分配器输出端隔离度越大，则表示分配器各输出端之间的相互影响干扰越小。

2. 分支器原理

分支器是将下行信号不均匀分成几路，输出信号有主路输出和分支输出。主路输出衰减小，可持续进行再分配。分支输出有一系列的衰减量，供信号分配时选用。同时，将主路输出端和分支输出端的反向回传信号进行汇集。常用的有一分支器、二分支器、三分支器、四分支器和六分支器。

电视分支器实际是一种定向信号传输器件，内部装有定向耦合器，具有一分支、二分支、四分支、八分支等多种类型。分支器把一部分信号能量定向传送到分支端口（TAB），而余下的信号经输出端口（OUT）送往下一个分支器或分配器。分支器有良好的相互隔离性能和反向隔离性能，而且分支能量可控制，称为耦合量，每种类型又有多种规格。从4dB到30dB的耦合量能满足工程上的需要，在家庭装潢中常采用4dB、6dB的一分支代替二分配器，8dB或12dB的二分支器代替三分配器。当分配路数更多时，或发生变化需求增加路数时，采用分支器加分配器的方式更合理。

有线电视分配器和分支分配器配合使用在正常情况下，一般的家庭用分配器较多，每个输出口得到相同强度的信号，有较长的线路或者宾馆等地方，如果开户的终端数目较多，也就是入户的信号较强的话，一般分区域使用衰减由大到小的分支器，再配合使用分配器，使得每个终端，也就是电视机，得到基本相同强度的信号。

总之，分配路数越多，电缆越长，分到的信号就越小。为保证电平信号的稳定性，使输出端口保持正常的电平接收信号，一般从有线台的机房（称为前端）至小区采用光缆传输，进入小区之后采用同轴电缆传输。从前端一直到用户终端的标准输出电平信号为 70dB ± 5dB，允许有一定的电平信号变化，范围在 60 ~ 85dB。

选择电视分配器与电视分支器时，可事先用场强仪从电视终端接口测得电平信号。用反推计算、再查阅分支器分接损耗值的办法，选配合适的分支器与分配器，以减少电平输入的误差值。

3. 终结器

终结器是同轴电缆中的最后部分，如图3-141所示，用于电缆的末端。如果同轴电缆的各段端部没有使用终结器，传输的信号会在电缆端部形成“回声”信号，从而造成影子分组。影子分组会造成网络传输量增加，从而影响传输速度，还可能与正常分组混淆而造成数据冲突。在各电缆段的端部使用终结器可以保证信号到达电缆尽头时被销毁。注意，终结器一般用于50Ω或75Ω的电缆。

图3-141 终结器

4. 分配器和分支器安装要点

安装电视信号用的电视分配器和电视分支器有多种规格。分支器、分配器的内部是由一种叫“传输线变压器结构”的小磁性线圈构成的。当用万用表电阻挡测各端口与外壳之间电阻时，发现呈开路或短路状态，所以不能用万用表来判别分支器、分配器的好坏。分配器、分支器的工作频率有多种，凡是从5MHz开始的器件均是双向传输器件，常用到的有5 ~ 600MHz、5 ~ 1000MHz、950 ~ 2050MHz、950 ~ 2300MHz等。从实用性讲，5 ~ 600MHz的规格已可以用，而且价格低。凡是从40MHz开始的器件均是单向器件，不能进行双向信息传输，还有的器件标明是VHF、UHF或全频道字样，这些器件均是单向器件。极少数价格很低的产品，可能内部并没有线圈，应避免采用。

在有的产品上还标有EMI指标，即抗电磁干扰辐射。因为飞机的导航系统和有线传输的信号系统有相互接近的电磁波长，严重时甚至会导致机毁人亡。所以现在有些分配器或分支器上有EMI标志，分支器、分配器上凡印有EMI英文字样的为通过美国通信安全认证。一般大于90dB

的产品已足够家庭使用了，大于 110dB 的产品均是工程级使用的优秀产品。在电视信号分路时，采用分支器比分配器能得到更好的效果。

分配器和分支器安装时要注意：

（1）安装位置离进线电缆近好，但要避免潮湿。

（2）同轴电缆安装时应顺势松开，绝对避免扭曲、缠绕，以保持电缆的同心度。

（3）室内布线有长有短，短线应接分支端口（TAP），长线应接输出口（OUT），进线接输入口（IN），这样分配的信号均匀。由于信号定向传输，若接反了则不能达到分路目的。当分路数目多时，可以采用四分配器或四分支器，也可以采用二分支加分配器的形式，其具体接法如下：进线电缆接分支器输入端（IN），分支器输出端（OUT）接分配器的输入端（IN），其余端口通过电缆至电视机终端面板。分配器与分支器与电缆连接时要用 F 型连接器（电缆接头），安装终端面板时建议采用全屏蔽高压电容式终端。

三、任务分析

低速率电控信号电缆，同轴电缆接头装配方法分析

5 类线 4 对双绞线电缆做接头端接时，可以不用去除金属导线外绝缘层。采用专用工具压接一次同时完成芯线和接头的连接又完成了电缆外护层和水晶头外层的可靠压接。这样在外力拉动的作用下接头与电缆外护层不容易被分开影响内部接头。

低速率电控信号电缆的接头一般是用焊接来装配，有的是用金属螺丝锁紧在接线排上。用焊接的办法要注意焊接温度及时间的掌握，一定要避免线头外皮或底座被烫坏造成绝缘不良。用螺丝固定的用力不可太紧或太松避免滑丝或松动。

同轴电缆中间的芯线接头的焊接同样要避免线头外皮或底座被烫坏造成绝缘不良。如果中间的芯线是用模具压接，要选择与芯线线径相匹配的工具，保证压接可靠有效。同轴电缆外层多是用金属丝屏蔽网，如果是焊接，也有控制好温度的问题。如果非焊接要处理好多余金属丝的收尾，避免因金属丝引起的短路现象。屏蔽电缆要将接头的外壳与电缆屏蔽层接触良好并可靠接地。要注意不论任何种电缆中间都不要有接头，以免影响电缆的传输特性。

四、任务训练

一、填空题与选择题

1. 5 类 UTP 电缆用来支持带宽要求达到________的应用，超 5 类线的传输频率为________，而 6 类线支持的带宽为________，7 类线支持的带宽可以高达________。

2. 按照绝缘层外部是否有金属屏蔽层，双绞线可以分为________和________两大类。目前在综合布线系统中，除了某些特殊的场合，通常采用________。

3. 同轴电缆分成 4 层，分别由________、________、________和________组成。

4. 对于 50Ω 的基带同轴电缆，有________和________两种类型，________直径为 5mm，而________直径为 10mm。

5. 带宽在一定程度上体现了信道的传输性能，信道的带宽通常由（　　）等决定。

A. 传输介质　　　　B. 协议

C. 接口部件　　　　D. 传输信息的特性

6.（ ）在两个节点间一次传输只有一条通路，点和点之间可以进行双向的传输，既可正方向，也可反方向，但是一次传输只能有一个方向。

A. 单工通信方式　　B. 半双工通信方式
C. 全双工通信方式　　D. 以上答案都不对

7. 目前在网络布线方面，主要有3种双绞线布线系统在应用，即（ ）。

A. 4类布线系统　　B. 5类布线系统
C. 超5类布线系统　　D. 6类布线系统

8. 电缆的等级鉴定是建立在（ ）等各种指数之上的。

A. 电缆的可燃性　　B. 电缆的耐热性
C. 电缆的传输速度
D. 当电缆暴露在火焰中会散发出多少可见烟尘

9. 目前使用有线电视电缆进行模拟信号传输的同轴电缆系统被称为（ ）。

A. 基带同轴电缆　　B. 粗缆　　C. 宽带同轴电缆　　D. 细缆

二、问答题

1. 简述线缆与电线的区别。
2. 屏蔽双绞线和非屏蔽双绞线在性能和应用上有什么区别？
3. 有线电视的分支器和分配器有何区别？
4. 同轴电缆接头制作时，为什么多余的一段铝复合薄膜需要剪掉，而不能将多余的一段折翻过来？

项目四

综合布线光缆施工

光纤通信的发展从 1966 年“光纤之父”高锟博士首次提出利用石英玻璃可制成低损耗光纤的想法开始。1970 年，贝尔研究所林严雄研究出在室温下可连续工作的半导体激光器。1970 年，康宁公司研制出损耗为 20dB/km 光纤，使光纤进行远距离传输成为可能。1977 年，芝加哥开发了第一条 45Mbit/s 的商用线路。

随着综合布线的不断发展，光纤布线系统将成为发展方向。光纤本身传输信号的第 1 个优势是有很宽的带宽，基本上能够满足现在以及将来数据传输和视频传输对带宽的需求。目前包括电信部门、有线电视部门的运营商都建立了自己的宽带光纤网络。第 2 个优势是传输距离可以比较远，例如海底光缆和主干光缆，通过中继以后可以传输上千千米，这对于整个通信来说是非常有利的。第 3 个优势是在传输过程中，光纤对信息传输的稳定性、可靠性非常高。由于通过光的传输对于信息传递的稳定性很好，所以传得很远。第 4 个优势应该说是抗干扰能力强。通过光信号传输，光纤对于各种电磁干扰具有较好的屏蔽效果，基本上不会受到外界电磁干扰的影响，所以光纤与铜缆比较起来就具有很大的优势。

综合布线光缆的施工与铜缆施工有很多不同之处。电缆施工除了要保护电缆的良好绝缘，施工中还要保持双绞线电缆在出厂时的交叉指数。所以在施工中要善待双绞线电缆，不能太用力乱拉乱拽造，避免造成电缆长度的改变。在固定电缆和绑扎电缆时，也要考虑不要改变电缆内部的线对之间的相对位置，所以电缆在施工中不能随意地扭绞打结。电缆端头在成端时，还要注意不能过早地散开对绞的线对，要尽可能短的成端连接接头。双绞线电缆结构原理已经在上一章中已做过阐述。

光缆有重量轻，直径小，尺寸精度高的特点。比较脆弱，不可以随便打折，如果打折将造成永久性的损坏。这和电缆有很不一样的特性，施工中要特别注意。除此之外，光缆固定时不能让光缆的弯曲半径太小，光缆还怕水，要防止水的渗透，这些是本章将要阐述的内容。

任务 4.1　敷设光缆

【学习目标】

知识目标：了解各类线缆的结构和特性；掌握线缆布放的要求、步骤、线缆的处理方法及布线施工中的注意事项。

技能目标：学会光缆的架空、直埋、管道、桥架、管槽等不同环境不同通道的牵引、敷设、固定和成端。学会光缆的固定及弯角的处理。

一、任务导入

任务资料：

FTTH 入户光缆施工一般分为：准备、施工（包括敷设、接续）和完工测试 3 个阶段，工序流程如图 4-1 所示。

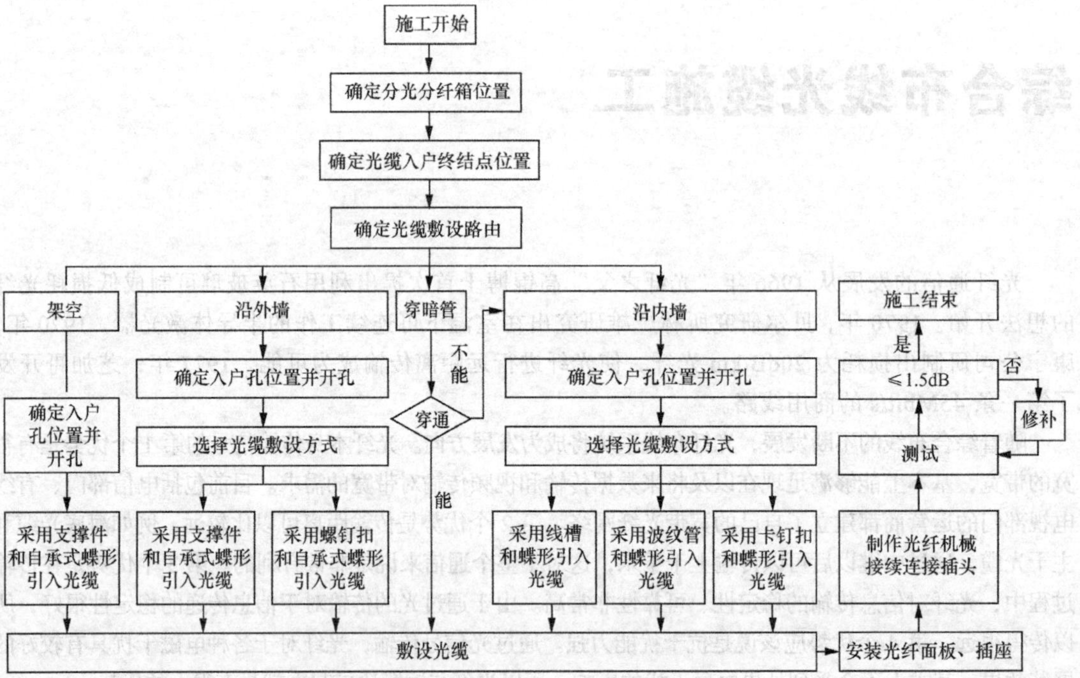

图 4-1　FTTH 入户光缆施工流程

蝶形光缆布放要求：蝶形光缆在弱电井中通过上下槽道进行布放通过暗管入户。在出槽道后，通过波纹管或网纹管保护。与铜质引入线相比较，蝶形引入光缆质量轻，能给施工带来便利，但由于光纤直径小，韧性差，因此又对施工工具仪表和施工技术提出了更高的要求，增加了施工难度。

蝶形光缆布放应使用光缆盘携带蝶形引入光缆，并在敷设光缆时使用放缆托架，使光缆盘能自动转动，以防止光缆被缠绕。蝶形引入光缆在进入用户暗管前必须全程做好保护，不得裸露。

在光缆敷设过程中，应严格注意光纤的拉伸强度、弯曲半径，避免光纤被缠绕、扭转、损伤和踩踏。皮线光缆的操作方法如图 4-2 所示。

敷设蝶形引入光缆的最小弯曲半径应符合：敷设过程中不应小于 30mm；固定后不应小于 15mm。在水平、垂直线槽中敷设光缆时，应对光缆进行绑扎。绑扎间距不宜大于 1.5m，间距应均匀，不宜绑扎过紧或使缆线受到挤压。蝶形引入光缆其拉伸力一般在 80N 左右，在暗管中穿放时宜涂抹滑石粉、油膏戒者润滑剂以减少摩擦。在镀锌暗管出入口、线槽开口以及其他易造成光缆损伤的拐弯处做保护。在入户光缆敷设过程中，如发现可疑情况，应及时对光缆进行检测，确认光纤是否良好。

蝶形光缆入户后，如建设单位要求布放至用户智能终端内，可先不做成端，则一般盘留 3～5m，以防交楼后用户要求移箱。成端留待二次施工时进行。需在盘留光缆上做好挂牌，如图 4-3 所示。

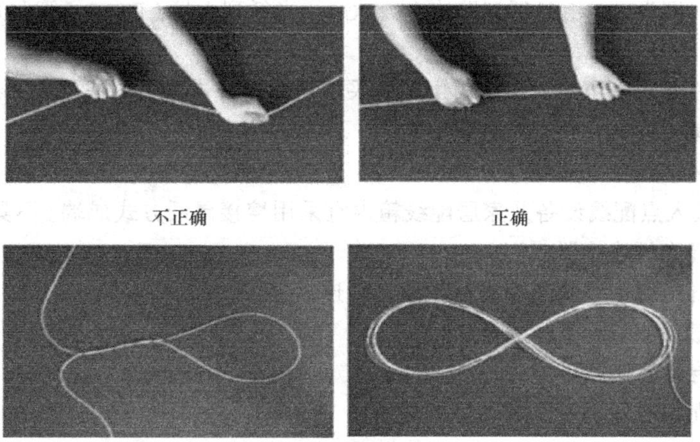

图 4-2　皮线光缆的拉伸与弯曲

蝶形光缆入户后，如建设单位要求用光纤面板，则插头连接的蝶形光缆应卡在固定槽里，盘 3 圈约 0.5m，如图 4-4 所示。

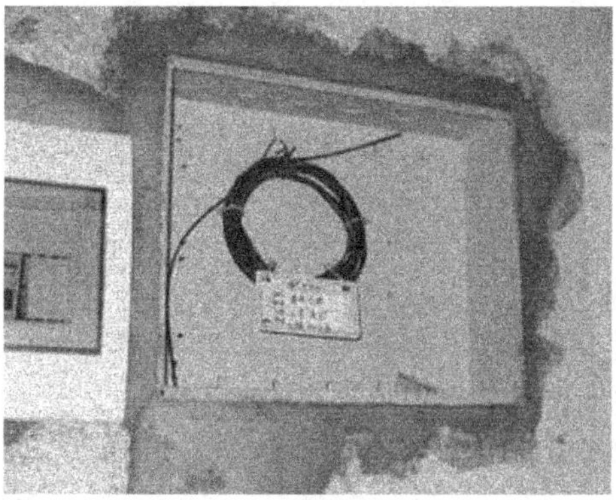

图 4-3　成端留待二次施工时需盘留光缆

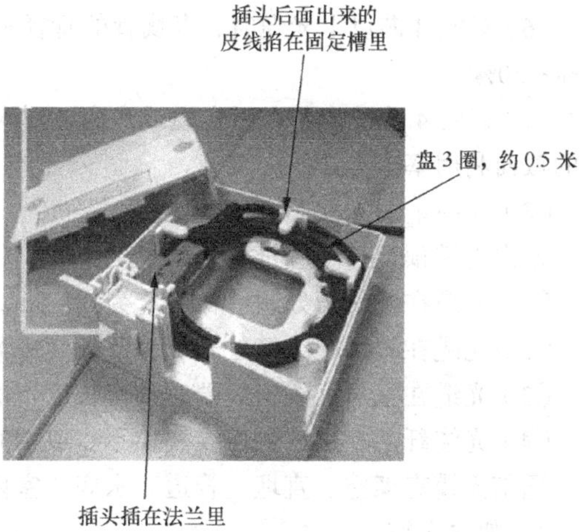

图 4-4　光纤面板

任务目标：

参加综合布线皮线光缆敷设工程，了解综合布线系统皮线光缆敷设的基本方法和流程。学会用拉线牵引光缆，学会整理、捆扎、固定光缆，学会光缆终端头的正确处理和端接，学会在光缆端头做标签。在实训墙上布放光纤入户皮线光缆如图 4-5 所示。

图 4-5　在综合布线实训墙上敷设皮线光缆

二、知识准备

（一）光缆线路敷设方式

通信光缆自 20 世纪 70 年代开始应用以来，已经发展成为长途干线、市内电话中继、水底和海底通信以及局域网、专用网等有线传输的骨干，并且已开始向用户接入网发展，由光纤到路边（FTTC）、光纤到大楼（FTTB）等向光纤到户（FTTH）发展。

用户光缆敷设要求：用户光缆路由中不应采用活动光纤连接器的连接方式。

用户光缆接续、成端宜符合下列规定：

（1）用户光缆接续宜采用熔接方式。

（2）在用户接入点配线设备及家居配线箱内宜采用熔接尾纤方式成端。不具备熔接条件时可采用现场组装预埋光纤连接器成端。

（3）每一光纤链路中宜采用相同类型的光纤连接器。

用户光缆的敷设应符合下列规定：

（1）宜采用穿导管暗敷设方式。

（2）应选择距离较短、安全和经济的路由。

（3）穿越墙体时应套保护管。

（4）采用钉固方式沿墙明敷时，卡钉间距应为200～300mm，对易触及的部分可采用塑料管或钢管保护。

（5）在成端处纤芯应作标识。

（6）穿放4芯以上光缆时，直线管的管径利用率应为50%～60%，弯曲管的管径利用率应为45%～50%。

（7）穿放4芯及4芯以下光缆或户内4对对绞电缆的导管截面利用率应为25%～30%，槽盒内的截面利用率虚为30%～50%。

（8）光缆金属加强芯应接地。

室内光缆预留长度应符合下列规定：

（1）光缆在配线柜处预留长度应为3～5m。

（2）光缆在楼层配线箱处光纤预留长度应为1～1.5m。

（3）光缆在家居配线箱成端时预留长度不应小于500mm。

（4）光缆纤芯在用户侧配线模块不作成端时，应保留光缆施工预留长度。

通信光缆有架空、直埋、管道、水底、室内等敷设方式。

1. 架空光缆

架空光缆是架挂在电杆上使用的光缆，这种敷设方式可以利用原有的架空明线杆路，节省建设费用，缩短建设周期。架空光缆挂设在电杆上，要求能适应各种自然环境。架空光缆易受台风、冰凌、洪水等自然灾害的威胁，也容易受到外力影响和本身机械强度减弱等影响，因此架空光缆的故障率高于直埋和管道式的光纤光缆。一般用于长途二级或二级以下的线路，适用于专用网光缆线路或某些局部特殊地段。

架空光缆的敷设方法有两种。

（1）吊线式：先用吊线紧固在电杆上，然后用挂钩将光缆悬挂在吊线上，光缆的负荷由吊线承载。如图4-6所示为光缆滑轮牵引架。

（2）自承式：用一种自承式结构的光缆，光缆呈“8”字型，上部为自承线，光缆的负荷由自承线承载。

2. 直埋光缆

这种光缆外部有钢带或钢丝的铠装，直接埋设在地下，要求有抵抗外界机械损伤的性能和防止土壤腐蚀的性能。要根据不同的使用环境和条件选用不同的护层结构，例如在有虫鼠害的地区，要选用有防虫鼠咬啮的护层的光缆。根据土质和环境的不同，光缆埋入地下的深度一般在 0.8 ~ 1.2m 之间。在敷设时，还必须注意保持光纤应变要在允许的限度内。如图 4-7 所示为光缆机械牵引示意图。

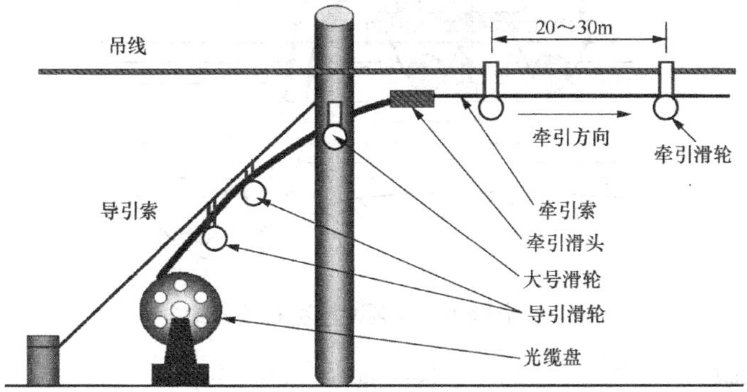

图 4-6　光缆滑轮牵引架设示意图

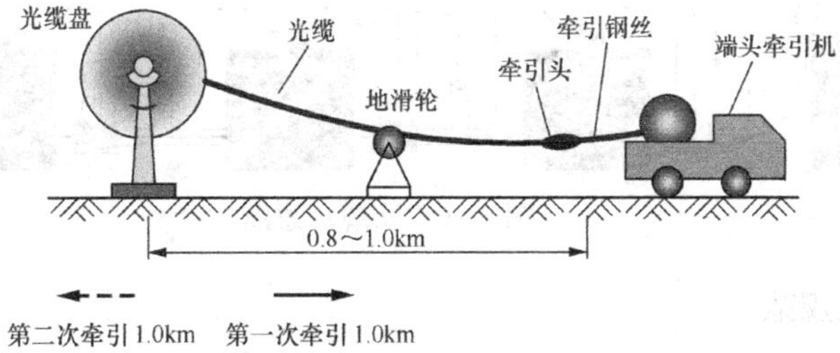

图 4-7　光缆机械牵引示意图

3. 管道光缆

管道敷设一般是在城市地区，管道敷设的环境比较好，因此对光缆护层没有特殊要求，无需铠装。管道敷设前必须选好敷设段的长度和接续点的位置。敷设时可以采用机械旁引或人工牵引。一次牵引的牵引力不要超过光缆的允许张力。制作管道的材料可根据地理选用混凝土、石棉水泥、钢管、塑料管等。如图 4-8 所示为管道光缆机械牵引示意图。

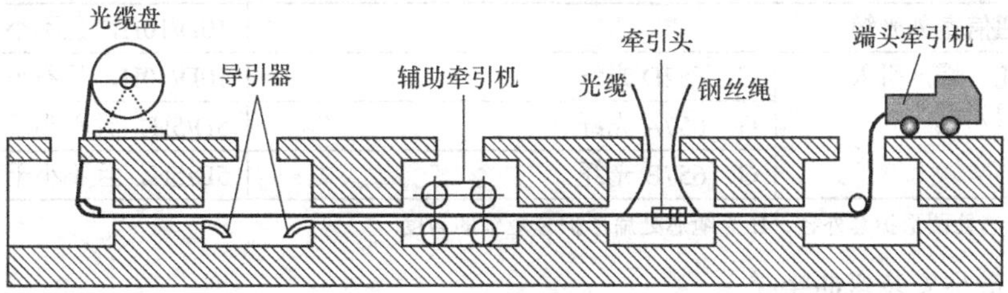

图 4-8　管道光缆机械牵引示意图

4. 水底光缆

水底光缆是敷设于水底穿越河流、湖泊和滩岸等处的光缆。这种光缆的敷设环境比管道敷设、直埋敷设的条件差得多。水底光缆必须采用钢丝或钢带铠装的结构，护层的结构要根据河流的水文地质情况综合考虑。例如在石质土壤、冲刷性强的季节性河床，光缆遭受磨损、拉力大的情况，不仅需要粗钢丝做铠装，甚至要用双层的铠装。施工的方法也要根据河宽、水深、流速、河床、流速、河床土质等情况进行选定，如图 4-9 所示为水泵冲槽法。

5. 吹光纤技术

光缆吹送是一种既安全又有效的光缆安装方法，适用于管道光缆的安装。如图 4-10 所示，所需设备有：吹缆机、空气压缩机、液压动力机、中段辅助器、压缩空气冷却机及其他组件。

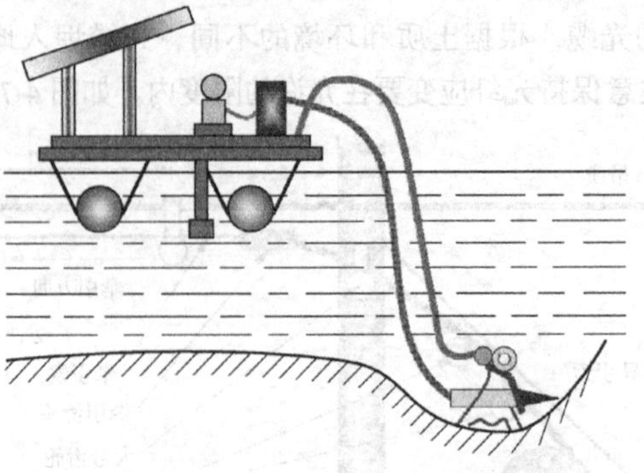

图 4-9　水泵冲槽法布放光缆

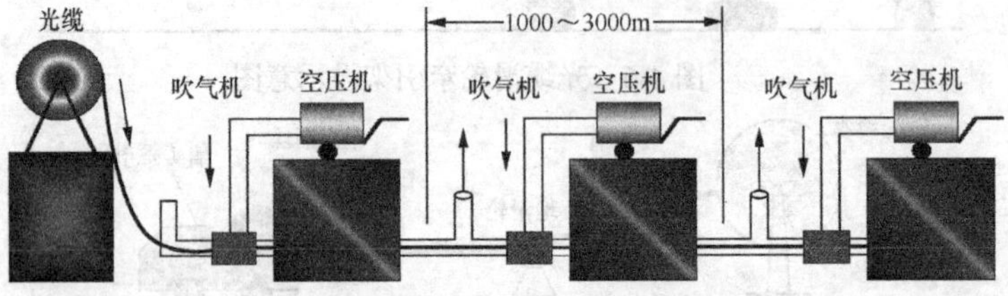

图 4-10　吹缆示意图

（二）光缆的敷设规范

1．长度及整体性

每条光缆长度要控制在 800m 以内，而且中间没有中继。

光缆敷设安装的最小曲率半径应符合表 4-1 的规定。

表 4-1　　光缆敷设安装的最小曲率半径

光缆类型		静态弯曲
室内、外光缆		15D/15H
微型自承式通信室外光缆		10D/10H，且不小于 30mm
管道入户光缆、蝶形引入光缆、室内布线光缆	G．652D 光纤	10D/10H，且不小于 30mm
	G．657A 光纤	5D/5H，且不小于 15mm
	G．657B 光纤	5D/5H，且不小于 10mm

注：D 为统芯处圆形护套外径，H 为缆芯处扁形护套短轴的高度。

2．光缆最小安装弯曲半径

在静态负荷下，光缆的最小弯曲半径是光缆直径的 10 倍；在布线操作期间的负荷条件下，例如把光缆从管道中拉出来，最小弯曲半径为光缆直径的 20 倍。对于 4 芯光缆，其最小安装弯曲半径必须大于 2 英寸（5.08cm）。应力是物质抵抗外界负荷时单位面积所受的内力，安装应力要求施加于 4 芯/6 芯光缆最大的安装应力不得超过 100 磅（45kg）。在同时安装多条 4 芯/6 芯光缆时，每根光缆承受的最大安装应力应降低 20%，例如对于 4×4 芯光缆，其最大安装应力为 320 磅（144kg）。

光纤跳线的安装拉力，光纤跳线采用单条光纤设计。双跨光纤跳线包含 2 条单光纤,它们被封装在一根共同的防火复合护套中。这些光纤跳线用于把距离不超过 100 英尺（30m）的设备互连起来。光纤跳线可分为单芯纤软线和双芯纤软线，其中单芯纤软线最大拉力为 27 磅（12.15kg），双芯纤软线最大拉力为 50 磅（22.5kg）。光纤端接要求将光纤与 ST 头进行熔接，然后与耦合器共同固定于光纤端接箱上，光纤跳线 1 头插入耦合器，1 头插入交换机上的光纤端口。

3. 光缆的户外施工

在山区、高电压电网区铺设时，要注意光纤中金属物体的可靠接地，一般应每千米有3个接地点，或者就选用非金属光纤。

较长距离的光缆敷设最重要的是选择一条合适的路径。这里不一定最短的路径就是最好的，还要注意土地的使用权、架设的或地埋的可能性等。必须要有很完备的设计和施工图纸，以便施工和今后检查方便可靠。施工中要时时注意不要使光缆受到重压或被坚硬的物体扎伤。光缆转弯时，其转弯半径要大于光缆自身直径的20倍。

（1）户外管道光缆施工

① 施工前应核对管道占用情况，清洗、安放塑料子管，同时放入牵引线。

② 计算好布放长度，一定要有足够的预留长度，详见表4-2。

表4-2　不同环境下光缆的留长

环境	光缆留长
自然弯曲增加长度（m/km）	5
人孔内拐弯增加长度（m/孔）	0.5～1
接头重叠长度（m/侧）	8～10
室（局）内预留长度（m）	15～20

注：其他余留按设计预留。

③ 一次布放长度不要太长（一般2km），布线时应从中间开始向两边牵引。

④ 布缆牵引力一般不大于120kg，而且应牵引光缆的加强心部分，并作好光缆头部的防水加强处理。

⑤ 光缆引入和引出处须加顺引装置，不可直接拖地。

⑥ 管道光缆也要注意可靠接地。

（2）建筑物内光缆的敷设

① 垂直敷设时，应特别注意光缆的承重问题，一般每两层要将光缆固定一次。

② 光缆穿墙或穿楼层时，要加带护口的保护用塑料管，并且要用阻燃的填充物将管子填满。

③ 在建筑物内也可以预先敷设一定量的塑料管道，待以后要敷射光缆时，再用牵引或真空法布光缆。

（3）光缆在楼内的敷设

① 高层建筑

如果本楼有弱电井（竖井），且楼宇网络中心位于弱电井（竖井）内，则光缆沿着在弱电井（竖井）敷设好的垂直金属线槽敷设到楼宇网络中心；否则（包括本楼没有弱电井或竖井的情况），光缆沿着在楼道内敷设好的垂直金属线槽敷设到楼宇网络中心。

② 光缆固定

在楼内敷设光缆时可以不用钢丝绳，如果沿垂直金属线槽敷设，则只需在光缆路径上每2层楼或每35英尺（10.5m）用缆夹吊住即可。如果光缆沿墙面敷设，只需每3英尺（1m）系一个缆扣或装一个固定的夹板。

③ 光缆的富余量

由于光缆对质量有很高的要求，而每条光缆两端最易受到损伤，所以在光缆到达目的地后，两端需要有10m的富余量，从而保证光纤熔接时将受损光缆剪掉后不会影响所需要的长度。

（三）光缆施工方法

布放光缆导管的管径应根据穿入管内的不同线缆确定。

穿放线缆的导管管径利用率的计算公式为：管径利用率$=D/D_1$ （1）

式中：D——线缆的外径； D_1——导管的内径。

穿放线缆的导管截面利用率的计算公式为：

截面利用率$=A/A_1$ （2）

式中：A——穿在导管内线缆的总截面积（包括导线绝缘层的截面）；

A_1—导管的内截面积。

在导管中布放的电缆为屏蔽电缆（具有总屏蔽和线对屏蔽层）、光缆为12芯及以上时，宜采用管径利用率进行计算，选用合适规格的导管。

在导管中布放的对绞电缆采用非屏蔽或总屏蔽4对对绞电缆及4芯以下光缆时，宜采用截面利用率公式进行计算，选用合适规格的导管。

1．管道建设方法

（1）驻地网管道：一般敷设1根110/100mm波纹管，多条光缆同孔穿放。采用集中分光模式组网时，由于光缆建设量较大，在配线光节点引出段可适当增加管孔容量。

（2）进出驻地网管道：一般采用1根七孔梅花管或1根110/100mm波纹管与管道相连接。

（3）小区配线光节点引出管道：一般敷设2～4根波纹管或七孔梅花管。

（4）单元引出管：从多媒体箱位置至楼道单元调节孔，在驻地网土建过程中预先敷设2根50mm塑管或钢管，便于缆线引入引出，单元引入管口应进行防火泥封堵（单元引出管通常由小区开发商负责建设）。

（5）管道路由：驻地网管走向以最省为原则。选定的管道路由对两边用户的覆盖要尽可能多，一般是以驻地网中心呈树形或星形分布。

（6）管道埋深：驻地网管道宜敷设在人行道或绿化带内，路面至管顶的最小深度应保证：绿化带内和人行道上不小于0.5m，车行道上不小于0.7m。管孔底净距不小于10cm。

（7）驻地网人手孔：驻地网人手孔的设置可根据光缆建设情况确定，在光缆接续的位置需设置SKL等能够满足接续条件的人手孔，其他位置可采用SSK手孔。

导管暗敷设宜采用钢管和硬质塑料管，埋设在墙体内的导管外径不应大于50mm，埋设在楼板垫层内的导管外径不应大于25mm，并应符合下列规定：

（1）导管直线敷设每30m处，应加装过路箱（盒）。

（2）导管弯曲敷设时，其路由长度应小于15m，且该段内不得有S弯。连续弯曲超过2次时，应加装过路箱（盒）。

（3）导管的弯曲部位应安排在管路的端部，管路夹角不得小于90°。

（4）导管曲率半径不得小于该管外径的10倍，引入线导管弯曲半径不得小于该管外径的6倍。

（5）导管内宜穿放不少于一根带线，带线中间不得有接头。

2．无固定桥架的光缆固定方法

（1）架空，U形铁挂钩，带塑料包皮的金属丝如钢绞线。

（2）沿墙壁，U形铁卡子。

（3）楼内，U形铁卡子，U形塑料卡子，扎带。

3．有固定桥架的光缆固定方法

（1）使用塑料扎带由光缆的顶部开始将干线光缆扣牢在电缆桥架上。

（2）由上往下地在指定间隔（每 5.5m）安装扎带，直到干线光缆被牢固地扣好为止。

（3）检查光缆外套有无破损，盖上桥架的外盖。

（4）机房机架顶部光缆专用通道的安装如图 4-11 所示。

图 4-11　光缆专用通道的安装

4. 光缆在光配线箱的固定

光缆敷设好后，在设备间和楼层配线间将光缆捆扎在一起，然后才可进行光纤连接。可以利用光纤端接装置、光纤耦合器、光纤连接器面板来建立模块组合化的连接。当辐射光缆工作完成后，及光纤交连和在应有的位置上建立互连模组以后，就可以将光纤连接器加到光纤末端上，并建立光纤连接。最后，通过性能测试来检验整体通道的有效性，并为所有连接加上标签。综合布线系统的交接硬件采用光缆部件时，设备间可作为光缆主交接场的设置地点。干线光缆从这个集中的端接设备进出点出发延伸到其他楼层，在各楼层经过光缆及连接装置沿水平方向分布光缆。

室外光缆和室内光缆是通过在建筑物线缆入口区安装的光缆设备箱进行端接的，这便于光缆的终接和接地，室外光缆的固定和接地如图 4-12 所示。光纤配线架可适用于光缆的接头和直线通过。壁挂式光纤配线架适合于光纤接入网中的光纤终端接点，集光纤的熔和配线为一体，并可实现光纤的直通和盘储。壁挂式光纤配线架如图 4-13 所示。

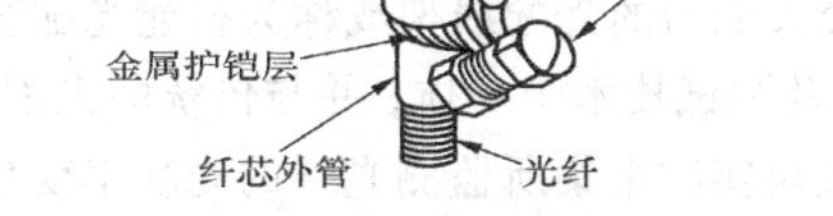

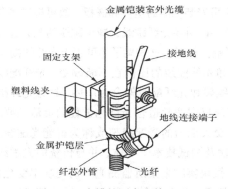

图 4-12　光缆的固定和接地

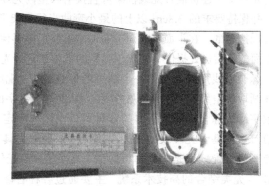

图 4-13　壁挂式光纤配线架

适用于楼层间传输的小容量光纤配线架如图 4-14（a）所示，适用于建筑物设备间的中小容量的光纤配线架如图 4-14（b）所示，它们都适合于任何形式机房安装使用。

各种光缆的接续应采用通用光缆盒，为束状光缆、带状光缆或跨接线光缆的接合处提供可靠的连接和保护外壳。通用光缆盒提供的光缆入口应能同时容纳多根建筑物布线光缆。光纤配线设备作为光纤线路关键连接技术设备之一，主要有室内配线和室外配线两大类。其中，室内配线包括机架式（光纤配线架、混合配线架）、机柜式（光纤配线柜、混合配线柜）和壁挂式（光纤配线箱、光缆终端盒、综合配线箱），室外配线设备包括光缆交接箱、光纤配线箱、光缆接续盒。这些配线设备主要由配线单元、熔接单元、光缆固定开剥保护单元、存储单元及连接器件组成。综合配线产品还包含有相应的数字配线架模块和音频配线模块。

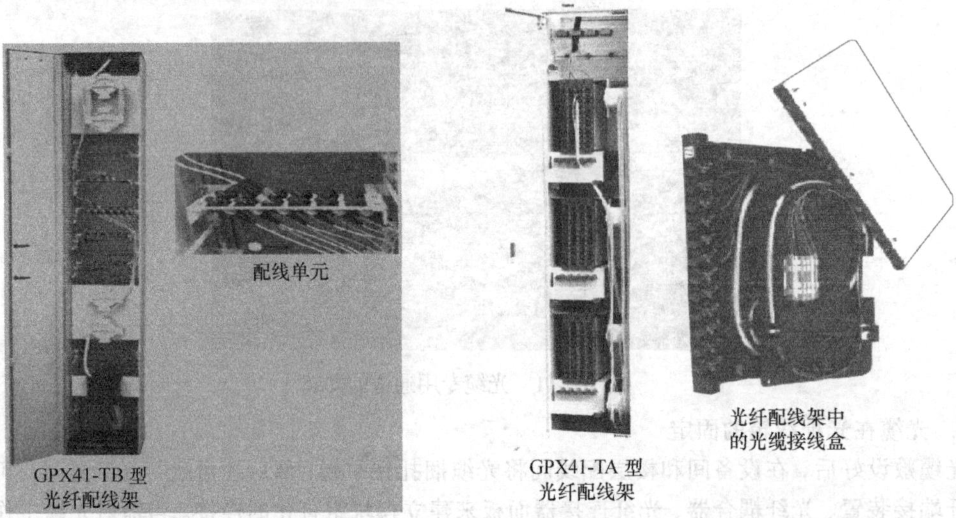

（a）小容量光纤配线架　　（b）中小容量光纤配线架

图 4-14　光纤配线架

光纤交叉连接系统由光纤交叉接线架及上述有关的光纤配线设备组成。光纤交叉连接架的框架利用大小不同的凸缘网格架来组成框架结构，装有靠螺栓固定的夹子，以便引导和保护光缆，各种模块化的搁板可以容纳所有的光缆、连接器和接合装置，同时也可以把要选择安装的设备灵活地安装在此框架内，如光纤数字综合配线架以及上面介绍的各种光纤配线设备等。装上了模块化搁板的光纤交叉连接框架可以成排装在一起，或者逐步增加而连成一排，用于连接各控制点。

光纤交叉连接混合配线框架可直接引入室内光缆到此类架子上去。该架还能存放光纤的松弛部分，并保持要求的 3.8cm 以上的最小弯曲半径。架子上可安装标准的组件和嵌板，故可提供多条光纤的端接容量。在正面（前面）通道中吊装上塑料保持环以引导光纤跳线，减少跳线的张力强度。在正面的前面板处提供有格式化标签的纸用来记录光纤端接位置。这些架子还可用于光纤的接续。

综合布线用到光缆是一个渐进的过程，电缆配线和光纤配线的比例在不断改变，光纤配线正在逐渐取代电缆配线。光纤数字综合配线架将数字配线架和光纤配线架合为一体，具有光纤配线和数字配线综合功能，各自的容量可以由用户确定，所以它非常适合光纤化进程的灵活性要求。目前有一种基于光纤级的交叉连接，可以理解为具有交叉能力的光配线架或称为智能光配线架。智能型光纤配线架是集计算机通信、自动控制、光传输及测试技术于一体，并与传统的光配线架（ODF）完美结合的高技术系统，主要通过各种智能化模块实时采集所监测光纤的光功率变化值，并上报各级网管中心。当发现告警时智能型光纤配线架迅速发出告警信息，及时准确地排除光缆线路故障，从而有效地压缩了障碍历时。同时，智能型光纤配线架也可以预报传输系统物理线路的故障隐患，通过统计分析光缆性能，为管理人员提供决策依据。有的智能型光纤配线架还提供与本地光纤通信设备网管系统的标准接口，可以在网管系统上设置光路由地址表，使配线架的任何故障都处于监视之中，甚至在出现故障时具有远程呼叫的功能。

5. 光缆开天窗技术

开天窗技术是指松套层绞式光缆布入到单元楼道的引入光节点后，只将部分纤芯断开与皮线光缆熔接或成端，剩余纤芯、松套管仍保持连接状态，如图 4-15 所示。开天窗技术可以减少光缆熔接，降低工程造价及链路衰耗，并通过减少手孔内接头降低手孔的规格尺寸。开天窗技术在多层、小高层场景下可广泛应用。开天窗的步骤如图 4-16、图 4-17 和图 4-18 所示。

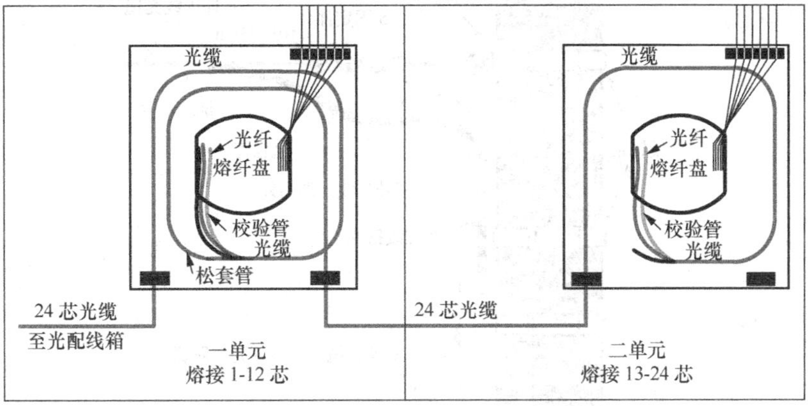

图 4-15 FTTH 光缆开天窗示意图

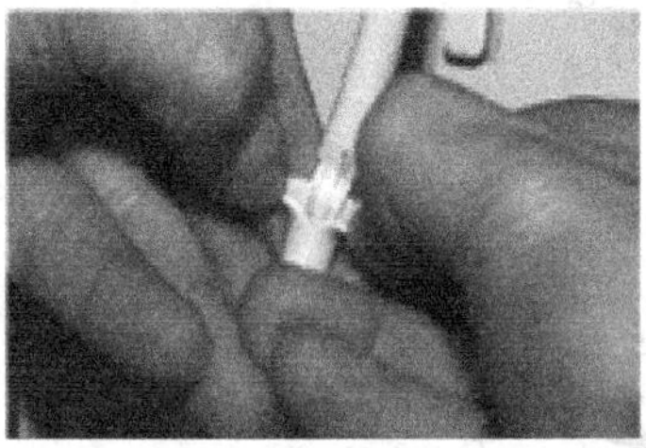

图 4-16 光缆纵剖

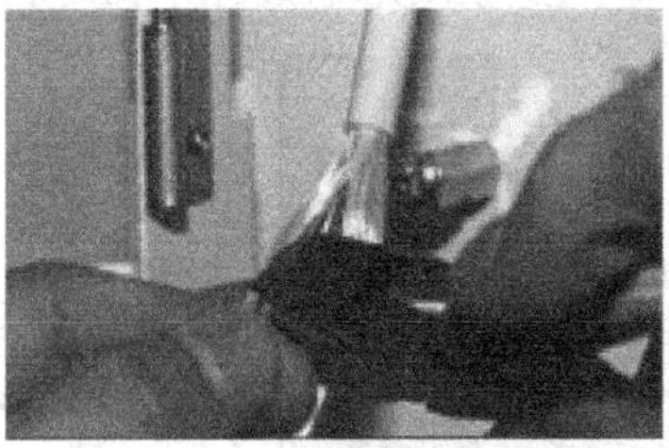

图 4-17 剪断相应纤芯

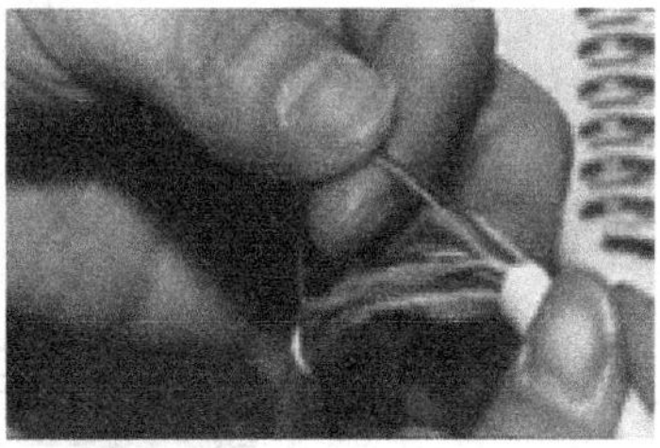

图 4-18 抽出纤芯

光缆掏接注意事项：

“掏接”也称“开天窗”，即是将一条光缆纵剖，露出裸光纤，将其中几芯断开与分歧缆接续盘留，剩余纤芯不得受损，“掏接”要注意以下几点：

（1）“掏接”宜采用室内分支型光缆或中心束管式光缆。

（2）光缆的纵剖长度必须有利于纤芯的盘留。

（3）从光缆中掏接光纤时不得对直通光纤造成损伤；直通光纤在光缆接续处需预留时，宜与分歧接续的光纤分开盘留。

（四）皮线光缆敷设

1. 皮线光缆架空敷设要点

（1）确定光缆的敷设路由，并勘察路由上是否存在可利用的用于已敷设自承式蝶形引入光缆的支撑件，一般每个支撑件可固定 8 根自承式蝶形引入光缆。

（2）根据装置牢固、间隔均匀、有利于维修的原则选择支撑件及其安装位置。

（3）采用紧箍钢带与紧箍夹将紧箍拉钩固定在电杆上；采用膨胀螺丝与螺钉将 C 形拉钩固定在外墙面上，对于木质外墙可直接将环型拉钩固定在上面。

（4）分离自承式蝶形引入光缆的吊线，并将吊线扎缚在 S 固定件上，然后拉挂在支撑件上，当需敷设的光缆长度较长时，宜选择从中间点位置开始布放，如图 4-19 和图 4-20 所示。

（5）用纵包管包扎自承式蝶形引入光缆吊线与 S 固定件扎缚处的余长光缆。

（6）自承式蝶形引入光缆与其他线缆交叉处应使用缠绕管进行包扎保护。

（7）在整个布缆过程中应严禁踩踏或卡住光缆，如发现自承式蝶形引入光缆有损伤，需考虑重新敷设。

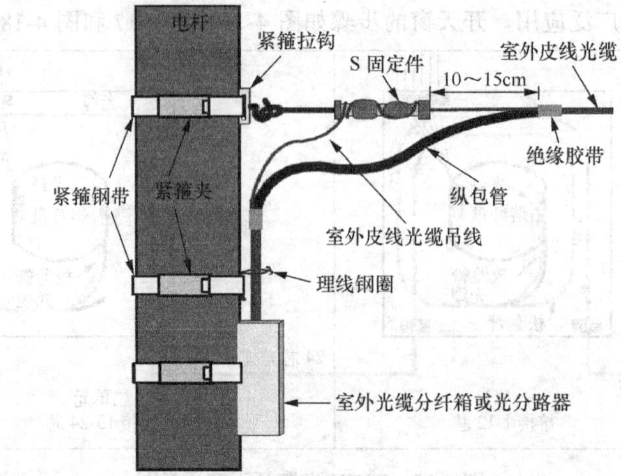

图4-19　室外皮线光缆敷设在杆路终结处示意图

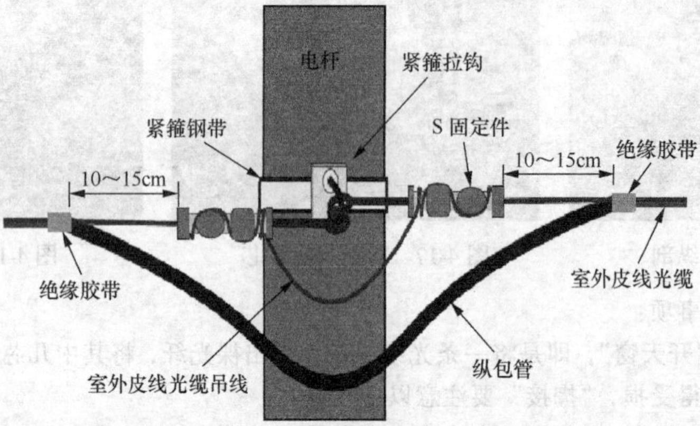

图4-20　室外皮线光缆敷设在杆路中间处示意图

2. 沿建筑物外墙、室外钉固布缆施工要点

（1）选择皮线光缆钉固路由，一般皮线光缆宜钉固在隐蔽且人手较难触及的墙面上。

（2）在室内钉固皮线光缆应采用卡钉扣；在室外钉固室外皮线光缆应采用螺钉扣。

（3）在安装钉固件的同时，可将皮线光缆固定在钉固件内，由于卡钉扣和螺钉扣都是通过夹住皮线光缆外护套进行固定的，因此在施工中应注意一边目视检查，一边进行皮线光缆的固定，必须确保皮线光缆无扭曲，且钉固件无挤压在皮线光缆上的现象发生，如图4-21所示。

（4）在墙角的弯角处，皮线光缆需留有一定的弧度，从而保证皮线光缆的弯曲半径，并用套管进行保护。严禁将皮线光缆贴住墙面沿直角弯转弯。

（5）采用钉固布缆方法时，需特别注意皮线光缆的弯曲、绞结、扭曲、损伤等现象。

（6）皮线光缆布放完毕后，需全程目视检查皮线光缆，确保皮线光缆上没有外力的产生。

（7）皮线光缆在户外采用沿建筑物外墙、室外钉固敷设时，应将皮线光缆的钢绞线适当收紧承受拉力，拉伸力不应超过皮线光缆的额定拉伸力值，并按要求固定钢绞线牢固，如图4-22所示。

3. 皮线光缆经敷设暗管、线槽、室内/外钉固等形式到达住户室外时，采用墙体开挖与皮线光缆穿放形式入户

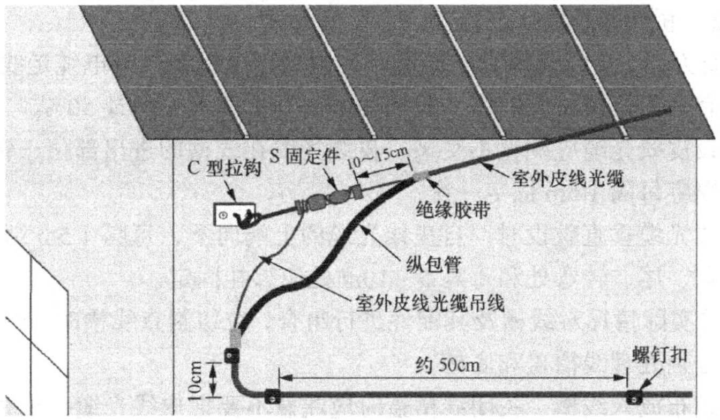

图 4-21　室外皮线光缆敷设在建筑物外墙处示意图

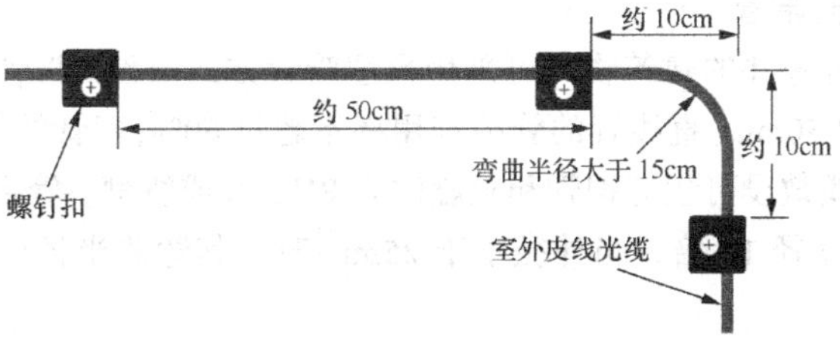

图 4-22　室外皮线光缆钉固示意图

（1）根据入户皮线光缆的敷设路由，确定其穿越墙体的位置。一般宜选用已有的弱电墙孔穿放皮线光缆，对于没有现成墙孔的建筑物，应尽量选择在隐蔽且无障碍物的位置开启过墙孔。

（2）判断需穿放皮线光缆的数量（根据住户数），选择墙体开孔的尺寸，一般直径为 10mm 的孔可穿放 2 条皮线光缆。

（3）根据墙体开孔处的材质与开孔尺寸选取开孔工具（电钻或冲击钻）以及钻头的规格。

（4）为防止雨水的灌入，应从内墙面向外墙面并倾斜 10° 进行钻孔，如图 4-23 所示。

（5）墙体开孔后，为了确保钻孔处的美观，内墙面应在墙孔内套入过墙套管或在墙孔口处安装墙面装饰盖板。

（6）如所开的墙孔比预计的要大，可用水泥进行修复，应尽量做到洞口处的美观。

（7）将皮线光缆穿放过孔，并用缠绕管包扎穿越墙孔处的皮线光缆，以防止皮线光缆裂化。

（8）皮线光缆穿越墙孔后，应采用封堵泥、硅胶等填充物封堵外墙面，以防雨水渗入或虫类爬入。

（9）皮线光缆穿越墙体的两端应留有一定的弧度，以保证皮线光缆的弯曲半径。

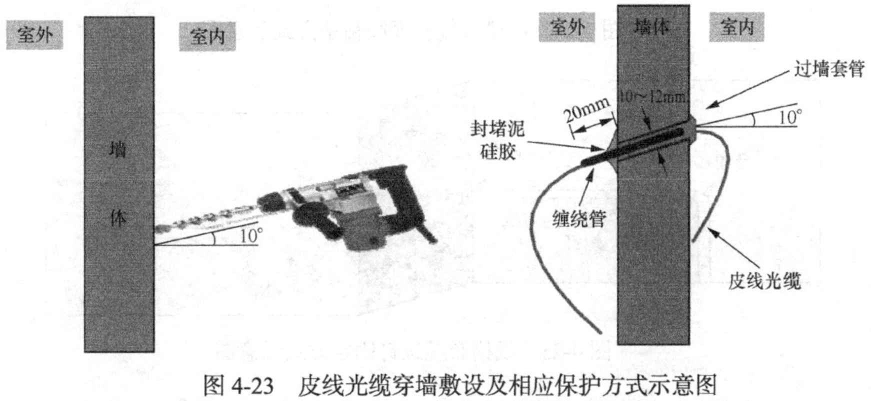

图 4-23　皮线光缆穿墙敷设及相应保护方式示意图

4. 已安装线槽、桥架布缆施工要点

（1）在楼内垂直方向，皮线光缆宜在弱电竖井内采用电缆桥架或电缆走线槽方式敷设，电缆桥架或电缆走线槽宜采用金属材质制作，线槽的截面利用率不应超过 50%。

（2）线槽内敷设皮线光缆应顺直不交叉，皮线光缆在线槽的进出部位、转弯处应绑扎固定；垂直线槽内皮线光缆应每隔 1.5m 固定一次。

（3）桥架内皮线光缆垂直敷设时，自皮线光缆的上端向下，每隔 1.5m 绑扎固定，水平敷设时，在皮线光缆的首、尾、转弯处和每隔 5 ~ 10m 处应绑扎固定。

（4）根据现场的实际情况对线槽及其配件进行组合，在切割直线槽时，由于线槽盖和底槽是配对的，一般不宜分别处理线槽盖和底槽。

（5）把皮线光缆布放入线槽，关闭线槽盖时应注意不要把皮线光缆夹在底槽上。

5. 无线槽、桥架、暗管布缆施工要点

（1）打楼板洞、敷设暗管

新建住宅楼，在没有竖井的建筑物内可采用预埋暗管方式敷设，暗管宜采用钢管或阻燃硬质 PVC 管，管径不宜小于 ϕ50mm。直线管的管径利用率不超过 60%，弯管的管径利用率不超过 50%。在楼内水平方向皮线光缆敷设可预埋钢管和阻燃硬质 PVC 管或线槽，管径宜采用 ϕ15 ~ ϕ25mm，暗管的弯曲半径应大于管径 10 倍，当外径小于 25mm 时，其弯曲半径应大于管径 6 倍，弯曲角度不得小于 90°。

（2）敷设线槽

新建住宅楼，在没有竖井的建筑物内可采用沿墙敷设线槽。为了不影响美观，皮线光缆应尽量沿踢脚线、门框等布放线槽，并选择弯角较少，且墙壁平整、光滑的路由（能够使用双面胶固定线槽），如图 4-24、图 4-25、图 4-26 和图 4-27 所示。线槽内敷设皮线光缆应顺直不交叉，皮线光缆在线槽的进出部位、转弯处应绑扎固定；垂直线槽内皮线光缆应每隔 1.5m 固定一次。根据现场的实际情况对线槽及其配件进行组合，在切割直线槽时，由于线槽盖和底槽是配对的，一般不宜分别处理线槽盖和底槽。

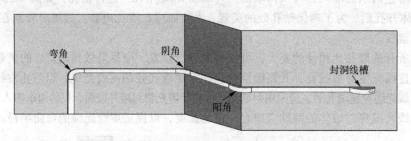

图 4-24　线槽布缆双面胶粘贴方式示意图

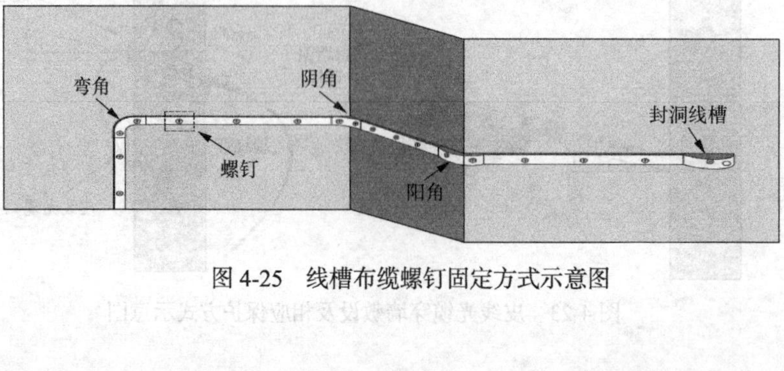

图 4-25　线槽布缆螺钉固定方式示意图

图 4-26　沿地角线上方布放走线槽

图 4-27　沿着墙角布放波纹管

（3）敷设波纹管

选择波纹管布放路由，波纹管应尽量安装在人手无法触及的地方，且不要设置在有损美观的位置，一般宜采用外径不小于 25mm 的波纹管。确定过路盒的安装位置，在住宅单元的入户口处以及水平、垂直管的交叉处设置过路盒；当水平波纹管直线段长超过 30m 或段长超过 15m 并且有 2 个以上的 90° 弯角时，应设置过路盒。安装管卡并固定波纹管，在路由的拐角或建筑物的凹凸处，波纹管需保持一定的弧度后安装固定，以确保皮线光缆的弯曲半径和便于皮线光缆的穿放。过路盒内的皮线光缆不需留有余长，只要满足皮线光缆的弯曲半径即可，如图 4-28 所示。

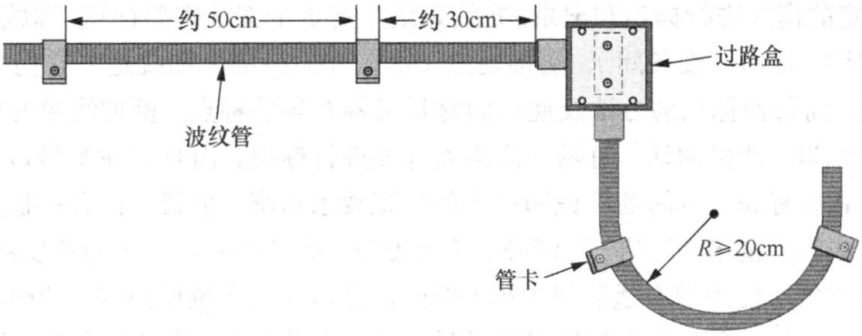

图 4-28　波纹管固定示意图

6. 穿放暗管布缆施工要点

（1）根据设备（光分路器、ONU）的安装位置，以及入户暗管和户内管的实际布放情况，查找、确定入户管孔的具体位置。

（2）先尝试把皮线光缆直接穿放入暗管，如能穿通，即穿缆工作结束，至步骤（8）。

（3）无法直接穿缆时，应使用穿管器。如穿管器在穿放过程中阻力较大，可在管孔内倒入适量的润滑剂或者在穿管器上直接涂上润滑剂，再次尝试把穿管器穿入管孔内，如能穿通，至步骤（6）。

（4）如在某一端使用穿管器不能穿通的情况下，可从另一端再次进行穿放，如还不能成功，应在穿管器上做好标记，将牵引线抽出，确认堵塞位置，重新确定布缆方式。

（5）当穿管器顺利穿通管孔后，把穿线器的一端与皮线光缆连接起来，制作合格的皮线光缆牵引端头（穿管器牵引线的端部和皮线光缆端部相互缠绕 20cm，并用绝缘胶带包扎，但不要包得太厚），如在同一管孔中敷设有其他线缆，宜使用润滑剂，以防止损伤其他线缆。

（6）将皮线光缆牵引入管时的配合是很重要的，应由二人进行作业，双方必须相互间喊话，例如牵引开始的信号、牵引时的互相间口令、牵引的速度以及皮线光缆的状态等。由于牵引端的作业人员看不到放缆端的作业人员，所以不能勉强硬拉皮线光缆。

（7）将皮线光缆牵引出管孔后，应分别用手和眼睛确认皮线光缆引出段上是否有凹陷或损伤，如果有损伤，则放弃穿管的施工方式。

（8）确认皮线光缆引出的长度，剪断皮线光缆。注意千万不能剪得过短，必须预留用于制作光纤机械接续连接插头的长度。

（五）光纤交连场标识管理

当光纤容量达到相当规模，为了便于配纤管理和日常对光纤路由的维护，就需要按不同路由和方向把光纤交叉连接系统划分为不同交连场。

1. 单列交连场

安装一列交连场，可把第一个 LIU（光纤互连装置盒）放在规定空间的左上角，其他的扩充模块放在第一个模块的下方，直到 1 列交连场总共有 6 个模块。在这一列的最后一个模块下方应增加一个光纤线槽。如果需要增加列数，每个新增加列都应先增加一个过线槽，并与第 1 列下方已有的过线槽对齐。

2. 多列交连场

安装的交连场不止一列，应把第一个 LIU 放在规定空间的最下方，而且先给每 12 行配上一个光纤过线槽，并把它放在最下方 LIU 的底部，且至少应比楼板高出 30.5mm。6 列 216 根光纤交连场的扩展次序如图 4-29 所示。安装时，同一水平面上的所有模块应当对齐，避免出现偏差。

在综合布线系统中强调管理。要求对设备间、管理间和工作区的配线设备、线缆、信息插座等设施，按照一定的模式进行标识和记录。布线系统中有 5 个部分需要标识，即线缆（电信介质）、通道（走线槽/管）、空间（设备间）、端接硬件（电信介质终端）和接地。它们之间的标识相互联系，互为补充，而每种标识的方法及使用的材料又各有各的特点。例如线缆的标识，要求在线缆的两端都进行标识，严格的话，每隔一段距离都要进行标识，而且要在维修口、接合处、牵引盒处的电缆位置进行标识。空间的标识和接地的标识要求清晰、醒目，让人一眼就能注意到。配线架和面板的标识除应清晰、简洁、易懂外，还要美观。从材料上和应用的角度讲，线缆的标识，尤其是跳线的标识要求使用带有透明保护膜（带白色打印区域和透明尾部）的耐磨损、抗拉的标签材料，像乙烯基这种适合于包裹和伸展的材料最好。这样的话，线缆的弯曲变形以及经常的磨损才不会使标签脱落和字迹模糊不清。另外，套管和热缩套管也是线缆标签的很好选择。面板和配线架的标签要使用连续的标签，材料以聚酯的为好，可以满足外露的要求。在做标识管理时要注意，电缆和光缆的两端均应标明相同的编号。

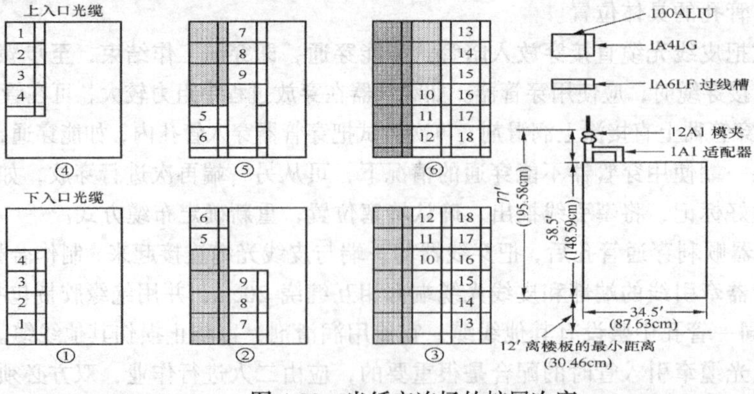

图 4-29　光纤交连场的扩展次序

光纤连接管理按照光纤端接功能进行管理，可将管理分成两级，即分别标为第 1 级和第 2 级。第 1 级互联场允许利用金属箍，把一根输入光纤直接连到一根输出光纤，这是典型的点对点的光纤链路，通常用做简单的发送端到端的连接。

第 2 级交连场允许每根输入光纤可通过一根光纤跨接线连到一根输出光纤。

交连场的每根光纤上都有两种标记：一种是非综合布线系统标记，它标明该光纤所连接的具体终端设备；另一种是综合布线系统标记，它标明该光纤的识别码。两种标记分别如图 4-30 和图 4-31 所示。

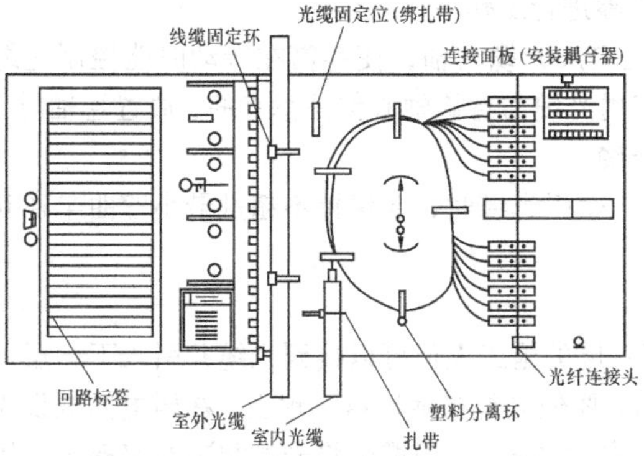

图 4-30　单元内部管理标记

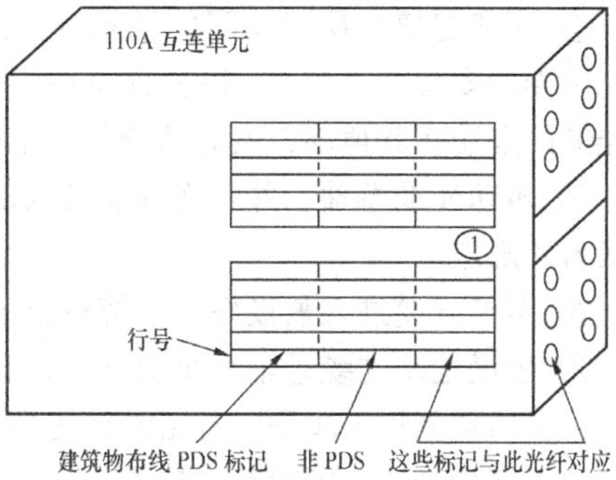

图 4-31　交连场光纤管理标记

三、任务分析

蝶形皮线光缆的敷设和成端接续过程分析

（1）光缆搬运及敷设要点

① 光缆在搬运及储存时应保持缆盘竖立，严禁将缆盘平放或叠放，以免造成光缆排线混乱或受损。

② 短距离滚动光缆盘，应严格按缆盘上标明的箭头方向滚动，并注意地面平滑，以免损坏保护板而伤及光缆。光缆禁止长距离滚动。

③ 光缆在装卸时宜用叉车或起重设备进行，严禁直接从车上滚下或抛下，以免损坏光缆。

④ 敷设时应严格控制光缆所受拉力和侧压力，必要时应询问光缆相关机械强度指标。

⑤ 敷设时应严格控制光缆的弯曲半径，施工中弯曲半径不得小于光缆允许的动态弯曲半径。定位时弯曲半径不得小于光缆允许的静态弯曲半径。

⑥ 光缆穿管或分段施放时，应严格控制光缆扭曲，必要时宜采用倒“8”字方法，使光缆始终处于无扭状态，以去除扭绞应力，确保光缆的使用寿命。

⑦ 光缆接续前应剪去一段长度，确保接续部分没有受到机械损伤。

⑧ 光缆接续过程应采用 OTDR 检测，对接续损耗的测量，应采用 OTDR 双向测量取算术平均值方法计算。

在光缆布线中，信号衰减产生的原因有内在和外在两方面，内在衰减与光纤材料有关，而外在衰减就与施工安装有关。施工中要时时注意不要使光缆受到重压或被坚硬的物体扎伤，另外，牵引力不应超过最大铺设张力。光纤布线过程中，由于光纤的纤芯是石英玻璃，极易弄断，因此在施工弯曲时，决不允许超过最小的弯曲半径。其次，光纤的抗拉强度比电缆小，因此在操作光缆时，不允许超过各种类型光缆的抗拉强度。光纤穿墙或穿楼层时，要加带护口的保护用塑料管，并且要用阻燃的填充物将管子填满。

布放光缆应平直，不得产生扭绞和打圈等现象，不应受到外力挤压和损伤。光缆布放前，其两端应贴有标签以表明起始和终端位置。标签应书写清晰、端正和正确。最好以直线方式敷设光缆，如果需要拐弯，则光缆拐弯的弯曲半径在静止状态时至少应为光缆外径的10倍，在施工过程中至少应为20倍。

（2）通过弱电井垂直敷设

在弱电井中，敷设光缆有向上牵引和向下垂放两种选择。通常向下垂放比向上牵引容易些，因此当准备好向下垂放敷设光缆时，应按以下步骤进行工作。

① 在离建筑顶层设备间的槽孔 1～1.5m 处安放光缆卷轴，使卷筒在转动时能控制光缆。将光缆卷轴安置于平台上，以便保持在所有时间内光缆与卷筒轴心都是垂直的，放置卷轴时，要使光缆的末端在其顶部，然后从卷轴顶部牵引光缆。

② 转动光缆卷轴，并将光缆从其顶部牵出。牵引光缆时，要保持不超过最小弯曲半径和最大张力的规定。

③ 引导光缆进入敷设好的电缆桥架中。

④ 慢慢地从光缆卷轴上牵引光缆，直到下一层的施工人员可以接到光缆并引入下一层。在每一层楼均重复以上步骤，当光缆到达最底层时，要使光缆松弛地盘在地上。在弱电间敷设光缆时，为了减少光缆上的负荷，应在一定的间隔（如 5.5m）上用缆带将光缆扣牢在墙壁上。用这种方法，光缆不需要中间支持，但要小心地捆扎光缆，不要弄断光纤。为了避免弄断光纤及产生附加的传输损耗，在捆扎光缆时，不要碰破光缆外护套。

（3）通过吊顶敷设光缆

在系统中敷设光纤从弱电井到配线间的这段路径，一般采用走吊顶的电缆桥架敷设方式，敷设方法如下。

① 沿着所建议的光纤敷设路径打开吊顶。

② 利用工具切去一段光纤的外护套，并由一端开始的 0.3m 处环切光缆的外护套，然后除去外护套。

③ 将光纤及加固芯切去并掩没在外护套中，只留下纱线。对需敷设的每条光缆重复此过程。

④ 将纱线与带子扭绞在一起。

⑤ 用胶布紧紧地将长 20cm 范围的光缆护套缠住。

⑥ 将纱线馈送到合适的夹子中去，直到被带子缠绕的护套全塞入夹子中为止。

⑦ 将带子绕在夹子和光缆上，将光缆牵引到所需的地方，并留下足够长的光缆供后续处理用。

（4）制作光纤机械冷接插头

机械冷接续是 FTTH 入户光缆施工中最基本的一项技术。光纤机械接续连接插头制作质量的优劣不仅直接影响光纤传输损耗的容限，影响传输距离的长度，而且会影响系统使用的稳定性、可靠性。一般 SC 头单芯光纤机械接续连接插头和连接插座（适配器）组成的插拔式机械接续连接器的连接损耗应控制在 0.5dB 以下（最好在 0.3dB 以下）。在蝶形引入光缆两端制作光纤机械接续连接插头时，必须对光缆进行基本处理，其内容包括：蝶形引入光缆的开剥及护套的去除、剥离光纤的涂覆层、裸纤的清洁及其端面的切割等。这些基本处理在使用不同厂商的光纤机械接续连接插头中是相同的，也是非常重要的步骤。基本处理的恰当与否会直接影响光纤机械接续连接插头制作的质量，所以在细心的同时还必须要有熟练的技术。

四、任务训练

一、选择题

1. 室内光缆的抗拉强度较小，保护层较差，但也更轻便、更经济。在综合布线系统中，室内光缆主要适用于（　　）。

A. 工作区布线　　B. 水平干线子系统

C. 垂直干线子系统　　D. 建筑群子系统

2.（　　）用于埋设在开挖的电信沟内，埋设完毕即填土掩埋。这种光缆外部有钢带或钢丝的铠装，直接埋设在地下，要求有抵抗外界机械损伤的性能和防止土壤腐蚀的性能，并且具有非常好的防水性能。

A. 室内光缆　　B. 直埋式光缆

C. 管道式光缆　　D. 架空式光缆

3. 在网络工程中，如果要在户外大于 2 km 的建筑物之间进行布线，则一般应该选择（　　）。

A. 62.5μm/125μm 规格的多模光纤　　B. 50μm/125μm 规格的多模光纤

C. 单模光纤　　D. 5 类或者超 5 类双绞线

二、填空题

1. 当综合布线系统周围的环境干扰场强很高，采用屏蔽系统也无法满足规定的要求时，应该采用________。

2. 最好以直线方式敷设光缆。如果有拐弯，光缆的弯曲半径在静止状态时至少应为光缆外径的________倍，在施工过程中至少应为________倍。

3. 室外光缆主要适用于综合布线系统中的________子系统。这类光缆主要有________、________和________3 种。

三、问答题

1. 综合布线采用的传输介质有几种？
2. 在布线工程中，光缆应如何分类？在综合布线的各个子系统中应分别选用何种光缆？
3. 光缆与铜缆传输介质相比有哪些优点？
4. 归纳光缆施工的操作程序。
5. 根据线缆所处位置或作用不同，线缆在综合布线中分别有哪几种？
6. 在布线施工前应该进行哪些准备工作？
7. 在布线施工后应该进行哪些收尾工作？
8. 目前计算机通信有哪两种方式？各利用哪些传输介质？
9. 根据光纤两大分类方式，光纤可有哪些种类？
10. 在布线工程中，光缆应如何分类？在综合布线的各个子系统中应分别选用何种光缆？
11. 综合布线采用的传输介质有几种方式？
12. 光缆与铜缆传输介质相比有哪些优点？

任务 4.2　接续光缆

【学习目标】

知识目标：了解光纤通信原理和连接光缆的常用网络设备。了解光缆结构及光缆接续的基本方法和流程。

技能目标：掌握光纤熔接机的使用方法，在不同光缆模式下熔接机的模式设置，学会光纤熔接机的一般维护和清洁。能根据不同的设备要求选择合适的光纤适配器和连接器，能够熟练使用各种型号的光纤熔接机进行光缆的热熔接续操作。

一、任务导入

任务资料：

用户光缆采用熔接方式进行接续是为了降低光纤链路的衰减，并减少因施工产生的故障。

准备的工具和材料如下：

（1）光纤熔接机；光缆开剥工具；光纤切割刀；米勒光纤剥线钳；红光笔。

（2）单模光缆；多模光缆；皮线光缆；光纤跳线；光纤尾纤；光纤接线盒。

光缆接续流程如图 4-32 所示，光纤熔接步骤如图 4-33 所示。

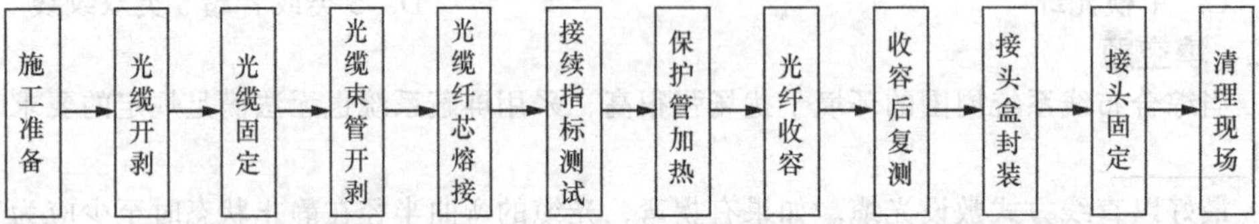

图 4-32　光缆接续流程图

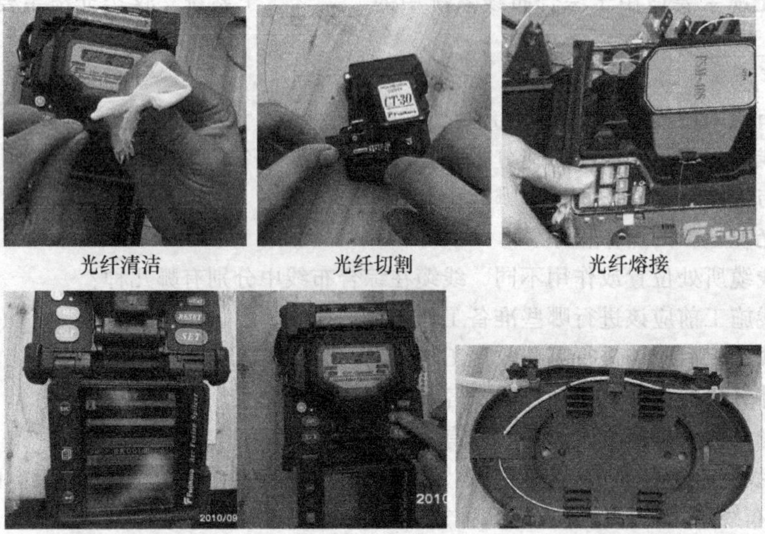

光纤清洁　光纤切割　光纤熔接

接续指标测试　保护管加热　光纤收容

图 4-33　光纤熔接步骤

各工序的关键点

1. 施工准备

① 接续环境做好防尘、防水、防震，最好选择在接续车内，无条件时应使用接续帐篷，并设置工作台和工作椅。

② 安排接续点并落实每个人的接续任务。

2. 光缆开剥

① 开剥前检查所接光缆是否有损伤或挤压变形情况；

② 理顺光缆，按规定做好预留；

③ 将光缆的端头 3000mm 用棉纱擦洗干净，把光缆的端头 200 ~ 300mm 剪掉；

④ 套上适合光缆外径的热可缩套管；

⑤ 确认光缆的 A、B 端；

⑥ 做屏蔽线；

⑦ 清理油膏；

⑧ 用绝缘摇表测试光缆金属构件的对地绝缘。

3. 光缆在接头中固定

① 保证光缆不会产生松动，紧固螺丝应使加强芯有弯曲现象为止；

② 加强件的固定要注意其长度，应使固定光缆的夹板与固定加强件螺丝之间的距离与所留长度相当。

4. 光缆束管开剥

① 确定束管开剥位置，注意理顺；

② 切割束管，注意用刀；

③ 去掉束管，注意匀速；

④ 擦净油膏，注意干净；

⑤ 把束管放入收容盘内，两端用尼龙扎带固定，注意扎带不要拉得过紧；

⑥ 预盘光纤，使接续后的接头点能放在光纤保护管的固定槽内，剪去多余光纤。

5. 光缆纤芯熔接

① 保持接续的整个过程工作台和熔接机的清洁；

② 光纤接续要按顺序一一对应接续，不得交叉错接。

6. 接续指标测试

① 接完 2 芯后，通知测试点测试，注意测试两个方向、两个窗口；

② 测试指标合格后，通知接续点将 2 芯光纤逐一进行热熔保护。

7. 光纤保护管加热

将保护管移至光纤接头的中间部位；待保护管冷却后，取出保护管并确认管内无气泡。按照上述方法逐一进行后续光纤的熔接和热熔。

8. 光纤收容

① 分步收容，注意每接一管即刻收容；

② 光纤保护管的固定，注意安全牢固；

③ 收容后检查，注意弯曲半径、挤压、受力；

④ 盖上盘盖后，通知测试点复测。

9. 光缆接头盒的封装

密封的重要性（①防止接头盒进水②直埋接头盒防蚁）；

密封操作（①光缆与接头盒，注意打磨 ②接头盒上下盖板的密封，注意密封胶带的均匀放置）。

任务目标：

（1）熟练掌握光纤熔接机和光缆接续工具的正确使用。

（2）光纤剥线钳米勒嵌剥除光纤涂覆层/紧包层。

（3）凯夫拉剪刀剪切跳纤或尾纤中的芳纶线。

（4）皮线光缆开剥器把剥除皮线光缆外皮保护套。

（5）酒精棉花清洗光纤。

（6）用光纤切割刀切割光纤。

（7）进行光纤热熔接。

（8）在盘纤盘上整理盘纤，光缆接头固定。

（9）红光笔（10km）对纤以及检测光纤断点。

二、知识准备

（一）综合布线光缆连接的网络设备

1. 光纤收发器

光纤收发器是一种将短距离的双绞线电信号和长距离的光信号进行互换的以太网传输媒体转换单元，而仅仅是信号转换，没有接口协议的转换。也被称为光电转换器或光纤转换器（Fiber Converter）。

光纤收发器一般应用在以太网电缆无法覆盖、必须使用光纤来延长传输距离的实际网络环境中，同时在帮助把光纤最后一公里线路连接到城域网和更外层的网络上也发挥了巨大的作用。有了光纤收发器，也为需要将系统从铜线升级到光纤，但缺少资金、人力或时间的用户提供了一种廉价的方案。为了保证与其他厂家的网卡、中继器、集线器和交换机等网络设备的完全兼容，光纤收发器产品必须严格符合 10Base-T、100Base-TX、100Base-FX、IEEE802.3 和 IEEE802.3u 等以太网标准。除此之外，在 EMC 防电磁辐射方面应符合 FCC Part15。时下由于国内各大运营商正在大力建设小区网、校园网和企业网，因此光纤收发器产品的用量也在不断提高，以更好地满足接入网的建设需要。

光纤收发器一端是接光传输系统，另一端（用户端）出来的是 10/100M 以太网接口，如图 4-34 所示。光纤收发器都是实现光电信号转换作用的。光纤收发器的主要原理是通过光电耦合来实现的，对信号的编码格式没有什么变化。

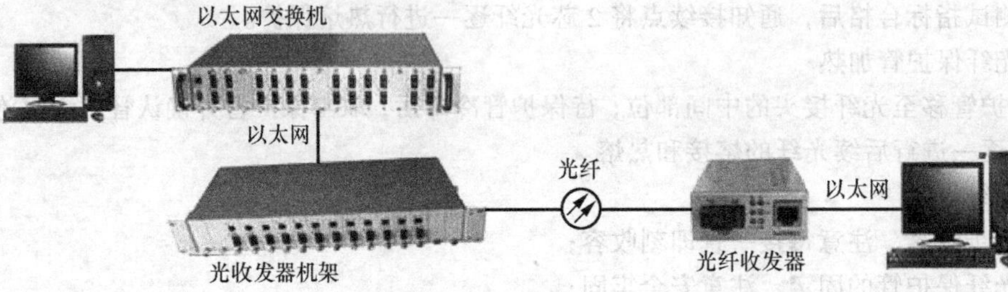

图 4-34 光端机的应用连接

光纤收发器通常具有以下基本特点：

（1）提供超低时延的数据传输。

（2）对网络协议完全透明。

（3）采用专用 ASIC 芯片实现数据线速转发。可编程 ASIC 将多项功能集中到一个芯片上，具有设计简单、可靠性高、电源消耗少等优点，能使设备得到更高的性能和更低的成本。

（4）机架型设备可提供热拔插功能，便于维护和无间断升级。

（5）可网管设备能提供网络诊断、升级、状态报告、异常情况报告及控制等功能，能提供完整的操作日志和报警日志。

（6）设备多采用 1+1 的电源设计，支持超宽电源电压，实现电源保护和自动切换。

（7）支持超宽的工作温度范围。

（8）支持传输距离（0 ~ 120km）。

2. 视频光端机

常用的光端机一端是接光传输系统（一般是 SDH 光同步数字传输网），另一端（用户端）出来的是 2M 接口。另外光端机还有 PDH（准同步数字系列）的。光端机要比光纤收发器复杂得多，除光电的耦合外，还有复用—解复用，映射—解映射等信号的编码过程。

综合布线上常用到的视频光端机通过各种编码转换，把一到多路的模拟视频信号转换成光信号并用光纤介质传输的设备如图 4-35 所示。一般因为转换方式的不同，被分为模拟光端机和数字光端机。

图 4-35　视频光端机

将模拟信号进行数字化处理后再进行传输是光端机技术质的飞跃。数字光端机解决了模拟光端机的传输容量少、业务能力少、信号易衰减、易串扰等缺点，优势突显：传输容量大、业务种类多，单纤传输容量可达几十路上百路非压缩视频，传输的业务也多样化地传输视频、音频、数据、以太网、电话信号、开关量等各种信号。这样节省了光纤，也提高了光纤带宽的利用率，提高了性价比；信号质量的提升到更高的层次，视频图象的信噪比在 10bit 编码量化下可达到 67～70dB，远远超出了远距离下模拟信号的 50～60dB 的参数指标。在级联技术应用了更是得心应手于模拟光端机。

反向数据视频光端机由于可以反向传送控制信号，广泛应用于广播电视传输、视频监控、大型办公娱乐场所、城市道路监控、银行跨区联网、多媒体视频会议、多媒体远程教育、高速公路监控和楼宇控制等领域。

3. 光纤交换机

光纤交换机是一种高速的网络传输中继设备，它较普通交换机而言采用了光纤电缆作为传输介质。光纤传输的优点是速度快、抗干扰能力强。

光纤以太网交换机是一款高性能的管理型的二层光纤以太网接入交换机。用户可以选择全光端口配置或光电端口混合配置，接入光纤媒质可选单模光纤或多模光纤。该交换机可同时支持网络远程管理和本地管理，以实现对端口工作状态的监控和交换机的设置。光纤端口特别适合于信息点接入距离超出 5 类线接入距离、需要抗电磁干扰以及需要通信保密等场合，适用的领域包括：住宅小区 FTTH 宽带接入网络、企业高速光纤局域网、高可靠工业集散控制系统（DCS）、光纤数字视频监控网络、医院高速光纤局域网及校园网络。

光纤交换机无阻塞存储-转发交换模式，具有 8.8Gbit/s 的交换能力，所有端口可同时全线速工作在全双工状态下支持 6K 个 MAC 地址，具备自动的 MAC 地址学习、更新功能支持端口聚合。

光交换在各种不同类型的光网络系统中，使用到的光交换技术又有所不同，所以，我们可以根据光网络系统类型的不同，使用不同的光交换技术。

（1）时分光交换技术：该技术的原理与现行的电子程控交换中的时分交换系统完全相同，因此它能与采用全光时分多路复用方法的光传输系统匹配。在这种技术下，可以时分复用各个光器件，能够减少硬件设备，构成大容量的光交换机。

（2）复合光交换技术：该技术是指在一个交换网络中同时应用两种以上的光交换方式。例如，空分—波分复合型光交换系统就是复合型光交换技术的一个应用。除此之外，还可将波分和时分技术结合起来，得到另一种极有前途的复合型光交换，其复用度是时分多路复用度与波分多路复用度的乘积。

（3）空分光交换技术：该技术的基本原理是将光交换元件组成门阵列开关，并适当控制门阵列开关，即可在任一路输入光纤和任一输出光纤之间构成通路。因其交换元件的不同可分为机械型、光电转换型、复合波导型、全反射型和激光二极管门开关等。

（4）光突发数据交换技术：该技术是针对目前光信号处理技术尚未足够成熟而提出的，在这种技术中有两种光分组技术：包含路由信息的控制分组技术和承载业务的数据分组技术。控制分组技术中的控制信息要通过路由器的电子处理，而数据分组技术不需光电/电光转换和电子路由器的转发，直接在端到端的透明传输信道中传输。控制分组在 WDM 传输链路中的某一特定信道中传送，每一个突发的数据分组对应于一个控制分组，并且控制分组先于数据分组传送，通过“数据报”或“虚电路”路由模式指定路由器分配空闲信道，实现数据信道的带宽资源动态分配。这种路由器充分发挥了现有的光子技术和电子技术的特长，实现成本相对较低、非常适合于在承载未来高突发业务的局域网（LAN）中应用，超大容量的光突发数据路由器同样可用于构建骨干网。

4. 光纤模块

常见的光纤模块有两种，一是 GBIC 光模块，GBIC 是 Giga Bitrate Interface Converter 的缩写，是将吉比特位电信号转换为光信号的接口器件。GBIC 设计上可以为热插拔使用。GBIC 是一种符合国际标准的可互换产品。采用 GBIC 接口设计的吉比特位交换机由于互换灵活，在市场上占有较大的市场份额。

GBIC 一般是 SC 口；是一个通用的、低成本的吉比特位以太网堆叠模块，可提供 Cisco 交换机间的高速连接，既可建立高密度端口的堆叠，又可实现与服务器或吉比特位主干的连接，为快速以太网向吉比特以太网的过渡提供了廉价的、高性能的选择方案。此外，借助于光纤，还可实现与远程高速主干网络的连接。GBIC 模块分为两大类，一是普通级联使用的 GBIC 模块，二是堆叠专用的 GBIC 模块。

级联 GBIC 模块使用的 GBIC 模块分为 4 种：

1000Base-T GBIC 模块（见图 4-36），适用于超 5 类或 6 类双绞线，最长传输距离为 100m。

1000Base-SX GBIC 模块（见图 4-37），适用于多模多纤（MMF），最长传输距离为 500m。

1000Base-LX/LH GBIC 模块，适用于单模光纤（SMF），最长传输距离为 10km。

1000Base-ZX GBIC，适用于长波单模光纤，最长传输距离为 70～100km。

图 4-36　1000Base-T　GBIC 模块

图 4-37　1000Base-SX GBIC 模块

GBIC 模块安装于吉比特以太网模块的 GBIC 插槽中，用于提供与其他交换机和服务器的吉比特位连接。

堆叠 GBIC 模块用于实现交换机之间的廉价吉比特连接。需要注意的是，GigaStack GBIC 专门用于交换机之间的吉比特位堆叠，GigaStack GBIC 之间的连接采用专门的堆叠电缆。

另一个是 SFP 模块，是一种光模块（Small Form Factor Pluggable，小封装模块），可以简单地理解为 GBIC 的升级版本。SFP 一般是 LC 接口，相比于 GBIC 模块要小，是 GBIC 光模块的发展，是为适应高密度端口数而设计的，端口速率从 100Mbit/s 到 2.5Gbit/s 不等。两种模块都支持热插拔。SFP 模块体积比 GBIC 模块减少一半，可以在相同的面板上配置多出一倍以上的端口数量。SFP 模块的其他功能基本和 GBIC 一致。有些交换机厂商称 SFP 模块为小型化 GBIC（MINI-GBIC）。

5. 光分路器

与同轴电缆传输系统一样，光网络系统也需要将光信号进行耦合、分支、分配，这就需要光分路器来实现。光分路器又称分光器，是光纤链路中最重要的无源器件之一，是具有多个输入端和多个输出端的光纤汇接器件，常用 $M \times N$ 来表示一个分路器有 M 个输入端和 N 个输出端，如图 4-38 所示。在光纤 CATV 系统中使用的光分路器一般都是 1×2、1×3 以及由它们组成的 $1 \times N$ 光分路器。

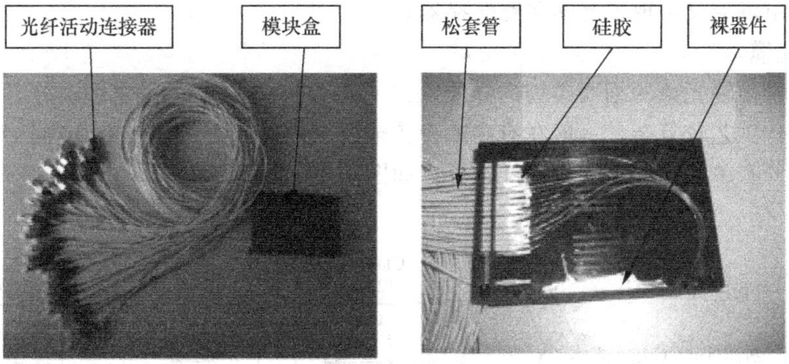

图 4-38　光分路器

随着光纤通信的投资方向由通信干线，城域网，局域网，专用网等向 FTTP 和 FTTH 的方向发展，FTTH 的核心光器件——光分路器市场的春天也随之到来，市场需求不断扩大，国内外光器件厂家一致看好这一市场。目前有两种类型光分路器可以满足分光的需要：一种是传统光无源器件厂家利用传统的拉锥耦合器工艺生产的熔融拉锥式光纤分路器（Fused Fiber Splitter），另一种是基于光学集成技术生产的平面光波导分路器（PLC Splitter），这两种器件各有优点，可根据使用场合和需求的不同，合理选用这两种不同类型的分光器件。

熔融拉锥光纤分路器（Fused Fiber Splitter），熔融拉锥技术是将两根或多根光纤捆在一起，然后在拉锥机上熔融拉伸，并实时监控分光比的变化，分光比达到要求后结束熔融拉伸，其中一端保留一根光纤（其余剪掉）作为输入端，另一端则作多路输出端。目前成熟拉锥工艺一次只能拉 1×4 以下。1×4 以上器件则用多个 1×2 连接在一起，再整体封装在分路器盒中。

这种器件主要优点有：（1）拉锥耦合器已有二十多年的历史和经验，许多设备和工艺只需沿用而已，开发经费只有 PLC 的几十分之一甚至几百分之一；（2）原材料只有很容易获得的石英基板，光纤，热缩管，不锈钢管和固定胶，总共也不超过一美元，1×2、1×4 等低通道分路器成本低；（3）分光比可以根据需要实时监控，可以制作不等分分路器。

主要缺点有：损耗对光波长敏感，一般要根据波长选用器件，这在三网合一使用过程是致命缺陷，因为在三网合一传输的光信号有 1310nm、1490nm、1550nm 等多种波长信号。

而 PLC 分路器采用半导体工艺（光刻、腐蚀、显影等技术）制作。光波导阵列位于芯片的上表面，分路功能集成在芯片上，也就是在一只芯片上实现 1×4、1×8、1×16、1×32、1×64 等分路；然后，在芯片两端分别耦合输入端以及输出端的多通道光纤阵列并进行封装。

与熔融拉锥式分路器相比，PLC 分路器的优点有：（1）损耗对光波长不敏感，可以满足不同波长的传输需要；（2）分光均匀，可以将信号均匀分配给用户；（3）结构紧凑，体积小，可以直接安装在现有的各种交接箱内，不需留出很大的安装空间；（4）单只器件分路通道很多，可以达到 32 路以上；（5）多路成本低，分路数越多，成本优势越明显。

同时，PLC 分路器的主要缺点有：（1）器件制作工艺复杂，技术门槛较高，目前芯片被国外几家公司垄断，国内能够大批量封装生产的企业很少；（2）相对于熔融拉锥式分路器成本较高，特别在低通道分路器方面更处于劣势。

（二）通信光缆

在普通计算机网络中，安装光缆是从用户设备开始的。在使用光缆互连多个小型机的应用中，必须考虑光纤的单向特性，如果要进行双向通信，那么就应使用两根光纤。一根用于输入，一根用于输出。否则，一根光纤要实现双向通信，就要对不同频率的光进行多路传输和多路选择，因此在通信器件市场上又出现了光学多路转换器。

1. 通信光缆

光纤是一种传输光束的细而柔韧的介质，比 6 类 UTP 电缆或同轴电缆更好。但是，光纤的成本较高，制作工艺较复杂。一般在有高速率传输要求的情况下作为 UTP 或同轴电缆替代方案安装光纤。光纤有单模光纤和双模光纤之分，如图 4-39 所示。

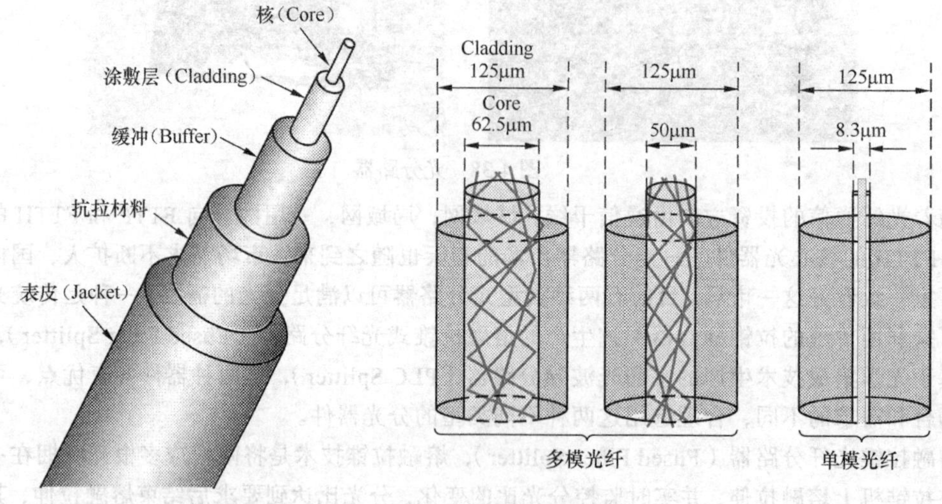

图 4-39 光纤的结构

光缆是一种由单根光纤、多根光纤或光纤束加上外护套制成。是满足光学特性、机械特性和环境性能指标要求的缆结构实体。光缆通常由光纤、松套管、中心加强件、外护套等部分构成的。目前光缆型号是由光缆的型式代号和光纤的规格两部分构成，中间用一短线分开。光缆的型号是由分类、加强构件、派生形状（特性）、护层、外护层 5 个部分组成。

Ⅰ	Ⅱ	Ⅲ	Ⅳ	Ⅴ
分类	加强构件	派生（形状、特性）	护层	外护层

光缆的型号由光缆形式代号和规格代号两部分构成，中间用一短横线分开。

分类代号：

GY—通信用室（野）外光缆；GR—通信用软光缆；GJ—通信用室（局）内光缆；

GS—通信用设备光缆；GH—通信用海底光缆；GT—通信用特殊光缆。

加强构件代号：

无符号—金属加强结构；F—非金属加强构件；G—金属重型加强结构；

H—非金属重型加强结构；

派生特性代号：

B—扁平形状；Z—自承式光缆；T—填充式；护套的代号：Y—聚乙烯护套；

V—聚氯乙烯护套；U—聚氨酯护套；A—铝—聚乙烯粘接护套；L—铝护套；G—钢护套；

Q—铅护套；S—钢—铝—聚乙烯综合护套；

外护套的代号见表 4-3。

表 4-3　　外护套的代号含义

数字标号	铠装层材料	数字标号	外被层材料
0	无	0	无
1		1	纤维层
2	双钢带	2	聚氯乙烯套
3	细圆钢丝	3	聚乙烯套
4	粗圆钢丝	4	

举例，设有金属加强构件、松套、填充式结构，铝、聚乙烯粘接护层，聚乙烯外护层的通信室外光缆，包括 12 根芯径/包层（直径为 50/125μm）的二氧化硅系多模渐变型光纤和 5 个用于远供及监测的铜线（直径 0.9mm）4 线组，且在 1.31μm 的波长上，光纤的损耗系数不大 1.0dB/km，模式带宽不小于 800MHz.km，光缆适用温度范围为−20～＋60℃，则此光缆的型号应表示为：GYSTA03-12J50/125(21008)C+5×4×0.9。

2. 光纤传输信号原理

光纤通信是用光为信息载体，以光纤作为传输介质的通信方式。对于载波通信而言，载波频率（简称载频）越高，意味着可以用于通信的频带就越宽，通信容量就越大。由于光纤中传输的光波要比无线、电通信使用的频率高得多，因此光纤通信的通信容量要比无线、电通信有更大的通信容量。简而言之，光纤通信能提供更大的带宽。

理论上一根光纤可同时传输近 100 亿路电话和 1000 万路电视节目。如果将很多束不同波长的激光加注到同一根光纤中进行传输，其通信容量更是大得惊人，人类有史以来积累的知识，用一根光纤不到 5 分钟就可以传完。正因为光纤具有十分诱人的前景，才不断促使人类探索光通信的可能。

光信号在光纤中传送的过程如图 4-40 所示。

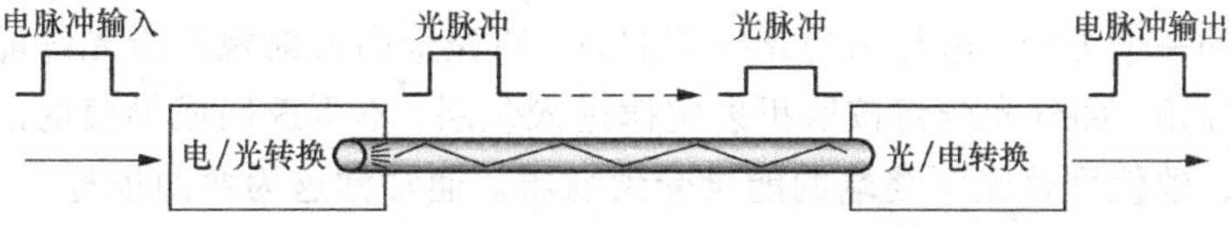

图 4-40　光信号在光纤中传送的过程

光纤通信是由光发射器、光纤和光接收器 3 个基本单元构成。其中，发送单元：把电信号转换成光信号；传输单元：载送光信号的传输介质、接收单元：接收光信号并转换成电信号；连接器件：连接光纤到光源、光检测能及其光纤的连接。

光通信系统的方框图如图 4-41 所示。

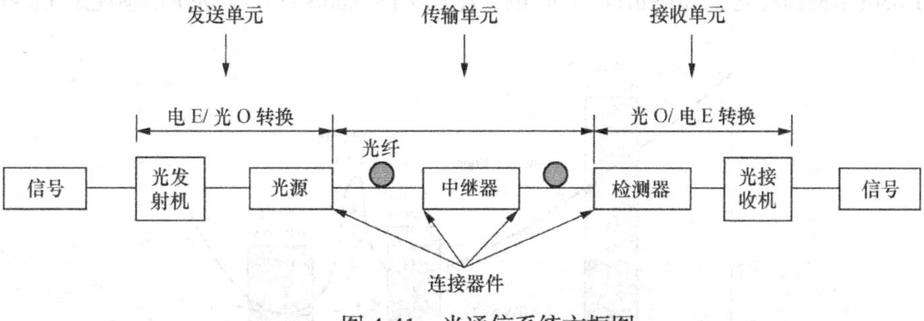

图 4-41　光通信系统方框图

光纤传导光信号的原理如图 4-42 所示。光纤是由纤芯、包层、涂覆层和护套构成的一种同心圆柱体结构。纤芯的折射率 n_1 较高，用来传送光信号，包层的折射率 n_2 较低，与纤芯一起形成全反射条件，护套的机械强度很大可以承受较大的外力冲击，有效地保护光纤。

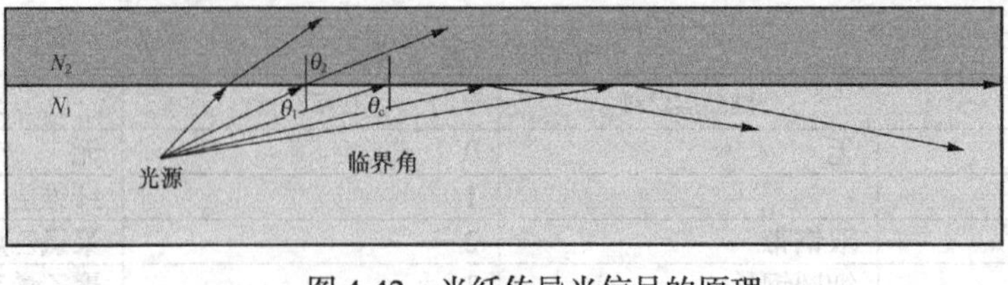

图 4-42　光纤传导光信号的原理

光线从光源出发在材料折射率 n_1 的光芯中传播，遇到材料折射率 n_2 的包层。因为 $n_1 > n_2$ 所以光线的方向出现折射，入射角 $\theta_1 < \theta_2$，且 $\frac{\sin\theta_1}{\sin\theta_2} = \frac{n_2}{n_1}$　当 $90° > \theta_1 > \theta_c$ 时，光线的方向不再出现折射，而是出现与 n_1 和 n_2 界面平行的全反射。

此时的光线的入射角 θ_1=临界角 $\theta_c = \sin^{-1}\frac{n_2}{n_1}$；

所以全反射的条件是 $n_1 > n_2$；$90° > \theta_1 > \theta_c$；

光纤通信的主要性能指标是衰减，光信号在光纤传输过程中的能量损耗原因是散射损耗、吸收损耗和弯曲损耗。光波在光纤中传输，随着传输距离的增加，光功率逐渐下降，这就是光纤的传输损耗。光纤本身损耗的原因大致包括两类：吸收损耗和散射损耗。吸收损耗是光波通过光纤材料时，有一部分光能变成热能，造成光功率的损失。散射损耗是由于光纤的材料、形状、折射率分布等的缺陷或不均匀，使光纤中传导的光发生散射，由此产生损耗为散射损耗。光波在光纤中传播单位距离，就有相当一部分被吸收或散射，传播中的光波的振幅衰减主要是由于过渡金属离子和氢氧根形式出现的水吸收引起的光纤衰减值，单位用 dB 来衡量。它是度量光能在光纤中传输损失的参数，所以光纤使用环境要注意防潮。

如果光纤受到外界因素的影响，弯曲半径过小，会产生额外的损耗，影响通信质量，这是施工过程中要注意的一个方面。这是因为光纤弯曲时，原先全内反射规律沿光纤前进的光线由于入射角不再大于临界角，部分光线将按照折射定律进入包层，不再返回或导模的部分能量转化为辐射能而被消耗掉，致使到达光纤终端的能量受到削弱。通常称这为弯曲损耗。

光脉冲沿着光纤行进一段距离后造成脉冲的展宽。它是限制传输速率的主要因素。因为不同模式的光沿着不同的路径传输过程中会产生模间色散，这只发生在多模光纤内。不同波长的光行进速度不同，称为材料色散，光的能量在纤芯及包层中传输时，因材料的不同，会以稍有不同的速度行进，称为波导色散。通过改变光纤内部结构来改变光纤的色散非常重要。

光纤损耗一般是随着波长加长而减小的，如图 4-43 所示，3 个光通信窗口分别是 850nm、1310nm 和 1550nm，850nm 的损耗是 2.5dB/km；1310nm 的损耗是 0.4 ~ 0.6dB/km；1550nm 的损耗是 0.2 ~ 0.3dB/km。

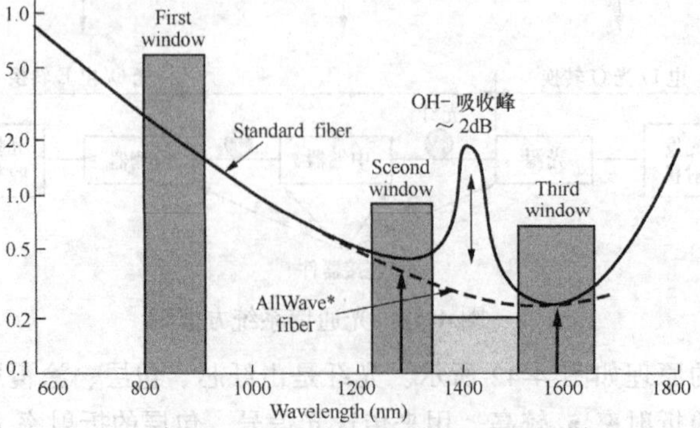

图 4-43　光纤通信所采用的通用波长范围

3. 光纤的类型

光纤是软而细的、利用内部全反射原理来传导光束的传输介质，光纤可以分别根据传输的模数和折射率分布进行分类。

（1）根据传输的模数分类

根据传输的模数，光纤可以分为单模光纤（Single Mode Fiber）和多模光纤（Multi Mode Fiber）。单模光纤的芯径很小，在给定的工作波长上只能以单一模式传输。单模光纤多用于通信业。单模光纤芯径为 8～10μm，纤芯外面包围着一层折射率比纤芯折射率低的包层，以使光信号保持在纤芯内传送。单模光纤的传输频带宽，传输容量大。光信号可以沿着光纤的轴向传播，因此光信号的损耗很小，离散也很小，单模光纤主干布线的最大距离为 3000m。多模光纤是在给定的工作波长上能以多个模式同时传输光信号的光纤。在多模光纤中，芯径是 15～50μm，大致与人的头发的粗细相当。与单模光纤相比，多模光纤的传输性能较差，布线的最大距离为 2000m。多模光纤多用于综合布线系统。

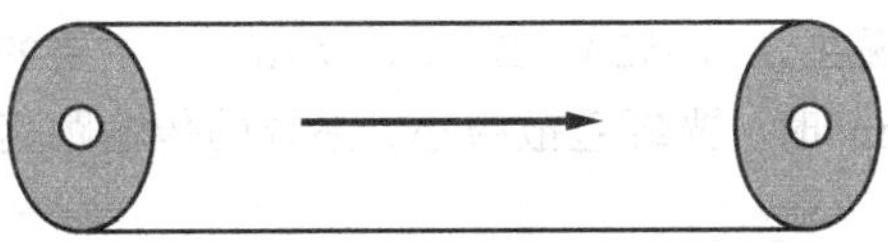

图 4-44　单模光纤

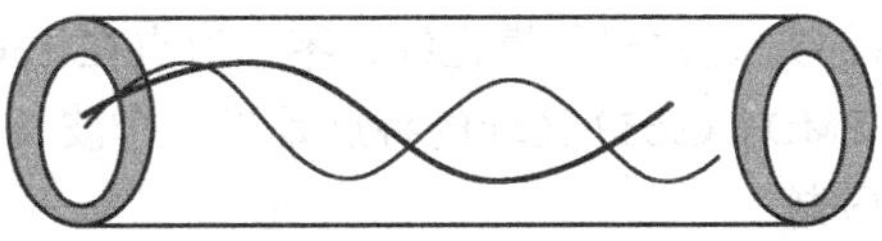

图 4-45　多模光纤

单模光纤，光在光纤内传输时只有一种模式，如图 4-44 所示。多模光纤，光在光纤内传输时有一种以上的模式，如图 4-45 所示。单模光纤和多模光纤的不同在于：①单模光纤比多模光纤传输的信号更远、更快，但是成本高；②单模光纤也比多模光纤更细，安装难度也更大。两者的特性比较见表 4-4。

表 4-4　单模光纤和多模光纤特性比较

单模光纤	多模光纤
用于高速度、长距离	用于低速度、短距离
成本高	成本低
窄芯线，需要激光源	宽芯线，聚光好
耗散极小，高效	耗散大，低效

（2）根据折射率分布分类

根据折射率分布，光纤可分为跳变式光纤和渐变式光纤。跳变式光纤纤芯的折射率和包层的折射率是两个不同的常数，在纤芯和包层的交界面，折射率呈阶梯型变化。渐变式光纤纤芯的折射率随着半径的增加按一定规律减小，在纤芯与包层交界处减小为包层的折射率。纤芯的折射率变化近似于抛物线。光在不同折射率分布的光纤中的传输过程如图 4-46 所示。光纤的材料（玻璃或塑料纤维）及纤芯和包层尺寸决定了光的传输质量。

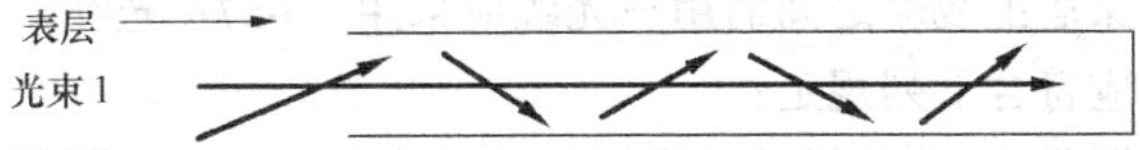

（a）光束在跃变式光纤中的传输过程

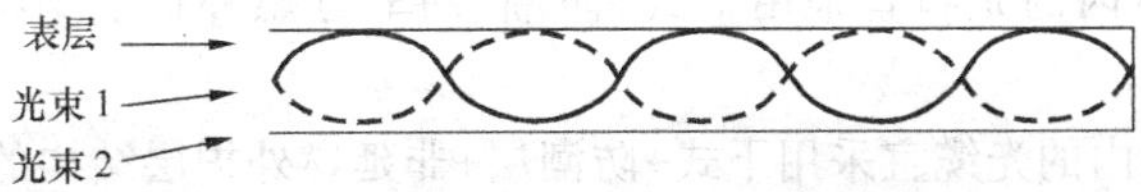

（b）光束在渐变式光纤中的传输过程

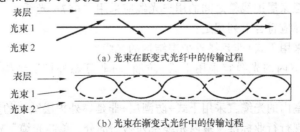

图 4-46　光在不同折射率分布的光纤中的传输过程

根据我国通信行业标准规定，在综合布线系统中按工作波长采用的多模光纤是 0.85μm 和 1.30μm 两种。多模光纤推荐采用芯径/外径为 50μm/125μm 或 62.5μm/125μm 两种类型的光纤。

其中以 62.5μm/125μm 渐变型增强多模光纤使用较多，因为它的光耦合效率较高、纤芯直径较大，在施工安装时光纤对准较容易，要求不高，同时要配备的设备也较少。而且这种光缆在微小弯曲或较大弯曲时，其传输特性都不会有太大的改变。

常用的光纤类型见表 4-5。

表 4-5 常用的光纤类型及其尺寸

光纤芯径（μm）	光纤含涂敷外层直径（μm）	光 纤 类 型
8.3	125	单模
62.5	125	多模
50	125	多模
100	140	多模

ITU 对光纤类型给出的标准有：

G.651 是多模光纤。

G.652 是常规单模光纤，零色散点在 1300nm，现在分 G.652A、B、C、D 几种，主要的区别在于 PMD。G.652 光纤的特点是当工作波长在 1300nm 时，光纤色散很小，系统的传输距离只受损耗限制。

G.653 是色散位移光纤（DSF），主要特点是 1550nm 为零色散点，造成这个原因是通过波导色散进行色散平移的结果。使低损耗与零色散在同一工作波长上。但是零色散不利于多信道 WDM 传输，因为当复用的信道数较多时，信道间距较小，这时就会产生一种称为四波混频（FWM）的非线性光学效应，这种效应使两个或 3 个传输波长混合，产生新的、有害的频率分量，导致信道间发生串扰。如果光纤线路的色散为零，FWM 的干扰就会十分严重；如果有微量色散，FWM 干扰反而有还会减小，针对这一现像，科学家们研制了一种新型光纤：NZ-DSF。

G.654 光纤是超低损耗光纤，主要用于跨洋光缆，常见的纤芯是纯的 SiO_2，而普通的光纤纤芯要掺锗。在 1550nm 附近的损耗最小，仅为 0.185dB/km，但在此区域色散比较大，约 17～20 ps/（nm×km），但在 1300nm 波长区域色散为零。

G.655 光纤是非零色散位移光纤（NZ-DSF），分 655A、B、C，主要特点是 1550nm 的色散接近零，但不是零。是一种改进的色散位移光纤，以抑制四波混频。

G.656 光纤是未来导向光纤，G656 的工作波长明显增大，包括 S、C 和 L 波段（1460～1625nm）。

G.657 接入网用弯曲衰减不敏感单模光纤。

4. 光纤光缆选择

光缆采用的光纤应符合下列规定：

（1）用户接入点至楼层配线箱之间的用户光缆应采用 G.652D 光纤。

（2）楼层配线箱至家居配线箱之间的用户光缆应采用 G.657A 光纤。

室内、外光缆选择应符合下列规定：

（1）室内光缆宜采用干式+非延燃外护层结构的光缆。

（2）室外架空至室内的光缆宜采用干式+防潮层+非延燃外护层结构的室内、外用自承式光缆。

（3）室外管道至室内的光缆宜采用干式+防潮层+非延燃外护层结构的室内、外用光缆。

光缆选型应符合现行行业标准《室内光缆系列第二部分：单芯光缆》YD/T 1258.2、《室内光缆系列第三部分：双芯光缆》YD/T 1258.3、《室内光缆系列第四部分：多芯光缆》YD/T 1258.4、《接入网用室内外光缆》YD/T 1770 和《接入网用蝶形引入光缆》YD/T 1997 的有关规定。

线缆应根据建筑防火等级对材料提出的耐火要求，采用相应等级的防火线缆。

在综合布线光缆中，光纤宜采用 G.652D 单模光纤。当需要使用弯曲不敏感光纤时，应选用与 G.652D 光纤相匹配的 G.657A 单模光纤（我国曾向 ITU 标准组书面建议作为 G.652 的一个子类）。

不要过分依赖 G.657 光纤的可弯曲小半径的性能，长期处于小弯曲半径的状态下应用要付出使用寿命的代价。因此，建议通过改进施工安装的措施，避免光纤处于极端弯曲的现象。

室外及入户光缆结构选择：架空入户光缆结构宜采用室内外用自承式，干式结构 + 防潮层 + 非延燃外护层的光缆；管道入户光缆结构宜采用室内外用，干式结构 + 防潮层 + 非延燃外护层的光缆；室内布线入户光缆结构宜采用干式结构 + 非延燃外护层的光缆；室内垂直布线光缆结构宜采用干式结构 + 紧套光纤 + 非延燃外护层的光缆；室内水平布线光缆结构宜采用干式结构 + 非延燃外护层的光缆。

（三）光纤连接器

光纤连接器是光纤与光纤之间进行可拆卸（活动）连接的器件，它把光纤的两个端面精密对接起来，以使发射光纤输出的光能量能最大限度地耦合到接收光纤中去，并使由于其介入光链路而对系统造成的影响减到最小，这是光纤连接器的基本要求。光纤连接器宜采用 SC、LC 或 FC 类型。在一定程度上，光纤连接器影响了光传输系统的可靠性和各项性能。

光纤活动连接器是一种以单芯插头和适配器为基础组成的插拔式连接器。适用于光纤收发器、路由器、交换机、光端机等带光口的设备上。光纤链路的接续可以分为永久性的和活动性的两种。永久性的接续大多采用熔接法、粘接法或固定连接器来实现；活动性的接续一般采用活动连接器来实现。

光纤活动连接器，俗称活接头，一般称为光纤连接器，是用于连接两根光纤或光缆形成连续光通路的可以重复使用的无源器件，已经广泛应用在光纤传输线路、光纤配线架和光纤测试仪器仪表中，是目前使用数量最多的无源光器件。

1. 光纤连接器的一般结构

光纤连接器的主要用途是实现光纤的接续。现在已经广泛应用在光纤通信系统中的光纤连接器如图 4-47 所示。其种类众多，结构各异。但细究起来，各种类型的光纤连接器的基本结构却是一致的，即绝大多数的光纤连接器一般采用高精密组件（由两个插针和 1 个耦合管，共 3 个部分组成）实现光纤的对准连接。

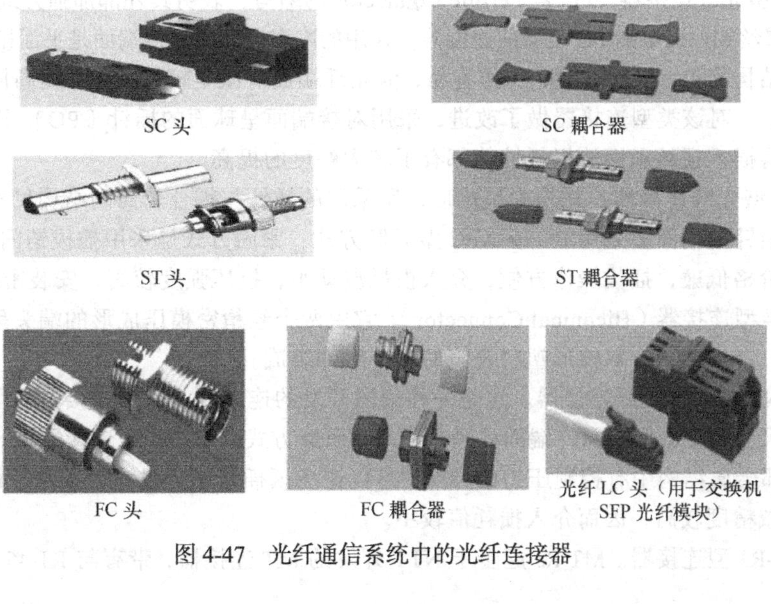

图 4-47　光纤通信系统中的光纤连接器

这种连接方法是将光纤穿入并固定在插针中，并将插针表面进行抛光处理后，在耦合管中实现对准。插针的外组件采用金属或非金属的材料制作。插针的对接端必须进行研磨处理，另一端通常采用弯曲限制构件来支撑光纤或光纤软缆以释放应力。耦合管一般是由陶瓷或青铜等材料制成的两半合成的、紧固的圆筒形构件做成，多配有金属或塑料的法兰盘，以便于连接器的安装固定。为尽量精确地对准光纤，对插针和耦合管的加工精度要求很高。

2. 光纤连接器的性能

光纤连接器的性能，首先是光学性能，此外还要考虑光纤连接器的互换性、重复性、抗拉强度、温度和插拔次数等。

（1）光学性能：对于光纤连接器的光性能方面的要求，主要是插入损耗和回波损耗这两个最基本的参数。

插入损耗（Insertion Loss），即连接损耗，是指因连接器的导入而引起的链路有效光功率的损耗。插入损耗越小越好，一般要求应不大于 0.5dB。

回波损耗（Return Loss，Reflection Loss）是指连接器对链路光功率反射的抑制能力，其典型值应不小于 25dB。实际应用的连接器，插针表面经过了专门的抛光处理，可以使回波损耗更大，一般不低于 45dB。

（2）互换性和重复性：光纤连接器是通用的无源器件，对于同一类型的光纤连接器，一般都可以任意组合使用，并可以重复多次使用，由此而导入的附加损耗一般都在小于 0.2dB 的范围内。

（3）抗拉强度：对于做好的光纤连接器，一般要求其抗拉强度应不低于 90N。

（4）温度：一般要求光纤连接器必须在−40 ~ +70℃的温度下能够正常使用。

（5）插拔次数：目前使用的光纤连接器一般都可以插拔 1 000 次以上。

3. 常见光纤连接器

光纤连接器可以分为不同的种类。按传输介质的不同可分为单模光纤连接器和多模光纤连接器；按结构的不同可分为 FC、SC、ST、D4、DIN、Biconic、MU、LC 和 MT 等各种型式；按连接器的插针端面的不同可分为 PC、APC 和 UPC；按光纤芯数还有单芯、多芯之分。

在实际应用过程中，我们一般按照光纤连接器结构的不同来加以区分。以下简单地介绍一些目前比较常见的光纤连接器。

（1）FC 型光纤连接器。FC 是 Ferrule Connector 的缩写，表明其外部加强方式是采用金属套，紧固方式为螺丝扣。最早的 FC 类型的连接器，采用的陶瓷插针的对接端面是平面接触方式（FC）。此类连接器结构简单，操作方便，制作容易，但光纤端面对微尘较为敏感，提高回波损耗性能较为困难。后来，对该类型连接器做了改进，采用对接端面呈球面的插针（PC），而外部结构没有改变，这使得插入损耗和回波损耗性能都有了较大幅度的提高。

（2）SC 型光纤连接器。其外壳呈矩形，所采用的插针与耦合套筒的结构尺寸与 FC 型完全相同，其中插针的端面多采用 PC 或 APC 型研磨方式；紧固方式是采用插拔销闩式，不需旋转。此类连接器价格低廉，插拔操作方便，介入损耗波动小，抗压强度较高，安装密度高。

（3）双锥型连接器（Biconical Connector）。它由两个经精密模压成形的端头呈截头圆锥形的圆筒插头和一个内部装有双锥形塑料套筒的耦合组件组成。

（4）DIN47256 型光纤连接器。这是一种德国开发的连接器。这种连接器采用的插针和耦合套筒的结构尺寸与 FC 型相同，端面处理采用 PC 研磨方式。与 FC 型连接器相比，其结构要复杂一些，内部金属结构中有控制压力的弹簧，可以避免因插接压力过大而损伤端面。另外，这种连接器的机械精度较高，因而介入损耗值较小。

（5）MT-RJ 型连接器。MT-RJ 起步于 NTT 开发的 MT 连接器，带有与 RJ-45 型 LAN 电连接器相同的闩锁机构，通过安装于小型套管两侧的导向销对准光纤。为便于与光收发信机相连，连接器端面光纤为双芯（间隔 0.75mm）排列设计，是主要用于数据传输的下一代高密度光连接器。

（6）LC 型连接器。LC 型连接器由贝尔实验室开发研制，采用操作方便的模块化插孔（RJ）闩锁机理制成。其所采用的插针和套筒的尺寸是普通 SC、FC 等所用尺寸的一半，为 1.25mm，这样可以提高光配线架中光纤连接器的密度。目前，在 SFF（超小型光纤连接器）单模方面，LC 类型的连接器实际已经占据了主导地位，在多模方面的应用也在迅速增长。

（7）MU 型连接器。MU（Miniature Unit Coupling）连接器是以目前使用最多的 SC 型连接器为基础，由 NTT 开发研制的世界上最小的单芯光纤连接器。该连接器采用 1.25mm 直径的套管和自保持机构，其优势在于能实现高密度安装。

随着光纤通信技术的不断发展，特别是高速局域网和光接入网的发展，光纤连接器在光纤系统中的应用将更为广泛。同时，也对光纤连接器提出了更多更高的要求，其主要的发展方向就是外观小型化、成本低廉化，并且对性能的要求越来越高。在未来的一段时间内，各种新研制的光纤连接器将与传统的 FC、SC 等连接器一起，形成“各显所长，各有所用”的格局。

综合布线应用最多的光纤连接器是以 2.5mm 陶瓷插针为主的 FC、ST 和 SC 型，以 LC、VF-45、MT-RJ 为代表的超小型光纤连接器应用也在增加。图 4-48 所示为各种类型的光纤连接器的外形图。

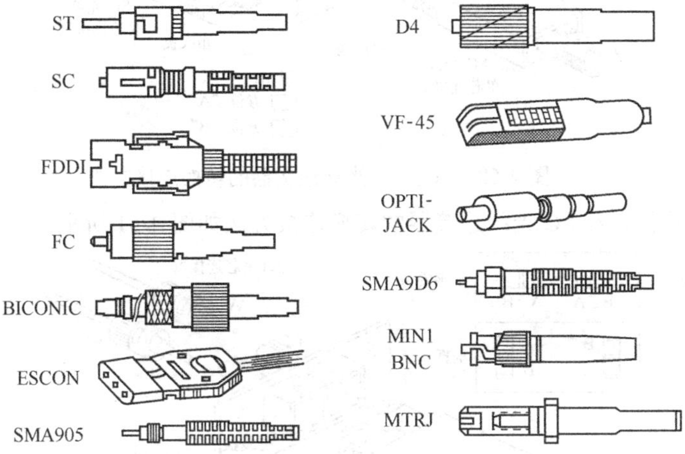

图 4-48　各种类型的光纤连接器的外形图

光纤接头截面研磨工艺方式用“PC”表示，在电信运营商的设备中应用得最为广泛，其接头截面是平的。“PC”表示光纤接头截面工艺，PC 是最普遍的。在广电和早期的 CATV 中应用较多的是 APC 型号。尾纤头采用了带倾角的端面，斜度一般看不出来，可以改善电视信号的质量，主要原因是电视信号是模拟光调制，当接头耦合面是垂直的时候，反射光沿原路径返回。由于光纤折射率分布的不均匀会再度返回耦合面，此时虽然能量很小但由于模拟信号是无法彻底消除噪声的，所以相当于在原来的清晰信号上叠加了一个带时延的微弱信号。表现在画面上就是重影。尾纤头带倾角可使反射光不沿原路径返回。数字信号一般不存在此问题。

还有一种“UPC”的工艺，它的衰耗比 PC 要小，一般有特殊需求的设备，其珐琅盘一般为 FC/UPC。国外厂家 ODF 架内部跳纤用的就是 FC/UPC，提高 ODF 设备自身的指标。

双芯 ST 光纤连接器的连接方法如图 4-49 所示。

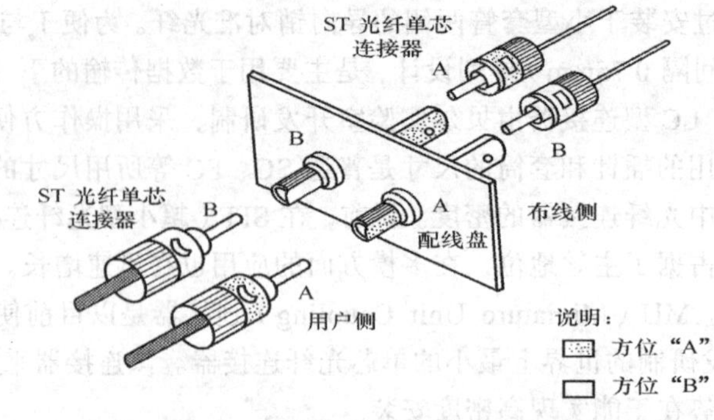

图 4-49　双芯 ST 光纤连接器的连接方法

双芯 SC 光纤连接器的转换连接方法如图 4-50 所示。

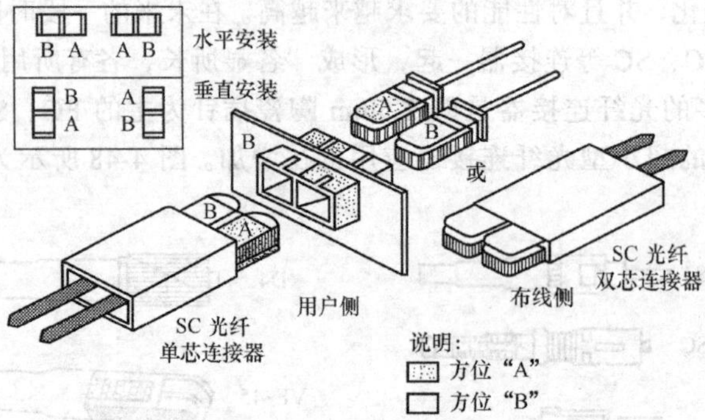

图 4-50　双芯 SC 光纤连接器的转换连接方法

双芯 ST 光纤连接器和 SC 光纤连接器的转换连接方法如图 4-51 所示。

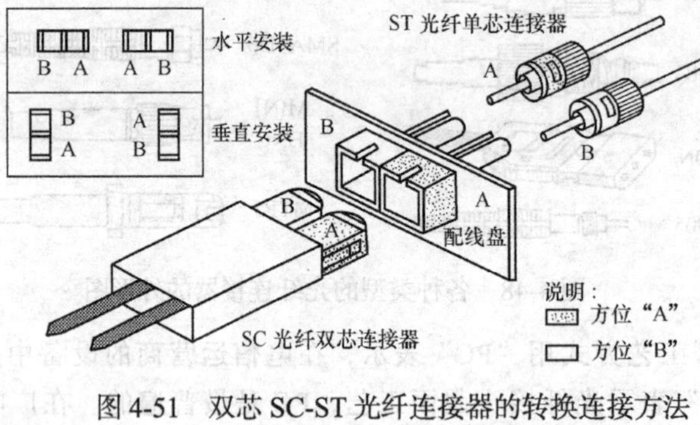

图 4-51　双芯 SC-ST 光纤连接器的转换连接方法

（四）光纤跳线和尾纤

习惯上将一条含有多模或单模接头的 900μm 加固缓冲外套单芯光纤，并带有 ST 或 SC 接头的尾纤软线称为跨接线或跳线，也就是说跨接跳线是两头端接了光纤头的，如图 4-52 所示。一般用于光纤交连模块跨接线的单光纤（62.5μm/125μm）互联光缆的推荐长度在 600 ~ 9000mm。这种长度的光缆一般预先接好连接器，而很少在现场安装连接器。

在多模光纤中，芯的直径是 15 ~ 50μm，大致与人的头发的粗细相当。而单模光纤芯的直径为 8 ~ 10μm，芯外面包围着一层折射率比芯低的玻璃封套，以使光纤保持在芯内。再外面的是一层薄的塑料外套，用来保护封套。

单模光纤（Single-mode Fiber）：一般光纤跳线用黄色表示，接头和保护套为蓝色；传输距离较长。

多模光纤（Multi-mode Fiber）：一般光纤跳线用橙色表示，也有的用灰色表示，接头和保护套用米色或者黑色；传输距离较短。

光纤跳线两端的光模块的收发波长必须一致，也就是说光纤的两端必须是相同波长的光模块，简单的区分方法是光模块的颜色要一致。一般的情况下，短波光模块使用多模光纤（橙色的光纤），长波光模块使用单模光纤（黄色光纤），以保证数据传输的准确性。

光纤跳线及光纤端口类型要一致，光纤跳线分为单模光纤和多模光纤。交换机光纤端口、跳线都必须与综合布线时使用的光纤类型相一致，也就是说，如果综合布线时使用的多模光纤，那么，交换机的光纤接口就必须执行 1000Base-SX 标准，也必须使用多模光纤跳线；如果综合布线时使用的单模光纤，那么，交换机的光纤接口就必须执行 1000Base-LX/LH 标准，也必须使用单模光纤跳线。

需要注意的是，多模光纤有两种类型，即 62.5/125μm 和 50/125μm。虽然交换机的光纤端口完全相同，而且两者也都执行 1000Base-SX 标准，但光纤跳线的芯径必须与光缆的芯径完全相同，否则将导致连通性故障。另外，相互连接的光纤端口的类型必须完全相同，或者均为多模光纤端口，或者均为单模光纤端口。一端是多模光纤端口，而另一端是单模光纤端口，将无法连接在一起。还要求相互连接的光纤端口必须拥有完全相同的传输速率和双工工作模式，既不可将 1000Mbit/s 的光纤端口与 100Mbit/s 的光纤端口连接在一起，因为不同速率和双工工作模式的端口将无法连接并通信。也不可将全双工模式的光纤端口与半双工模式的光纤端口连接在一起，否则将导致连通性故障。

光纤在使用中不要过度弯曲和绕环，这样会增加光在传输过程的衰减。光纤跳线使用后一定要用保护套将光纤接头保护起来，灰尘和油污会损害光纤的耦合。如果光纤接头被弄脏了的话，可以用棉签蘸酒精清洁，否则会影响通信质量。

尾纤是一端有接头、一端无接头的光纤，如图 4-53 所示，也称作“猪尾线”。这种尾纤软线用于室内外光缆到终端设备的连接。尾纤只是一端进行了端接，而另一端需要用光纤熔接的办法连接到光缆线路上去，其中无接头端为熔接端。常出现在光纤终端盒内，用于连接光缆与光纤收发器（之间还用到耦合器、跳线等）。

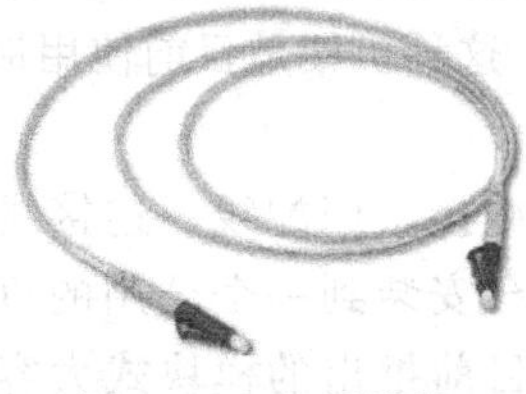

图 4-52　光纤跳线

图 4-53　尾纤

（五）光缆的配线接续设备

光缆配线接续设备主要有光纤配线架、光纤配线柜、光纤配线箱、光纤终端盒等，如图 4-54 所示。此外，还有光缆交接箱等设备。光纤配线架（Optical fiber Distribution Frames，ODF）是光缆和光通信设备之间或光通信设备之间的配线连接设备。它是光传输系统中一个重要的配套设备，主要用于光缆终端的光纤熔接、光连接器安装、光路的调接、多余尾纤的存储及光缆的保护等，它对于光纤通信网络安全运行和灵活使用有着重要的作用。过去，光通信建设中使用的光缆通常为几芯至几十芯，光纤配线架的容量一般都在 100 芯以下，这些光纤配线架越来越表现出尾纤存储容量较小、调配连接操作不便、功能较少、结构简单等缺点。现在光通信已经在长途干线和本地网中继传输中得到广泛应用，光纤化也已成为接入网的发展方向。各地在新的光纤网建设中，都尽量选用大芯数光缆，这样就对光纤配线架的容量、功能和结构等提出了更高的要求。

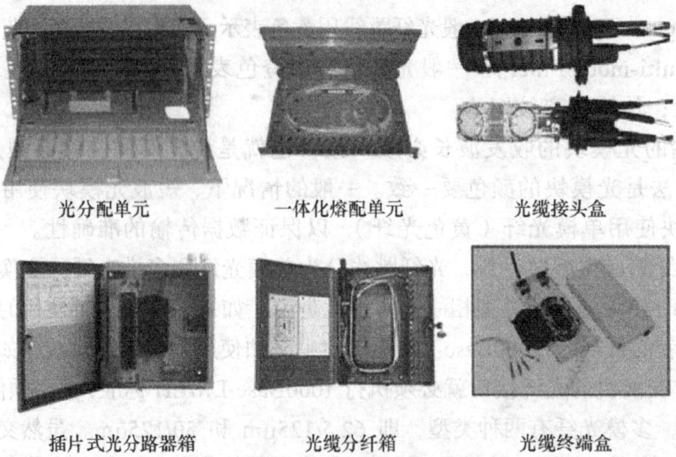

图 4-54　光缆配线接续设备

光纤配线架（ODF）用于光纤通信系统中局端主干光缆的成端和分配，可方便地实现光纤线路的连接、分配和调度。随着网络集成程度越来越高，出现了集 ODF、DDF、电源分配单元于一体的光电混合配线架，适用于光纤到小区、光纤到大楼、远端模块局及无线基站的中小型配线系统。

单元式的光纤配线架是在一个机架上安装多个单元，每一个单元就是一个独立的光纤配线架。这种配线架既保留了原有中小型光纤配线架的特点，又通过机架的结构变形，提供了空间利用率，是大容量光纤配线架早期常见的结构。但由于它在空间提供上的固有局限性，在操作和使用上有一定的不便。

抽屉式的光纤配线架也是将一个机架分为多个单元，每个单元由一至两个抽屉组成。当进行熔接和调线时，拉出相应的抽屉在机架外的空间进行操作，从而有较大的操作空间，使各单元之间互不影响。抽屉在拉出和推入状态均设有锁定装置，可保证操作使用的稳定、准确和单元内连接器件的安全、可靠。这种光纤配线架虽然巧妙地为光缆终端操作提供了较大的空间，但与单元式一样，在光连接线的存储和布放上，仍不能提供最大的便利。这种机架是目前使用最多的一种形式。

模块式结构是把光纤配线架分成多种功能模块，光缆的熔接、调配线、连接线存储及其他功能操作分别在各模块中完成，这些模块可以根据需要组合安装到一个公用的机架内。这种结构可提供最大的灵活性，较好地满足通信网络的需要。目前推出的模块式大容量光纤分配架利用面板和抽屉等独特结构，使光纤的熔接和调配线操作更方便；另外，采用垂直走线槽和中间配线架，有效地解决了尾纤的布放和存储问题。因此它是大容量光纤配线架中最受欢迎的一种。

光纤配线架的选型是一项重要而复杂的工作，应根据本地的具体情况，充分考虑各种因素，在认真了解、反复比较的基础上，才能选出一种最能满足当前需要和未来发展的光纤配线架。

光纤和光缆在综合布线中建筑群/垂直干线子系统的光纤连接方式如图 4-55 所示。

交换机光纤模快 A—光纤跳线—耦合器—尾纤—室外光缆—尾纤—耦合器—光纤跳线—光交换机光纤模快 B 完成一条光纤链路的连接。每根光纤跳线、尾纤均为一芯光纤。每个耦合器只能连接 1 芯光纤。交换机之间连接需要光纤 2 芯（1 收 1 发），光纤网络设计时按芯来考虑。

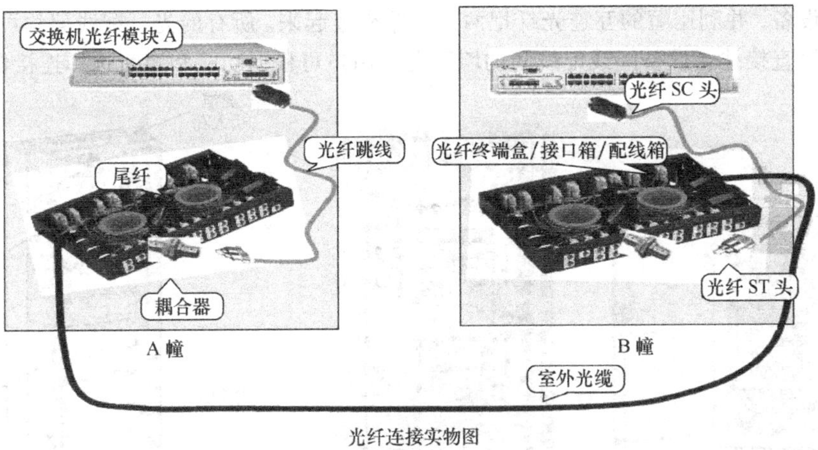

图 4-55　建筑群子系统光纤连接

光纤终端盒如图 4-56 所示，它虽然与光纤配线架（柜）、光纤配线箱同属终端连接设备，但其容纳光纤数量更少，且用于设备尾纤之间的连接。因此其内部结构、外形尺寸和安装方式都与光纤配线架（柜）不同。

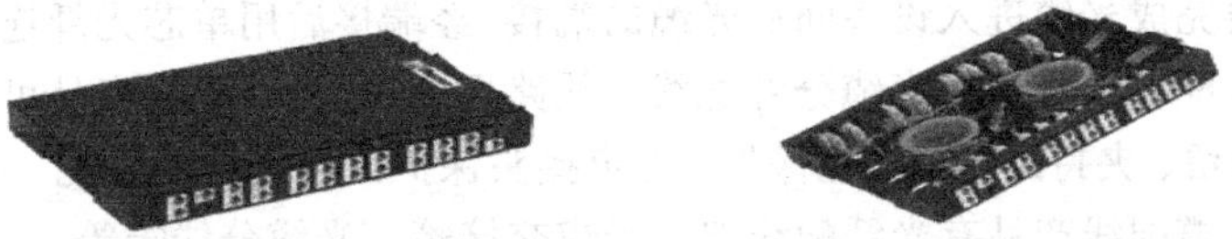

图 4-56　光纤终端盒

光缆交接箱如图 4-57 所示，是用于光纤接入网中主干光缆与配线光缆节点处的接口设备，可以实现光纤的连接、分配以及调度等功能，可采用落地和架空安装方式。光纤配线箱容纳光纤数量较少，一般用于分支段落或次要的场合，但其功能与光纤配线架（柜）是完全相同的。

光缆交接箱的选择应符合下列规定：

（1）箱体孔洞应满足进出光缆管孔的需求。

（2）箱体内宜配置熔接配线一体化模块，适配器或连接器宜采用 SC、LC 或 FC 类型。

（3）应有光分路器的安装位置。

（4）应有光缆终接、保护及跳纤的位置。

（5）5 箱门板内侧应有存放资料记录卡片的装置。

（6）应设置固定光缆的保护装置和接地装置。

光缆交接箱的功能应符合下列规定：

（1）应有可靠的光缆固定与保护装置。

（2）光纤熔纤盘内接续部分应有保护装置。

（3）光纤熔纤盘的基本容量宜为 12 芯。

（4）应具有接地装置。

（5）容量应根据成端光缆的光纤芯数配置，最大不宜超过 144 芯。

光缆分线箱是用于光纤环路终端的配线分线设备，可以提供光纤的连接、成端、配线及分线功能。

光纤配线架（柜）如图 4-58 所示，是光纤线路的端接和交连的地方。它把光纤线路末端直接连到端接设备，并利用短的互连光纤把两条线路交连起来。所有的光纤配线架均可安装在标准框架上，也可直接挂在设备间或配线间的墙壁上。用户可根据功能和容量选择连接器。

图 4-57　光缆交接箱

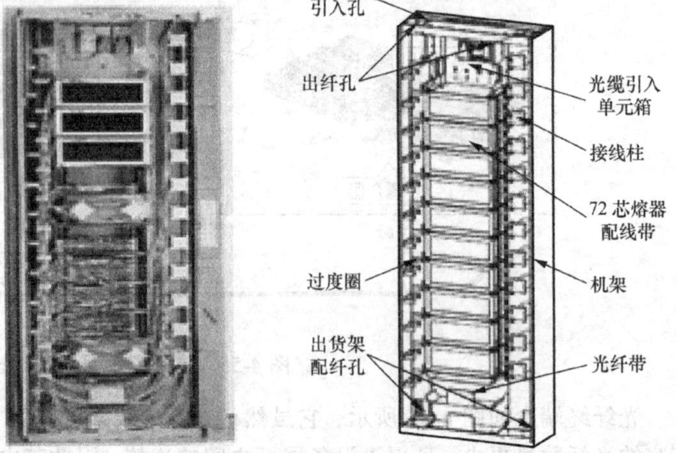

图 4-58　机架式的光纤配线架

光纤配线主要完成光缆进入设备间后光缆的端接。经端接后用单芯光纤连到各光通信设备进行光路的连接与分配，或者进行光缆分纤配线（线路调度）。光纤配线产品可完成光缆的固定、分纤缓冲、环绕预留、夹持定位、接地保护、固定接头保护以及光纤的分配、组合、调度工作等。目前常见的光纤光缆配线产品有光纤配线架、光缆交接箱、光缆分线箱等。

光纤布线的线路管理器件包括交连硬件、光纤交连场和光纤互连场。

（1）交连硬件。光纤互连装置（LIU）是综合布线中的标准光纤交连设备，该装置除支持连接器外，还直接支持束状光缆和跨接线光缆。图 4-59 所示的 100A LIU 光纤互连装置配有两个 10A 连接器，面板可完成 12 个光纤端接。

（2）光纤交连场。光纤交连场可以使每一根输入光纤通过两端均有套箍的跨接线光缆连接到输出光纤。光纤交连由若干个模块组成，每个模块端接 12 根光纤。图 4-60 所示光纤交连场每个模块包括一个 100A LIU，两个 10A 连接器面板和一个 1A4 垂直接线过线槽（如果光纤交连模块不止 1 列，则还需配备 1A6 水平接线过线槽）。

一个光纤交连场可以将 6 个模块堆积在一起。如果需要附加端接，则要用 1A6 捷径过线槽将各列 LIU 互连在一起。

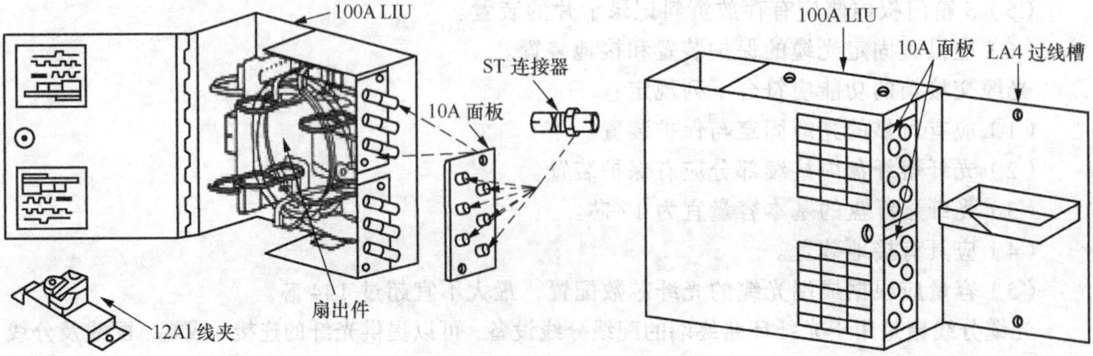

图 4-59　100A LIU 光纤互连装置

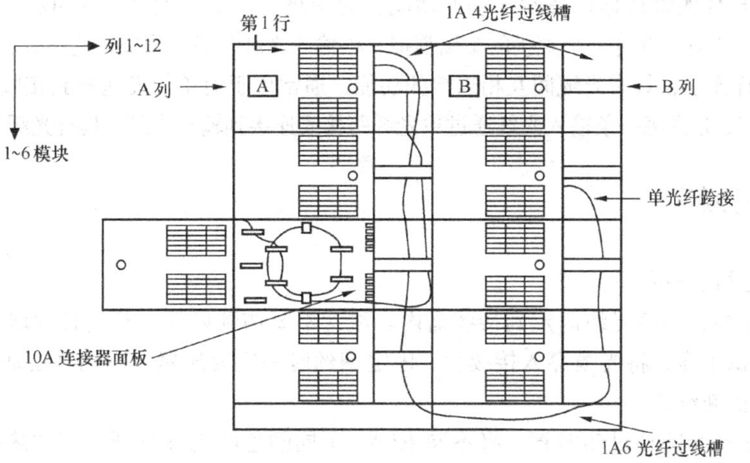

图 4-60　光纤交连场模块

一个光纤交连场最多可扩充到 12 列，每列 6 个 100A LIU，每列可端接 72 根光纤，因而一个全配置的交连场可容纳 864 根光纤。与光纤互连方法相比，光纤交连方法较为灵活，但它的连接器损耗会增加一倍。

1A4 光纤垂直过线槽如图 4-61 所示，1A6 光纤水平过线槽如图 4-62 所示，两者均用于建立光纤交连场，其主要功能是保护光纤跨接线。

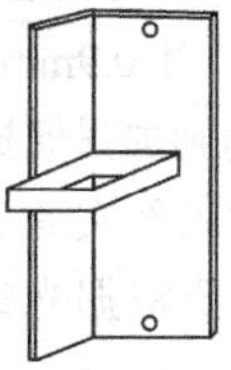

图 4-61　1A4 光纤过线槽

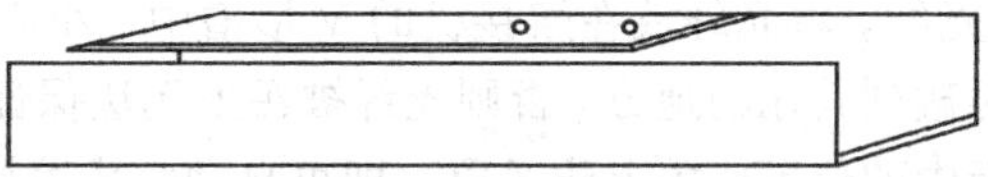

图 4-62　1A6 光纤过线槽

（3）光纤互连场。光纤互连场使得每根输入光纤可以通过套箍直接连至输出光纤上。光纤互连场包括若干个模块，每个模块允许 12 根输入光纤与 12 根输出光纤连接起来。图 4-63 所示为一个光纤互连模块，包括两个 100A LIU 和两个 10A 连接器面板。

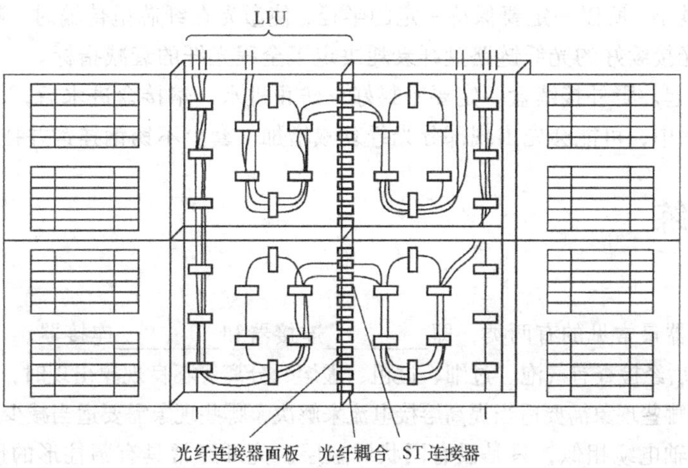

图 4-63　光纤互连模块

光纤交连部件的管理标记按端接场的功能分为两级，即 Level1 和 Level2。

Level1 为互连场，允许一个直接的金属箍把一根输入光纤与另一根输出光纤连接。这是一种典型的点到点的光纤连接，具有光缆间互相连接的功能，通常用于简单的发送器到接收器之间的连接。Level2 为交连场，允许每一条输入光纤通过单光纤跨接线连接到输出光纤，具有光纤交叉连接的功能。

三、任务分析

光缆接续过程分析

① 开剥光缆，并将光缆固定到接续盒内。注意不要伤到束管，开剥长度取 1m 左右，用卫生纸将油膏擦拭干净，将光缆穿入接续盒，固定钢丝时一定要压紧，不能有松动。否则，有可能造成光缆打滚折断纤芯。

② 分纤是将光纤穿过热缩管。将不同束管、不同颜色的光纤分开，穿过热缩管。剥去涂覆层的光纤很脆弱，使用热缩管，可以保护光纤熔接头。

③ 打开熔接机电源，采用预置的程式进行熔接，并在使用中和使用后及时去除熔接机中的灰尘，特别是夹具，各镜面和 V 型槽内的粉尘和光纤碎末。熔接前要根据系统使用的光纤和工作波长来选择合适的熔接程序。熔接模式选不对是无法进行熔接的，如没有特殊情况，一般都选用自动熔接程序。熔接机有灰尘造成熔接机无法工作是常见的故障现象。

④ 制作光纤端面。光纤端面制作的好坏将直接影响接续质量，所以在熔接前一定要做好合格的端面。用专用的剥线钳剥去涂覆层，再用蘸酒精的清洁棉在裸纤上擦拭几次，用力要适度，然后用精密光纤切割刀切割光纤，对 0.25mm（外涂层）光纤，切割长度为 8 ~ 16mm，对 0.9mm（外涂层）光纤，切割长度只能是 16mm。长度太短影响熔接，太长则热缩套管无法覆盖达到加强保护作用。

⑤ 放置光纤。将光纤放在熔接机的 V 形槽中，小心压上光纤压板和光纤夹具，已经清洁的光纤不可以再碰到其他的地方。否则光纤被污染无法保证光纤熔接质量。要根据光纤切割长度设置光纤在压板中的位置，关上防风罩，即可自动完成熔接，只需十几秒。

⑥ 移出光纤，用加热炉加热热缩管。打开防风罩，把光纤从熔接机上取出，再将热缩管放在裸纤中心，放到加热炉中加热。加热器可使用 20mm 微型热缩套管和 40mm 及 60mm 一般热缩套管，20mm 热缩管需 40s，60mm 热缩管为 85s。加热时间控制不好影响热缩后的强度。

⑦ 盘纤固定。将接续好的光纤盘到光纤收容盘上，在盘纤时，盘圈的半径越大，弧度越大，整个线路的损耗越小。所以一定要保持一定的半径，使激光在纤芯里传输时，避免产生一些不必要的损耗。一条光接续好的光纤链路盘纤衰耗决定了全程光纤的衰减指标。

⑧ 密封和挂起。野外接续盒一定要密封好，防止进水。熔接盒进水后，由于光纤及光纤熔接点长期浸泡在水中，可能会先出现部分光纤衰减增加。套上不锈钢挂钩并挂在吊线上。

四、任务训练

一、填空题

1. 光纤连接器最常见的有两类，即________连接器和________连接器。

2. 光纤熔接后经检查有气泡、过细、过粗、虚熔、分离等不良现象出现时，若均无熔接机设备引起的问题时，则哪些现象需要适当提高熔接电流来解决，哪些现象需要适当减少熔接电流来解决？

3. 光纤和同轴电缆相似，只是没有网状屏蔽层。光纤通常具有圆柱形的形状，由 3 部分组成：________、________和________。

4. 按传输点模数，光纤可以分为________和________。

5. 单模光纤一般采用________为光源，光信号可以沿着光纤的轴向传播，因此光信号的耗损很小，离散也很小，传播距离也较远。多模光纤一般采用________为光源，现在也适用________。

6. 对于多模光纤，根据其折射率的变化可以分为________光纤和________光纤。

7. 室外光缆主要适用于综合布线系统中的________子系统。这类光缆主要有________、________和________3 种。

二、选择题

1.（　　）是利用各种光纤连接器件（插头和插座），将站点与站点或站点与光缆连接起来的一种方法。

A. 永久性连接　　B. 应急连接　　C. 活动连接　　D. 熔接

2. 在光纤通信系统中，（　　）的主要功能是负责接收从光纤上传输的光信号，并将它转变成电信号，经解码后再作相应处理。

A. 光源　　B. 光发送机　　C. 光纤　　D. 光接收机

3. 下列叙述中，属于光纤的缺点的是（　　）。

A. 频带较宽　　B. 不受外界电磁干扰与影响

C. 造价昂贵　　D. 在较长距离和范围内信号是一个常数

E. 安装比较困难

4. 可以在 100 Mbit/s 快速以太网中使用的传输介质有（　　）。

A. 双绞线　　B. 同轴电缆

C. 光缆　　D. 以上都可以

三、问答题

1. 根据光纤两大分类方式，光纤可有哪些种类？

2. 简述单模光纤与多模光纤的区别。

3. 归纳光纤熔接过程的几个步骤。

任务 4.3　端接光缆

【学习目标】

知识目标：理解光纤接续、终结、端接的不同含义。认识光纤热熔接和机械冷接的不同操作方法及使用的不同场合。宽带接入 FTTH 的网络结构能及光缆网络主要连接设备的功能。

技能目标：掌握各种冷接的操作方法。会在光配线架上进行光缆的固定、接续、终接、端接和活动连接。

一、任务导入

任务资料：

光缆成端工序流程图（热熔）如图 4-64 所示。

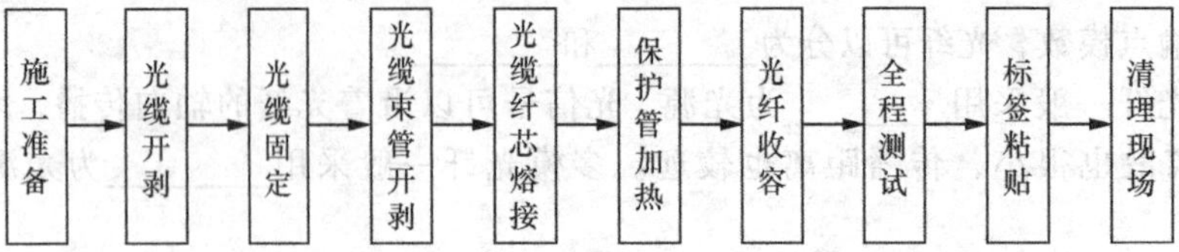

图 4-64　光缆（热熔）成端工序流程

光缆成端的部分工序与光缆接续是相同的，以下说明其不同之处。

（1）全程测试：测试方法分为光时域反射仪（OTDR）和光源光功率计两种。

（2）标签粘贴：光缆成端标签主要有尾纤头标签、成端端子图，标签需要说明光缆的局向、芯数及端子占用位置等，要求字迹清晰、粘贴稳固、过塑保护。

（3）盘纤的方法：

① 先中间后两边，即先将热缩后的套管逐个放置于固定槽中，然后再处理两侧余纤。优点是有利于保护光纤接点，避免盘纤可能造成的损害。在光纤预留盘空间小、光纤不易盘绕和固定时，常用此种方法。

② 从一端开始盘纤，固定热缩管，然后再处理另一侧余纤。优点是可根据一侧余纤长度灵活选择热缩管安放位置，方便、快捷，可避免出现急弯或小圈现象。

经过盘纤整理后的光缆配线盒如图 4-65 所示。

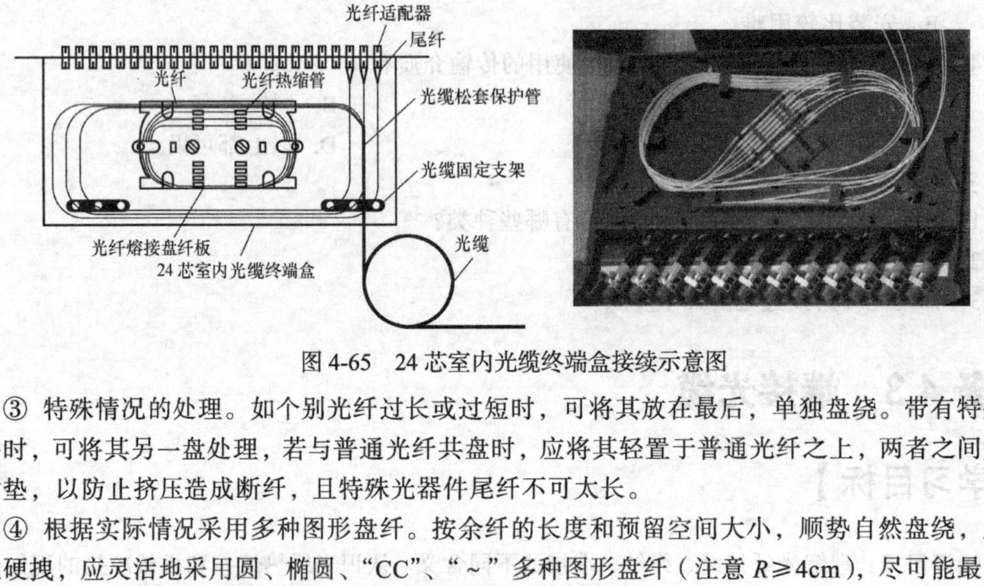

图 4-65　24 芯室内光缆终端盒接续示意图

③ 特殊情况的处理。如个别光纤过长或过短时，可将其放在最后，单独盘绕。带有特殊光器件时，可将其另一盘处理，若与普通光纤共盘时，应将其轻置于普通光纤之上，两者之间加缓冲衬垫，以防止挤压造成断纤，且特殊光器件尾纤不可太长。

④ 根据实际情况采用多种图形盘纤。按余纤的长度和预留空间大小，顺势自然盘绕，且勿生拉硬拽，应灵活地采用圆、椭圆、“CC”、“～”多种图形盘纤（注意 $R \geqslant 4\text{cm}$），尽可能最大限度利用预留空间并有效降低因盘纤带来的附加损耗。

光缆成端工序流程图（冷接）如图 4-66 所示。

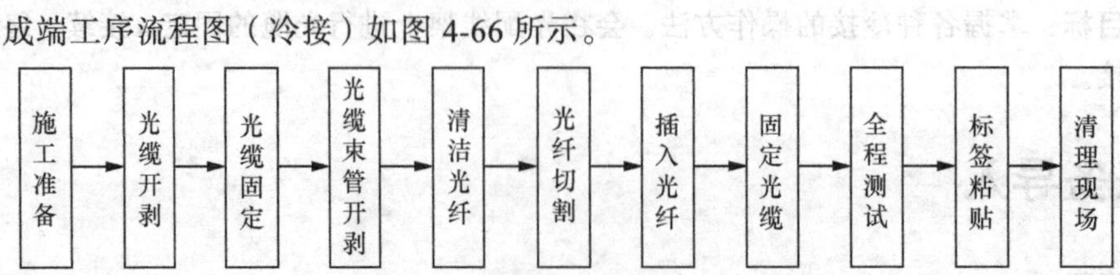

图 4-66　光缆（冷接）成端工序流程

皮线光缆冷接步骤如图 4-67 和图 4-68 所示。

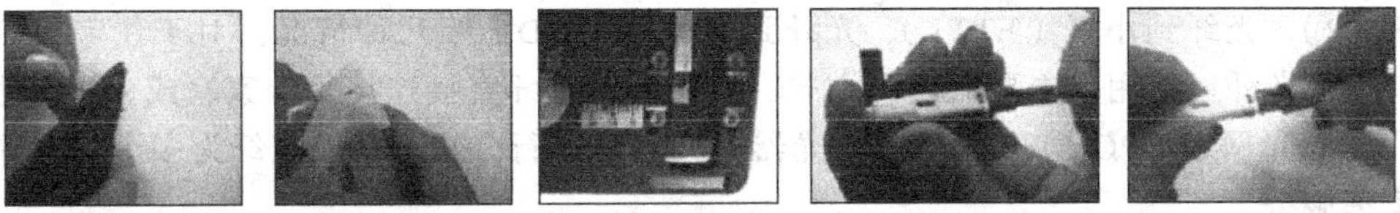

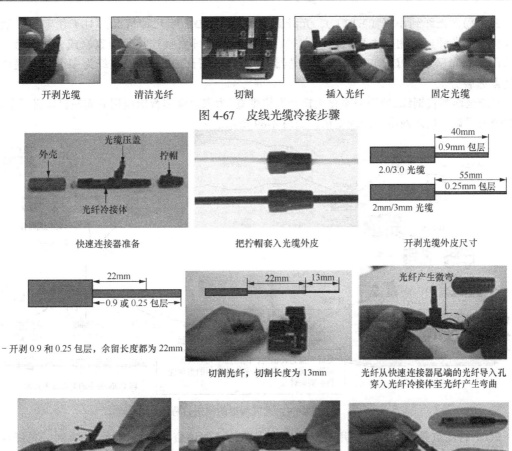

开剥光缆　　清洁光纤　　切割　　插入光纤　　固定光缆

图 4-67　皮线光缆冷接步骤

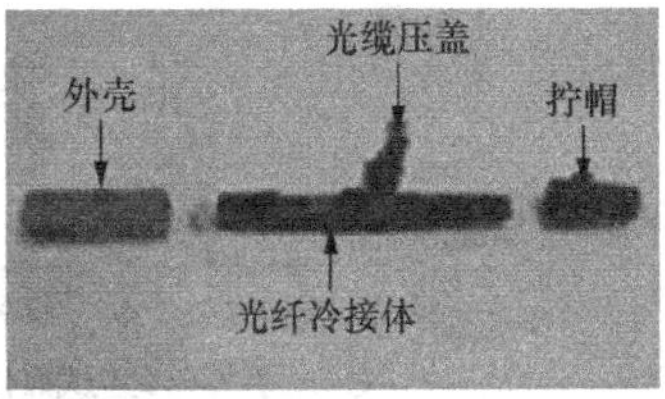

快速连接器准备

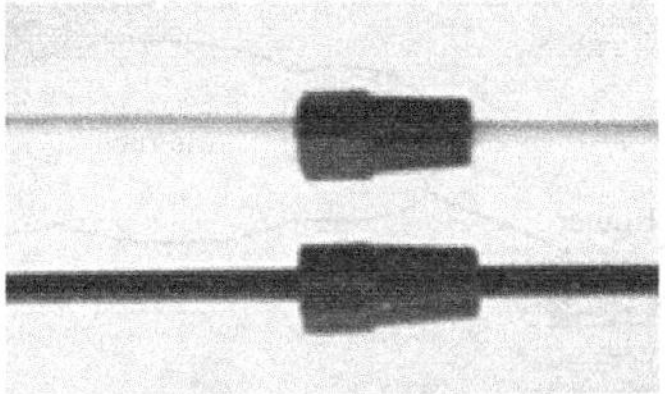

把拧帽套入光缆外皮

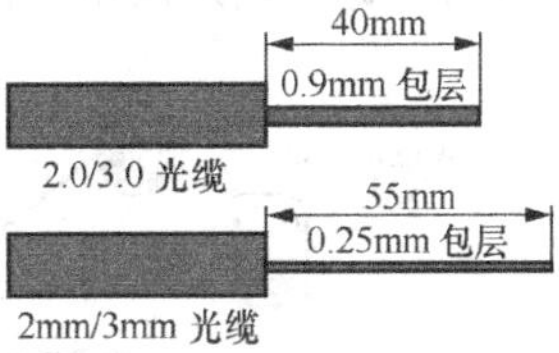

开剥光缆外皮尺寸

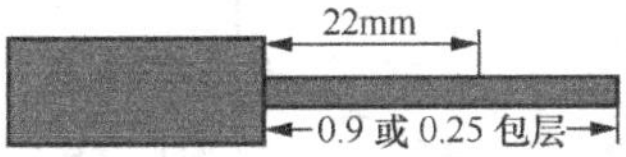

- 开剥 0.9 和 0.25 包层，余留长度都为 22mm

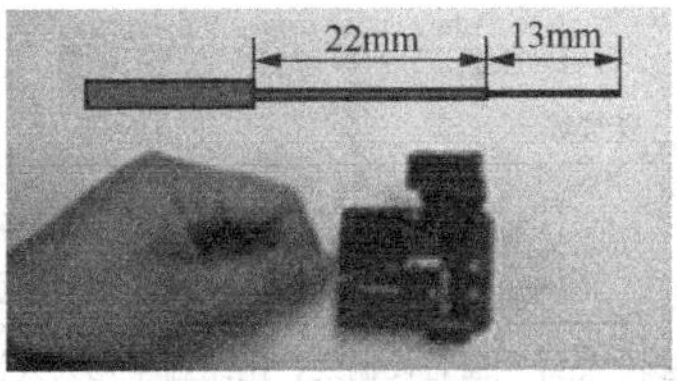

切割光纤，切割长度为 13mm

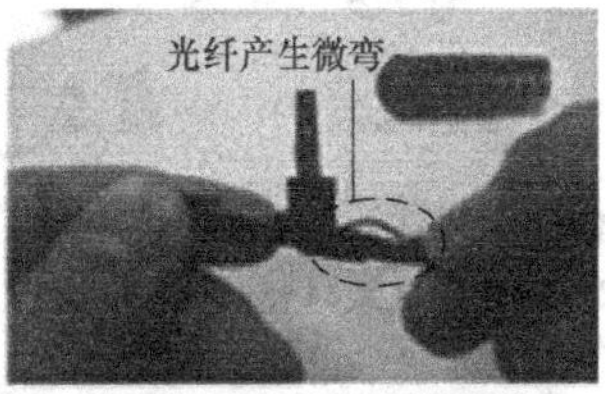

光纤从快速连接器尾端的光纤导入孔穿入光纤冷接体至光纤产生弯曲

右手捏住光缆和光纤冷接体，保持光纤微弯并向前推进套扣至顶端，夹紧裸纤

用压盖盖上光缆，用手指捏紧（固定并夹紧光缆外套）压盖和冷接体，拧上顶帽

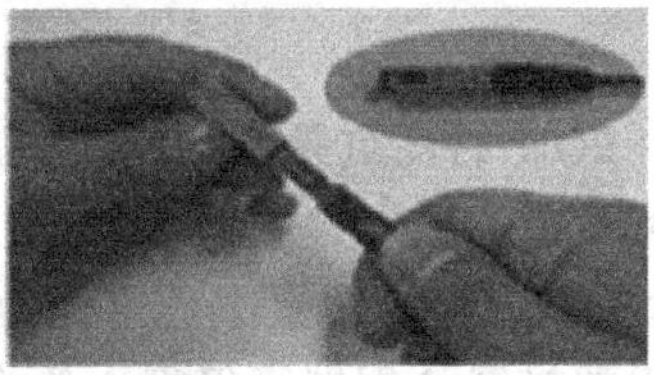

套上外壳，操作完成

图 4-68　皮线光缆冷接过程

任务目标：

（1）12 口光纤配线架完成 12 芯光缆用尾纤进行热熔接制作光缆的端接成端，端接后再做现场组装式光纤连接器（冷接）成端到桌面。

（2）用红光笔测试端接连通试验。

（3）学会光缆成端标签的粘贴。

二、知识准备

（一）光纤接入网

光纤接入网（简称 FTTX），范围从区域运营商的局端设备到用户终端设备，局端设备为光线路终端（Optical Line Terminal，OLT）、用户端设备为光网络单元（Optical Network Unit，ONU）或光网络终端（Optical Network Terminal，ONT）。以光网络单元（ONU）的位置所在，分为光纤到户（FTTH）、光纤到大楼（FTTB）、光纤到路边（FTTC）、光纤到用户所在地（FTTP）、光纤到小区（FTTZ）、光纤到桌面（FTTD）等几种情况。对于住宅或者建筑物来讲，用光纤连接用户主要有两种方式：一种是用光纤直接连接每个家庭或大楼；另一种是采用无源光网络（PON）技术，用分光器把光信号进行分支，一根光纤为多个用户提供光纤到家庭服务。

光纤全面替代铜线，网络扁平化大提升网络带宽，为家居众多智能应用的实现提供必要条件，由此带来了宽带接入网络结构的变化，如图 4-69 所示。

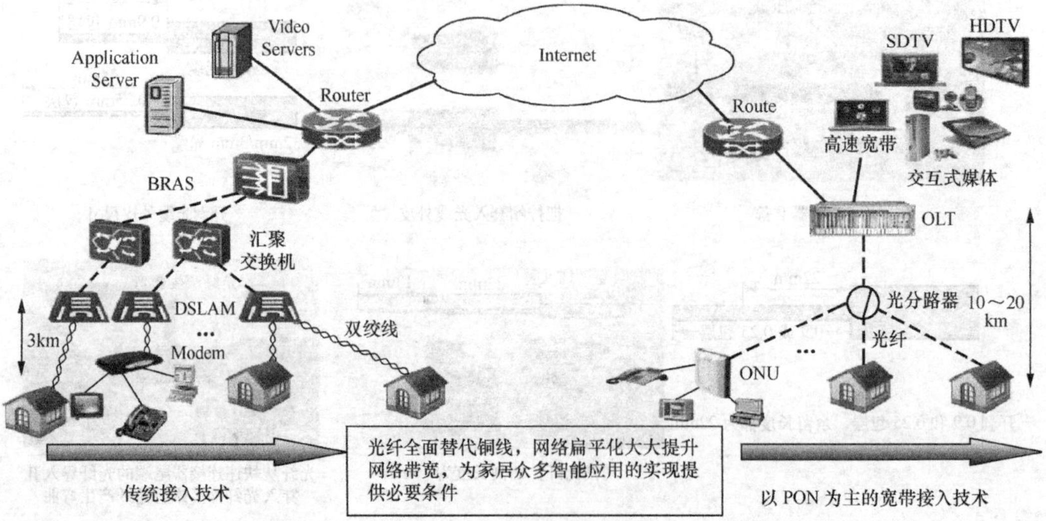

图 4-69　光进铜退的演进过程

PON 的优点是主干光缆向用户端前移大大节约了线路资源。以图 4-70 为例，光纤点对点的分布需要 N 条光纤，$2N$ 个光收发器。以图 4-71 为例，光纤到路边需要 1 条光纤，$2N+2$ 个光收发器，需要本地电源为光收发器供电，但可以大量地节约光纤。以图 4-72 为例，采用无源光网分配网络仅需 1 条光纤，$N+1$ 个光收发器，可以大量地节约光纤和大量节约光收发器。

PON 关键技术 1：波分复用如图 4-73 所示。

PON 系统采用 WDM 技术，实现单纤双向传输。为了分离同一根光纤上多个用户的来去方向信号，采用以下两种复用技术：下行数据流采用广播技术；上行数据流采用 TDMA 技术。

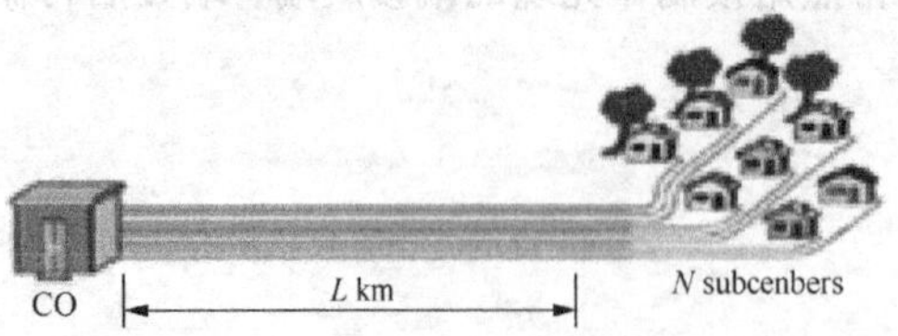

图 4-70　P2P 方式

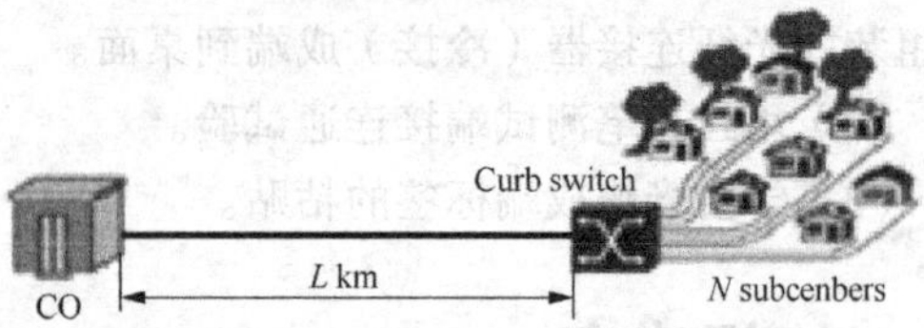

图 4-71　P2P　Curb 方式

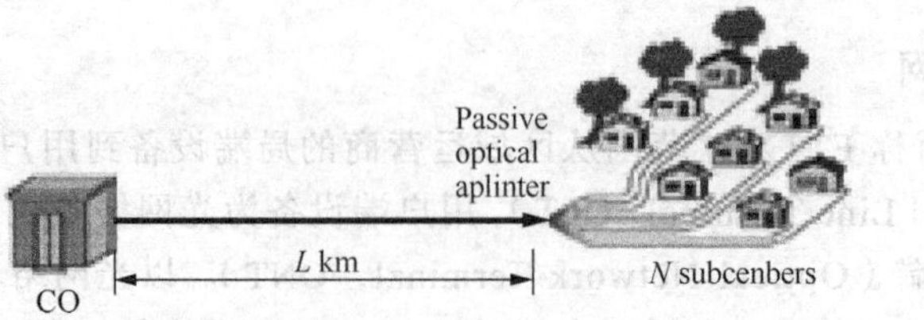

图 4-72　P2MP　(PON)方式

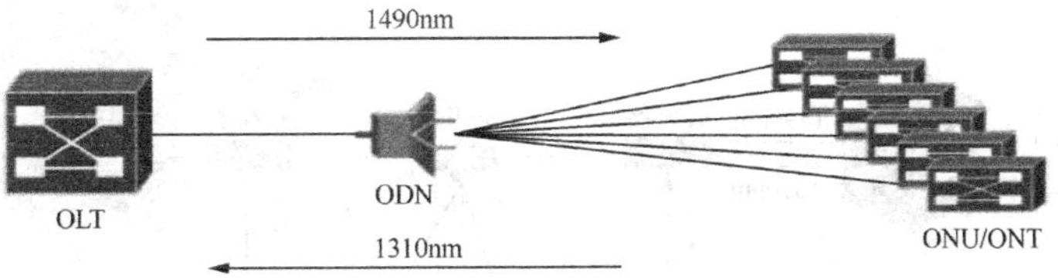

图 4-73　波分复用

PON 关键技术 2：下行广播方式在 ONU 注册成功后分配一个唯一的 LLID；在每一个分组开始之前添加一个 LLID，代替以太网前导符的最后两个字节；OLT 接收数据时比较 LLID 注册列表，ONU 接收数据时，仅接收符合自己的 LLID 的帧或者广播帧，如图 4-74 所示。

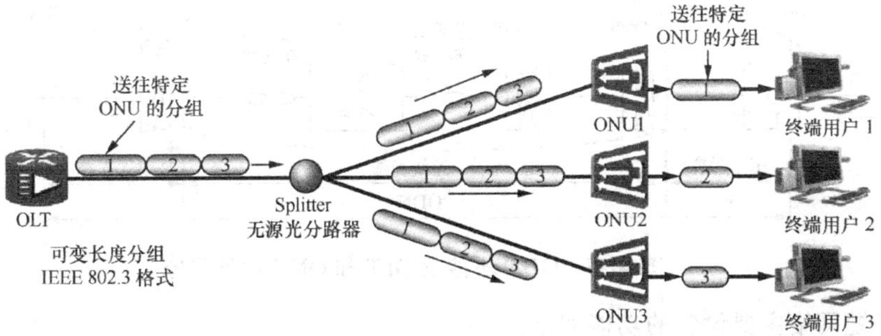

图 4-74　下行广播方式

PON 关键技术 3：上行 TDMA 方式 OLT 接收数据前比较 LLID 注册列表；每个 ONU 在由局方设备统一分配的时隙中发送数据帧；分配的时隙补偿了各个 ONU 距离的差距，避免了各个 ONU 之间的碰撞，如图 4-75 所示。

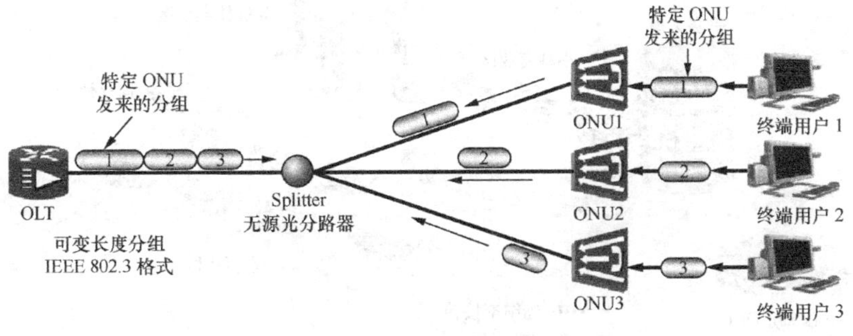

图 4-75　上行分配的时隙

PON 网具有多用途的优点，是天然的广播网络，采用单纤波分复用技术，可以在 OLT 端将有线电视信号叠加进 PON 网络中传输，在用户端再通过分离器分离出来，PON 既可以传送数据，也可以传送有线电视信号，如图 4-76 所示。

光配线网络（ODN，Optical Distribution Network）：基于无源光网络技术，通常经过光分路器（OBD，Optical Branching Device）将用户端的 ONU 汇聚到 1 根或 2 根光纤，上联到 OLT 的 PON 的光承载网络。ODN 的作用是为 OLT 和 ONU 之间提供光传输通道，不涉及 OLT 和 ONU 设备部分如图 4-77 所示。

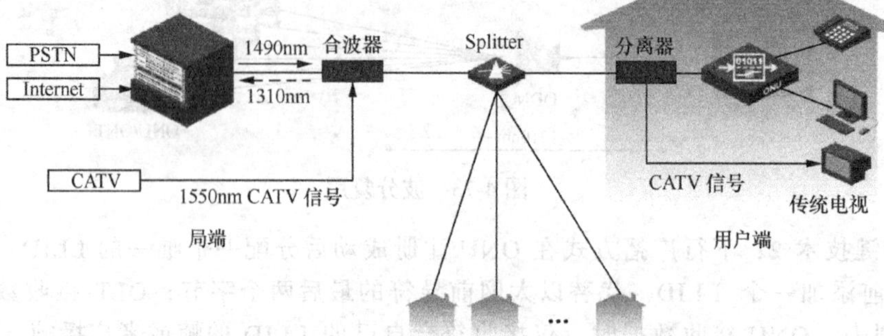

图 4-76　PON 既可以传送数据也可以传送有线电视信号

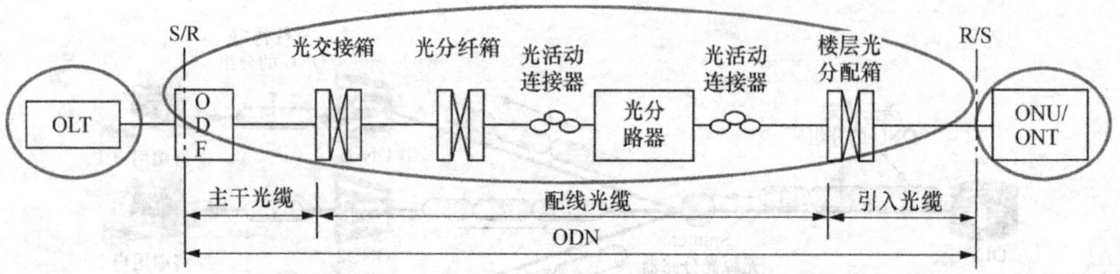

图 4-77　ODN 不涉及 OLT 和 ONU 设备部分

FTTH 光缆网络主要设备的功能如下。

OLT：提供语音、数据、视频业务网络的互联接口，并实现网络管理的主要功能。

ONU/ONT：负责向终端用户提供所需的业务接口。

ODN：负责连通 OLT 所属的 ONU。ODN 为 OLT 和 ONU 之间提供光传输手段，其主要功能是完成光信号功率的分配。FTTH 光缆网络基本结构模拟如图 4-78 所示。

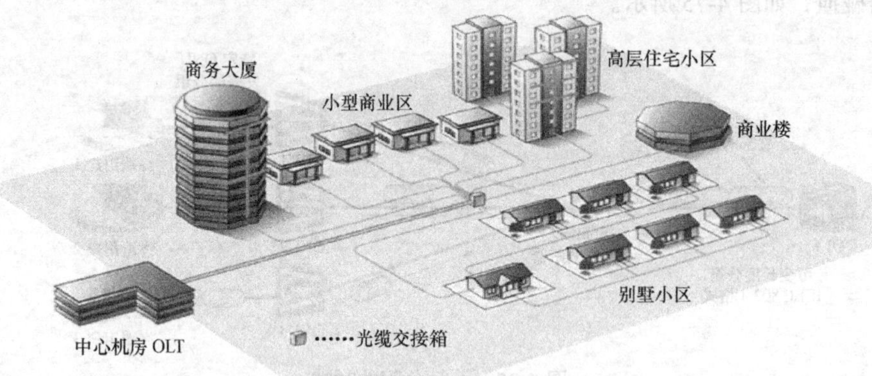

图 4-78　FTTH 光缆网络基本结构模拟图

FTTCab（光纤到交接箱）以光纤替换传统（骨干）馈线，ONU 部署在交接箱即 FP 点处，ONU 下方采用其他介质接入用户。FTTB（光纤到楼宇/分纤盒）ONU 部署在传统的分纤盒（用户引入点）DP 分配点，ONU 下方采用其他介质接入到用户。FTTH（光纤到家庭）仅利用光纤传输媒质连接通信局端和家庭住宅的接入方式，引入段光纤由单个家庭住宅独享。FTTO（光纤到公司/办公室）仅利用光纤传输媒质连接局端或办公室用户的接入方式，引入光纤由单个公司或办公室用户独享 ONU/ONT 之后的设备。FTTH 光纤系统如图 4-79 所示。

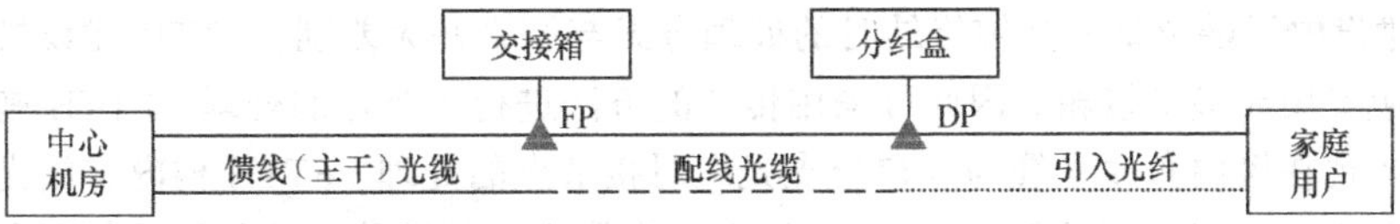

图 4-79　FTTH 光纤系统结构图

（二）FTTH 蝶形光缆入户的终结

1. 光纤接续、终结、端接

光纤接续方式有两种：

（1）热熔接是传统的光缆接续采用光纤熔接机，利用热缩套管对光纤进行保护，接续损耗小，这种接续方式也称为热熔接；多年来户外光纤接续作业都是采用的这种方式；光纤接续是两根光纤的对接，是一种固定连接方式；热熔方式的缺陷在于：仪器价格昂贵，接续需要用电，操作需要培训，维护费用较高，操作场地受限。这种接续方式或习惯在 FTTH 建设中仍然可以延续应用到户外施工段，但在狭小的室内环境中施工其效率和便利性大大降低。

（2）光纤机械接续顾名思义无需特殊的仪器，采用机械压接夹持方法，利用 V 型槽导轨原理将两根切割好的光纤对接在一起。无需用电，且制作工具小巧；光纤机械接续方式也成为“冷接续”，这种方式有两个关键点：①光纤切割端面的平整性；②光纤夹持固定可靠性。光纤机械接续实际应用于 FTTH 的冷接续子，接续损耗小于 0.1dB，且体积小，重量更轻。冷接续原理示意如图 4-80 所示。

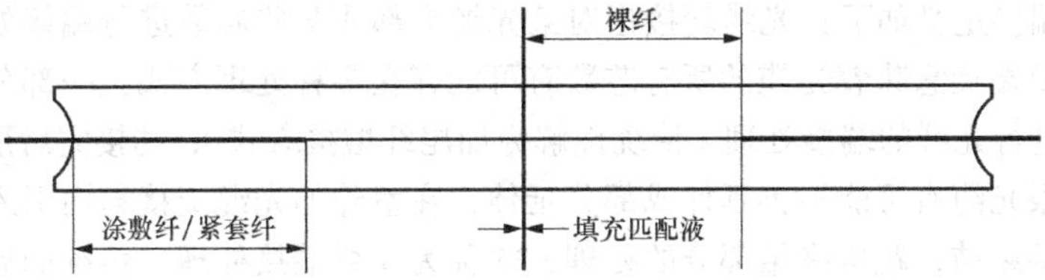

图 4-80　冷接续原理示意图

对于光缆的终结定义如下：一根光缆到达某个节点后，对全部芯数进行（直熔或跳接）处理，这根光缆不再延伸。

直熔为光纤与另外一根光缆直接熔接对接（见图 4-81），传统节点多为光缆接头盒处。

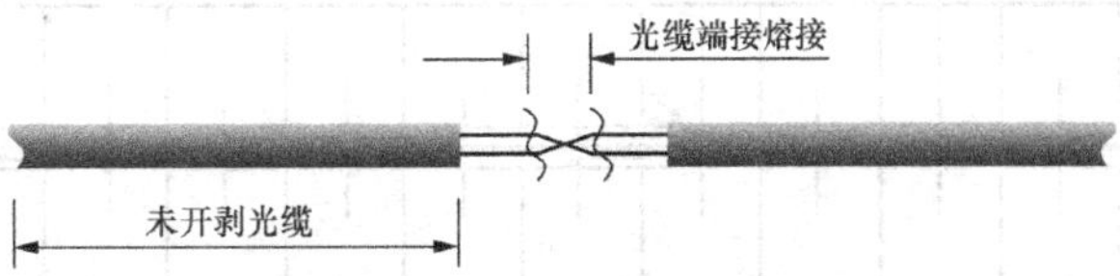

图 4-81　光缆直熔终结示意图

光缆直熔终结示意跳接采用光缆光纤与尾纤熔接的方法（见图 4-82），处理完毕后，终端活动接头可以进行灵活的配置，传统节点多为光缆配线箱、光纤配线架。

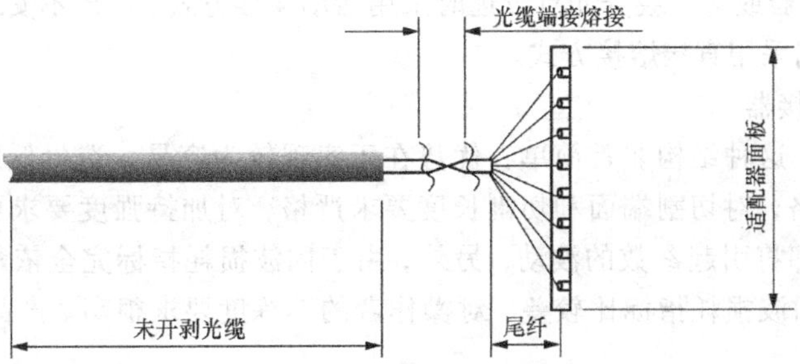

图 4-82　光缆跳接终结示意图

FTTH 建设中局端及室外光缆终结时的处理方式与原来并无差别，FTTB 建设模式光缆入楼后多采用区域专用光缆交接箱，因此可采用传统的方法进行主节点的处理；FTTH 施工光缆终结的特点主要体现在楼内布放光缆与入户分支光缆对接节点的处理。FTTH 楼内布放光缆终结多在同层多户分布模式下存在（见图 4-83）；同层多户光缆垂直频繁分歧（每楼层都要分）不合理，适合引多根缆至每楼层终结处理。

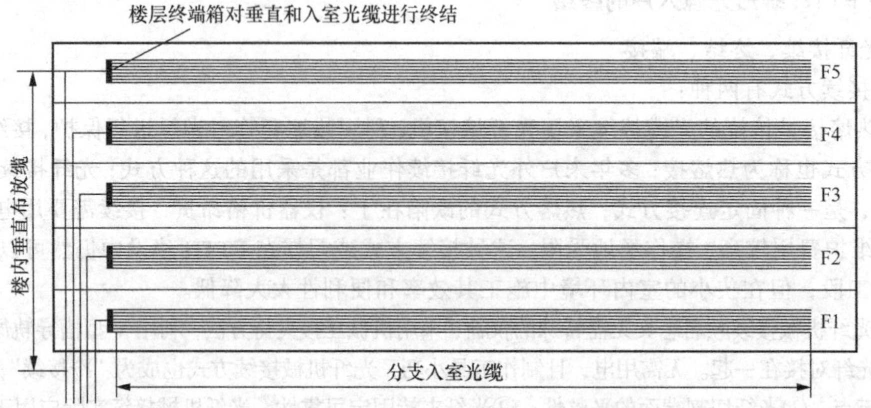

图 4-83　同层多户模式光缆终结示意图

对于光缆的端接定义如下：光缆端接指对某光缆全部或某些芯数进行端接处理，比光缆终结的范围要窄；光缆端接意味着光缆的所有芯数有可能存在多种处理方式：一部分直通不处理，一部分分歧出来后进行光纤的端接处理（传统理解为加尾纤熔接方式），端接完后形式为存在光连接器活动接头，这根光缆有可能不再延伸或部分延伸；在室外如光缆交接箱内引入光缆部分直接熔接终结、部分跳接终结，跳接终结部分的处理方式称为光缆端接处理；传统的处理方式都是采用热熔加尾纤。对于高层建筑，FTTH 楼内布线需对垂直缆进行分歧，此时，分歧出的芯数处理方式同样包括直熔和端接两种方式（见图 4-84），未分歧芯数通常采取直通的方式以减少熔接节点降低链路损耗。

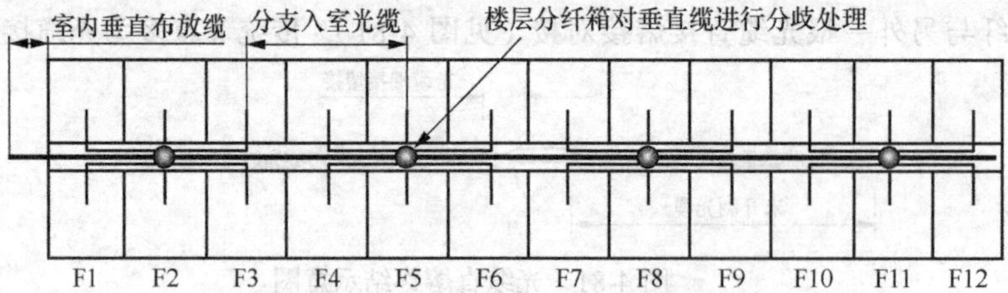

图 4-84　高层模式光缆分歧端接示意图

根据网络规划设计，分歧出的光纤进行端接处理或直熔处理。如果在分纤箱或（配线箱）内安装小分光，比分路器或上一级分光点较远时采用活动端接方式。如果不安装光分路器或集中分光点，距离较近时则采用直接熔接方式。

2. 光纤快速连接器

（1）干式结构。这种结构非常简单，优势在于实现较为容易，造价低廉，但劣势也很多：对光纤直径要求严格，对切割端面和切割长度要求严格，对加持强度要求更加严格；否则任何一处与产品不匹配都将引起参数的波动；另外，由于回波损耗指标完全依赖于光纤切割端面的情况，因此产品的回波损耗指标比较差，对操作者的熟练度要求很高。产品结构原理如图 4-85 所示。

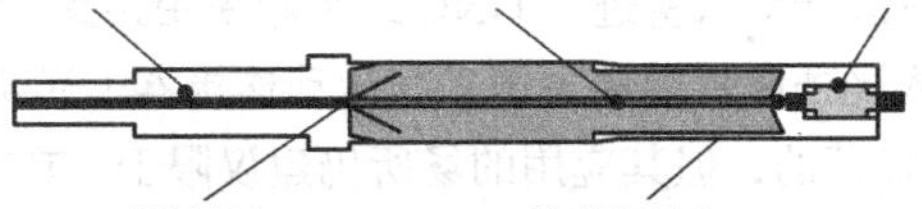

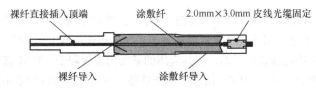

图 4-85 干式结构光纤快速连接器原理

该类产品结构可以应用于临时光纤链路抢修，但不适用于 FTTH 接入链路规模使用。

（2）预埋纤结构。预埋纤结构采用的是在工厂将一段裸纤预先置入陶瓷插芯内，并将顶端进行了研磨，操作者在现场只需要将另一端切割好光纤后插入即可；由于预埋结构前面预埋纤工厂研磨且对接处填充匹配液，不过分依赖光纤端面切割的平整度，大大降低了对操作者熟练程度的要求；由于接头的端面采用的是预先研磨的工艺，因此回波损耗指标好；产品结构原理如图 4-86 所示。

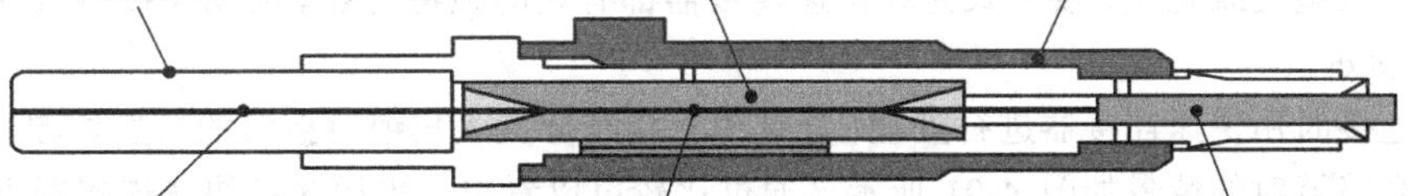

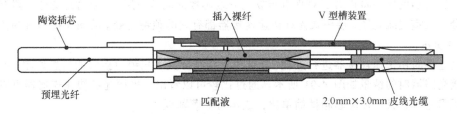

图 4-86 预埋纤结构光纤快速连接器原理

该产品结构可以实现更好的插入损耗（0.5dB 以下）和回波损耗（45dB 以上）指标，可靠性与稳定性比较高，因此适宜于 FTTH 接入链路室内节点使用。

光纤接续子如图 4-87 所示，光纤快速连接器如图 4-88 所示，在狭小的空间内可以方便地实现光纤链路的开通。因此，光纤快速连接器与光纤接续子都旨在简化 FTTH 接入室内施工。这种理念比较符合 FTTH 大规模部署应用，FTTH 施工具有阶段性和分散性的特点，因此，大量的配备光纤熔接机是不现实的，主要局限有：（1）投入成本大；（2）携带不方便；（3）操作空间受限。

图 4-87 接续子

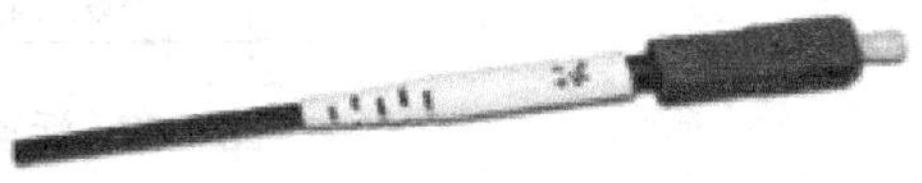

图 4-88 快速接续连接器

通过上面的分析，光纤快速连接器和光纤接续子的应用各有所长。光链路节点处直熔固定连接时，可以采用光纤接续子进行冷接续，节点处活动连接时，可以采用光纤快速连接器进行直接端接。

通过分析近两年的应用情况，得出如下概括：

① 光纤接续子尺寸不统一，传统熔纤盘槽位卡放不匹配；

② 光纤接续子在节约成本上不显著，用户热衷程度有所下降；

③ 光纤快速连接器直接端接皮线光缆，节约一根尾纤的投入，特点显著；

④ 光纤快速连接器厂家之间尺寸差别不影响应用，对配套的箱体无要求；

⑤ L 型的 Socket（插座）式光纤快速连接器的应用远远小于接头式的光纤快速连接器

类型。

真正意义上的FTTH接入，皮线光缆入室进入ONU终端箱采用接头式光纤快速连接器直接端接后插入ONU光接口，而非先引入光插座盒端接再用光纤活动连接器（光跳线）连接ONU设备；虽然光纤快速连接器的应用特点是显著的，但其应用的场所仍建议限于FTTH接入靠近用户侧使用，这也是该产品开发的初衷。对于FTTH接入室外光链路节点处理，应该仍采用传统的热熔接方式处理。因此，我们将光纤快速连接器应用场所定义为：FTTH接入楼内分支入室光缆（皮线光缆）两头端接使用。

3. 光纤快速连接器的分类应用及实现原理

皮线光缆是FTTH接入室内最重要的一种缆型，极大地提高了施工效率，因此在FTTH接入中，除特殊场合外，分支入室缆都采用这种结构的缆型，因此2.0mm×3.0mm类型的光纤快速连接器是当前运营商最常规采购的类型；对于250μm、0.9mm、2.0mm、3.0mm类型光纤快速连接器类型应用则较少；随着真正意义上的FTTH规模部署和楼内垂直布放光缆新型缆型的出现，光纤快速连接器的应用将扩展到对垂直布放缆分歧芯数的端接应用上，无论是增加分路器还是直接对接分支入室皮线光缆，接头式光纤快速连接器都有它的独特之处。活动连接器时的传统做法如图4-89所示。

活动连接时用快速连接器进行处理，分歧缆直接与分支入户缆对接时的情景如图4-90所示，分歧缆接光路器时的情景如图4-91所示。通过比较可以看出，采用光纤快速连接器可以无需熔纤盘，无需尾纤，且可使配套箱体简单化，成本可显著降低。

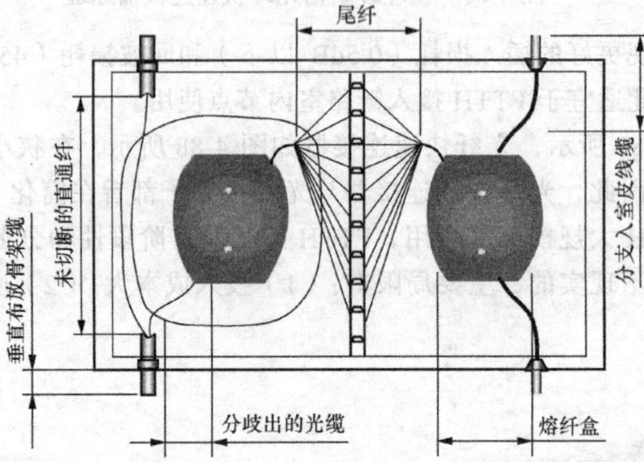

图4-89　活动连接器时的传统做法

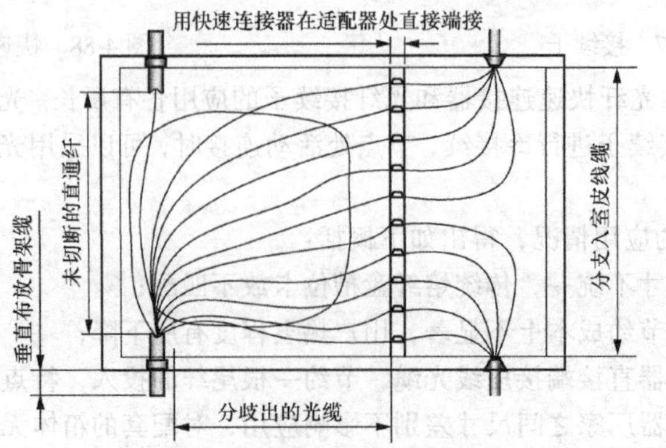

图4-90　活动连接时用快速连接器进行处理

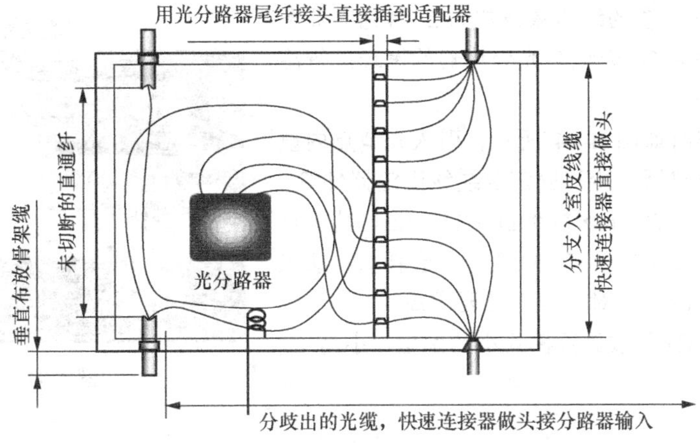

图 4-91　活动连接时用快速连接器进行处理

4. 皮线光缆接续方式

皮线光缆与引入段光缆在引入光节点直熔，引入光缆上连到小区光配线箱后成端如图 4-92 所示。采用热熔直连时，应在楼道内设置光缆熔纤盒，引入光缆的纤芯数应大于或等于覆盖用户数，当用户皮线光缆为 2 芯时，一般仅熔接 1 芯，业务开通时，只需在小区光配线箱内跳纤即可。

采用热熔直连时，光分线箱内仅设置熔纤单元和缆线固定器件，箱体尺寸通常小于 450mm × 350mm × 150mm。其优点是：熔接稳定可靠，光衰耗小，箱体价格低，业务开通便利；缺点是：必须一次性将所有皮线光缆熔接好，引入段光缆纤芯数较大。

应用场景：OBD（分光器）集中放置模式下的多层、小高层、高层等场景。

采用热熔成端时如图 4-93 所示，光纤分配箱内设置熔纤单元、ODF 成端、光分路器、缆线固定器件等，箱体尺寸通常小于 600mm × 600mm × 150mm。其优点为：熔接稳定可靠，业务开通方便；缺点为：必须一次将所有皮线光缆熔接好，投资大，且活接头造成光衰耗大。

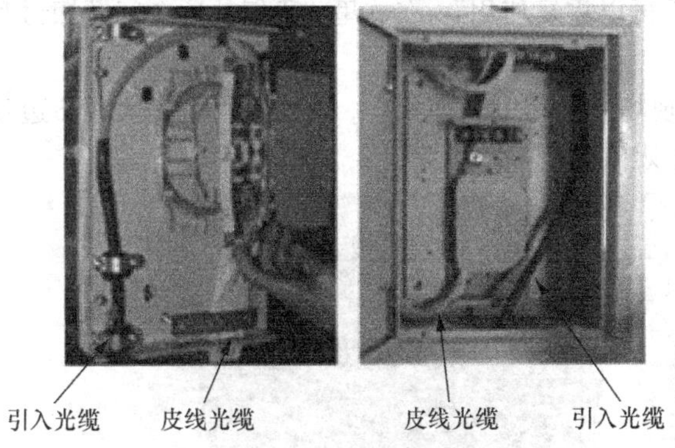

图 4-92　热熔直接

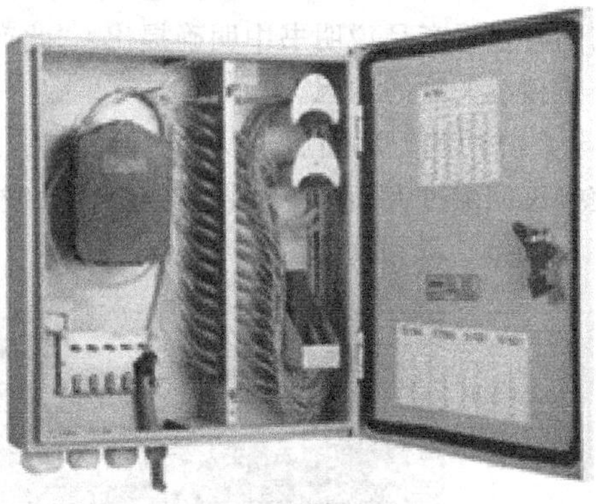

图 4-93　热熔成端

皮线光缆在引入光节点与尾纤熔接后成端，光分路器设置在引入光节点。采用热熔成端时，应在楼道内设置光纤分配箱（热熔型），引入光缆的纤芯数通常为 2 ~ 4 芯，当用户皮线光缆为 2 芯时，一般仅成端 1 芯，业务开通时，只需通过光分路器的尾纤跳纤即可。

应用场景：OBD 分散放置模式小的别墅、小高层、高层等场景。

皮线光缆在引入光节点内盘留固定并做好标签。采用冷接直连时，应在楼道内设置光纤分配箱（冷接型），引入光缆的纤芯数通常为 2～4 芯。业务开通时，装维人员将皮线光缆与光分路器的尾纤进行冷接操作，接通业务。

采用冷接直连时如图 4-94 所示，引入光节点内设置熔纤单元、光分路器、冷接固定及缆线固定器件等，箱体尺寸通常小于 600mm×600mm×150mm。其优点为：皮线光缆不需成端或熔接，投资小，衰耗低；缺点为：开通业务时需冷接，对装维人员要求高。

应用场景：OBD 分散放置模式小的别墅、小高层、高层等场景。

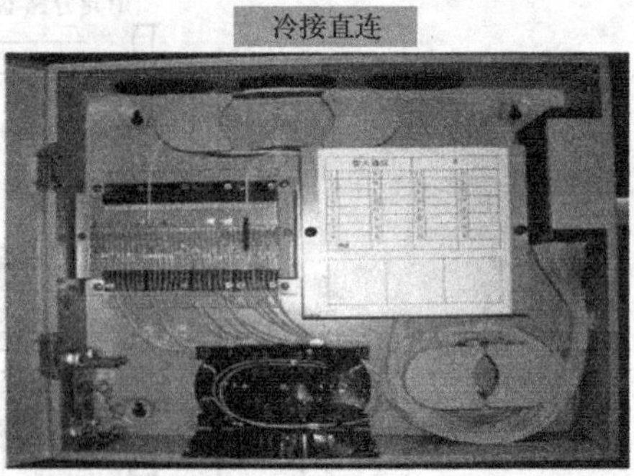

图 4-94　冷接直连

三、任务分析

光缆成端冷接过程分析

现场组装式光纤连接器（冷接技术）成端如图 4-95 所示。

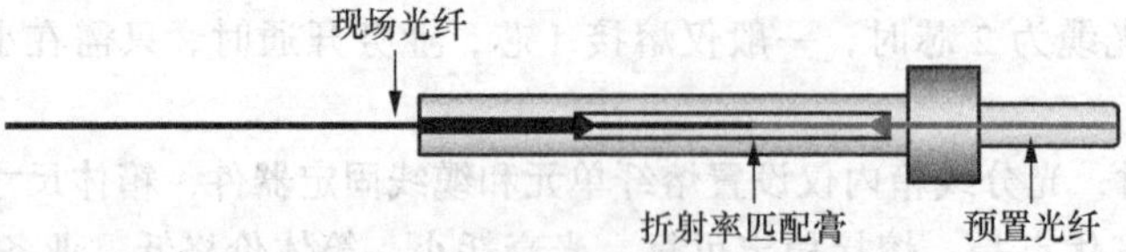

图 4-95　预埋光纤冷接示意图

预埋光纤冷接可以理解为光纤冷接子是可重复开启使用的现场组装型连接器。因为施工过程中难免有失误产生，可重复开启使用意味着出错后可打开再重新组装，这样报废的风险将大大降低，施工成本也大幅度降低。而当今市场上大多数产品都采用预置光纤匹配液，这个想法如果实施，对光纤接入的后期维护将造成灾难性后果，国外冷接续知名企业 3M 早就看到这一点，并在它的冷接子产品说明书中明确提出："此产品不可以重复使用"。在这里，我们就这个问题探讨和分析接续失败的原因。

（1）切割刀磨损后未及时更换刀口，造成现场光纤切割表面损伤，或切口斜度过大或凸边致使接续间隙过大而产生的接续损耗过大或失败现象如图 4-96 所示。

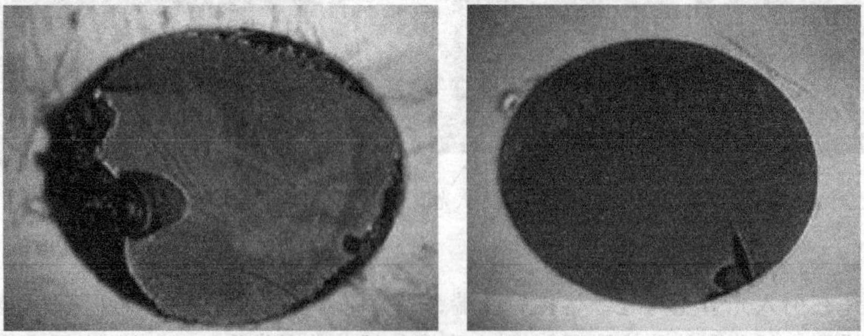

图 4-96　现场光纤不良切割面

（2）现场光纤制备不合规格，涂覆层和裸纤长度误差较大，造成假对接或大的弯曲损耗，如图 4-97 和图 4-98 所示。

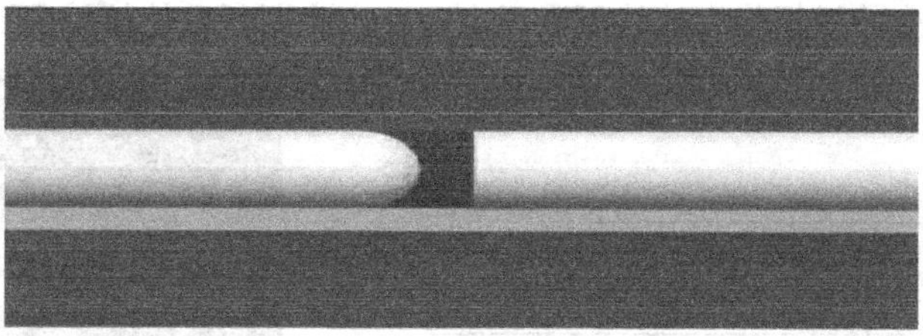

图 4-97　假对接现象

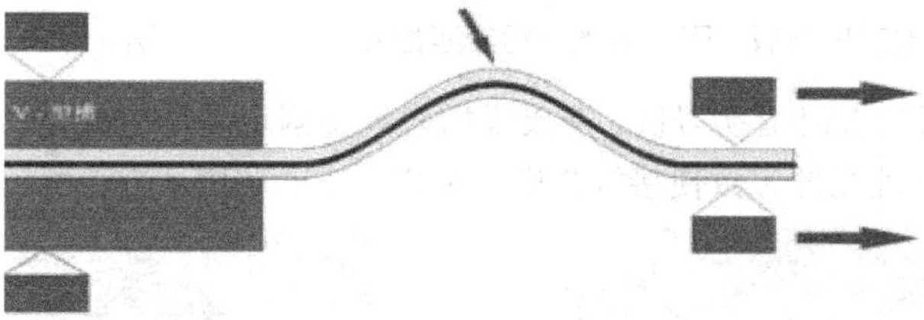

图 4-98　不规范的光纤制备造成过大的弯曲

（3）松包纤芯皮线光缆由于光纤穿入接续时，产生回退导致间隙过大致使接续损耗过大如图 4-99 所示。

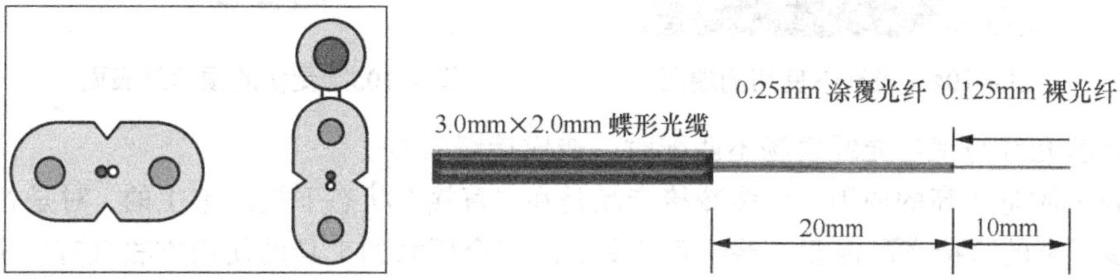

图 4-99　松包纤芯皮线光缆易回缩

（4）皮线光缆在使用过程中，由于外皮老化与光纤分离开脱造成纤芯窜动，在受常态布线力的作用下，导致现场纤芯回退，接续间隙加大，损耗加大，如图 4-100 所示。

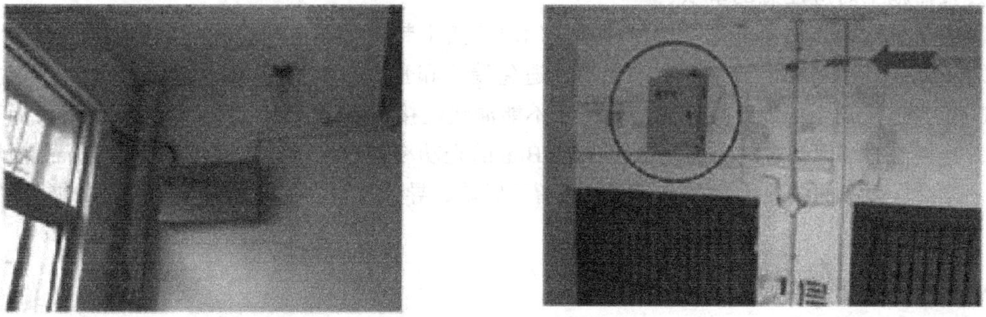

图 4-100　线缆使用数十年导致老化弯曲变形

（5）现场灰尘大，尤其是装修阶段，光纤制备时没有用专用清洁纸处理，造成现场组装型连接器内部匹配液污染，接续损耗过大或失败，如图 4-101 所示。

（6）光纤插入 V 型槽时，塑料倒口在穿纤不慎时，把刮伤的导入槽侧表面碎屑带入接续点，阻挡光纤对接贴合，甚至阻挡通过，导致不通光，如图 4-102 所示。

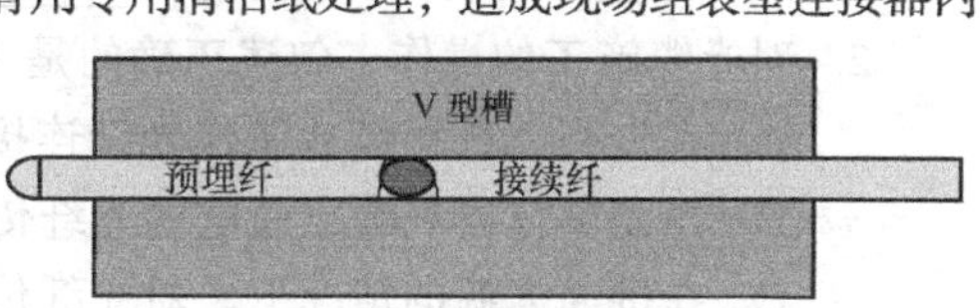

图 4-101　匹配液受到污染

（7）光纤开剥产生的微损伤在接续压紧固定时，产生断纤致使接续失败，如图 4-103 所示。

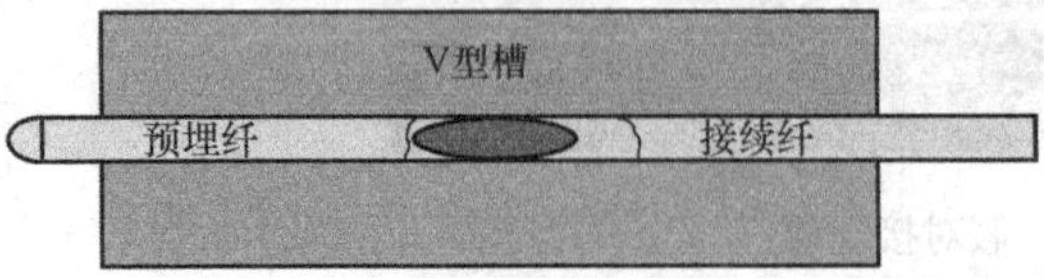

图 4-102　导入槽侧表面被刮出碎屑，阻挡通光并污染匹配液

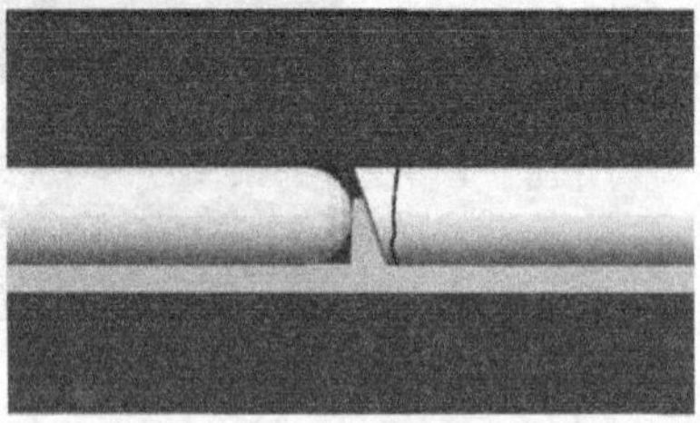

图 4-103　断纤现象

（8）切割刀磨损后未及时更换刀口，造成现场光纤切割表面产生凸牙，接续时由于初始间隙较大，导致凸牙损伤预埋光纤，致使接续失败，如图 4-104 和图 4-105 所示。

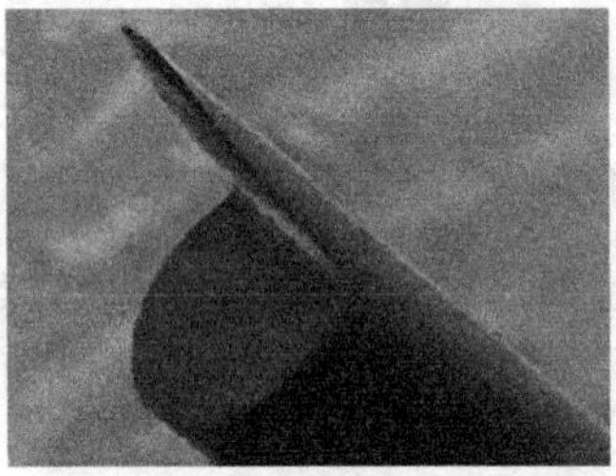

图 4-104　光纤不良切割端面

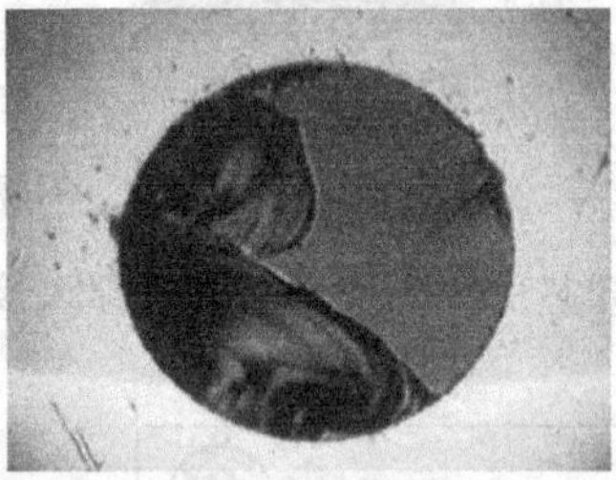

图 4-105　受伤的预埋纤表面

（9）预埋光纤与现场光纤模场不匹配时，造成接续失败。

冷接施工质量不高的原因：很多冷接产品是在“盲接”状态下接续施工的，对是否接好没有把握；很多厂家的冷接产品需要一些特殊工具，而每个厂家的工具的使用方法又有区别，让人难以一一适应；一些冷接产品在接续失败后无法开启再次使用，而这些冷接产品成本较高，操作时心理压力较大；冷接施工对光纤端面要求和对光纤清洁度要求比熔接方式要求更高，而对此不太了解，在冷接施工时，一些不良的施工习惯会带来比熔接施工更大的影响。

连接器施工时应注意的事项：

（1）禁止触摸连接器的光纤端面；不使用时应盖上封帽，避免连接器污染和端面划伤；

（2）光纤连接器插入要水平对准光口，避免端面和套筒被划伤；

（3）当连接器上的光纤携带光信号时，不能清洁连接器。当清洁材料（如沾满酒精的棉布）与光纤连接器的端面接触时，即使低至 + 15dBm 的光功率都有可能导致爆炸性着火，从而损坏连接器。连接器边缘的微爆炸会在连接器端面留下凹陷，导致连接器光纤携带低损耗光的能力降低。

四、任务训练

一、填空题与选择题

1. 光纤连接器的制作工艺主要有________和________两种方式。

2. 对光缆施工的操作，叙述正确的是（　　）。

A. 在进行光纤接续或制作光纤连接器时，施工人员必须戴上眼镜和手套

B. 用光学仪器观看已通电的光纤传输通道器件

C. 在接通光源的情况下，对光纤传输系统进行维护操作

D. 保持施工环境的洁净

3．综合布线工程施工前，应该对光纤跳线进行检验，合格的光线跳线应该符合（　　）的规定。

A．具有经过防火处理的光纤保护包皮

B．两端的活动连接器端面应装配有合适的保护盖帽

C．每根光纤接插线的光纤类型应有明显的标记

D．应符合设计要求

4．（　　）是利用各种光纤连接器件（插头和插座）将站点与站点或站点与光缆连接起来的一种方法。

A．永久性连接　　B．应急连接　　C．活动连接　　D．熔接

二、问答题

1．把单模光纤用多模光纤连接器对接后光链路是否可用？

2．把多模光纤用单模光纤连接器对接后光链路是否可用？

项目五

综合布线系统的测试与验收

今天的布线市场已经进入到了产品丰富、分类繁多的阶段。在安装布线系统时，可能选择 5 类、超 5 类、6 类甚至是光纤与光缆类的产品。然而，对于布线系统的认证测试，在现场测试时标准是滞后于市场上的产品的。

目前，国际上较广泛采用的综合布线设计标准有欧洲的 ISO/IEC 11801 系列标准、北美的 TIA/EIA 568 系列标准等，中国国内有 GB/T 50311—2007《建筑与建筑群综合布线系统工程设计规范》等。测试标准有 TSB—67《非屏蔽双绞线电缆布线系统传输性能现场测试规范》、GB/T 50312—2007《建筑与建筑群综合布线系统工程验收规范》。各种测试标准对于缆线的测试项目有所不同，对于同种测试指标的要求也不同。设计标准与测试标准不匹配，会出现合格工程测试不合格的情况，所以要根据设计所依据的设计标准，选择合适的测试标准。

任务 5.1　测试综合布线电缆链路

【学习目标】

知识目标：掌握综合布线铜缆的 3 种链路测试。了解综合布线常用测试仪表的功能。

技能目标：了解综合布线系统双绞线电缆的基本施工及测试流程。掌握各种测试仪表的正确使用方法。会对测试结果对照工程验收标准判断是否合格。

一、任务导入

任务资料：

综合布线工程电气测试包括电缆系统电气性能测试及光纤系统性能测试。各项测试结果应有详细记录，作为竣工资料的一部分。

综合布线系统测试包括水平铜缆测试、垂直干线铜缆测试、垂直干线光缆测试，系统测试完毕后及时组织有关技术及管理人员对整个系统进行验收。综合布线系统测试范围如图 5-1 所示，包括工作间到设备间的连通状况，主干线连通状况，跳线测试和信息传输速率、衰减、距离、接线图和近端串扰等内容。

综合布线工程电气测试包括电缆系统电气性能测试及光纤系统性能测试。各项测试结果应有详细记录，作为竣工资料的一部分。

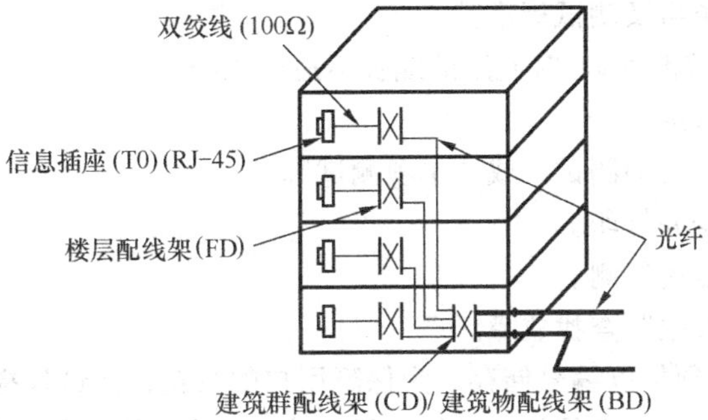

图 5-1　综合布线系统测试范围

（1）水平布线测试连接方式

① 通道连接方式。

通道连接是指网络设备的整个连接。通过通道回路测试，可以验证端到端回路，包括跳线和适配器传输性能。通道回路通常包括水平线缆、工作区跳线、信息插座、靠近工作区的转接点及配线区的两个连接点。但连接到测试仪上的连接头不包括在通道回路中。

② 链路连接方式。

链路连接是指通信回路的固定线缆安装部分，永久链路不包括插座至网络设备的末端连接电缆。基本连接通常包括水平线缆和双端 2m 测试跳线，链路如图 5-2 所示。

③ 水平布线光纤测试连接方式。

光纤链路长度只要在楼宇内进行，就不受严格限制。

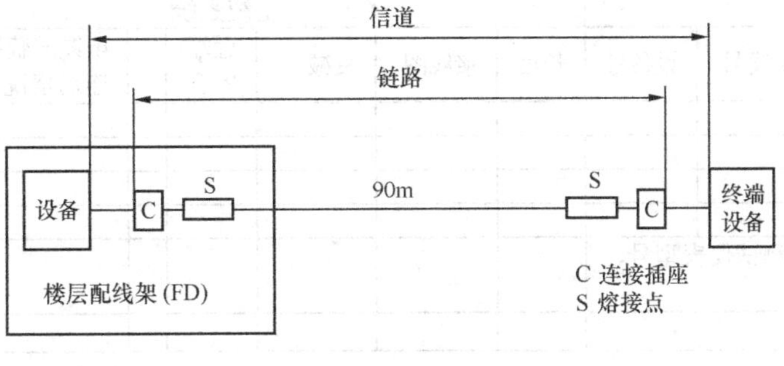

图 5-2　光纤水平布线测试模型

④ 主干布线测试连接方式。

楼宇之间或楼宇内使用多模光纤、单模光纤和大对数铜缆布线，测试起点为楼层配线架，测试终点为楼宇总配线架。

（2）测试程序

必须要有“随装随测”的概念，当一条链路施工完毕后，必须立刻用测试仪进行测试，不要等链路全部完工后再进行测试。仪器上的 Basic Link 标准就是施工单位在测试时用来参照的规范，而 Channel 标准则是在客户进行整体布线系统验收时所采用的规范。

在开始测试之前，应该认真了解布线系统的特点、用途及信息点的分布情况，确定测试标准，选定测试仪后按下述程序进行。

（1）测试前测试仪自检，确认仪表是正常的。

（2）选择测试方式。

（3）选择设置线缆类型及测试标准。

（4）NVP 值核准（核准 NVP 时使用的缆长不短于 15m）。

（5）设置测试环境湿度。

（6）根据要求选择“自动测试”或“单项测试”。

（7）测试后存储数据并打印。

（8）发生问题时修复后复测。

（9）测试中出现“失败”查找故障。

（10）对测试结果必须加以编号储存。为保障用户的权益，测试仪提供的测试报告应是不可以修改的计算机文本文件，它必须是经过加密无法让施工人员进行修改的计算机文件。

任务目标：

（1）搭建综合布线基本链路连接模型、永久链路连接模型和信道连接模型的 3 种测试链路。

（2）使用 FLVKE 仪表进行铜缆链路和光缆链路测试。

（3）检查待测试链路的通断及接线图是否正确。

（4）对测用线缆测试仪表测试指定链路的长度、衰减、近端串扰（NEXT）特性阻抗和噪声。

（5）认真做好测试记录，将测试结果进行分析，描述测试原理和误差形成。

（6）用同样的方法分别进行垂直干线铜缆测试和垂直干线光缆测试。

（7）综合布线系统工程电缆（链路/信道）性能指标测试记录见表 5-1。

表 5-1　电缆（链路/信道）性能指标测试记录表

工程项目名称										
序号	编号			内容						备注
				电缆系统						
	地址号	缆线号	设备号	长度	接线图	衰减	近端串音	电缆屏蔽层连通情况	其他项目	
测试日期、人员、测试仪表型号、测试仪表精度										
处理情况										

二、知识准备

（一）综合布线的测试模型

综合布线系统的测试，通常有两类标准被用于安装电缆的测试中，即网络标准和电缆标准。网络标准定义了在网络中使用的电缆介质的端对端连接规范，当用户需要了解网络故障是否是由电缆造成时，网络标准就显得特别有用。现在最常见的网络多是在 10/100Mbit/s 速度下运行的。市场上现有的电缆测试仪，如 Fluke（福禄克）的 DSP-100 或 DSP-2000 就是用来测试这些电缆是否符合网络标准的。这些电缆测试仪所提供的自动测试功能，使其可以自动地测试多种电缆指标，并将它们与所选标准中的指标进行比较。测试的结果将在标准的范围内由测试仪给出。

1. 网络标准与电缆标准

网络标准和电缆标准的区别在于，相应的网络标准可以用来验证该布线系统是否支持特定的网络环境下的应用。而在电缆行业中使用的标准则是带宽，带宽以 MHz 来度量。电缆用来传输什么样的信号与带宽有关。所以不要将两者混淆。这里要指出的是，两者之间的关系是与编码方式等技术有关，但不一定是一对一的对应关系。所以网络标准是指网络中数据传输的速率指标，而电缆标准是用电缆传输频带宽度指标来衡量，两者所使用的单位是完全不一样的，例如在网络环境 ATM155 中，155 是指数据传输的速率即 155Mbit/s，而实际使用的信道带宽只有 80MHz。又如 1000Mbit/s 吉比特以太网，由于采用 4 对线全双工的工作方式，对其信道传输带宽的要求只要 100MHz。在计算机网络行业中广泛使用的是数据传输速率，数据传输速率以 Mbit/s 来度量。

综上所述，在用 5 类布线系统所使用的 100MHz 测试频率验证过的布线系统上绝对可以运行 ATM 网络。不要误认为 Mbit/s 与 MHz 是同一个数量单位。事实上，仪器在测试频率超过 100MHz 时所采用的测试规范全部都是生产厂家自行制定的，因为 TIA 及 ISO 对 5 类线缆规定的最高测试频率就是 100MHz，6 类线缆则是 250MHz。因此 5 类线在高于 155MHz 的测试频率是没有规范的，也是毫无意义的。

2. GB/T 50312—2007 工程验收测试

由于 5 类双绞线几乎都可以支持 155Mbit/s 的所有高速网络，所以用户需要确定他们的布线系统是否满足了 5 类 UTP 的安装规范。为满足用户的需要，TIA（电信工业协会）制定了 TIA/EIA 568A TSB—67 标准，它适用于已安装好的双绞线连接网络，为用户提供了一个用于“认证测试”双绞线布线系统是否达到了 5 类线标准的验收规范。我国也依据此规范制定了适合我国布线实际情况的 GB/T 50312—2007 工程验收规范。

综合布线工程情况复杂，线缆、接口、连接方式和设备多种多样，线缆长度和使用的接口不同。为了避免各种因素影响测试结果，标准定义了 3 种连接模型，即基本链路连接模型、永久链路连接模型和通道连接模型作为测试的参考链路。深入了解并分清 3 种测试模型的不同特点是非常重要的。

3 类和 5 类布线系统按照基本链路和信道进行测试，5e 类和 6 类布线系统按照永久链路和信道进行测试。

（1）基本链路连接模型

在基本链路连接模式中，模型的一个最容易被人记住的特性是在其所连接的每一端都必须有两个连接点。模型包括设备的连接点和用户的末端电缆的连接点。测试模型如图 5-3 所示。

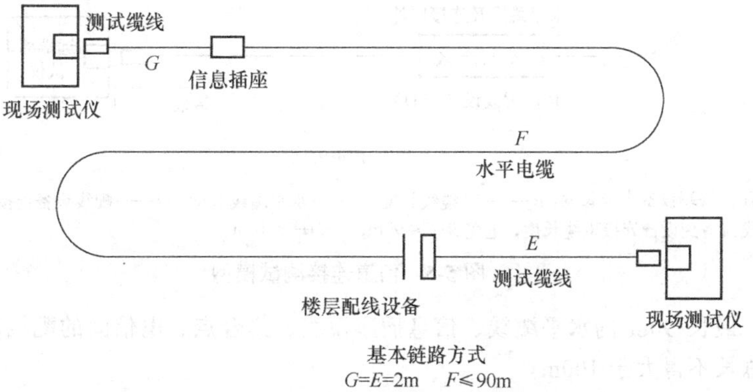

图 5-3　基本链路测试模型

（2）永久链路连接模型

适用于测试固定链路（水平电缆及相关连接器件）性能。这种模式描述了对只负责建筑物中固定电缆安装承包商的测试要求。模型最容易记住的特点就是在连接的每一个末端都只有一个连接点，不包括到测试仪的连接点。在测试模式中，没有要求插头必须是 RJ-45 型的。实际上，通常很多仪器都不用 RJ-45 接头，以避免它所带来的种种限制。常见的测试仪器使用特殊的低 NEXT 值专用电缆接头，来达到 TSB-67 中对最好性能即高级精度的要求。测试模型如图 5-4 所示。

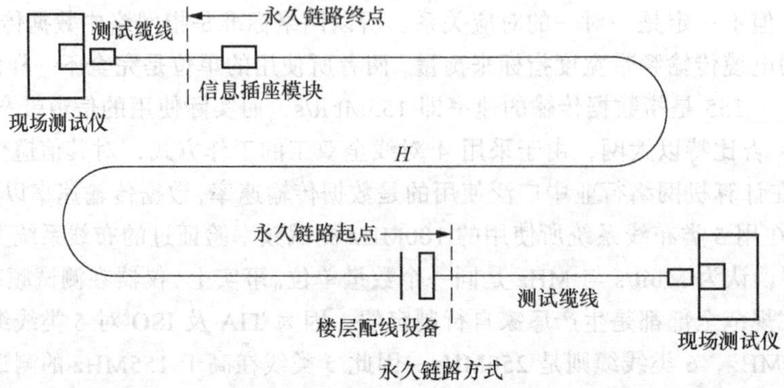

H——从信息插座至楼层配线设备（包括集合点）的水平电缆长度，$H \leqslant 90$m

图 5-4　永久链路测试模型

（3）信道连接模型

在连接永久链路连接模型的基础上，包括了工作区和电信间的设备电缆和跳线在内的整体信道性能。信道连接模型代表了一个端到端的连接。信道连接模型的一个最容易被人记住的特性是在其所连接的每一端都必须有两个连接点，但模型不包括设备的连接点。用户的末端电缆要包括在连接中，所以测试仪器和远端单元的插座要与用户的末端电缆接头相匹配，这样才能构成对 Channel 的测试条件。这些相匹配的插头绝大多数是 RJ-45 插头，如图 5-5 所示。

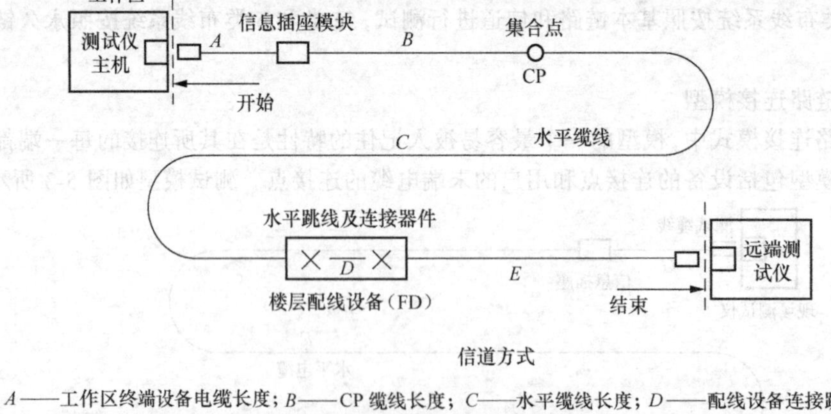

A——工作区终端设备电缆长度；B——CP 缆线长度；C——水平缆线长度；D——配线设备连接跳线长度；E——配线设备到设备连接电缆长度；电缆 $B+C \leqslant 90$m，$A+D+E \leqslant 10$m

图 5-5　信道连接测试模型

信道包括：最长 90m 的水平缆线、信息插座模块、集合点、电信间的配线设备、跳线、设备线缆在内，总长不得大于 100m。

上述测试模型的一个共同原则是与仪器相匹配的连接电缆接头被定义为仪器的一部分，不包括在测试模型当中。这样定义的原因是电缆连接部分，包括插头和插座的传输性能是不可分开的，尽管从物理角度上插头永远是接在电缆线上的。这种定义方法使现场测试的传输参数必须在仪器的插座和末端电缆的相应插头处来测量，但同时又必须以某种方式尽量抑制仪器的插座和相接的插头对测量结果的影响，否则就会在测试时产生额外的误差。

（二）常用综合布线手持式测试仪表

1. 测试仪器精确度

现场电缆测试仪器的性能要求规定了两个性能测试级别，即一级精度和二级精度。

一级精度现场测试仪比二级精度现场测试仪的误差要大很多，所以一般推荐使用二级精度的测试仪来做布线系统的认证测试。然而，如果被测电缆的连接性能非常好，测出的参数远离极限值，而一级精度的测试仪也没有报出接近仪器精度能力的结果，见表 5-2，那么此时的测试结果就是可信的。

表 5-2　测试仪精度最低性能要求

序号	性能参数	1～100MHz
1	随机噪声最低值	65-15log（f100）dB
2	剩余近端串音（NEXT）	55-15log（f100）dB
3	平衡输出信号	37-15log（f100）dB
4	共模抑制	37-15log（f100）dB
5	动态精确度	±0.75dB
6	长度精确度	±1m±4%
7	回损	15dB

注：动态精确度适用于从 0dB 基准值至优于 NEXT 极限值 10dB 的一个带宽，按 60dB 限制。

测试仪表的性能符合下述要求，按时域原理设计的测试均可用于综合布线现场测试。

（1）在 1～31.25MHz 测量范围内，测量最大步长不大于 150kHz，在 31.26～100MHz 测量范围内，测量最大步长不大于 250kHz，100MHz 以上测量步长特定，上述测量扫描步长的要求是满足设计量和近端串扰指标测量精度的基本保证。

（2）用于 5 类以下（含 5 类）链路测试，测量单元最高测量频率极限值不低于 150MHz。在 0～100MHz 测试频率范围内，应能提供各测试参数的标称值和阈值曲线。用于高于 5 类的链路参数时，参数系统测量频率应扩展至 250MHz，在 0～250MHz 测量频率范围内提供各测试参数的标称值和阈值曲线。

（3）每测试一条链路时间不大于 25s，且每条链路应具有一定的故障定位诊断能力。

（4）具有自动、连续、单项选择测试的功能。

2. 光纤系统工程测试仪

光纤测试仪内有两个装置，一个是光源，它接到光纤的一端发送测试信号，另一个是光功率计，它接到光纤的另一端测量发来的测试信号。测试仪器的动态范围是指仪器能够检测的最大和最小信号之间的差值，通常为 60dB。高性能仪器的动态范围可达 100dB 甚至更高。在这一动态范围内，功率测量的精确度通常被称为动态精确度或线性精度。

功率测量设备有一个共同的缺陷是高功率电平时，光检测器呈现饱和状态，因而增加输入功率并不能改变所显示的功率值。低功率电平时，只有在信号达到最小阈值电平时，光检测器才能检测到信号。

在高功率和低功率之间，功率计内的放大电路会产生 3 个问题。常见的问题是偏移误差，它使仪器恒定地读出一个稍高或稍低的功率值。大多数情况下，最值得注意的问题是量程的不连续，无论是在手动还是在经常遇到的自动（自动量程）状态下，当放大器切换增益量程时，它使功率显示值发生跳变，典型的切换增量为 10dB。另一个较少见的误差是斜率误差，它导致仪器在某种输入电平上读数值偏高，而在另一些点上却偏低。

为了使测量的结果更准确，首先应该对功率计进行校准。但是，即使是经过了校准的功率计也有大约±5%（0.2dB）的不确定性。这就是说，用两台同样的功率计去测量系统中同一点的功率，也可能会相差 10%。

其次，在确保光纤中的光有效地耦合到功率计中去，最好是在测试中采用发射电缆和接收电缆。但必须使每一种电缆的损耗低于 0.5dB。这时还必须使全部光都照射到检测器的接收面上，又不使检测器过载。光纤表面应充分地平整清洁，使散射和吸收降到最低。

值得注意的是，如果进行功率测量时所使用的光源与校准时所用的光谱不相同，也会产生测量误差。

3. 能手测线仪

双绞线是最终用来连接网络进行数据传输的，所以线缆的正常与否直接关系到能否将数据从一端传送到另一端。为此要验证一下线缆是否存在断裂或接头松动等情况，这就要用到线缆测试仪，如图 5-6 所示。线缆测试仪通常由发射部分与信号接收部分组成，其使用也很简单，将双绞线的一端接在信号发送端，另一端接信号接收端，然后按下信号发送按钮，观察信号接收端的 8 个指示灯可否均亮起，若能则线缆正常。反之则说明这条线不能正常使用。

不正常的可能是：（1）线缆断裂，若是就换新缆；（2）RJ-45 连接头有问题，例如铜片与铜线接触不良，遇此情况必须重新做接头。由此可见，在宽带网络的安装与维修当中，线缆测试仪是相当重要和普遍被采用的。

能手测线仪使用方法：将网线两端的水晶头分别插入主测试仪和远程测试端的 RJ-45 端口，将开关拨到“ON”（S 为慢速挡），这时主测试仪和远程测试端的指示头就应该逐个闪亮。

（1）直通连线的测试：测试直通连线时，主测试仪的指示灯应该从 1 到 8 按顺序逐个闪亮，而远程测试端的指示灯也应该从 1 到 8 按顺序逐个闪亮。如果是这种现象，说明直通线的连通性没问题，否则就得重做。

（2）交错线连线的测试：测试交错连线时，主测试仪的指示灯也应该从 1 到 8 按顺序逐个闪亮，而远程测试端的指示灯应该是按着 3、6、1、4、5、2、7、8 的顺序逐个闪亮。如果是这样，说明交错连线连通性没问题，否则就得重做。

（3）若网线两端的线序不正确时，主测试仪的指示灯仍然从 1 到 8 逐个闪亮，只是远程测试端的指示灯将按着与主测试端连通的线号的顺序逐个闪亮。也就是说，远程测试端不能按着从 1 到 8 的顺序逐个闪亮。

（4）导线断路测试的现象：①当有 1 到 6 根导线断路时，则主测试仪和远程测试端的对应线号的指示灯都不亮，其他的灯仍然可以逐个闪亮；②当有 7 根或 8 根导线断路时，则主测试仪和远程测试端的指示灯全都不亮。

（5）导线短路测试的现象：①当有两根导线短路时，主测试仪的指示灯仍然按着从 1 到 8 的顺序逐个闪亮，而远程测试端两根短路线所对应的指示灯将被同时点亮，其他的指示灯仍按正常的顺序逐个闪亮；②当有 3 根或 3 根以上的导线短路时，主测试仪的指示灯仍然从 1 到 8 逐个顺序闪亮，而远程测试端的所有短路线对应的指示灯都不亮。

4. 红光笔

光纤检测笔又叫红光笔、红光源、通光笔。是一款专门为需要光纤寻障、光纤连接器检查、光纤寻迹等现场施工人员设计的笔式红光源。该红光源具有使用时间长、结构坚固、外形精美、携带方便等多种优点。是现场施工人员的理想选择。

现在我们常用的光纤检测笔有 3 种规格，功率最小为 1mW，最大达到 50mW，较为普遍的是 5mW、10mW、20mW；相应的测试距离也长达 45km。工作模式分为常亮和脉冲两种，标准 ST/SC/FC 万能光纤接口，单多模光纤适用。

红光笔主要作用：(1) 是光纤熔接后对光纤熔接质量的一个检验，判断光纤熔接断点、故障点；(2) 对机房 ODF 配线架的光纤核对，看光纤有无折断。

光纤熔接点离光纤接头都是很短的，OTDR 根本无法测试出熔接点是否有问题，通光笔可以弥补在这里的盲区，通光笔的红光打出去，就可以看见熔接点有没有折断。同时我们做完光纤熔接工程都会用红光笔对光缆进行通光，确保光缆熔接没有问题。

在机房端，因为都是跳线接入 ODF 光纤配线架，颜色都是一样的，所以只要工程人员一不小心就会把跳线排序弄错。红光笔在这里就起作用了，只要在排好序的另一端用红光笔核对，如图 5-7 所示，技术人员很容易就能把顺序给排好，红光笔就可以大大地节省工作时间。

图 5-6　双绞线缆测试仪

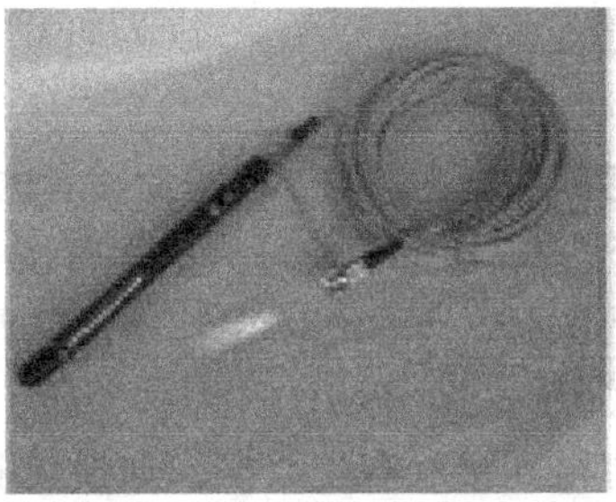

图 5-7　红光笔测试光纤跳线

注意事项：

① 使用时，激光束绝对不允许对着人和动物的眼睛照射。

② 激光器连续点亮时间，建议不要超过 30s，否则会因为过热而影响激光器的寿命。

③ 不使用时请取出电池放到小孩不易拿到的地方。

④ 如果发现激光束亮度严重降低，请注意给电池充电或更换电池。

5. 光功率计

光功率计用于测量绝对光功率或通过一段光纤的光功率相对损耗。在光纤系统中，测量光功率是最基本的。非常像电子学中的万用表，在光纤测量中，光功率计是重负荷常用表，光纤技术人员应该人手一个。通过测量发射端机或光网络的绝对功率，一台光功率计就能够评价光端设备的性能。例如光功率计可用于测量激光光源和 LED 光源的输出功率。用光功率计与稳定光源组合使用，则能够测量连接损耗，检验连续性，并帮助评估光纤链路传输质量，用于确认光纤链路的损耗估算，其中最重要的是测试光学元器件（光纤、连接器、接续子、衰减器等）的性能指标。它是光电器件、光无源器件、光纤、光缆、光纤通信设备的测量，以及光纤通信系统工程建设和维护的必备测量工具，光功率计如图 5-8 所示。

图 5-8　光功率计

(1) 测量准备

① 开机后预热半小时。若对测量要求不高，预热几分钟就行了。

② 调零

调零主要是消除光探测器的残余暗电流及弱背景光等噪声功率的影响。调零时，输入口必须完全遮光（注意：塑料保护盖不能完全遮光）。也可以在弱背景光下调零，但是背景光功率值不能超过最小量程值的一半。

调零时，只需按一下“ZERO”键便可自动进行。调零过程中，“ZERO”和“RH”键上方指示器发光，面板上除波长设定键“λSET”及测量键“MEAS”外，其余控制键不起作用，直到调零结束，指示器不发光，各控制键恢复常态。

③ 设定波长

开机后，仪器自动设定为1310（nm）波长。要改变测量波长，按“λ SET”键，其上方指示器发光，此时，“数码显示窗”显示其对应的波长数（nm），每按一次该键，改变一个选定波长，同时在“数码显示窗”显示出来，其值可以在850、980、1300、1310、1480和1550（nm）之间循环，按“MEAS”键后便选定了最后显示的波长，同时转入测量状态。

④ 将FC-PC型测试光缆连接线接好。

（2）测量

① 一般测量

仪器在测量状态下，可以根据使用者的习惯和测试特点选择测量数据的显示方式为“dBm”或“W”，用按“W dBm”键来完成，每按一次键，显示方式按“dBm”或“W”交换一次。这两种方式都是显示数据的绝对值，“dBm”是以一毫瓦为基准的对数表示值。

② 相对测量“dB（REL）”

如果希望得到相对测量数据，如损耗测量等，可用按“dB（REL）”键的方式来实现。先按一般测量方式（dBm）测量（得到初始值），接着按一次“dB（REL）”键（就以按键时当前测量值为参考点），再去测量变化了的光功率数据，则显示数据是以上一次测量的初始值为参考点的相对“dB”数。

③ 量程选择及保持

在“RH”键上方指示器不发光时为自动量程状态，即仪器根据被测光功率的大小自动切换适合的量程。按一次“RH”键，其上方的指示器发光，表明仪器处于量程保持状态，并保持在按此键时的量程，在超量程和欠量程时，“OR”或“UR”指示器将相应地发光，而且“数码显示窗”的显示数字不断闪烁，提醒使用者应当改变适当的量程。在自动量程状态下，输入光功率超过最大量程时也出现这种现象。这时，使用者必须注意仪器的安全。

④ 说明

本仪器的光功率测量显示方式有3种：W、dBm和dB(REL)，即线性显示方式、对数显示方式和相对显示方式。

a. 线性显示方式（W）

这种方式以“瓦（W）”为单位度量光功率大小的绝对值表示。“W”是光功率的基本度量单位。

$1W=1\times10^3\,mW=1\times10^6\,\mu W=1\times10^9\,nW=1\times10^{12}\,pW$

b. 对数显示方式（dBm）

是以光功率值的对数值来表示光功率值，其单位为“分贝”。“dBm”是以1mW为参考点的功率绝对值表示方法，其单位为“dBm”。即1 mW对应0 dBm。dBm与mW的换算如下：

$$PdBm=10\times\lg(PW\div1mW) \quad (1)$$

其中，PdBm是以dBm为单位的功率值，PW是以mW为单位的功率值

c. 相对显示方式（dB（REL））

这种方式显示是以第一次的测量值 P1dBm 为参考点，按“dB(REL)”键后再进行第二次测量，其值为 Pr，则有：

$$\mathrm{Pr} = \mathrm{P2dBm} - \mathrm{P1dBm}\ (\mathrm{dB}) \tag{2}$$

其中，Pr 是相对测量读数，单位为 dB，P1dBm 是第一次测量读数，单位为 dBm，

P2dBm 是以 1 mW 为参考点时的读数，单位为 dBm。

本仪器在相对测量下状态自动完成（2）式运算，直接读数即为 Pr，单位为 dB。

⑤ 注意事项

测试前，必须对被测光波长、光功率大小有一定了解。必须选择仪器的正确测量波长，才能得到正确的测量结果。切勿使输入的光功率超过本仪器测量范围的上限，波长不对（特别是波长比 1100nm 更短或比 1550nm 更长）时，输入光功率很强，仪器也显示不出来，过强的光功率会烧毁仪器的光探测器。

电源最好有接地线，并且必须保证输入电源电压在本仪器要求的范围内。如果遇到供电系统的突变干扰，主机显示可能发生异常，面板上的按键不起作用，应尽快关机，确保供电系统电源电压正常后，再重新开机工作。

光功率输入口必须连接好，准确定位，否则测量结果可能是不正确的。

6. 稳定光源

在光纤通信技术中，进行光纤衰耗的测量，连接损耗的测量、活动连接器损耗以及光电器件或光收端机灵敏度的测量，光源是不可缺少的信号源。稳定光源如图 5-9 所示。

光源大体可分为 3 类：可见光源、稳定光源和宽谱线光源（白色光源、卤素灯光源等）。

图 5-9　稳定光源

稳定光源原理：稳定光源，即其输出光功率、波长及光谱宽度等特性（主要是光功率）应当是稳定不变的，当然，绝对稳定不变是不可能的，只是在给定的条件下（例如一定的环境、一定的时间范围内）其特性是相对稳定的。若要达到一定的指标要求，稳定光源应有一定的措施以保证其特性的稳定。一般采取 APC（自动功率控制）电路和 ATC（自动温度控制）电路等措施。

调制电路，一般稳定光源输出的光功率有两种形式，一种是连续光，也就是通常称的 CW 光，它是由直流信号驱动的，另一种由调制信号驱动，这种调制信号可以是机内振荡器产生，称为内调制信号，也可以用外部调制信号（即外调制），内调制信号一般是 270Hz 左右的一定幅度的方波，而外调制信号则根据需要选择，但其幅度和频率一定要符合原机要求。

输出方式，稳定光源一般以活动连接器的形式输出，接口装在面板上，只要用另一支同规格的活动连接器即可将其引出使用。

使用稳定光源时，必须弄清楚技术指标，根据自己的需要选用合适的稳定光源。

（1）注意使用的波长，稳定光源的波长应与之相符。

（2）发光元件、输出光功率和输出稳定性这三者往往要综合考虑，一般激光器光源输出光功率较大，谱线窄（这对某些对光谱宽度有严格要求的场合特别重要），但稳定性稍差，而发光二极管光源输出光功率较小，光谱宽度要比 LD 光源大十倍以上乃至数十倍，但稳定性一般都比 LD 光源好，应根据使用的场合全面考虑。

（3）一般光源都是用光纤耦合输出的，因此要注意连接光纤的特性（是单模还是多模），连接器的型号等问题。同时要注意连接器必须保持清洁，不用时必须盖上防尘罩。这也是所有光学

仪表均应注意的问题。

（4）应注意稳定光源的调制方式，以便使用外调制时选择适合的调制信号。

稳定光源对光系统发射已知功率和波长的光。稳定光源与光功率计结合在一起，可以测量光纤系统的光损耗。对现成的光纤系统，通常也可把系统的发射端机当作稳定光源。如果端机无法工作或没有端机，则需要单独的稳定光源。

稳定光源的波长应与系统端机的波长尽可能一致。在系统安装完毕后，经常需要测量端到端损耗，以便确定连接损耗是否满足设计要求，例如测量连接器、接续点的损耗以及光纤本体损耗。

7. 光万用表

光万用表用来测量光纤链路的光功率损耗，有以下两种光万用表。

（1）由独立的光功率计和稳定光源组成的经济型组合光万用表。

（2）光功率计和稳定光源结合为一体的集成光万用表。

在短距离局域网（LAN）中，端点距离在步行或谈话之内，技术人员可在任意一端成功地使用经济型组合光万用表，一端使用稳定光源，另一端使用光功率计。对长途网络系统，技术人员应该在每端装备完整的组合或集成光万用表。光万用表应能满足如下功能：

① 能精确测量光功率值。在 850～1700nm 的波长范围内，以 pW、nW、mW、dBm 的方式显示，分辨率 0.001。

② 有固定的通信上常用双波长 1310/1550nm 光源输出，光源输出功率≥-8dBm（应用户要求可调光功率输出大小），稳定度高。

③ 光纤识别功能：内置 650nm 光源，强功率输出≥0dBm，测试距离 4～5km，是工程上的得力助手，是 OTDR 盲区的有力补充，在工程上使用率甚至超过光功率计。

④ 相对值测量功能，利用高稳定度的光源，与光功率测试相配合，能精确测出光活接头、光纤尾纤或长距离光纤的光衰减值，以判断其通信性能好坏，决定其是否可用。

8. FLUKE DTX-LT 测试仪

特性概述：DTX 系列 CableAnalyzers 是一种坚固耐用的手持设备，可用于光电缆测试认证及记录铜缆和光缆竣工测试结果。

测试仪具有以下特性：

① DTX-1800 和 DTX-1200 可在不到 25s 内依照 F 等级极限值（600 MHz）认证双绞线和同轴电缆布线，以及不到 10s 的时间完成对第 6 类（Category 6）布线的认证。符合第Ⅲ等级和第Ⅳ等级准确度要求。

② DTX-LT 可在不到 28s 的时间内完成第 6 类（Category 6）布线的认证。所有型号均符合第 Ⅲ 等级和第 Ⅳ 等级准确度要求。

③ 彩色显示屏清楚显示“通过/失败”结果。

④ 自动诊断报告至常见故障的距离及可能的原因。

⑤ 音频发生器功能帮助定位插孔及在检测到音频时自动开始“自动测试”。

⑥ 可选的光缆模块可用于认证多模及单模光缆布线。

⑦ DTX Compact OTDR 模块可用于确定光缆中的反射事件和损耗事件的位置和特征。

⑧ 可选件 DTX-NSM 模块可以用来验证网络服务。

⑨ 可选件 DTX 10 G 组件包可用于针对 10G 以太网应用对第 6 类（Cat 6）和增强型第 6 类（Cat 6A）布线进行测试和认证。

⑩ 可于内部存储器保存至多 250 项 6 类自动测试结果，包含图形数据。

⑪ DTX-1800 及 DTX-1200 可于 128 MB 可拆卸内存卡上保存至多 4000 个 6A 类自动测试结

果，包含图形数据。

9. OTDR 光时域反射仪及故障定位仪

光时域反射仪（OTDR）表现为光纤损耗与距离的函数。借助于 OTDR，技术人员能够看到整个系统轮廓，识别并测量光纤的跨度、接续点和连接头。在诊断光纤故障的仪表中，OTDR 是最经典的，也是最昂贵的仪表。

与光功率计和光万用表的两端测试不同，OTDR 仪通过光纤的一端就可测得光纤损耗。OTDR 轨迹线给出系统衰减值的位置和大小。

OTDR 可被用于测试任何连接器、接续点、光纤异形或光纤断点的位置及其损耗大小。主要用于如下 3 个方面测试应用。

（1）在敷设前了解光缆的特性，如长度和衰减。

（2）得到一段光纤的信号轨迹线波形。

（3）在问题增加和连接状况每况愈下时，定位严重故障点。

故障定位仪（Fault Locator）是 OTDR 的一个特殊版本，故障定位仪可以自动发现光纤故障所在，而不需 OTDR 的复杂操作步骤，其价格也只是 OTDR 的几分之一。

选择光纤测试仪表，一般需考虑以下 4 个方面的因素，即确定系统参数、工作环境，比较性能要素、仪表所确定的系统参数工作波长（nm），3 个主要的传输窗口为 850nm、1300nm 及 1550nm。

光源种类（LED 或激光）在短距离应用中，由于经济实用的原因，大多数低速局域网（<100Mbit/s）通常使用 LED 光源，大多数高速系统（>100Mbit/s）使用激光光源长距离传输信号。

光时域反射仪是测量光纤特性的可靠仪器，如图 5-10 所示。该系列产品具有小巧、轻便、操作简单等特点，采用符合人体工程学的外形设计和触摸 LCD 显示屏，并具有数据存储功能，这些数据可用 PC 软件进行分析光纤传输质量和实现测量结果的后期处理、存档、打印。

安装和维护光缆的人员通过查看光纤测试图形中的“事件点”，指出光纤中的这些不规则处，定位其位置，测量它们之间的衰减及其造成的损耗以及衰减的均匀性。

应用范围：

- 测量光缆、光纤长度；
- 测量光缆、光纤两点之间的距离；
- 确定光缆、光纤故障点、断点位置；
- 描述光缆、光纤损耗分布曲线；
- 测量光缆、光纤衰减系数；
- 测量光缆、光纤两点之间的损耗；
- 测量光缆、光纤连接头的插入损耗；
- 测量光缆、光纤反射事件的反射。

图 5-10　光时域反射仪

主要特点：

- 迹线数据图形显示，操作简易；
- 迹线存储功能；
- USB 数据接口；
- 随机附带 PC 分析软件，进行测量数据备份、存档管理；
- 交/直流两路供电；
- 一次充电可连续工作 6h 以上。

光时域反射仪主要技术指标见表 5-3。

表 5-3　　便携式光时域反射仪的主要技术参数

动态范围（1）SNR=1		28/26dB
波长		1310/1550（±20nm）
显示屏		3.5 寸 TFT LCD 触摸屏
光源类型		LD
光纤类型		9/125 μ m 单模光纤
光接口		FC/PC
距离范围（km）		1、5、10、30、60、100
脉冲宽度		20ns、40ns、80ns、160ns、320ns、640ns、1.28μs、2.56μs、Auto
测量时间		15s、30s、1min、2min、3min
事件盲区		2.5m
衰减盲区（2）		5m
测距精度		±（1m+5×10^{-5}×距离+取样间距）
数据存储		170～320 条测试曲线
通信接口		USB
可见光	波长	650nm
	输出功率（dBm）	≥-3
	测试距离（km）	4km

注释：

（1）技术指标描述了用典型 PC 型连接器进行测量时仪器的保证性能，不考虑由于光纤折射率导致的不确定度；动态范围是在最大脉冲宽度、平均时间 3 分钟条件下测得的。

（2）盲区测量条件：反射事件在 4km 以内，反射强度 < −35dB，用最小的脉宽进行测量。

（三）5 类电缆链路测试

现在普遍采用 5 类或超 5 类非屏蔽双绞线完成综合布线。用户当前的应用环境大多在 100Mbit/s 网络基础上，为确保综合布线系统性能，确认布线系统的元器件性能及安装质量，工程完工后，需按 TIA/EIA568-B 规定的布线系统标准对各类（5 类、6 类等）系统进行测试，铜缆系统采用专用电子测试仪器进行测试，包括以下几项内容。

（1）接线图测试，主要测试水平电缆终接工作区 8 位模块式通用插座及交换间配线设备接插件接线端子间的安装连接正确或错误，包括极性、连续性、短路、断路的测试。

（2）长度测试，布线长度应在测试连接图所要求的范围之内。链路的长度用电子长度来估算，电子长度的测量基于链路的传输延时和电缆的额定传输速率 NVP 值而实现。

（3）信号全程衰减测试，要对信道和基本链路分别进行测试。

在选定的某一频率上信道和基本链路衰减量应符合表 5-4 和表 5-5 的要求，信道的衰减包括 10m（跳线、设备连接线之和）及各电缆段、接插件的衰减量的总和。

表 5-4　　信道衰减量

频率（MHz）	3 类（dB）	5 类（dB）
1.00	4.2	2.5
4.00	7.3	4.5
8.00	10.2	6.3
10.00	11.5	7.0
16.00	14.9	9.2
20.00	—	10.3
25.00	—	11.4
31.25	—	12.8

续表

频率（MHz）	3类（dB）	5类（dB）
62.50	—	18.5
100.00	—	24.0

注：总长度为100m以内。

表5-5 基本链路衰减量

频率（MHz）	3类（dB）	5类（dB）
1.00	3.2	2.1
4.00	6.1	4.0
8.00	8.8	5.7
10.00	10.0	6.3
16.00	13.2	8.2
20.00	—	9.2
25.00	—	10.3
31.25	—	11.5
62.50	—	16.7
100.00	—	21.6

注：总长度为94m以内。

以上测试是以20℃为准。在3类对绞电缆测试时，每增加1℃则衰减量增加1.5%，对5类对绞电缆，则每增加1℃会有0.4%的变化。

（4）信号近端串音测试，近端串音是双绞线电缆内，两条线对间信号的感应。对近端串音的测试，必须对每对线在两端进行测量。某一频率上，线对间近端串音应符合表5-6和表5-7的要求。

表5-6 信道近端串音（最差线间）

频率（MHz）	3类（dB）	5类（dB）
1.00	39.1	60.0
4.00	29.3	50.6
8.00	24.3	45.6
10.00	22.7	44.0
16.00	19.3	40.6
20.00	—	39.0
25.00	—	37.4
31.25	—	35.7
62.50	—	30.6
100.00	—	27.1

注：最差值限于60dB。

表5-7 基本链路近端串音（最差线间）

频率（MHz）	3类（dB）	5类（dB）
1.00	40.1	60.0
4.00	30.7	51.8
8.00	25.9	47.1
10.00	24.3	45.5
16.00	21.0	42.3
20.00	—	40.7
25.00	—	39.1
31.25	—	37.6
62.50	—	32.7
100.00	—	29.3

注：最差值限于60dB。

（5）屏蔽电缆系统的测试。屏蔽电缆系统在已安装完毕进行测试时，测试的方法、测试的指标以及测试项目与非屏蔽系统基本相同，但是除了对链路的衰减、串绕、回波损耗等指标进行测试外，屏蔽布线系统还要进行屏蔽层的通断测试，以保证屏蔽的完整以及屏蔽系统的屏蔽完好和系统传输性能。

1. 综合布线系统电缆测试内容

（1）接线图（Wire Map）

接线图必须遵照 EIA-568A 或 568B 的定义，保证线对正确连接是非常重要的测试项目，连接图如图 5-11 所示。连接图测试通常是一个布线系统的最基本测试，因而对于 3～5 类布线系统，都要求连接图测试。在施工过程中由施工人员边施工边测试，这种方法就是导通测试，它可以保证所完成的每一个连接都正确。导通测试注重结构化布线的连接性能，不关心结构化布线的电气特性，例如对照接线图检查电缆的接线方式是否符合规范。接线图未通过故障原因可能是两端的接头有断路、短路、交叉或破裂，或是因为跨接错误等。常见的连接错误有电缆标签的错误和接线的连接错误如开路（或称断路）、短路、反接、交接和差接等。

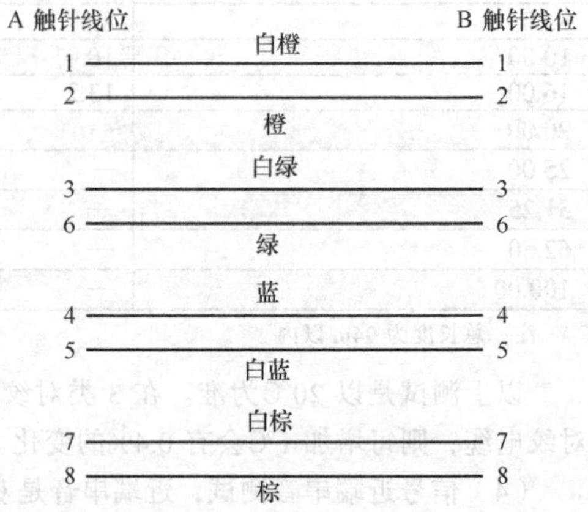

图 5-11　连接图

① 开路和短路，在施工中，由于工具、接线技巧或墙内穿线技术欠缺等问题，会产生开路或短路故障。

② 反接，同一对线在两端针位接反，比如一端为 1-2，另一端为 2-1。

③ 交接，将一对线接到另一端的另一对线上，比如一端是 1-2，另一端接在 4-5 上。

④ 差接，指将原来的两对线分别拆开后又重新组成新的线对。由于出现这种故障时端对端的连通性并未受影响，所以用普通的万用表不能检查出故障原因，只有通过使用专用的电缆测试仪才能检查出来。差接故障不易发现是因为当网络低速度运行或流量很低时其表现不明显，而当网络繁忙或高速运行时其影响极大。这是因为差接造成的串绕会引起很大的近端串扰（NEXT）。用交流信号来测试线缆是否有串绕。其他的错误如开路、短路等都可用脉冲反射方法测出。

（2）链路长度（Length）

长度是指连接的物理长度。对铜缆长度进行的测量应用了一种称为 TDR（时间域反射测量）的测试技术。测试仪从铜缆一端发出一个脉冲波，在脉冲波行进时如果碰到阻抗的变化，如开路、短路或不正常接线时，就会将部分或全部的脉冲波能量反射回测试仪。

返回的脉冲波幅度与阻抗变化的程度成正比，因此在阻抗变化大的地方，如开路或短路处，会返回幅度相对较大的回波。接触不良产生的阻抗变化，如阻抗异常会产生小幅度的回波。依据来回脉冲波的延迟时间及已知的信号在铜缆传播的 NVP 速率（额定传播速率），测试仪就可以计算出脉冲波接收端到该脉冲波返回点的长度。NVP 是以光速（c）的百分比来表示的，如 0.75c 或 75%。在包括了电缆厂商所规定的 NVP 值最大误差和用来进行长度测量的 TDR 技术所带来的误差后，测量长度的误差极限是

Channel：100m+15%×100m=115m

Basic Link：94m+15%×94m=108.1m

测量的长度是否精确取决于 NVP 值。因此，应该用一个已知的长度数据，且必须在 15m 以上的标准线来校正测试仪的 NVP 值。但 TDR 的精度很难达到 2%以内，同时，在同一条电缆的各线对间的 NVP 值也有 4%～6%的差异。另外，双绞线线对实际长度也比一条电缆自身要长一些。在较长的电缆里运行的脉冲波会变形成锯齿形，这也会产生几纳秒的误差。这些都是影响 TDR 测量精度的原因。

测试仪发出的脉冲波宽约为 20ns，而传播速率约为 3ns/m，因此该脉冲波行至 6m 处时才是脉冲波离开测试仪的时间。这也就是测试仪在测量长度时的“盲区”，故在测量长度时将无法发现这 6m 内可能发生的接线问题，因为这时还没有回波。测试仪也必须能同时显示各线对的长度。如果只能得到一条电缆的长度结果，并不表示各线对都是同样的长度。长度未通过故障原因可能是线缆过长、开路或短路，或者设备连线及跨接线的总长度过长等。

（3）衰减（Attenuation）

信号通过双绞线会产生衰减。电信号强度会随着电缆长度而逐渐减弱，这种信号减弱就称为衰减。它是随频率的变化而变化的，所以应测量应用范围内的全部频率上的衰减，5 类线缆的 Channel 的衰减范围为 1～100MHz，3 类线缆测试频率范围是 1MHz～16MHz，4 类线缆频率测试范围是 1～20MHz，一般步长最大为 1MHz。衰减是以负的分贝数（dB）来表示的。数值越大表示衰减量越大，即−10dB 比−8dB 的信号弱，其中 6dB 的差异表示两者的信号强度相差两倍。例如，−10dB 的信号就比−16dB 的信号强两倍，比−22dB 则强四倍。影响衰减的因素是集肤效应和绝缘损耗。

在频率高的时候，电流在导体中的电流密度不再是平均分布于整个导体中，而是集中在导体的表面，从而加大了因导体截面而产生的电流损耗。集肤效应与频率的平方根值成正比，因此频率越高，衰减量便越大。这也就是为何单股电缆要比多股电缆的导电性能差的原因。

温度对某些电缆的衰减也会产生影响。一些绝缘材料会吸收流过导体的电流，特别是 3 类电缆所采用的 PVC 材质，这是因为 PVC 的氯原子会在绝缘材料中产生双极子，而双极子的震荡会使电信号损失掉一部分电能。在温度高的时候，这种情况会进一步恶化。由于温度升高会造成双极子更激烈的震荡，所以温度越高，衰减量越大。这就是标准中规定温度为 20℃的原因。另外在测量衰减量时，必须确定测量是单向进行的，而不是先测量环路的衰减量后再除以 2 而得到的值。

（4）衰减对串扰比（ACR）

由于衰减效应，接收端所收到的有用信号是最微弱的，但接收端得到的串扰信号并没有减弱。对非屏蔽电缆而言，最主要的串扰是从电缆本身发送端感应到接收端的串扰。所谓的 ACR 就是指串扰与衰减量的差异量。ACR 体现的是电缆的性能，也就是在接收端有用信号的富裕度，因此 ACR 值越大越好。在 ISO 及 IEEE 标准里都规定了 ACR 指标，但 TIA/EIA 568A 则没有提到它。

由于每对线对的近端串扰（NEXT）值都不尽相同，因此每对线对的 ACR 值也是不同的。测量时以最差的 ACR 值为该电缆的 ACR 值。如果是与综合近端串扰（PSNEXT）相比，则以 PSACR 值来表示。

（5）近端串扰（NEXT）

NEXT 损耗是测量在一条链路中从一对线对到另一对线的信号耦合，也就是当信号在一对线上运行时，同时会感应一小部分信号到其他线对，这种现象就是串扰，如图 5-12 所示。频率越高，这种影响就越大。在串扰信号过大时，接收器将无法判别信号是远端传送来的微弱信号还是串扰杂讯。

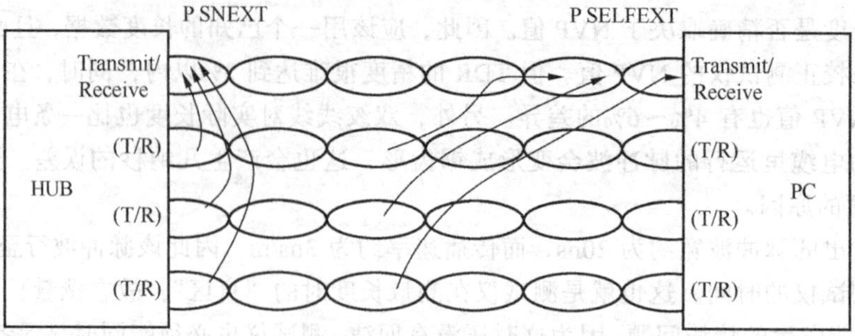

图 5-12　双绞线电缆的近端及远端串扰

双绞线就是利用两条导线绞合在一起后，因为相位相差 180°的原因而抵消相互间的干扰。绞距越紧则抵消效果越佳，也就越能支持较高的数据传输速率。

需要注意的是，表示低 NEXT 时的值越大（如 45dB），发送的信号与串扰信号幅度差就越大，高 NEXT 的值就越小（如 20dB），而这是要设法避免的。NEXT 测量的频率范围在 1～31.25MHz，最大步长 150kHz；31.25～100MHz，最大步长 250kHz。在一条 UTP 的链路上，NEXT 损耗的测试需要在每一对线之间进行。也就是说，对于典型的 4 对 UTP 来说，要有 6 对线关系的组合，即测试 6 次。实验证明，40m 内测得的 NEXT 是较真实的。

为了符合 5 类规格，在电缆端接处的非绞接部分长度不能超过 13mm。通常会产生过量 NEXT 的原因有使用不是绞线的跳线、没有按规定压接终端、使用老式非标准的接线块、使用非数据级的连接器、使用语音级的电缆和使用插座对插座的耦合器等。

近端串扰未通过故障原因可能是近端连接点的问题，或者是因为串对、外部干扰、远端连接点短路、链路电缆和连接硬件性能问题，不是同一类产品以及电缆的端接质量问题等。

（6）综合近端串扰（PS NEXT）

考虑的是所有串扰线对串扰的总和。

（7）结构回波损耗（SRL）

结构化回损（Structural Return Loss，SRL）所测量的是电缆阻抗的一致性。由于电缆的结构无法完全一致，因此会引起阻抗发生少量变化。阻抗的变化会使信号产生损耗。结构化回损与电缆的设计及制造有关，而不像 NEXT 一样常受到施工质量的影响。SRL 以 dB 表示，其值越高越好。

（8）远端串扰（FEXT）与等效式远端串扰（ELFEXT）

FEXT 类似于 NEXT，但信号是从近端发出的，而串扰杂讯则是在远端测量到的。FEXT 也必须从链路的两端来进行测量。

可是，FEXT 并不是一种很有效的测试指标。电缆长度对测量到的 FEXT 值的影响会很大，这是因为信号的强度与它所产生的串扰及信号在发送端的衰减程度有关。因此两条一样的电缆会因为长度不同而有不同的 FEXT 值，所以就必须以 ELFEXT 值的测量来代替 FEXT 值的测量。EXFEXT 值其实就是 FEXT 值减去衰减量后的值，也可以将 ELFEXT 理解成远端的 ACR。与 PSNEXT 一样，对应于 ELFEXT 值的是 PSELFEXT 值。

为了测量 ELFEXT，测试仪的动态量程（灵敏度）必须比所测量的信号低 20dB。

（9）传播延迟（Propagation Delay）

传播延迟是指一个信号从电缆一端传到另一端所需要的时间，它也与 NVP 值成正比。一般 5 类 UTP 的延迟时间在每米 5～7 纳秒（ns）。ISO 则规定 100m 链路最差的时间延迟为 1 微秒（μs）。延迟时间是为何局域网要有长度限制的主要原因之一。

（10）综合远端串扰（Power Sum ELFEXT）

（11）特性阻抗（Characteristic Impedance）

特性阻抗是指在双绞线输入端施以交流信号电压时，输入电压与电流的比值。线路的特性阻抗完全由线路的结构和材料决定，与线路的长度无关。数据传输线在高频工作状态下，存在分布电容、分布电感和分布电阻相互作用，其输入阻抗可认为是定值 Z，如图 5-13 所示。例如非屏蔽超 5 类双绞线的阻抗为 100Ω，同轴电缆阻抗为 75Ω。

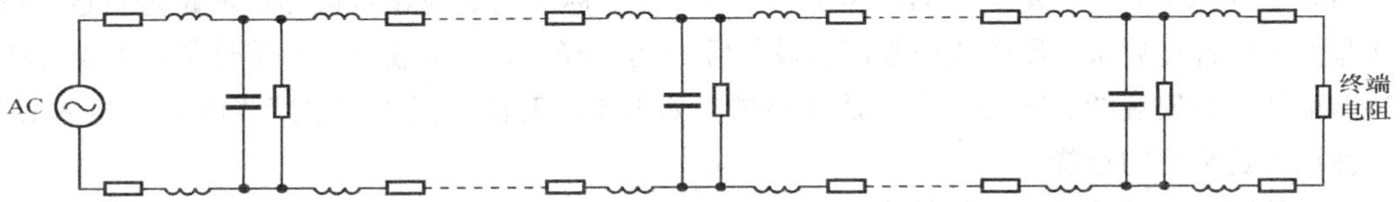

图 5-13　传输线的分布参数在高频状态下的等效电路

2. 综合布线永久链路和通道测试分析

手持式测试仪的主要功能与特点是满足于现场工作的实际需要，在价格、性能和应用等方面会有很大的差别。在综合布线的测试与维护领域，依据它们所进行的测试功能，可以分成 3 个大类：验证测试、鉴定测试和认证测试。虽然这 3 个类别的测试仪在某些功能上可能有重叠，但每个类别的仪器都有其特定的使用目的。

（1）验证测试仪具有最基本的连通性测试功能（例如接线图测试和音频发生等）。有些验证测试仪还有其他一些附加功能，例如用于测试线缆长度或对故障定位的 TDR（时域反射）技术。也许还可以检测到线缆是否已接入交换机或检查同轴线的连接等。验证测试仪在现场环境中随处可见，简单易用，价格便宜，通常作为解决线缆故障的入门级仪器。对于光缆来说，VFL 可视故障定位仪也可以看成是验证测试仪，因为它能够验证光缆的连续性和极性。验证测试仪可以解决的问题是“线缆连接是否正确”，验证测试仪通常被网络工程师当作解决线缆故障的首选仪器。

（2）鉴定测试仪不仅具有验证测试仪的功能，而且还有所加强。鉴定测试仪最主要的一个能力就是判定被测试链路所能承载的网络信息量的大小。TIA-570-B 标准中描述到“链路鉴定通过测试链路来判定布线系统所能够支持的网络应用技术。”例如有两条链路，但不知道它们的传输能力，链路 A 和链路 B 都通过了接线图验证测试。然而，鉴定测试会告知链路 A 最高只能支持 10Base-T，链路 B 却能支持吉特尔以太网。鉴定测试仪生成的测试报告，可用于安装布线系统时文档备案和管理。这类测试仪有一个独特的能力，就是可以诊断常见的可导致布线系统传输能力受限制的线缆故障，该功能远远超出了验证测试仪的基本连通性测试。

鉴定测试仪处于中间地带，它们比验证测试仪功能强大许多，它们的设计目的是操作者只需要极少的培训就可以判断布线系统是否可以工作。鉴定测试仪可以解决的问题是“布线系统是否能支持所选用的网络技术”鉴定测试仪功能更全，使得网络工程师可在其帮助下诊断现有布线系统和对交换机端口进行维护。

对于网络工程师来说，将布线系统没有备案的文档，而且需要知道该系统能否支持 100Base-Tx 网络时，鉴定测试仪是完成这种工作最快速也最经济的选择。如果在现有的布线系统基础上进行少量的增减、移动、变更，或是搭建一个临时的网络，只需要鉴定它是否支持某种特定的网络技术，鉴定测试就足够了。

（3）认证测试是线缆置信度测试中最严格的。认证测试仪在预设的频率范围内进行许多种测试，并将结果同 TIA 或 ISO 标准中的极限值相比较。这些测试结果可以判断链路是否满足某类或某级（例如超 5 类，6 类，D 级）的要求。此外，验证测试仪和鉴定测试仪通常是以通道模型进行测试的，认证测试仪还可以测试永久链路模式，而永久链路模型是综合布线时最长用的安装模式。另外，认证测试仪通常还支持光缆测试，提供先进的图形争端能力并提供内容更丰富的报告。一个重要的不同点是只有认证测试仪才能提供一条链路是“通过”或“失败”判定能力。

认证测试仪可以解决的问题是“布线系统是否符合有关标准（例如 TIA-568-B.1 6 类链路或是 ISO 11801 第 2 版 E 级链路的标准）”。这类仪器适用于布线系统的专业人员，以确保新的布线系统完全满足布线系统相关标准的要求。

当处于故障诊断的环境中，需要依据 TIA 或 ISO 标准明确地显示被测试链路是否通过超 5 类或是 6 类的性能要求，那么认证测试仪就是唯一的选择。对于集成商，其需要向业主表明所有的链路都是正确安装的，就必须进行认证测试。如果要同时面对光缆和双绞线的布线测试工作，认证测试仪是最好的选择。

这 3 种测试仪的功能性比较见表 5-8。

表 5-8　　验证、鉴定和认证测试仪的功能对比

	验证	鉴定	认证
连通性与接线图	●	●	●
故障诊断：端点的位置	●	●	●
故障诊断：带宽失败处的位置	○	●	●
故障诊断：图形显示故障类型，位置和大小	○	○	●
线缆能支持哪种网络技术？例如 10Base-T、1000Base-TX、吉比特以太网	○	●	●
结果文档	○	●	●
电缆遵守 TIA/ISO 标准性能要求	○	○	●
永久链路测试	○	○	●
支持光缆测试	○	○	●
使用的难易程度	低	中	高
价格	低	中	高

三、任务训练

一、填空题

1. 电缆测试一般可分为 3 种测试：________，________和________。

2. TSB-67 测试标准定义了两种连接模型，分别是________和________。其中，________是指建筑物中的固定布线，即从管理间的配线架到用户端墙上信息插座的连线（不包括信息插座与终端之间的跳线）。

3. 在进行电缆测试的时候，认证测试参数主要包括________、________、________和________。

4. 信号沿链路传输过程中的损失称为衰减。衰减与线缆的________有关，随着________增加，信号衰减也随之增加。衰减用________作为单位。

5. 串扰分为________和________，测试仪主要是测量________。

6. ________和________是语音测试和布线人员经常使用的测试设备。这两种设备比较简单，主要用来识别和定位通信电缆。

7. ________除了可以进行基本的连通性测试之外，还可以进行更为复杂的电缆性能测试。

二、选择题（答案可能不止一个）

1. 电缆的验证测试是测试电缆的基本安装情况，下列情况中属于电缆验证测试的是（　　）。

A. 电缆有无开路或短路

B. UTP 电缆的两端是否按照有关规定正确连接

C. 双绞线电缆的近端串扰

D. 电缆的走向如何

2. 打线时，混用 TIA/EIA-568-A 与 TIA/EIA-568-B 的色标而造成的错误称为（　　）。

A. 开路　　B. 短路　　C. 反接　　D. 错对

3.（　　）就是将原来的两对线分别拆开而又重新组成新的线对，在线对间有信号通过时会产生很高的近端串扰。

A. 开路　　B. 串绕　　C. 反接　　D. 错对

4. 双绞线如果按照基本链路模型进行测试，理论最大长度不超过（　　），实际测试长度可以不超过（　　）。

A. 100m　　B. 90m　　C. 115m　　D. 108.1m

5. 在测试双绞线电缆的时候，如果出现长度未通过，则可能的原因有（　　）。

A. 设备连线及跨接线的总长度过长　　B. 开路或短路

C. NVP 设置不正确

D. 链路线缆和接插件性能有问题或不是同一类产品

E. 线缆的端接质量有问题

6. 在测试双绞线电缆的时候，如果出现衰减未通过，则可能的原因有（　　）。

A. 开路或短路　　B. 连接点有问题

C. 温度过高

D. 链路线缆和接插件性能有问题或不是同一类产品

E. 线缆的端接质量有问题

7. 下列双绞线电缆的故障中，可以利用万用表的欧姆表进行诊断的是（　　）。

A. 开路　　B. 衰减

C. 短路　　D. 电缆过长

8. 下列双绞线电缆的故障中，可以利用连通性测试仪进行诊断的是（　　）。

A. 开路　　B. 线对交叉　　C. 短路　　D. 近端串扰

9. 在使用双绞线布线的时候，我们可以通过检查双绞线电缆的（　　）来判断电缆是否被弯折或拉伸。

A. 特性阻抗　　B. 近端串扰　　C. 电缆电容　　D. 衰减

三、问答题

1. 综合布线系统的测试中通常有哪两类标准被用于安装电缆的测试？

2. 通道（Channel）和基本连接（Basic Link）作为测试的链路有什么区别？

3. 双绞线的质量由哪些因素决定？

任务 5.2　测试光缆链路

【学习目标】

知识目标：掌握综合布线光缆的 3 种链路测试。了解综合布线光缆常用测试仪表的功能。

技能目标：了解综合布线系统光缆的基本施工及测试流程。掌握各种测试仪表的正确使用方法。会对测试结果对照工程验收标准判断是否合格。

一、任务导入

任务资料：

1. 测试连接图（见图 5-14）

光缆链路传输指标：不同波长的光信号在同一条光纤中传输的衰减是不一样的，这不仅与光纤的类型有关，还与光纤的敷设路由、弯曲情况等有关。因此在目前技术条件下，用户接入点用户侧配线设备至家居配线箱光纤链路长度不大于 300m 时，光纤链路全程衰减不应超过 0.4dB 是指分别采用 1310nm 及 1550nm 波长进行测试的全程衰减值。

光纤链路全程衰减限值可按下式计算：

$$\beta = a_f \times L_{\max} + (N+2) \times a_j$$

式中：β—用户接入点用户侧配线设备至家居配线箱光纤链路的衰减限值（dB）；

$L_{\max}$—用户接入点用户侧配线设备至家居配线箱光纤链路的最大长度(km)；

a_f—光纤衰减常数（dB/km）；

N—用户接入点用户侧配线设备至家居配线箱光纤链路中熔接的接头数量；

2—光纤通道成端接头数，每端 1 个；

a_j—光纤接头损耗系数，取 0.1dB/个。

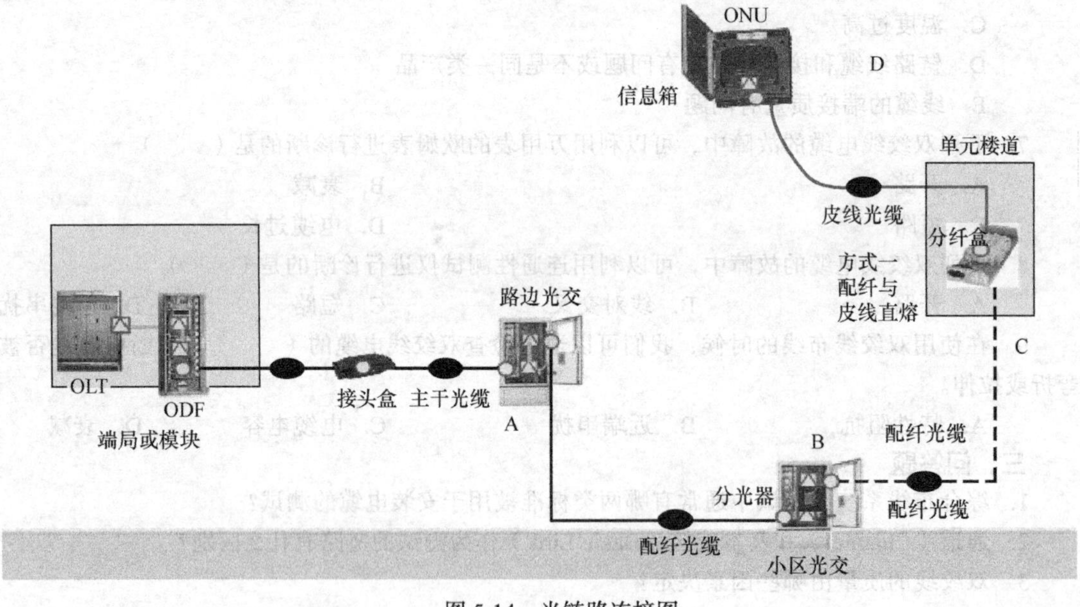

图 5-14　光链路连接图

2. 水平光纤链路的测试流程

从 A 到 D 做光通测试→从 A 到 C 做光衰减测量→从 C 到 D 做光衰减测量→从 A 到 D 做光衰减测量→验证测量结果

光功率的衰减包括光纤、光分路器、光活动连接器、光熔接接头所引入的衰减。光纤衰减取 0.36dB/km；光活动连接器插入衰减取定：0.5 dB/个；皮线光缆直插头 0.3 dB/个；光缆熔接接头 0.1 dB/个；分光器典型插入衰减参考值见表 5-9。

表 5-9　　分光器典型插入衰减参考值

分光器类型	1:2	1:4	1:8	1:16	1:32	1:64
FB 或 PLC	≤3.6dB	≤7.3dB	≤10.7dB	≤14.0dB	≤17.7dB	≤20.3dB

全程光路各点光功率损耗值：OLT 光发送电平：0—4dBm（1490nm）；OLT 光接收电平-24dBm—-8dBm（1310nm）；ONU 光发送电平：-1.0—4.0dBm（1310nm）；ONU 光接收电平-24dBm— -3.0dBm（1490nm）。

全程光路各点光功率损耗值（配线光缆 0.5km，单元光缆 0.5 km）见表 5-10。

表 5-10　　全程光路各点光功率损耗参考值

ODF 损耗	路边光交损耗	配线光缆损耗	小区光交损耗	光分路器损耗	单元光缆损耗	单元分纤箱损耗	用户端损耗
(DB)	(DB)	(DB)	(DB)	(DB)	(DB)	(DB)	(DB)
1	1	0.18	2	20.3	0.18	0.1	0.5

光功率的测量以 OLT 的发射功率为准，测量 1490nm 波段，以取 OLT 发光功率 3 dBm 计算为例，不同分光比 FTTx 全程的功率衰减后应测的参考值见表 5-11。

表 5-11　　不同分光比 FTTx 全程的功率衰减后应测的参考值

分光比	A 点（路边光交）	B 点（小区光交）	C 点（楼道分纤盒）	D 点（用户处）
1:16	0.34dBm	−13.84dBm	−14.42dBm	−14.92 dBm
1:32	0.34dBm	−17.54dBm	−17.82dBm	−18.34 dBm
1:64	0.34dBm	−20.4dBm	−20.68dBm	−21.18 dBm

在正式环境测试时，可按照现场实际情况及主干光缆长度等测得的值在各点的光功率测试在表格内值的附近相差不大于 3 个 dBm 都属于正常。

3. 光衰耗全程测算和 ODN 分光比

ODN 光衰耗全程测算应满足以下要求：ODN 光通道损耗＋光缆线路富裕度≤光功率预算

其中：ODN 光通道损耗=光纤衰耗＋光分路器插损＋活接头损耗。光纤衰减系数可取为 0.4 dB/km，单个活接头最大损耗 0.5dB/个，但全程平均损耗低于 0.3 dB/个，光通道代价 1dB，光缆线路富裕度 2 dB。

ODN 网络光功率全程衰耗应分别控制在−29.5～−28.5 dB。分光器标准插损值见表 5-12。

表 5-12　　分光器标准插损值

规格	1*2 /2*2	1*4 /2*4	1*8 /2*8	1*16 /2*16	1*32 /2*32	1*64 /2*64
插入损耗（dB）	≤3.9	≤7.4	≤10.7	≤13.9	≤17.2	≤21.5

任务目标：

（1）已完成水平光缆布线的区域或在实训墙上检查待测试链路的连通性及接线图是否正确。

（2）用稳定光源和光功率计测试指定链路的端到端的损耗、收发功率等各项指标。

（3）认真做好综合布线系统工程光纤（链路/信道）性能指标测试记录，见表 5-13。

表 5-13　　光纤（链路/信道）性能指标测试记录表

工程项目名称												
序号	编号			光缆系统								备注
				多模				单模				
				850nm		1300nm		1310nm		1550nm		
	地址号	缆线号	设备号	衰减（插入损耗）	长度	衰减（插入损耗）	长度	衰减（插入损耗）	长度	衰减（插入损耗）	长度	
测试日期、人员及测试仪表型号测试仪表精度												
处理情况												

（4）对照工程验收标准判断是否合格。

（5）用同样的方法，分别进行楼宇垂直光缆干线和建筑群光缆线路的测试。

二、知识准备

（一）光缆链路测试内容

通常我们在具体的工程中，对光缆的测试方法有连通性测试、端到端损耗测试、收发功率测试和反射损耗测试 4 种。

（1）连通性测试

连通性测试是最简单的测试方法，只需在光纤一端导入光线（如手电光），在光纤的另外一端看看是否有光闪即可。连通性测试的目的是为了确定光纤中是否存在断点，在购买光缆时都采用这种方法进行。如果光纤的远端连接激光器或 LED，光纤末端连接器将有光辐射。在确认光纤与激光器或 LED 光源断开以前，不要用肉眼看光纤的末端。

（2）端到端的损耗测试

端到端的损耗测试采取插入式测试方法，使用一台光功率计和一个光源，先在被测光纤的某个位置作为参考点，测试出参考功率值，然后再进行端到端测试并记录下信号增益值，两者之差即为实际端到端的损耗值，用该值与标准值相比就可确定。

（3）收发功率测试

收发功率测试是测定布线系统光纤链路的有效方法，使用的设备主要是光功率计和一段跳接线。在实际应用情况中，链路的两端可能相距很远，但只要测得发送端和接收端的光功率，即可判定光纤链路的状况，具体操作过程如下。

① 在发送端将测试光纤取下，用跳接线取而代之。跳接线一端为原来的发送器，另一端为光功率计，使光发送器工作，即可在光功率计上测得发送端的光功率值。

② 在接收端，用跳接线取代原来的跳线，接上光功率计，在发送端的光发送器工作的情况下，即可测得接收端的光功率值。

（4）反射损耗测试

反射损耗测试是光纤线路检修非常有效的手段。它使用光纤时间区域反射计（OTDR）来完成测试工作，基本原理就是利用导入光与反射光的时间差来测定距离，从而可以准确判定故障的位置。

目前，光通信使用的光波波长范围是在近红外区内，波长为800nm至1800nm，可分为短波长段（850nm）和长波长段（1310nm或1550nm）。对于单模和多模光纤布线系统的现场测试，只需要对链路进行通路测试（产品的出厂检测报告即可作为施工检测报告）。但是对于某些特定应用，比如客户由于环境因素、场地因素等而必须使用熔接方式进行端接，则必须按照传统光纤链路检测方式进行。

TIA/EIA-568-B.1规定在测试骨干链路的时候，一个方向至少一次。按照相同的标准，在只有一条光纤组成的水平链路上为了提高效率，可以只在一个方向上进行测试，水平链路段只采用单波长测试，干线和复合链路段需要对所有的波长进行测试。

① 多模水平链路段应在一个方向使用850nm或1300nm波长进行测试。

② 多模干线和复合链路段应在一个方向使用850nm和1300nm波长进行测试。

③ 单模水平链路段应在一个方向使用1310nm或1550nm波长进行测试。

④ 单模干线和复合链路段应在一个方向使用1310nm和1550nm波长进行测试。

（1）无源链路段衰减测试

在布线系统的每个无源链路段上都应进行衰减测试。链路段包括位于两个光纤端接单元（配线面板、信息插座等）之间的光缆、连接器、耦合器以及分支部件。链路段衰减测试包括对位于链路两端端接单元接口处的连接器的代表性衰减测试，但不包括与有源设备接口相连的衰减。

（2）系统衰减测试

光源TX+测试跳线①+耦合器+光纤链路+耦合器+测试跳线②+RX功率计，主要进行水平链路和干线链路的测试。

通用衰减公式：链路衰减（dB）=光缆衰减（dB）+连接器衰减（dB）+熔接点衰减（dB）

① 62.5μm/125μm多模衰减系数。

光缆衰减（dB）：3.4dB/km（850nm），1.0dB/km（1300nm）。

连接器衰减（dB）：ST/SC连接器为0.40dB，LC连接器为0.28dB。

熔接点衰减（dB）：熔接点数×0.20dB。

② 50μm//125μm多模衰减系数。

光缆衰减（dB）：3.5dB/km（850nm），1.5dB/km（1300nm）。

连接器衰减（dB）：ST/SC连接器为0.40dB，LC连接器为0.28dB。

熔接点衰减（dB）：熔接点数×0.20dB。

③ SM 9μm衰减系数。

光缆衰减（dB）：0.5dB/km。

连接器衰减（dB）：ST/SC连接器为0.40dB，LC连接器为0.28dB。

熔接点衰减（dB）：熔接点数×0.20dB。

（3）干线链路合格标准

对于采用结构化星形结构的干线光纤链路，测试链路位于主干交连和水平交连之间，所有的光纤均使用标准ST连接器。干线链路段从主干交连处开始，结束于水平交连处。

干线链路段上的衰减合格值计算如下。

850nm光源：

合格链路衰减=光缆衰减+连接衰减+熔接点衰减

= (×××km×3.4dB/km)+(2×0.4dB)+(2×0.14dB)=×××dB

1300nm 光源：

合格链路衰减=光缆衰减+连接衰减+熔接点衰减

= (×××km×1.0dB/km)+(2×0.4dB)+(2×0.14dB)=×××dB

（二）光纤链路测试规范

在光纤的应用中，光纤本身的种类很多，但光纤及其系统的基本测试方法大体上是一样的，所使用的设备也基本相同。对光纤或光纤系统，其基本的测试内容有测量光纤输入功率和输出功率，分析光纤的衰减/损耗，确定光纤连续性和发生的部位等。

进行光纤的各种参数测量之前，必须做好光纤与测试仪器之间的连接。目前有各样的接头可用，但如果选用的接头不合适，就会造成损耗，或者造成光学反射。目前，绝大多数的光纤系统都采用标准类型的光纤、发射器和接收器，如纤芯为 62.5μm 的多模光纤和标准发光二极管 LED 光源工作在 850nm 的光波上，这样就可以大大减少测量中的不确定性。而且，即使是用不同厂家的设备，也可以很容易地将光纤与仪器进行连接，可靠性和重复性也很好。

1. 光纤链路测试

测试前应对所有的光连接器件进行清洗，并将测试接收器校准至零位。

（1）在施工前进行器材检验时，一般检查光纤的连通性，必要时宜采用光纤损耗测试仪（稳定光源和光功率计组合）对光纤链路的插入损耗和光纤长度进行测试。

（2）对光纤链路（包括光纤、连接器件和熔接点）的衰减进行测试，同时测试光跳线的衰减值可作为设备连接光缆的衰减参考值，整个光纤信道的衰减值应符合设计要求。测试应按图进行连接。

① 在两端对光纤逐根进行双向（收与发）测试，连接方式如图 5-15 所示。

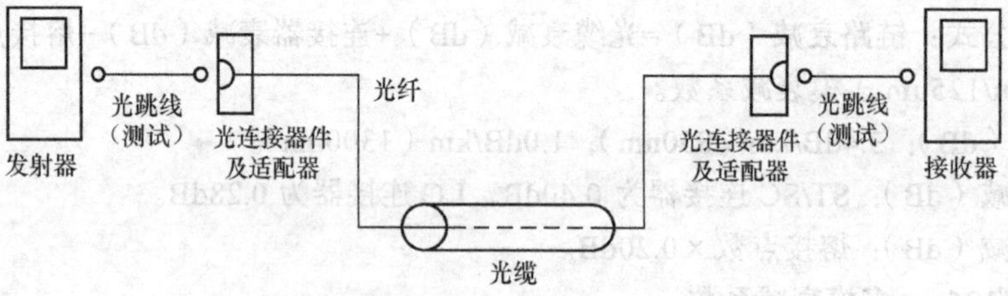

图 5-15　光纤链路测试连接（单芯）

注：光连接器件可以为工作区 TO、电信间 FD、设备间 BD、CD 的 SC、ST、sFF 连接器件。

② 光缆可以为水平光缆、建筑物主干光缆和建筑群主干光缆。

③ 光纤链路中不包括光跳线在内。

布线系统所采用光纤的性能指标及光纤信道指标应符合设计要求。不同类型的光缆在标称的波长，每公里的最大衰减值应符合表 5-14 的规定。

表 5-14　光缆衰减

最大光缆衰减（dB / km）				
项目	OM1,OM2 及 OM3 多模		OS1 单模	
波长	850nm	1300nm	1310nm	1550nm
衰减	3.5	1.5	1.0	1.0

光缆布线信道在规定的传输窗口测量出的最大光衰减（介入损耗）应不超过表 5-15 的规定，该指标已包括接头与连接插座的衰减在内。

表 5-15　　光缆信道衰减范围

级别	最大信道衰减（dB）			
	单模		多模	
	1310nm	1550nm	850nm	1300nm
OF-300	1.80	1.80	2.55	1.95
OF-500	2.00	2.00	3.25	2.25
OF-2000	3.50	3.50	8.50	4.50

注：每个连接处的衰减值最大为 1.5 dB。

光纤链路的插入损耗极限值可用以下公式计算：

光纤链路损耗=光纤损耗+连接器件损耗+光纤连接点损耗

光纤损耗=光纤损耗系数(dB/km)×光纤长度(km)

连接器件损耗=连接器件损耗/个×连接器件个数

光纤连接点损耗=光纤连接点损耗/个×光纤连接点个数

光纤链路损耗参考值见表 5-16

表 5-16　　光纤链路损耗参考值

种类	工作波长（nm）	衰减系数（dB / km）
多模光纤	850	3.5
多模光纤	1300	1.5
单模室外光纤	1310	0.5
单模室外光纤	1550	0.5
单模室内光纤	1310	1.0
单模室内光纤	1550	1.0
连接器件衰减	0.75dB	
光纤连接点衰减	0.3dB	

楼宇内布线使用的光纤，其中主要技术参数为衰减和带宽。

（3）布线链路在规定的传输窗口测量出的最大光衰减（介入损耗）应不超过表 5-17 规定，该指标已包括链路与连接插座的衰减。

表 5-17　　光纤布线链路介入损耗

布线	链路长度（m）	衰减（dB）			
		单模光缆		多模光缆	
		1310nm	1550nm	850nm	1300nm
水平	100	2.2	2.2	2.5	2.2
建筑物主干	500	2.7	2.7	3.9	2.6
建筑群主干	1500	3.6	3.6	7.4	3.6

（4）对于多模光纤（芯线标称直径 62.5μm/125μm 或 50μm/125μm），850nm 波长最大衰减为 3.5dB/km 时，最小模式带宽为 200MHz · km；1310nm 波长最大衰减为 1dB/km 时，最小模式带宽为 500MHz · km。

（5）光纤连接硬件的最大衰减为 0.5dB；最小反射衰减为多模 20dB，单模 26dB。

光纤传输系统必须进行光纤特性测试，使之符合光纤传输通道测试标准。基本的测试内容包括连续性和衰减/损耗、光纤输入功率和输出功率、分析光纤的衰减/损耗及确定光纤连续性和发生光损耗的部位等。实际测试时还包括光缆长度和时延等内容。

2. 光链路的主要测试方法

布线系统测试可以从多个方面考虑，设备的连通性是最基本的要求，跳线系统是否有效可以很方便地测试出来，通信线路的指标数据测试相对比较困难，一般都借助于专业仪表进行。通常在具体的工程中对光缆的测试有连通性测试、端对端损耗测试、收发功率测试和反射损耗测试等四项。

（1）连通性测试

光纤的连续性是对光纤的基本要求，因此对光纤的连续性进行测试是基本的测量之一。进行连续性测量时，通常是把红色激光、发光二极管（LED）或者其他可见光注入光纤，并在光纤的末端监视光的输出。如果在光纤中有断裂或其他的不连续点，在光纤输出端的光功率就会下降或者根本没有光输出。

通常在购买光缆时，人们用四节电池的电筒从光纤一端照射，从光纤的另一端查看是否有光源。如有，则说明这光纤是连续的，中间没有断裂，如光线弱时，则要用测试仪来测试。

光通过光纤传输后，功率的衰减大小也能表示出光纤的传导性能。如果光纤的衰减太大，则系统也不能正常工作。光功率计和光源是进行光纤传输特性测量的一般设备。

（2）端对端损耗测试

端对端损耗测试示意图如图 5-16 所示，操作步骤分为两步。

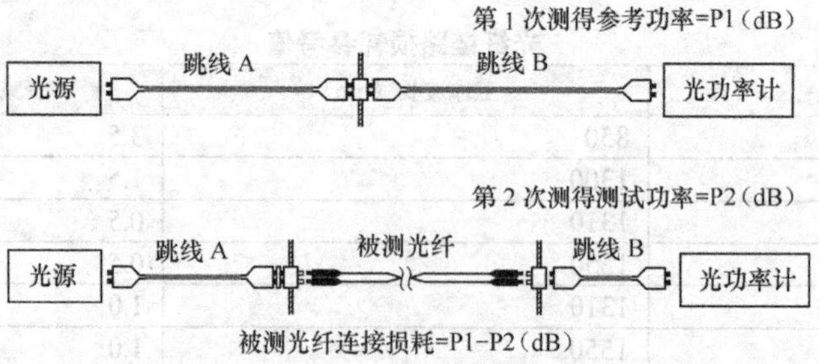

图 5-16　端对端损耗测试

第 1 步是参考度量（P1）测试，测量从已知光源到直接相连的功率表之间的损耗值 P1。第 2 步是实行度量（P2）测试，测量从发送器到接收器的损耗值 P2。端到端功率损耗 A 是参考度量与实际度量的差值，即

$$A=P1-P2$$

用该值与标准值相比，就可确定这段光缆的连接是否有效。

（3）收发功率测试

通过图 5-17 的连接测试，发送端与接收端的光功率值之差为 P1−P2，就是该光纤链路所产生的损耗。

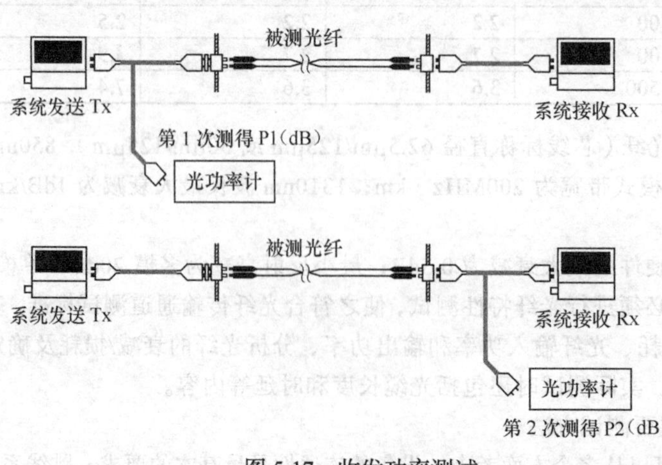

图 5-17　收发功率测试

（4）反射损耗测试

FDDI（光纤分布数据接口）系统验收测试没有要求测量光缆的长度和部件损耗，但它也是非常有用的数据。反射损耗测试用 OTDR 将探测脉冲注入光纤，在反射光的基础上估计光纤长度。OTDR 测试适用于故障定位，特别是用于确定光缆断开或损坏的位置。OTDR 测试文档对网络诊断和网络扩展提供了重要数据。

（5）光纤测试过程中可能遇到的问题

① 用手电对一端光纤头照光时，另一端的光纤头光线微弱。

用手电继续检查其他光纤时，如发现的确有某个光纤头光线微弱，则说明光纤头制作过程中有操作问题。用测试仪测量其值（dB），如超标应重新制作该头。

② 跳线连接时出现指示灯不亮或指示灯发红。

a. 检查一下跳线接口是否接反了，正确的端接是交叉跳接：0→I、I→0。

b. ST 是否与耦合器扣牢，防止光纤头间出现不对接现象。

③ 使用光纤测试仪测试时，如果测量值大于 4.0dB 以上。

a. 检查光纤头是否符合制作要求。

b. 检查光纤头是否与耦合器正确连接。

c. 检查光纤头部是否有灰尘，用酒精纸试擦光纤头，等酒精挥发干后再测。

在光纤的应用中，虽然光纤的种类较多，但光纤及其传输系统的基本测试方法大体相同，所使用的测试仪器也基本相同。对光纤或光纤系统，其基本的测试内容有连续性和衰减/损耗。

（三）使用普通光功率计快速测量 FTTH 方法

FTTH 线路测试标准：

OLT 光纤连接器损耗或熔接损耗 + 分路器光纤连接器损耗或熔接损耗 + ONT 光纤连接器损耗或熔接损耗=总损耗 25dB，如图 5-18 所示。

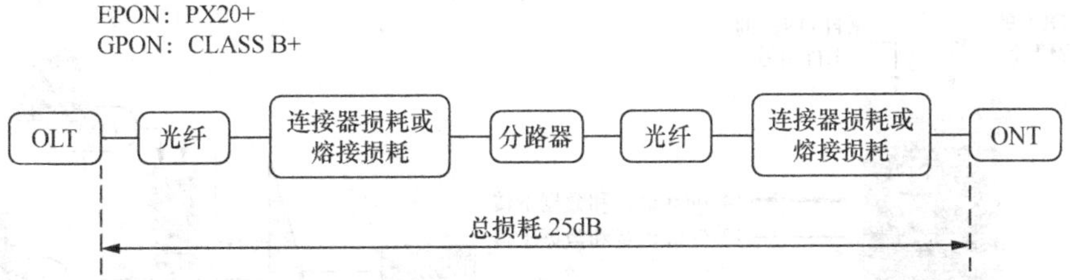

图 5-18　FTTH 线路总损耗

施工界面到用户室内 ONT 时，OLT 和 ONT 之间链路的损耗应不大于 25dB（使用光源和光功率计测试）。线路中反射点的回损应不小于 40dB（可使用 OTDR 测试）。

施工界面在分纤盒时，蝶形光缆直连 ONT 时，OLT 至分纤盒法兰端口之间的链路损耗应不大于 24dB。信息面板+跳线连接 ONT 时，OLT 至分纤盒法兰端口之间的链路损耗应不大于 23.5dB。

由于目前 FTTH 项目在一般情况下皮缆都未成端或 ONU 没有安装，所以普通光功率计是 FTTH 入户光缆施工和装维中最常用的测试仪表。

（1）连线测试：将连接 ONU 的尾纤连接到光功率测试仪的端口之后就可以通过读取光功率上 1490nm ONT 显示的数值，测量得到用户侧的光功率值，如图 5-19 所示。

（2）目前大部分厂家 ONU 正常工作的最小接收灵敏度为−24dBm，所以在用户端测得光功率值≥-24dBm 即可（在光分路器端测试要预留一定损耗，一般为 1.5dB）。

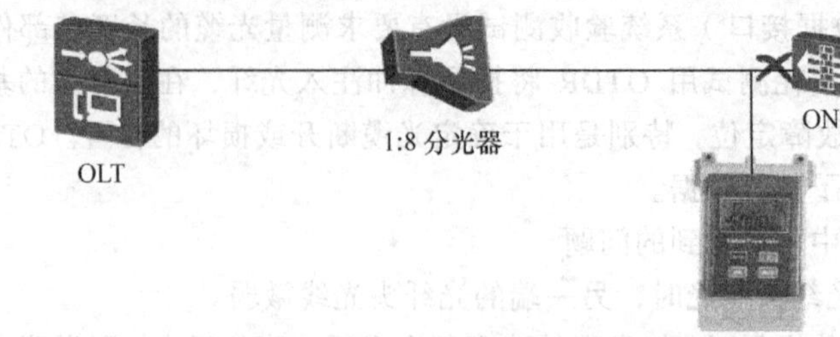

图 5-19　直接测量得到用户侧的光功率值

标准操作：连线前和测试完成需使用无水酒精或专业清洁光纤机械接续连接插头的端面。

在工程或装维中，如果 ONU 已经安装，可以使用波长分离（专用）PON 光功率计进行 ODN 链路全程下行和上行衰减测试，它可以在信号穿通方式下工作。

PON 专用光功率计有两个测量端口，如图 5-20 所示，一个测 OLT 的发光功率，一个测量 ONU 的发光功率。目前大部分厂家 ONU 正常工作的最小接收灵敏度为-24dBm，所以在用户端测得光功率值≥-24dBm 即可。

由于 FTTH 建设时蝶形光缆不一定能全部成端，特别是“薄覆盖”建设时，建议可根据自身情况考虑测试的比例和范围，如：（1）对于新建楼盘小区，在具备条件下，蝶形光缆全部布放入户，而且 100%全部成端时，施工时应对全部链路进行 ODN 光纤链路全程光衰减测试。（2）对于蝶形光缆已经布放入户，但没有成端，或者在用户端未布放，则施工时应按一定比例抽取光分路器分路端口进行 ODN 光纤链路全程光衰减测试。抽取测试原则如下：①所选光分路器为最靠近用户的光分路器；②抽取比例根据建设单位要求决定；③如果蝶形光缆布放入户未成端，则应 100%进行通光测试。测试结果应符合设计要求，预留出足够的末段蝶形光缆光衰耗预算，如预留 1.5dB。（3）原则上每个 OLT PON 口下连接的光分路器上应抽检一个用户进行业务测试。

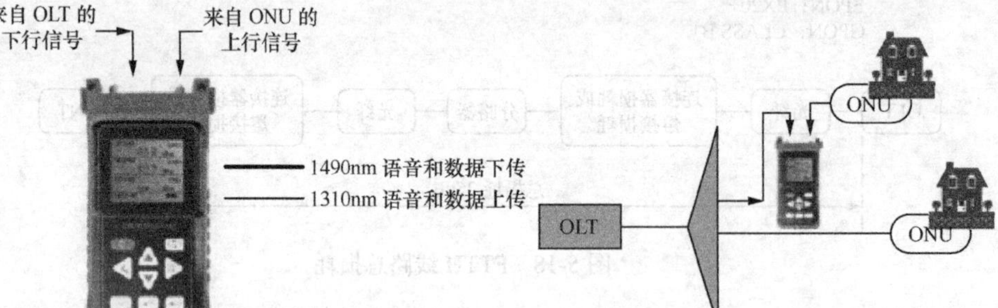

图 5-20　PON 专用光功率计有两个测量端口测试方法

三、任务分析

光链路测试过程分析

光纤在架设、熔接完工后就是测试工作，使用的仪器主要是 OTDR 测试仪，可以测试光纤断点的位置；光纤链路的全程损耗；了解沿光纤长度的损耗分布；光纤接续点的接头损耗。为了测试准确，OTDR 测试仪的脉冲大小和宽度要适当选择，按照厂方给出的折射率 n 值的指标设定。

在判断故障点时，如果光缆长度预先不知道，可先放在自动 OTDR，找出故障点的大体地点，然后放在高级 OTDR。

将脉冲和宽度选择小一点，但要与光缆长度相对应，盲区减小直至与坐标线重合，脉宽越小越精确，当然脉冲太小后，曲线显示出现噪波，要恰到好处。再就是加接探纤盘，目的是为了防止近处有盲区不易发觉。关于判断断点时，如果断点不在接续盒处，将就近处接续盒打开，接上 OTDR 测试仪，测试故障点距离测试点的准确距离，利用光缆上的米标就很容易找出故障点。利用米标查找故障时，对层绞式光缆还有一个绞合率问题，那就是光缆的长度和光纤的长度并不相等，光纤的长度大约是光缆长度的 1.005 倍，利用上述方法可成功排除多处断点和高损耗点。

四、任务训练

一、填空题与选择题

1. 光纤测试参数主要包括________、________和________。

2. 通常我们在具体的工程中对光缆的测试方法有________、________、________和________ 4 种。

3. 端到端的损耗测试使用一台________和一个________。先在被测光纤的某个位置作为参考点，测试出参考功率值，然后再进行端到端测试并记录下信号增益值，两者之差即为实际端到端的损耗值。用该值与标准值相比就可确定。

4. 反射损耗测试是光纤线路检修非常有效的手段。它使用________来完成测试工作。

5. 在测试多模光纤的时候用到的光源通常为________，在测试单模光纤的时候要用到的光源是________。

6.（　　）是最为复杂的光纤测试设备，使用该设备既可以进行光纤损耗的测试，也可以进行长度的测试，此外还可以确定光纤链路中故障的起因和位置。

A. 可视电缆示踪仪和故障定位仪　　B. 光纤测试光源

C. 光损耗测试仪　　D. 光纤时间区域反射仪

二、问答题

1. 光纤有哪几种测试方法？应如何使用？

2. 在测试光纤的时候，通常可以使用哪些设备？这些设备应该如何使用？

3. 合格的 5 类双绞线可以传输数据传输速率为 ATM155Mbit/s 的数据信号吗？为什么？

4. 非屏蔽双绞线的主要测试项目有哪几项？光纤系统的主要测试项目有哪几项？

5. 如果在测试中是单模光纤链路用多模光纤跳线做测试连接，或在多模光纤链路用单模光纤跳线做测试连接对照工程验收标准判断是否合格？为什么？分析原因。

任务 5.3　验收综合布线工程

【学习目标】

知识目标：了解物理验收和验收文档详细内容和规范。掌握综合布线系统光电缆测试原理和测试方法。

技能目标：了解综合布线系统工程阶段随工验收、初步验收及竣工验收的基本测试流程。掌握各种测试仪表的正确使用方法。会对测试结果对照工程验收标准判断是否合格。

一、任务导入

任务资料：

综合布线系统工程各阶段验收内容

按综合布线系统工程验收规范所列项目、内容进行检验。检测结论作为工程竣工资料的组成部分及工程验收的依据之一。综合布线系统工程检验项目及内容见表5-18。

表5-18　　综合布线系统工程检验项目及内容

阶段	验收项目	验收内容	验收方式
施工前检查	1．环境要求	（1）土建施工情况：地面、墙面、门、电源插座及接地装置；（2）土建工艺：机房面积、预留孔洞；（3）施工电源；（4）地板铺设；（5）建筑物入口设施检查	施工前检查
	2．器材检验	（1）外观检查；（2）型式、规格、数量；（3）电缆及连接器件电气性能测试；（4）光纤及连接器件特性测试；（5）测试仪表和工具的检验	
	3．安全、防火要求	（1）消防器材；（2）危险物的堆放；（3）预留孔洞防火措施	
设备安装	1．电信间、设备间、设备机柜、机架	（1）规格、外观；（2）安装垂直、水平度；（3）油漆不得脱落标志完整齐全；（4）各种螺丝必须紧固；（5）抗震加固措施；（6）接地措施	随工检验
	2．配线模块及8位模块式通用插座	（1）规格、位置、质量；（2）各种螺丝必须拧紧；（3）标志齐全；（4）安装符合工艺要求；（5）屏蔽层可靠连接	
电、光缆布放（楼内）	1．电缆桥架及线槽布放	（1）安装位置正确；（2）安装符合工艺要求；（3）符合布放缆线工艺要求；（4）接地	
	2．缆线暗敷（包括暗管、线槽、地板下等方式）	（1）缆线规格、路由、位置；（2）符合布放缆线工艺要求；（3）接地	隐蔽工程签证
电、光缆布放（楼间）	1．架空缆线	（1）吊线规格、架设位置、装设规格；（2）吊线垂度；（3）缆线规格；（4）卡、挂间隔；（5）缆线的引入符合工艺要求	随工检验
	2．管道缆线	（1）使用管孔孔位；（2）缆线规格；（3）缆线走向；（4）缆线的防护设施的设置质量	
	3．埋式缆线	（1）缆线规格；（2）敷设位置、深度；（3）缆线的防护设施的设置质量；（4）回土夯实质量	隐蔽工程签证
	4．通道缆线	（1）缆线规格；（2）安装位置，路由；（3）土建设计符合工艺要求	
	5．其他	（1）通信线路与其他设施的间距；（2）进线室设施安装、施工质量	随工检验隐蔽工程签证
缆线终接	1．8位模块式通用插座	符合工艺要求	随工检验
	2．光纤连接器件	符合工艺要求	
	3．各类跳线	符合工艺要求	
	4．配线模块	符合工艺要求	

续表

阶段	验收项目	验收内容	验收方式
系统测试	1. 工程电气性能测试	（1）连接图；（2）长度；（3）衰减；（4）近端串音；（5）近端串音功率和；（6）衰减串音比；（7）衰减串音比功率和；（8）等电平远端串音；（9）等电平远端串音功率和；（10）回波损耗；（11）传播时延；（12）传播时延偏差；（13）插入损耗；（14）直流环路电阻；（15）设计中特殊规定的测试内容；（16）屏蔽层的导通	竣工检验
	2. 光纤特性测试	（1）衰减；（2）长度	
管理系统	1. 管理系统级别	符合设计要求	竣工检验
	2. 标识符与标签设置	（1）专用标识符类型及组成；（2）标签设置；（3）标签材质及色标	
	3. 记录和报告	（1）记录信息；（2）报告；（3）工程图纸	
工程总验收	1. 竣工技术文件 2. 工程验收评价	清点、交接技术文件考核工程质量，确认验收结果	竣工检验

系统工程安装质量检查各项指标符合设计要求，则被检项目检查结果为合格；被检项目的合格率为 100%，则工程安装质量判为合格。系统性能检测中，对绞电缆布线链路、光纤信道应全部检测，竣工验收需要抽验时，抽样比例不低于 10%，抽样点应包括最远布线点。

系统性能检测单项合格判定：

（1）如果一个被测项目的技术参数测试结果不合格，则该项目判为不合格。如果某一被测项目的检测结果与相应规定的差值在仪表准确度范围内，则该被测项目应判为合格。

（2）采用 4 对对绞电缆作为水平电缆或主干电缆，所组成的链路或信道有一项指标测试结果不合格，则该水平链路、信道或主干链路判为不合格。

（3）主干布线大对数电缆中按 4 对对绞线对测试，指标有一项不合格，则判为不合格。

（4）如果光纤信道测试结果不满足本规范附录 C 的指标要求，则该光纤信道判为不合格。

（5）未通过检测的链路、信道的电缆线对或光纤信道可在修复后复检。

任务目标：

（1）结合本章的综合布线的测试与验收内容。在综合布线工程已经全面完工的工程上做第三方验收测试工作抽测率达 20%。或在综合布线实训墙上进行全面模拟建筑群子系统、建筑物垂直干线子系统和水平布线配线子系统的情况下，按照综合布线工程验收方法进行光电缆链路和通道的初步验收测试，测试率要达 100%。也可以选择在自己所在学校的校园网综合布线系统做模拟布线工程验收。

（2）整理验收的文档资料和数据，包括建设报告、测试报告、资料审查报告和验收报告。

二、知识准备

（一）综合布线工程验收规范

工程验收主要检查工程施工是否符合设计要求和有关施工规范。用户要确认工程是否达到了原来的设计目标，布线工程质量是否符合要求，有没有不符合原设计的施工环节等。验收一般分两部分进行，第一部分是物理验收，第二部分是文档验收。

从工程角度来说分为两类，验证测试和认证测试。验证测试一般是在施工过程中由施工人员边施工边测试，测试中发现问题随时纠正，以保证所完成的每一个连接的正确性。认证测试是指对布线系统依照标准进行逐项检测，以确定布线是否能够达到设计要求，包括连接正确性和电气性能测试。

综合布线工程验收测试由第三方对电缆系统进行抽测，抽测是代表公正和对施工的验收。电缆系统抽测的比例通常为10%～20%。用电缆测试仪测试，符合 ANSI TIA/EIA TSB—67 UTP《布线系统现场测试传输性能指标》的测试报告至少应包括下列项目。

（1）接线图（Wire map）。

（2）长度（Length）。

（3）衰减（Attenuation）。

（4）串扰（NEXT Near-end Crosstalk）。

测试中最重要的是组织一个严肃、认真、负责的测试小组，按照相关标准，使用专业测试仪器进行测试，对每一条链路都给出测试报告。

验收工作涉及综合布线工程的全过程，可根据施工过程的不同阶段分为随工验收、初步验收和竣工验收。随工验收在工程施工过程中，针对工程的施工质量和施工水平，重点核查隐蔽工程的用材和施工技术，及时发现工程施工中的质量问题，避免人力和物力的浪费。初步验收由建设单位组织相关单位在工程建设期内，工程完成施工调试后进行，重点验收竣工资料，提出问题，为竣工验收作准备。竣工验收一般在初步验收基础上，电话交换系统、计算机网络系统和弱电系统运行半月至3个月，再由建设单位向上级主管部门报送竣工报告，请示上级部门，组织竣工验收。

验收工作应由建设单位、设计单位、监理单位、生产单位和质检、审计、消防、卫生和银行等部门组成验收小组，依据 GB/T 50312—2000《建筑与建筑群综合布线系统工程验收规范》，参照立项申请书、招投标文件、初步设计文件、施工图设计文件、材料设备技术说明等进行综合布线工程项目的验收。

工作流程如下：

验收小组制定验收计划、办法、分工→制定具体的方法步骤→组织进行随工验收→初步验收→竣工验收→整理验收记录→编写各阶段验收报告→移交技术资料

（二）工程验收的具体内容

综合布线系统的验收涉及电缆铺设、电缆终接、电缆保护措施、设备安装检验、工程电气测试、器材检验和环境检查。除此之外，还要进行技术文档的验收，检查是否符合协议和合同的要求，包括建设报告、测试报告、资料审查报告、用户意见报告和验收报告。现场验收内容如下。

1. 器材检查

综合布线工程中使用的器材一般在产品进入施工场地就开始对不合格的产品进行单独存放，以备核查与处理。

（1）工程所用缆线器材型式、规格、数量、质量是否符合订货合同要求。

（2）型材、管材与铁件的质量是否符合合同要求。

（3）备品、备件及各类资料应齐全。

（4）缆线、插接件、配线设备要进行相关测试。

2. 工作区的布线验收

对于众多的工作区不可能逐一验收，而是由验收小组对工作区进行抽样验收，验收的重

点如下。

（1）线槽走向，布线是否美观大方，是否符合规范。

（2）信息插座是否按规范进行安装。

（3）信息插座安装是否做到一样高、平稳且牢固。

（4）信息插座面板是否都固定牢靠。

（5）信息插座、插头、线缆和线槽的质量是否符合规范要求。

3. 水平干线子系统验收

水平干线子系统验收要点如下。

（1）线槽、桥架安装位置和接地是否符合规范。

（2）线槽、桥架是否符合工艺要求。

（3）重点检查暗铺工程的线缆规格、路由、走线位置和工艺要求。

（4）槽与槽、槽与盖板是否接合良好。

（5）托架、吊杆是否安装牢靠。

（6）水平干线与垂直干线、水平干线与工作区交接处是否出现线缆裸露。

（7）水平干线槽内的线缆有没有固定，标识、捆扎和弯曲是否符合要求。

4. 垂直干线子系统验收

垂直干线子系统的验收除了类似于水平干线子系统的验收内容外，还要进行以下验收。

（1）要检查楼层与楼层之间的洞口是否封闭并进行防火处理。

（2）竖井的线槽、线缆是否按间隔要求固定。

（3）拐弯线缆是否留有弧度。

（4）线缆捆扎是否出现打结、扭曲和缠绕。

5. 管理间、设备间电缆及机架安装验收

（1）设备间环境（墙面、地面、温度、湿度和抗震等）是否符合设备要求。

（2）房屋预埋地槽、暗管及孔洞和竖井的位置、数量、尺寸均应符合设计要求。

（3）设备安装位置是否正确，规格、型号、外观是否符合要求。

（4）跳线制作、线缆的纤芯色标是否符合规范。

（5）设备摆放是否远离火源，是否做到安全防盗，是否提供消防设施。

（6）应提供 220V 单相带地电源插座和可靠的接地装置。

6. 建筑群子系统验收

此处工程验收主要涉及室外走线的工程验收，包括架空布线、管道布线、直埋布线、隧道布线和缆线的终接，重点验收以下内容。

（1）架空竖杆位置，吊线规格、垂度、高度、卡挂钩间隔、引入是否符合规范。

（2）管道管孔位置、线缆规格、管道路由和防护措施。

（3）直埋缆线规格，铺设位置、深度，回填土复原是否夯实。

（4）缆线的电气连接性能是否符合规范。

7. 竣工检测综合合格判定

（1）对绞电缆布线全部检测时，无法修复的链路、信道或不合格线对数量有一项超过被测总数的 1%，则判为不合格。光缆布线检测时，如果系统中有一条光纤信道无法修复，则判为不合格。

（2）对绞电缆布线抽样检测时，被抽样检测点（线对）不合格比例不大于被测总数的 1%，则视为抽样检测通过，不合格点（线对）应予以修复并复检。被抽样检测点（线对）不合格比例如果大于 1%，则视为一次抽样检测未通过，应进行加倍抽样，加倍抽样不合格比例不大于 1%，则视为抽样检测通过。若不合格比例仍大于 1%，则视为抽样检测不通过，应进行全部检测，并按全部检测要求进行判定。

（3）全部检测或抽样检测的结论为合格，则竣工检测的最后结论为合格；全部检测的结论为不合格，则竣工检测的最后结论为不合格。

8. 综合布线管理系统检测

管理系统的标签和标识按 10%抽检，系统软件功能全部检测。检测结果符合设计要求，则判为合格。综合布线工程管理系统验收内容如下：

综合布线系统工程的技术管理涉及综合布线系统的工作区、电信间、设备间、进线间、入口设施、缆线管道与传输介质、配线连接器件及接地等各方面。

管理系统的设计应使系统可在无需改变已有标识符和标签的情况下升级和扩充。根据布线系统的复杂程度分为以下 4 级：

一级管理：针对单一电信间或设备间的系统。

二级管理：针对同一建筑物内多个电信间或设备间的系统。

三级管理：针对同一建筑群内多栋建筑物的系统，包括建筑物内部及外部系统。

四级管理：针对多个建筑群的系统。

综合布线系统还应在需要管理的各个部位设置标签，分配由不同长度的编码和数字组成的标识符，以表示相关的管理信息。标识符可由数字、英文字母、汉语拼音或其他字符组成，布线系统内各同类型的器件与缆线的标识符应具有同样特征（相同数量的字母和数字等）。

标签的选用应符合以下要求：

① 选用粘贴型标签时，缆线应采用环套型标签，标签在缆线上至少应缠绕一圈或一圈半，配线设备和其他设施应采用扁平型标签；

② 标签衬底应耐用，可适应各种恶劣环境；不可将民用标签应用于综合布线工程；插入型标签应设置在明显位置，固定牢固；

③系统中所使用的区分不同服务的色标应保持一致，对于不同性能缆线级别所连接的配线设备，可用加强颜色或适当的标记加以区分。不同颜色的配线设备之间应采用相应的跳线进行连接，色标的规定及应用场合宜符合下列要求：

a. 橙色——用于分界点，连接入口设施与外部网络的配续设备。

b. 绿色——用于建筑物分界点，连接入口设施与建筑群的配线设备。

c. 紫色——用于与信息通信设施（PBX、计算机网络、传输等设备）连接的配线设备。

d. 白色——用于连接建筑物内主干缆线的配线设备（一级）。

e. 灰色——用于连接建筑物内主干缆线的配线设备（二级主干）。

f. 棕色——用于连接建筑群主干缆线的配线设备。

g. 蓝色——用于连接水平缆线的配线设备。

h. 黄色——用于报警、安全等其他线路。

i. 红色——预留备用。

记录信息包括所需信息和任选信息，各部位相互间接口信息应统一。

管线记录包括管道的标识符、类型、填充率、接地等内容。缆线记录包括缆线标识符、缆线类型、连接状态、线对连接位置、缆线占用管道类型、缆线长度、接地等内容。连接器件及连接位置记录包括相应标识符、安装场地、连接器件类型、连接器件位置、连接方式、接地等内容。

接地记录包括接地体与接地导线标识符、接地电阻值、接地导线类型、接地体安装位置、接地体与接地导线连接状态、导线长度、接地体测量日期等内容。报告可由一组记录或多组连续信息组成，以不同格式介绍记录中的信息。报告应包括相应记录、补充信息和其他信息等内容。

综合布线系统工程竣工图纸应包括说明及设计系统图、反映各部分设备安装情况的施工图。竣工图纸应包含设备间、电信间、进线间等安装场地的平面图或剖面图及信息插座模块安装位置，缆线布放路径、弯曲半径、孔洞、连接方法及尺寸，安装场地和布线管道的位置、尺寸、标识符等。

（三）竣工文件的编制

为一台计算机或电话寻找一个正确的插座，就像在沙堆里找一根针一样困难。在电缆工程结束时，所有各方，包括业主、设施主管人员、工程管理人员、电缆系统设计者、信息系统的负责人以及其他有关人员在内，应当一起开会审核施工档案文件，确保其完整性。

工程竣工后，施工单位应在工程验收以前，将工程竣工技术资料交给建设单位。竣工技术文件要保证质量，做到外观整洁、内容齐全、数据准确。综合布线系统工程的竣工技术资料应包括以下内容。

（1）安装工程量。

（2）工程说明。

（3）设备、器材明细表。

（4）竣工图纸为施工中更改后的施工设计图。

（5）测试记录（宜采用中文表示）。

（6）工程变更、检查记录，施工过程中需更改设计或采取相关措施时建设、设计、施工等单位之间的洽商记录。

（7）随工验收记录。

（8）隐蔽工程签证。

（9）工程决算。

交给建设单位的竣工文件中还应当包括布线系统用户手册，讲解布线系统器件、工具、管理维护方法和故障诊断方法。

下面是一项综合布线工程竣工技术文件的实例提供参考。

（1）封面

××××
×××××综合布线工程
竣工技术文件
建设单位：××××
监理单位：××××监理有限公司
施工单位：××××有限公司
编制负责人：×××
编　　　制：×××
××××有限公司
××××年××月××日

（2）竣工技术资料目录（略）

（3）竣工验收申报书

主送：××××

抄送：××××监理有限公司

<table>
<tr><th>工程名称</th><th>××××活动中心综合布线工程</th><th>建设地点</th><th>××××地点</th></tr>
<tr><td>建设单位</td><td>××××</td><td>施工单位</td><td>××××有限公司</td></tr>
<tr><td>开工日期</td><td>××××年4月12日</td><td>完工日期</td><td>××××年10月20日</td></tr>
<tr><td colspan="4">请建设单位于　××××　年10月22日开始进行验收</td></tr>
<tr><td colspan="4">工程完成情况：
本工程已于××××年10月20日按规范和设计要求顺利完工</td></tr>
<tr><td colspan="3">工程质量自检情况：
按照设计和施工规范进行施工</td><td>质量监督员意见：
符合设计要求及有关验收规范

责任质监员：×××</td></tr>
<tr><td colspan="4">填报单位：××××有限公司（盖章）

××××年10月22日</td></tr>
</table>

注：本申报书一式3份，主送施工单位主管、建设单位，填报单位留1份编入竣工技术文件。

（4）工程说明

本工程为××××中心工程，为一综合布线工程。该中心位于××××，××大道西侧，为××××办公楼兼活动中心。为了配合该中心的建设、解决该中心计算机网络布线而进行设计施工。

① 综合布线

工程施工范围

本工程为××××中心综合布线工程。机房设在二楼机房内，每一工作区信息点均从机房布放一条超5类双绞线到工作区内信息插座成端，每一工作区的信息点的超5类双绞线均成端在机房的开放式机柜内24口（或48口）数据配线架上。

② 线缆管槽

工程施工范围

本工程在活动中心的一层到五层，超5类双绞线经过的路由，在主干部分（指垂直）和走廊布置桥架，在超5类双绞线引至工作区的部分，利用敷设PVC管进行线缆路由，具体参见附后竣工图纸。

本工程在建设单位、各相关部门的配合下能顺利竣工，并按《建筑物与建筑群综合布线系统设计规范》进行施工。施工过程中注意工程质量和安全意识，因此没有发生任何安全质量事故。

主要工程量详见：《主要工程量总表》

（5）设备、材料进场记录

工程名称：××××中心综合布线工程

建设单位名称：××××

序号	设备、材料名称	规格、型号	单位	数量设计	进场数量	质量文件
1	24口10/100M交换机		台			
2	48口10/100M交换机		台			

续表

序号	设备、材料名称	规格、型号	单位	数量设计	进场数量	质量文件
3	超 5 类线		箱			
4	超 5 类信息模块		个			
5	面板		个			
6	24 口数据配线架		个			
7	48 口数据配线架		个			
8	水平线缆管理环		个			
9	垂直线缆管理环		个			
10	超 5 类 5 英尺跳线		根			
11	RJ-45 头		盒			
12	信息底盒		个			
13	开放式机柜	1.8 米 19"	台			
14	塑料线槽	20mm×2.8m	条			
15	塑料线槽	25mm×2.8m	条			
16	塑料线槽	60mm×10m	条			
17	塑料线槽	110mm×10m	条			
18	镀锌线槽	80×60×0.6	米			
19	镀锌线槽	120×80×0.6	米			
施工单位： 日　　期：　　年　月　日			监理单位： 日　　期：　　年　月　日			

注：本表一式两份，施工单位、监理单位各执一份。

（6）建筑安装工程量总表

工程名称：××××中心综合布线工程

建设单位名称：××××

序号	工程量名称	单位	数量	备注
1	制作安装接地网	块		
2	安装信息插座底盒明装	个		
3	安装非屏蔽信息插座	个		
4	安装 24 口数据配线架	块		
5	安装 48 口数据配线架	块		
6	穿放 4 对对绞电缆	米条		
7	卡接 4 对对绞电缆非屏蔽	条		
8	布放数据线缆跳线	条		
9	电缆链路测试	链路		
10	安装开放式机柜	台		
11	安装 24 口 10/100M 交换机	台		
12	打穿楼墙洞（砖墙）	个		
13	敷设金属线槽（150mm 宽以下）	米		
14	敷设硬质 PVC 管（ϕ110mm）	米		
15	敷设硬质 PVC 管（ϕ60mm）	米		
16	敷设硬质 PVC 管（ϕ25mm）	条		
17	敷设硬质 PVC 管（ϕ20mm）	条		

（7）随工验收、隐蔽工程检查签证记录

工程名称：××××中心综合布线工程

建设单位：××××

建设地点：××××中心

施工单位：××××有限公司

项目	检查地点	检查意见
超5类双绞线布放质量		符合要求
敷设金属线槽		符合要求
敷设PVC管		符合要求
信息插座安装、成端		符合要求
超5类数据模块成端技术、质量		符合要求
超5类线绑扎质量		符合要求
以上详细参见附后的《综合布线隐蔽工程》		

检查人：　　　　时间：　　　年　　月　　日

（8）工程施工变更单

工程名称 ：××××中心综合布线工程

建设单位名称：××××

<table>
<tr><td rowspan="2">单项或单位工程名称</td><td rowspan="2">XXXX 中心综合布线工程</td><td rowspan="2">设备补充图纸名称及图纸号</td><td>名称</td><td></td></tr>
<tr><td>图号</td><td></td></tr>
<tr><td colspan="2">原设计规定的内容：
无</td><td colspan="3">变更后的工作内容：</td></tr>
<tr><td>原设计工程量</td><td></td><td>变更后工程量</td><td colspan="2"></td></tr>
<tr><td>原设计预算数</td><td></td><td>变更后预算数</td><td colspan="2"></td></tr>
<tr><td colspan="2">变更原因及说明：
根据实际情况和建设单位要求。
（详细参见后面的附件）</td><td colspan="3">批准单位名称及文件号：</td></tr>
</table>

建设单位代表：　　　　设计单位代表：　　　　施工单位代表：

（9）已安装的设备明细表

工程名称 ：××××中心综合布线工程

建设单位名称：××××

序号	设备名称及型号	单位	数量	地点	备注
1	安装信息插座底盒明装	个			
2	安装非屏蔽信息插座	个			
3	安装24口数据配线架	块			
4	安装48口数据配线架	块			
5	穿放4对对绞电缆	条			
6	卡接4对对绞电缆非屏蔽	条			
7	布放数据线缆跳线	条			
8	电缆链路测试	链路			
9	安装开放式机柜	台			
10	安装24口10/100M交换机	台			
11	打穿楼墙洞	个			
12	敷设金属线槽（150mm宽以下）	米			

续表

序号	设备名称及型号	单位	数量	地点	备注
13	敷设硬质 PVC 管(ϕ110mm)	米			
14	敷设硬质 PVC 管(ϕ60mm)	米			
15	敷设硬质 PVC 管(ϕ25mm)	条			
16	敷设硬质 PVC 管(ϕ20mm)	条			
17					
施工单位代表： 日期：　　年　月　日			监理工程师： 日期：　　年　月　日		

（10）工程开工报告

参见附后详细的《单位工程开工报告》。

（略）

（11）停（复）工通知

工程名称	XXXX 中心综合布线工程	建设地点	XXXX 中心
建设单位	××××	施工单位	××××有限公司
计划停工日期	年　月　日	计划复工日期	年　月　日
停（复）工主要原因： （工程延续，但有些时要等建筑基建设施完工后，能够交出施工场地才能进行施工。）			
拟采取的措施和建议： （跟进基建设施工程进度，配合发展商，根据现场实际情况施工。）			
本工程已于　　年　月　　日停（复）工，特此报告。 主送： 抄送： 填报单位（章）：××××有限公司 年　月　日			

注：本通知在停（复）工时各填一式 3 份，主送建设单位，填报单位留 1 份编人竣工技术文件。

（12）重大工程质量事故报告单

报送单位：

工程名称	XXXX 中心综合布线工程	建设地点	XXXX 中心
建设单位	××××	施工单位	××××有限公司
发生事故时间	年　月　日	报告时间	年　月　日
事故情况及主要原因	本工程在保证安全的情况下进行施工，无安全事故发生。		

建设单位代表：　　　　　　　　　　施工单位代表：

（13）工程验收证书

验收日期：　　年　　月　　日

建设工程名称	××××中心综合布线工程	
建设单位名称	××××	
工程地点	××××中心	
施工日期	××××年4月11日开工	××××年10月20日完工
验收评定意见：		
验收人员（代表）签字：		
建设单位： （盖章）	监理单位： （盖章）	施工单位： （盖章）

（14）材料、备件及工具移交清单

（备盘、备件、仪表、工具、材料、文件资料）

序号	名称	单位	设计数量	实交数量	备注
1	竣工文件	套	10	10	
2					
3					
4					
5					
6					
7					

移交人：　　　　　　签收人：

日期：　　　　　　日期：

（15）工程遗留问题及其处理意见表

无

（16）测试记录目录

工程名称：XXXX中心综合布线工程			
序号	测试记录目录	页码	备注
1	××××中心超5类双绞线测试资料		另钉装
2			
3			
4			

（17）竣工图纸目录

工程名称：XXXX中心综合布线工程			
序号	图纸名称	图号	备注
1	综合布线系统图	TE-J-01	
2	综合布线配线机柜图	TE-J-02	
3	数据配线机架图	TE-J-03	
4	一层综合布线点位图	TE-J-04	
5	二层综合布线点位图	TE-J-05	
6	三层综合布线点位图	TE-J-06	
7	四层综合布线点位图	TE-J-07	
8	五层综合布线点位图	TE-J-08	
9			
10			

（18）其他有关资料

工程名称：XXXX 中心综合布线工程			
序号	其他有关资料	页码	备注
1	各相关资料参见文件夹		
2			
3			
4			

三、任务分析

工程验收中可能出现的一些问题。

1. 室内部分

（1）路由设计不合理。

（2）客观条件所限，造成线缆弯曲半径小于 90°。

（3）桥架或线槽利用率明显不足。

（4）线缆的预留长度不够，造成端接困难。

（5）各种线缆间、线缆与干扰源间没有满足最小净距要求。

（6）设备安装误差大或前后间距不够。

（7）设备过压、过流、接地措施不落实。

2. 室外部分

（1）入楼引入处受条件限制，线缆弯曲半径小于 90°。

（2）线缆路由中的跨度间隔或线缆固定不合适。

（3）线缆与干扰源的净距要求得不到满足。

（4）直埋方式的线缆埋深达不到设计要求。

四、任务训练

问答题

1. 综合布线工程验收包不包括消防检查验收和防雷击测试验收？
2. 综合布线工程现场测试有哪几项内容？
3. 综合布线工程验收包括哪几方面的工作？
4. 综合布线的线路长度主要是受到哪些因素的制约？
5. 布线系统中有哪 5 个部分需要标识？

项目六

综合布线工程管理及招投标

综合布线系统的工程施工管理是保证安装质量的根本，严格的施工管理会营造良好的施工环境和施工质量。工程施工除了对布线系统本身的器材质量要严格把关以外，通常出问题的主要原因是管理不到位，没有参照工程的标准去执行。例如，不论是3类、5类、超5类还是6类电缆系统，都必须经过施工安装才能完成，而施工过程对电缆系统的性能影响很大。即使选择了高性能的电缆系统，例如超5类或6类，如果施工质量粗糙，没有按照工艺要求去做，其性能可能还达不到5类的指标。所以，施工安装的工艺以及施工的组织管理决定了工程的质量。施工组织得当可以节约大量的材料成本和劳动力成本，反之将会造成材料浪费，甚至要返工或者出现豆腐渣工程等。

任务6　制作投标文件

【学习目标】

知识目标：理解综合布线工程管理的重要性和意义。了解综合布线（General Cabling System，GCS）工程招标、投标、评标的基本过程，分析工程涉及的招标文件与投标文件，了解两种文件的基本结构和内容。

技能目标：了解综合布线工程管理的重要环节，学会GCS工程管理和各类工程报表的制定及填写。会草拟GCS投标文件。

一、任务导入

任务资料：

工程项目招投标是指建设单位对自愿参加工程项目的投标人进行审查、评议和选定的过程。综合布线是大型建筑中神经系统的基础性工程，一般来说，它至少应该保证提供15～25年的使用期。在保证期内，不管科学技术有多大的进步和发展，综合布线的基础设施和投资都不至于被淘汰。建设单位对于 GCS 招标要从技术、价格等多方面因素综合考虑。投标人为达到中标的目的，也要根据中标文件的要求，提出详细的系统实际方案应标。

任务目标：

1. 以小组合作的形式参加综合布线工程招标。
2. 以校方为建设施工投标方购买一份标书。
3. 根据用户需求调查结果并做出初步设计方案。
4. 根据初步设计方案，试做该工程的投标书，并且制作多媒体演示文件。

二、知识准备

（一）布线施工管理的重要性

综合布线系统最终要与公用通信网互相连接，才能对外进行广泛的信息交流。从通信网络的全程全网来看，综合布线系统是最邻近通信网络用户的末端部分。智能化建筑和智能化小区的综合布线系统是国家公用通信网的延伸，也是国家信息高速公路的最后 100m。因此，它的质量不仅关系到所在地区的用户通信质量，也直接关系到国家公用通信网的畅通和安全。为此，综合布线系统工程的施工质量管理是极为重要的，它是保证工程质量和投产后正常运行的一项关键程序。

从 1997 年以来，我国建设部相继发布了一系列有关综合布线系统的工程管理文件，对工程的管理作了明确的规定，并提出了相应要求。同时，原邮电部和原信息产业部也相继批准发布了大楼通信综合布线系统工程设计规范和施工验收规范，综合布线系统电气特性通用测试方法与综合布线系统密切相关的各种电信专业技术标准、规范等。根据这些管理规定和标准规范，综合布线系统要验收合格后方能接入公用通信网，这使综合布线系统工程管理上取得了明显的成效。这种严格规定对于工程管理是极为有利的，对保证综合布线系统的工程质量起到了重要作用。所以今后工程的全过程必须按照现行法规进行规范化管理，施工要确保工程质量，使工程顺利有序进行。

现场施工采用项目经理负责制，由项目经理组织各部门进行现场技术分析、技术交底、人员安排；由技术部负责技术交流，现场技术指导，组织解决技术问题；由施工部进行现场施工、布线施工、卡线及设备安装；由质检部负责施工质量和验收。

综合布线系统建设过程中的具体工程管理要结合工程规模、智能化等级的不同，以及时间、地点等情况，组织工程施工队伍，编制工程进度和施工组织计划。根据综合布线系统工程设计和施工图纸的要求，综合现场的实际条件、设备器材的供应以及施工人员的技术素质和配备情况，力求做到人员组织合理、施工安排有序和工程管理严密到位。同时，还应注意与土建施工和其他系统的配合，减少相互之间的矛盾，避免彼此脱节，以保证工程的整体质量。必须做好各项准备工作，做到有计划、有步骤地进行施工，这对确保综合布线系统工程的施工进度和工程质量是非常重要的。

（二）工程的安全管理

综合布线工程施工过程中，除了要保证线缆及整个系统的安装快捷迅速外，还要保证在施工过程中不出现任何差错，保证设备、参加工程施工的工作人员以及终端用户没有任何危险。

安全包括施工人员安全、设备器材的安全和布线系统性能的安全。要制定各项有针对性的制度措施，杜绝安全事故的发生。监管组织机构应该不定期地组织对现场进行安全工作检查，及时根据现场的实际情况修改和制定安全工作制度。

（1）制度保证要有人员落实安全检查责任。

（2）项目负责人负责督促，检查如现场施工人员认真执行安全规范，及时纠正不正确的操作方法和行为。

（3）项目负责人负责监督落实安全措施，指导施工人员正确及时地填好各类安全报表。

（4）所有施工人员必须参加安全规程和操作规范的培训才能许可上岗，尤其是防火方面的安全教育。

（三）工程的质量管理

根据工程特点推行全面质量管理制度，拟定各项管理计划并付储实施。在施工各阶段做到有组织，有制度，有各种数据，把工程质量提高到一个新的水平，具体措施如下。

1. 工程质量管理包括质量技术监督指导，及时发现和解决问题

（1）加强内部管理，实行各专用质量责任制，建立以公司工程师指导，项目经理负责质量检查的领导体制。负责工程的技术问题和施工质量监督工作。

（2）项目经理组织各专业组长为开工做好技术准备，各专业技术组按照设计方案、施工图纸、施工规程和本工程具体情况，编制分项分部工程实施步骤，向班组人员进行任务交底。负责填报工程施工质量检查日志、施工事故报告表、工程验收报告及工程竣工资料的整理等。

（3）要会同工程监理人员共同负责，要求现场施工人员按照施工规范进行施工，在施工过程中不定期检测已安装完成的链路和设备，可进行抽样检测和复测。

（4）负责依照工程设计图纸确定的施工内容进行施工。

（5）施工中所使用的计量工具必须是经过认可的器具，计量必须精确，仪器灵敏，以确保质量要求。

（6）现场施工人员必须虚心接受甲方及各级质检人员的检查监督，出现质量问题时必须及时上报并提出整改措施，并进行层层落实。

2. 工程质量管理包括工程进度协调管理

（1）综合布线工程一般与楼宇其他工程交叉进行，与其他部门需要相互协调安排。任何的延误或脱节都会带来工程工期上的问题。

（2）由于综合布线材料成本昂贵，多数材料容易被损坏，线缆的剪裁不当将会造成不必要的浪费，因此需要在材料的保管、发放、使用等诸多方面建立完善的规章制度。

（3）应负责填报工程施工进度日志、工程材料消耗报表、施工责任人签到表、工程协调纪要、施工报停表、工程验收申请等文件资料。

（4）负责依照工程设计图纸确定的施工内容进行施工。

（5）负责施工现场材料供应、场外工程协调等工作。工程所用材料设备必须达到合格质量标准，且具有合格证书或材质证书，不合格的材料、设备不得发送施工现场。

按照国家工程建设标准要求，综合布线系统施工过程必须纳入现代信息集成系统，设立质量控制点，保证系统施工过程的质量、进度和成本，做到科学安排、精心施工，施工的主要步骤如下。

（1）根据工程规划设计和概预算文本，进行现场熟悉和核对。必须对设计说明、施工图纸和工程概算等主要部分认真核对，对技术方案和设计意图充分了解，必要时通过现场技术交底，全面了解全部工程施工的基本内容。其中现场调查了解房屋建筑内部要动工各个部位（如吊顶、地板、电缆竖井、暗敷管路、线槽以及洞孔等）的情况，以便落实在施工敷设缆线和安装设备时的具体技术问题。此外，对于设备间、干线交接间的各种工艺要求和环境条件以及预先设置的管和槽等都要进行检查，看是否符合安装施工的基本条件。

在智能化小区中，除对上述各项条件进行调查外，还应对小区内敷设管线的道路和各栋建筑物引入部分进行了解，看有无妨碍施工的问题。总之，工程现场必须具备施工顺利开展，不会影

响施工进度的基本条件。

（2）修正规划的走线路由，需要考虑隐蔽性。对建筑物结构特点有破坏性的，如需要在承重梁上打过墙眼时，需要向管理部门申请，否则违反施工法规。在利用现有空间的同时，应避开电源线路和其他线路，根据现场情况要对线缆进行必要和有效的保护。在正式的有最终许可手续的规划基础上，计算安排用料和用工，综合考虑设计实施中的管理操作的费用，计算工期以及施工方案和安排。实施方案中需要考虑用户方的配合程度，并要用户方指定协调负责人员。

（3）指定工程负责人和工程监理人员来负责规划备工、备料、用户方配合要求等方面事宜，提出各部门配合的时间表，负责内外协调和施工组织和管理。

（4）现场施工和管理。

（5）制作布线系统标记，布线的系统标记要遵循统一标准。标记要有 10 年以上的明确可查看的保用期。

（6）验收阶段性文档。在上述各环节中必须建立完善的文档资料，便于验收时的资料整理。

（四）布线工程开工前的准备工作

1. 施工前的检查

（1）安装工程之前，必须对设备间的建筑和环境条件进行检查，具备下列条件方可开工。

① 设备间的土建工程已全部竣工，室内墙壁已充分干燥。设备间门的高度和宽度应不妨碍设备的搬运，房门锁和钥匙齐全。

② 设备间的地面应平整光洁，已经预留暗管、地槽和孔洞的数量、位置、尺寸均应符合安装工艺要求。

③ 电源已经接入设备间，应满足施工需要。

④ 设备间的通风管道应清扫干净，空气调节设备应安装完毕，性能良好。

⑥ 在铺设活动地板的设备间内，应对活动地板进行专门检查，地板板块铺设严密坚固，符合安装要求，每平方米水平误差应不大于 2mm，地板应接地良好，接地电阻和防静电措施应符合要求。

（2）交接间环境要求如下。

① 根据设计规范和工程的要求，对建筑物的垂直通道的楼层及交接间应做好安排，并应检查其建筑和环境条件是否具备。

② 预留好交接间垂直通道电缆孔孔洞，并应检查水平通道管道或电缆桥架和环境条件是否具备。

③ 设计综合布线实际施工图，确定布线的走向位置，供施工人员、督导人员和主管人员使用。

2. 工程备料

经过调研确定施工方案后，工程实施的第一步就是开工前的准备工作。工程施工过程需要许多施工材料，这些材料有的必须在开工前就备好料，有的可以在开工过程中备料，主要有以下几种。

（1）配线架、理线架、光缆、双绞线、插座、信息模块、服务器、稳压电源、集线器、交换机、路由器等落实购货厂商，并确定提货日期。

（2）不同规格的各种槽管、走线架、PVC 防火管、蛇皮管、自攻螺丝等布线用料就位。

（3）如果集线器集中供电，则准备好导线、护线槽，并制定好电器设备安全措施（供电线路必须按民用建筑标准规范进行）。

（4）制定施工进度表（要留有适当余地，施工过程中随时可能发生意想不到的事情，并要求立即协调）。

（五）制定工程各类报表

在制定工程各类报表时，要真实反映工程实际情况，分解工程任务和汇总工程资料。推荐表

6-1～表 6-12 供施工管理参考使用。

1. 工程施工进度表

制定工程进度表时，要留有余地，还要考虑其他工程施工时可能对本工程带来的影响，避免出现不能按时完工、交工的问题，具体表格样式见表 6-1。

表 6-1　工程施工进度表

时间（周）/项目	1		2		3		4
布线							
信息座安装							
配线架安装与接续							
终接与测试							
验收							

2. 指派任务表

指派任务表由领导、施工、测试、项目负责人各持一份，具体表格样式见表 6-2。

表 6-2　指派任务表

施工名称	质量与要求	施工人员	难度	验收人	完工日期	是否返工处理

3. 施工进度日志

施工进度日志由现场工程师每日随工程进度填写施工中需要记录的事项，具体表格样式见表 6-3。

表 6-3　施工进度日志

组别：	人数：	负责人：	日期：	
工程进度计划：				
工程实际进度：				
工程情况记录：				
时间	方位、编号	处理情况	尚待处理情况	备注

4. 施工责任人员签到表

每日进场施工的人员必须签到，签到按先后倾序，每人须亲笔签名。签到的目的是明确施工的责任人。签到表由现场项目工程师负责落实，并保留存档，具体表格样式见表 6-4。

表 6-4　施工责任人员签到表

项目名称：							
日　　期	姓名 1	姓名 2	姓名 3	姓名 4	姓名 5	姓名 6	姓名 7

5. 施工事故报告单

施工过程中出现何种事故，都应由项目负责人将初步情况填报“事故报告”，具体表格样式见表 6-5。

表 6-5　　施工事故报告单

填报单位：		项目工程师：	
工程名称：		设计单位：	
地点：		施工单位：	
事故发生时间：		报出时间：	
事故情况及主要原因：			

6. 工程开工报告

工程开工前，由项目工程师负责填写开工报告，待有关部门正式批准后方可开工，正式开工后，该报告由施工管理员负责保存待查，具体报告样式见表 6-6。

表 6-6　　工程开工报告

工程名称：		工程地点：	
用户单位：		施工单位：	
计划开工：	年　月　日	计划竣工：	年　月　日
工程主要内容：			
工程准备情况：			
主抄： 抄送： 报告日期：	施工单位意见： 签名： 日期：	建设单位意见： 签名： 日期：	

7. 施工报停表

在工程实施过程中，可能会受到其他施工单位的影响，或者由于用户单位提供的施工场地和条件及其他原因造成施工无法继续进行。为了明确工期延误的责任，应该及时填写施工报停表，在有关部门批复后将该表存档，具体表格样式见表 6-7。

表 6-7　　施工报停表

工程名称：		工程地点：	
建没单位：		施工单位：	
停工日期：	年　月　日	计划复工：	年　月　日
工程停工主要原因：			
计划采取的措施和建议：			
停工造成的损失和影响：			
主抄： 抄送： 报告日期：	施工单位意见： 签名： 日期：	建设单位意见： 签名： 日期：	

8. 工程领料单

项目工程师根据现场情况安排材料发放工作，具体的领料情况必须有单据存档，具体表格样式见表 6-8。

表 6-8　　　　工程领料单

工程名称			领料单位		
批料人			领料日期	年　月　日	
序　号	材料名称	材料编号	单　位	数　量	备　注

9. 工程设计变更单

工程设计经过用户认可后，施工单位无权单方面改变设计。工程施工过程中如确实需要对原设计进行修改，必须由施工单位和用户主管部门协商解决，对局部改动必须填报“工程设计变更单”，经审批后方可施工，具体表格样式见表 6-9。

表 6-9　　　　工程设计变更单

工程名称		原图名称	
设计单位		原图编号	
原设计规定的内容：		变更后的工作内容：	
变更原因说明：		批准单位及文号：	
原工程量		现工程量	
原材料数		现材料数	
补充图纸编号		日期	年　月　日

10. 工程协调会议纪要

工程协调会议纪要格式见表 6-10。

表 6-10　　　　工程协调会议纪要

日期：			
工程名称		建设地点	
主持单位		施工单位	
参加协调单位			
工程主要协调内容：			
工程协调会议决定：			
仍需协商的遗留问题：			
参加会议代表签字：			

11. 隐蔽工程阶段性合格验收报告

隐蔽工程阶段性合格验收报告格式见表 6-11。

表 6-11　　　　隐蔽工程阶段性合格验收报告

工程名称：		工程地点：	
建设单位：		施工单位：	
计划开工：	年　月　日	实际开工：	年　月　日
计划竣工：	年　月　日	实际竣工：	年　月　日
隐蔽工程完成情况：			
提前和推迟竣工的原因：			
工程中出现和遗留问题：			
主抄： 抄送： 报告日期：	施工单位意见： 签名： 日期：		建设单位意见： 签名： 日期：

12. 工程验收申请

施工单位按照施工合同完成了施工任务后，会向用户单位申请工程验收，待用户主管部门答复后组织安排验收，具体表格样式见表 6-12。

表 6-12　　工程验收申请表

工程名称：		工程地点：	
建设单位：		施工单位：	
计划开工：	年　月　日	实际开工：	年　月　日
计划竣工：	年　月　日	实际竣工：	年　月　日
工程完成主要内容：			
提前和推迟竣工的原因：			
工程中出现和遗留问题：			
主抄： 抄送： 报告日期：	施工单位意见： 签名： 日期：	建设单位意见： 签名： 日期：	

（六）GCS 工程招投标

建设单位邀请工程咨询单位对建设项目进行可行性研究，其“标的”为可行性研究报告，GCS 只对系统方案描述和投资估算。

根据批准的可行性研究报告所提出的项目设计任务书，通过招标择优选择设计单位，其“标的”为设计成果，GCS 按照工程设计内容及深度的要求，对建筑物内各层信息点的配置、系统组网、建筑群主干网络拓扑方式等均有详细完整论述。相应的投标方就要应招标的内容和要求做出应标方案方件。

GCS 招标书中仅提出最基本的要求，不对细节进行规定，所以要求投标人提供的产品（设备主件、附件、缆线、软件、备件和专用工具）和技术应符合规范要求，便于维护、管理和系统升级。

投标人应认真阅读和理解招标文件中对投标文件的要求，以招标文件为依据，编制相应的投标文件。投标人对招标文件的要求如有异议，应及时以书面形式明确说明，在争得招标人同意后，可对其中某些条件修改。投标文件一般包括商务部分与技术方案部分，投标人必须对招标文件中的技术要求逐项答复，特别需注重技术方案的描述。若有任何技术偏离，应在投标书中加以说明。

1. 投标文件的内容

（1）投标申请书。

（2）投标书及其附录，投标书提供投标总价、总工期进度实施表等，附录应包括设备及缆线的到货时间、安装、调试及保修期限，提供有偿或免费培训人数和时间。

（3）投标报价书，以人民币为单位报价。工程建设承包商在报价时可以提供一个以上方案，对《报价一览表》中的全部货物和服务的报价应包括劳务、运输、管理、安装、维护、保险、利润、税金、政策性文件规定及合同包含的所有风险（投标保证金）、责任等各项应有费用，备品备件价格单独计列。

（4）投标资格证明文件，包括营业执照复印件、税务营业证复印件、法人代表证书复印件、建设部和信息产业部有关 DCS 资质、主要技术和管理人员资质、产品厂商授权书和投标者近几年工程业绩。

（5）投标产品合格证明，包括相关产品的生产许可证复印件、原产地证明、产品性能指标。

（6）设计、施工组织计划书，按照招标文件要求写出系统设计方案、施工组织设计、工程施工保证措施和工程测试和验收办法。

2. 系统技术方案设计

技术方案应根据招标文件提出的建筑物平面图及功能划分、信息点的分布情况、布线系统应达到的等级标准、推荐产品的型号、规格和遵循的标准与规范、安装及测试要求等方面应充分理解和思考并作出较完整的论述。技术方案应具有一定的深度，可以体现布线系统的配置方案和安装设计方案，也可提出建议性的技术方案，以供建设单位和评标小组评议。切忌避免过多地对厂家产品进行烦琐的全文照搬。对布线系统的图纸基本上达到满足施工图设计的要求即可，应反映出实际的内容，系统设计应遵循下列原则。

（1）先进性、成熟性和实用性。

（2）服务性和便利性。

（3）经济合理性。

（4）标准化。

（5）灵活性和开放性。

（6）集成与可扩展性。

投标文件是承包商参与投标竞争的重要凭证，也是评标、定标和订立合同的依据，投标文件还是投标人素质的综合反映和能否获得经济效益的重要因素。因此，投标人对投标文件的编制应引起足够的重视。

（七）GCS 项目招投标的必要性

国家计委和建设部在1985年6月和1992年分别颁布工程设计招标和工程建设施工招标的暂行办法，此后又相继规定了一系列有关招投标的法规。实行工程项目的招投标体制，对提高工程质量、减低成本、遏制腐败现象的滋生都起到了积极的作用，其影响表现如下。

（1）逐步推行市场定价的价格机制，鼓励竞争，降低工程造价。投标人必须提供优化的工程施工方案、先进的技术解决方案和合理的价格，通过招投标优胜劣汰，使工程趋于合理水平，提高投资效益。

（2）使工程造价符合价值基础。建设单位和投标方进行双向选择，能够更好地使技术和造价合理化，有效控制工程投资的各个环节。

（3）有利于规范价格行为。招投标制度使得工程建设公开、公平、公正的原则得以实施，对于排除干扰、克服不正当竞争、避免“豆腐渣工程”起到一定作用。

（4）有利于提高工程施工效率和先进技术的应用。促使应标企业在工程设计和施工过程中使用先进的施工设备、管理方法，缩短工期和降低工程造价。

GCS 项目招标工作涉及工程项目建设各环节的单位人员，包括建设单位、承包单位（设计、施工、供货）、监理单位等，各方关系如图 6-1 所示。

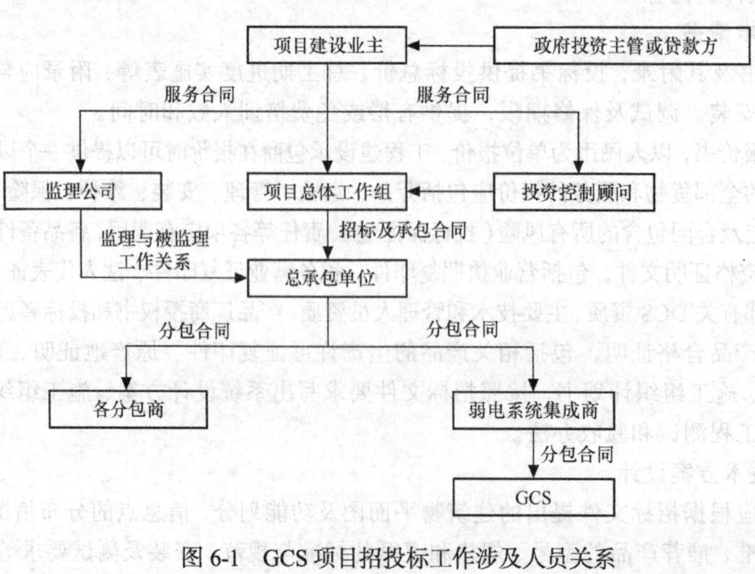

图 6-1　GCS 项目招投标工作涉及人员关系

招标小组成员由建设单位及有关方面的专家等 3 人以上单数组成，其中经济、技术等方面的专家不得少于成员总数的 2/3，招标小组负责对投标书进行评审，确定中标单位。

（八）GCS 项目招标方式

GCS 项目的招标可分为公开招标、邀请招标和议标 3 种方式，议标方式具有一定的非竞争性，一般不推荐采用。

1. 公开招标

又称无限竞争性招标，公开招标由招标单位发布招标广告，通过国内外主要报纸、有关刊物、电视、广播、网站或招标代理机构发布招标公告，凡有兴趣的单位均可参标。有意参标的单位提供预审文件，预审合格后可编写投标书进行投标。报价采用公开报价方式，由招标小组综合技术和经济等各方面因素（报价、系统整体性能、设备性价比、售后服务、承包商履约能力和业绩等），最终确定中标单位。此种方式对所有参标单位提供平等的竞争机会，建设单位需加强参标企业的资格预审，认真评标。

2. 邀请招标

又称为有限竞争性招标，不发布公告，建设单位根据自己的经验、推荐、各种信息资料或调查研究，选择有能力承担本项工程的承包商并发出邀请函，一般邀请 5～10 家（最少 3 家）前来投标。此种方式由于经验和信息不充分等因素，存在一定的局限性，有可能性价比更高的承包商未被邀请而无法参标。

3. 议标

又称为非竞争性招标或指定性招标，一般仅邀请 1～2 家承包单位直接协商谈判，实际上也是一种合同谈判形式。此种方式适用于工程造价低、工期紧、专业性强或保密工程。其优点是可以节省时间，迅速达成协议并开展工作；其缺点是无法获得有竞争力的报价，为行业和地方保护提供借口，一般应尽量避免采用此种方式。

目前对于多数大、中型工程项目的 GCS 招投标均采用邀请招标方式，对于优化系统方案、降低工程造价起到良好的作用。

（九）GCS 项目招投标的原则和范围

按照《中华人民共和国招标投标法》的有关规定，对工程项目的勘察、设计、施工、监理以及工程建设中的设备和材料的采购必须进行招标。

1. 投标的原则

按照国家有关法规的规定，对招标单位的资质、招投标的程序、方式和评定等应本着守法、公正、等价、有偿、诚信、科学和规范的原则，从技术水平、管理水平、服务质量和经济合理等方面综合考虑，鼓励竞争。

采购招投标应由国家经贸委审定，由上级主管部门负责监督，对设备和材料遵循认资、价格和服务等原则，择优选择。监理招投标需按照建设部《工程建设监理规定》的细则要求，合理选择监理单位（对工程质量、进度和阶段投资进行全过程控制的单位），监理人员必须持证上岗（监理工程师）。

标书应体现综合布线系统的标准化要求，并具备先进性、实用性、灵活性、可靠性和经济性等特点。

（1）标准化。严格按照国标（行标）的规定进行工程设计和实施，不符合要求者，对标书不予确认。

（2）先进性。系统应具备一定的技术前瞻性，便于扩展升级，提供光纤布线，适应多媒体、宽带发展和未来业务的需求。

（3）实用性。布线系统应具备开放性，能够满足数据、语音和图像等通信的需要，系统应具备一定的冗余度，适应宽带和高速率业务的发展。

（4）灵活性。能满足各种类型终端的接入，布线系统模块化，具备兼容性和通用性。

（5）可靠性。应采用高品质材料，能够抵御外界电磁场干扰和缆线交叉干扰，能够防止人为破坏。当部分链路故障时，不影响网络其他部分的运行。

（6）经济性。投资过程控制合理，降低工程造价。

招投标的询价采购书的内容包括标的物品名称、品牌、数量、产品技术和质量要求、招投标的方式和种类。

2. 工程设计招投标范围

（1）设计招标包括初步设计和施工图设计招标，必要时可分段招标。

（2）新建、改扩建或技术改造项目，GCS 设计合同估算在 50 万元人民币以上或设计合同估算低于 50 万元人民币但项目投资估算在 3000 万元人民币以上的项目。

（3）下列情况之一，经招标主管部门批准后，不宜招标。

① GCS 采用涉及特定专利或专有技术。

② 与专利商有保密协议，受其条款约束。

③ 国外贷款、赠款、捐款建设的工程项目，业主有特殊要求。

3. 工程施工招标的范围

施工招标范围一般分为总承包（或称交钥匙工程）和专项工程承包（只对某项专业性强的项目，如网络测试等）。根据设计文件编制相应的施工招标书，包括下列内容。

（1）GCS 各子系统的布线和连接件的敷设、安装和测试。

（2）建筑物 BD 和所有交接间 FD 的安装。

（3）主要设备、材料和相应的辅助设备、器材的采购或联合采购。

（4）电缆桥架、明（暗）设管线的敷设或委托电器专业代办。

（5）协助业主对施工前主要设备和缆线现场开箱验收工作。

（6）提供安装、测试、验收和施工洽商单、竣工图等完整的文件资料。

（7）由于测试程序复杂和需要专用精密仪器，施工单位不具备时，对测试项目可不在招标之列，允许另行委托。

4. 施工招标

工程项目招标分为 3 类，即工程项目开发招标、勘察设计招标和施工招标。GCS 项目招标属于后两项。不论是写字楼、酒店、文体娱乐场所还是住宅社区，建筑和结构是建筑物主体专业。楼宇控制、物业管理或信息网络为建筑物配套设施，因此 GCS 属于项目辅助工程。

目前建设单位一般自行或委托招标代理机构进行工程招标。一般要求系统集成商具备建设智能化系统集成专项工程设计资质，建设部建筑智能化工程专业承包资质，建设部装修装饰工程专业承包资质，计算机系统集成资质等。建设单位只提出建设需求和目标，由系统集成商完成系统方案论证、工程设计、设备选型、组织施工到工程验收的全部工作，此种方式被称为“交钥匙工程”。

招标工作主要流程包括建设项目的报建、编制招标文件、投标人资格预审、发放招标文件、开标、评标与定标、签订合同，共 7 个步骤。

在工程项目的初步设计或施工图设计完成之后，用招标方式选择施工单位，其“标的”是建设单位交付按设计规定的部分成品和工程进度、质量要求、投资控制等内容，作为工程实施的依据，施工安装是工程实施极为重要的环节。为此，招标单位应事先对参标单位进行全面的调研考察，再根据其投标条件“货比三家”。GCS的安装、测试、验收等内容则是检验施工单位应标运作能力的全面考核，特别是其技术实力、人员素质、管理质量、业绩和报价等往往成为中标的焦点。

（1）招标程序

招标程序如图6-2所示。

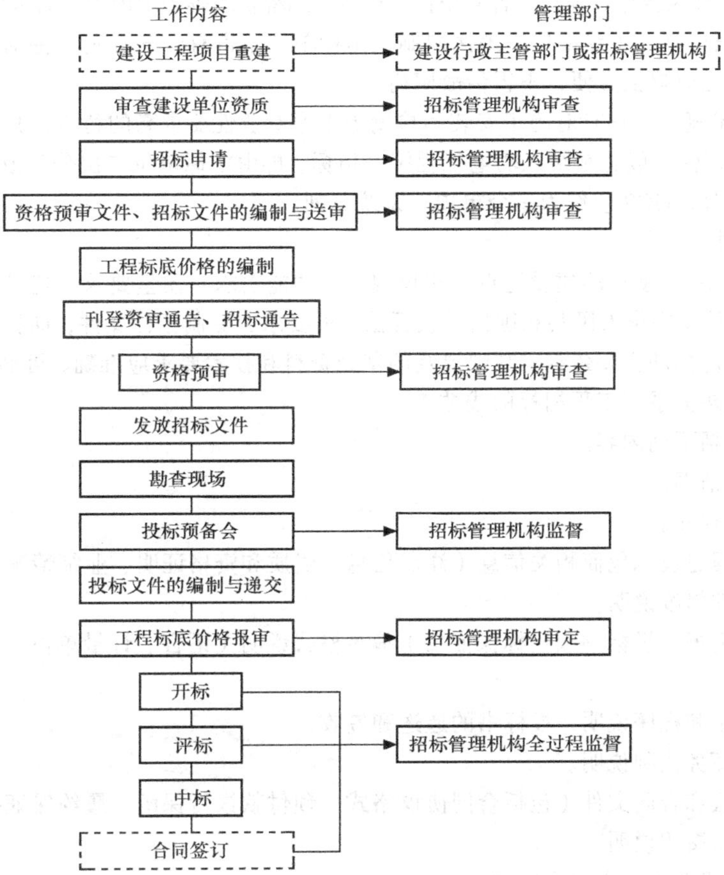

图6-2　招标程序

（2）工程招标原则

施工安装质量的好坏直接影响工程的质量，因此工程施工招标文件编制质量的高低不仅是投标者进行投标的依据，也是招标工作成败的关键。编制施工招标文件更需系统、完整、准确、明了。

1）根据国家《工程建设施工招标管理办法》有关规定，建设单位施工招标具备下列条件。

① 是依法成立的法人单位。

② 有与招标工程相适应的经济、技术、管理人员。

③ 有组织编制招标文件的能力。

④ 有审查单位资质的能力。

⑤ 有组织开标、评标、定标的能力。

⑥ 工程投资概算已获批准。

⑦ 工程项目已正式列入国家、行业部门或地方的年度固定资产投资计划。

⑧ 可提供满足施工需要的施工图纸和技术资料。

⑨ 建设设计和主要设备、材料的来源已经落实。

⑩ 完成所在地规划部门批准手续和文件。

不具备②～⑤项条件的单位，须委托具有相应资质的咨询或中介机构代理招标。

2）文件必须符合国家的合同法、经济法、招投标法等多项有关法规。

3）招标文件应准确、详细地反映项目的客观、真实情况，减少签约和履约过程中的争议。

4）招标文件涉及投标者须知、合同条件、规范、工程量表等多项内容，力求统一和规范用语。

5）坚持公正原则，不受部门、地区限制，招标单位不得有亲疏分别，特别是对于外部门、外地区的投标单位应提供方便，不得借故阻碍。

6）GCS 技术复杂，具有对施工安装和检测等工序专业性要求高的特点，其施工往往安排在工程后期，施工招标一般总是纳入弱电工程统一招标，再由中标单位二次分包或分标，在编制招标技术文件的部分，GCS 应作为一个单项子系统分列。

5. 招标文件

建设单位对 GCS 项目的建设地点、建设规模、功能需求、质量要求、建设进度和投资控制等条件明确后，按《中华人民共和国招标投标法》的要求，编制招标文件，向社会公开发标。招标文件是投标者应标的主要依据，其中提及的基础资料和技术要求应准确、可靠、深浅适度。招标文件的好坏直接关系到工程招标的成败。

招标文件包括下列内容。

（1）招标邀请书。

（2）投标人须知。

① 提供工程建设承包商相关信息（注册信息、资质和资格证明、业绩情况等）。

② 招标文件修改说明。

③ 投标申请书（投标书和投标保证书）编写格式说明（语言、计量单位、文件组成和文件数量）。

④ 报价方法和程序说明，投标书的递送和签收。

⑤ 技术与商务谈判说明。

⑥ 评审方法和合同文件（包括合同协议格式、预付款银行保函、履约保证格式等）。

⑦ 招标相关费用说明。

（3）工程技术要求，主要内容如下。

① 承包工程的范围，包括 GCS 的设计深度、设计依据、施工范围、设备、材料、培训以及其他服务简介。

② GCS 布线基本要求，信息点平面配置点位图，站点统计图。

③ 布线方案，包括工作区子系统、水平干线子系统、管理间子系统、垂直干线子系统、设备间子系统和建筑群子系统。

④ 技术要求，包括铜缆、光缆、连接硬件、信息面板、接地及缆线敷设方式等。

⑤ 工程验收、质保和技术资格。

⑥ 报价范围、供货时间和地点。

（4）工程量表。

（5）附件（工程图纸与相关的说明材料）。

（6）标底（决策层掌握，不外传）。

6. 评标和定标

评标工作是招投标工作中的重要环节，一般设立临时评标委员会或评标小组。有招标办、建设单位、建设单位上级主管部门、建设单位财务、审计部门、监理公司、投资控制顾问及有关技术专家共同组成，由建设单位负责组织总工程师和总经济师参加。评标组织按照评标方法对投标文件进行严格审查，按评分排列次序，选择性价比较高的单位作为中标候选，供领导最后决策。所以，评标组织要在评标前编制评标办法，按招标文件规定，确定商务标准（技术标准以外的全部招标要素）和技术标准（技术部分所规定的技术要求）。

（1）评标方法

① 专家评议法。主要根据工程报价、工期、主要材料消耗、施工组织设计、工程质量保证和安全措施等进行综合评议，专家经过讨论、协商，集中大多数人的意见，选择出各项条件较为优良者，推荐为中标单位。

② 低标法。在严格预审各项条件均符合投标文件要求下，选择最低报价单位为中标者。

③ 打分法。按商务和技术的各项内容采用无记名的方式填表打分，统计获得最高得分的单位即为中标者。

评标结束后，评标组织提出评标报告，评委应签字确认，文件归档。

目前，一般采用公开评议与无记名打分相结合的方式，打分为 10 分制或 100 分制，具体内容包括技术方案、施工实施措施与施工组织、工程进度、售后服务与承诺、企业资质、评优工程与业绩、建议方案、工程造价、推荐的产品、图纸及技术资料、文件、答辩、优惠条件、建设单位对投标企业及工程项目考察情况等方面。上述各项内容的分数中，建设单位公开唱分的一般为硬分，评委无记名打分的为活分。其中技术方案、施工组织措施、工程报价所占比重较大。

（2）评标标准

评标小组采用“能够最大限度满足招标文件中规定的各项综合评价标准，并且报价合理”的方法对投标单位进行评审，确定中标单位。主要对投标单位的下列内容进行分析比较。

① 最终报价。

② 设备和材料的性价比。

③ 整体方案的合理性和先进性。

④ 售后服务条款（含交货、安装及调试）。

⑤ 技术及商务细微偏离。

⑥ 工程建设承包商资信情况和履约能力。

⑦ 工程建设承包商的经营业绩。

⑧ 其他优惠条件。

（3）评标中常用的书面表格

为了在评标时的公正、直观和便于统计结果，一般使用的表格见表 6-13～表 6-15。

表 6-13　　招标评标评分表（示例）

项目编号：　　项目名称：

序号	投标单位	系统技术方案	性能（15 分）					报价	施工（20 分）			业绩	资质	培训	交货方案	售后服务	总计
			技术招标	可靠性	先进性	维护	品牌		组织	计划进度	措施						
		20分	7	2	2	2	2	30分	10	3	7	4分	2分	2分	3分	4分	100分
1																	
2																	
3																	
4																	
5																	
6																	

表 6-14　　　　　　　　　　　符合性检查表（示例）

序　号	投标单位 项　目						
1	投标书						
2	投标保证金						
3	法人授权书						
4	资格证明文件（含银行资信证明）						
5	技术文件						
6	投标分项报价表						
7	业绩						
8	结论						

1. 投标文件由法人代表签署时，可不提供法人授权书，制造商直接授标，无须提供厂家授权书。

2. 表中只需填写“有”或“无”。

3. 在结论栏中仅填写“合格”或“不合格”。

表 6-15　　　　　　　　　　　唱标记录表（示例）

招标编号：　　　　　　　　　　开标时间：

招标项目：　　　　　　　　　　开标地点：

序号	投标单位	投标总价	投标保证金	投标声明	竣工期	备注

主持人：　　　　　　　　监标：　　　　　　　　唱标人：　　　　　　　　记录人：

说明：

1. 投标总价为工程总造价。

2. 竣工期为合同生效后开始计算。

（4）定标

根据打分和评议结果，由建设单位或其上级主管部门定标，或根据评委打分的结果，推荐2～3 名投标人选单位，由建设单位再经考核和评议定标。然后由建设单位与承包商签订合同。定标和批准由招标单位向中标单位发出中标函，中标单位在接到通知后，一般在 15～30 天内签订合同，并提供履约保证。至此，招标工作基本结束。

（十）投标的策略和作价技巧

投标单位要想在投标竞争中取胜，除了满足招标文件的所有要求、性价比高外，投标书应充分体现投标单位自身的特点，包括工程施工的有效控制，实现质量、进度和造价的保证。严谨的投标书十分关键，投标的“策略”和“技巧”也不可或缺。承包商需要对客观规律和实际情况有充分的认识，还要具备一定的魄力。

1. 投标策略

投标商对某项工程的投标机会，一是来自主动争取，另一种是建设单位的主动邀请。对于具体的工程是否投标，一般投标商根据企业本身的主观条件出发进行衡量。主要考虑工人和技术人员的操作水平、机械设备能力、设计能力、对工程熟悉程度和管理经验、竞争激烈程度、器材设备交货条件、中标后对本企业的影响和以往类似工程经验等。如果大部分条件能够胜任，即可初步作出投标判断。

投标商还要考虑企业之外的客观因素，包括工程的全面情况、建设单位基本情况、劳动力来源、建筑材料、设备来源和价格、专业分包和专业安装力量情况、银行贷款利率和保险费、当地与工程相关的法规和竞争对手情况等。以上各项因素除了可以从招标文件和现场详细勘查得到外，还需要广泛地调查研究、询价和社会活动等多渠道获得。

当充分地分析了主、客观因素后，认为某项工程可以投标，就需要采取一定的投标策略，以达到中标、盈利的目的。

（1）降低工程造价取胜。采用科学的经营管理体制，精心采购材料、设备，采取合理的施工技术和施工设备，选择可靠的分包单位，安排紧凑的施工进度，通过高效的管理达到有效降低工程成本的目标。也可通过对设计图纸的研究，提出降低工程造价的设计修改建议，降低工程造价，提高对业主的吸引力。

（2）缩短工期取胜。采用先进的施工方法和施工设备，达到早投产、早收益等目的，有时甚至标价稍高，对业主也很有吸引力。

（3）低利政策取胜。企业有时为了树立良好的信誉，开拓市场，或在承包任务不足时，可以通过降低自身利润达到中标的目的。从长远看，对于树立企业形象、增加企业自身工程技术人员素质来说，企业还是有利可图的。

（4）采用低报价，着眼于后期维护取胜。可以着眼于设计图纸、标书或和合同中的索赔机会，获得利润，一般可达 120%。也可在设备、链路的后期维护和系统升级上收取维护费用获得利润。

2. 作价技巧

投标策略一经确定，就要反映到作价上，两者必须相辅相成。什么工程报价可高，什么工程报价应低，在总价相同的情况下，同一工程的哪项报价宜高，哪项报价宜低。作价技巧运用得当，可以决定工程能否中标和盈利。因此，它是不可忽视的环节。

（1）工程施工条件差的工程，工程实施难度大的工程，造价低的小型工程，自己具有技术优势的工程，报价可稍高；工程设计和施工难度小而工程量大的工程，能短期突击完成的工程，企业急需且竞争对手较多的工程，报价宜低一些。

（2）同一项工程一般采用不平衡单价，在不提高总标价的前提下，均衡每单项的报价。可先拿到钱的单项、工程量会增加的单项、估计会修改的单项、没有工程量而只填单价的单项宜提高报价。工程后期单项、工程量预计会减少的单项、估计肯定不会发生的费用，可降低报价。

3. 述标技巧

述标的好坏与否直接关系企业是否能中标。述标一般由管理、设计和施工三方面的项目人员参与。述标的工程报价避免出错，并处在一个适中的位置，不宜过高或过低。投标书的制作应注意装订水平和质量，保证企业资质文件的完整性和有效性。述标的内容应侧重技术和施工的实施方案及相关承诺，避免对技术资料或文本内容的烦琐陈述。投标人评标小组所提出的问题作简短的、实质性的答复，尤其对建设性的意见阐明观点，不要反复介绍承包单位的情况和与工程无关的内容。

4. GCS 工程书内容

（1）扉页。

（2）GCS 工程名称及点数。

（3）工程地点。

（4）工程设计单位名称。

（5）工程施工单位名称。

（6）工程师姓名和编号。

（7）开工时间。

（8）完工时间。

（9）综合布线设计书审查单，主要说明此设计文书符合哪些设计规范。

三、任务分析

1. 施工过程中注意事项

（1）施工现场督导人员要认真负责，及时处理施工进程中出现的各种情况，协调处理各方意见，尤其注意施工操作人员安全和设备安全。

（2）如果现场施工碰到不可预见的问题，应及时向工程单位汇报，并提出解决办法供工程单位当场研究解决，以免影响工程进度。

（3）对工程单位计划不周的问题，要及时妥善解决。

（4）对工程单位新增加的点，要及时在施工图中反映出来。

（5）对部分场地或工段要及时进行阶段性检查验收，确保工程质量。

（6）精确核算施工材料，实行限额领料，搞好计划减少材料损失。

（7）搞好机具设备的使用、维护，加强设备停滞时间和机具故障率管理，合理安排进场人员，加强劳动纪律，提高工作效率。

（8）搞好已完工的管理和保护，避免因保护不当损坏已完成的工程，造成重复施工。

（9）抓紧完工工程的检查及工程资料的收集、整理，工图的绘制，抓紧工程收尾，减少管理费用支出。

（10）加强仪器工具的使用管理，按作业班组落实专人负责，以免造成丢失、损坏而影响工期。

2. 工程施工结束时注意事项

（1）工程施工结束时的注意事项

① 清理现场，保持现场清洁、美观。

② 对墙洞、竖井等交接处要进行修补。

③ 各种剩余材料汇总，并把剩余材料集中放置管理，并登记还可使用的数量。

（2）制作总结书面材料，总结材料主要包括内容：

① 开工报告。

② 布线工程图。

③ 施工过程报告。

④ 测试报告。

⑤ 使用报告。

⑥ 工程验收所需的验收报告。

3. 评标需要注意的问题

（1）投标人假借他人名义投标。一些不具备整体能力和资质的队伍假借他人名义进行投标，一旦他们中标，势必会给工程质量留下隐患。

（2）低价招标。低价招标一般出现在建设资金不是很充足的项目中。招标人在这种情况下，必然会制定低标底，或将最佳报价控制在一个低价位置，出现投标人低于成本的报价，而不利于合同的履行和工程质量。

（3）恶意投标。恶意投标容易出现在由于某种因素影响将投标人限制在较小的范围内，且采用复合标底的中小工程招投标中，几家投标人串通后抬高报价，使最终合同价偏高。

（4）伪造资料。如果在招标文件中将评标标准阐述得过于具体，一些投标人会在很短的时间内，有针对性地将所欠缺的资料和设备采用伪造、租赁等手段补齐，难辨其真伪，不能反映该投标人的真正实力。

4. 解决办法

（1）加强参标单位资质审查。资质审查一定要给予足够的时间，并且要加强力度，充分调查各投标人的实际情况。同时，国家行政管理部门可以通过电子政务的形式，将具有一定资格的施工单位在互联网上予以公布，以确保投标人的真实性，也可以减少不必要的时间浪费。

（2）制定合理的标底。解决低价中标问题的关键是正确确定合理的成本价格。首先，招标人应实事求是地制定成本价格。当报价明显低于其他报价或制定的标底，且不能在技术、材料等方面提供充分的原因说明的应坚决取消其参评资格。

（3）打破地区和行业垄断。在招标文件中应取消一些类似于像“获本地区、本行业奖项作为评标条件”这样的规定，打破地区垄断，减少地方保护主义色彩。当然，在各行业之间由于有着不同的专业技术和特点，并不能在短时间内相互融合，可以缓冲一段时间。

（4）对于那些不具备实行招投标的工程项目（主要表现在资金、拆迁、技术复杂等方面）不要强求实行招投标，可以通过签订合同来实施。科学地划分工程项目实施招投标的范围和标准，维护招投标制度的严肃性。

（5）制定严格的回避制度。招标行政主管部门应避免直接参与招投标的具体评审工作。使评标工作按照招标文件规定的方法和标准如实进行，并且要保证评审工作的时间和独立性。必要时，聘请多家监督机构对招标评审的合法性、规范性进行监督。

（6）成立各级评标委员会人员专家库。专家库的组成应侧重于那些有丰富经验的工程技术人员，适当减少行政领导所占的比例。在评标过程中，按照工程项目的特点，针对不同项目随机抽取评审人员。

从根本上讲，解决招标问题的办法是有关部门和机构制定和完善配套招投标制度执行的规则，尽快将招投标法进一步细化。另外，现在各地区、各行业之间现行的一些办法、制度存在较大差异，也应通过制定详细的实施办法来消除差异，维护招投标法的权威性和统一性。

四、任务训练

一、填空题

1. 综合布线系统的施工管理可以分为3个职能小组进行，每个小组对施工管理各自负有责任。这3个职能小组分别是________、________和________。

2. 综合布线工程施工的质量监督由________和________共同负责，要求现场施工人员按照施工规范进行施工，在施工过程中要不定期检测已安装完的链路，发现问题及时解决。

3. 综合布线工程现场施工采用________，由________组织各部门进行现场技术分析，技术交底，人员安排。

4. 对综合布线工程的________是施工方向用户方移交的正式手续，也是用户对工程的认可。

5. 综合布线系统的验收一般分两部分进行：第一部分是________；第二部分是________。

6. 综合布线工程中的电缆系统的电气性能测试包括电缆系统性能测试和光纤系统性能测试，

其中电缆系统性能测试内容分别为________和________。各项测试应有详细记录，以作为竣工技术文件的一部分。

二、选择题（答案可能不止一个）

1. 下列选项中属于网络结构文档内容的有（　　）。

A. 网络逻辑拓扑结构图　　B. 用户使用权限表
C. 网络设备配置图　　D. IP 地址分配表
E. 网段关联图

2. 下列选项中属于网络系统文档内容的有（　　）。

A. 网络逻辑拓扑结构图　　B. 用户使用权限表
C. 网络设备文档　　D. 服务器文档
E. 网络应用软件文档

3. 在综合布线工程施工过程中，应将检查验收工作贯穿于始终，从而保证能够及时发现不合格的项目。下列施工工作应该随工检查的是（　　）。

A. 电缆桥架及线槽布放　　B. 工程电气性能测试
C. 配线部件及 8 位模块式通用插座　　D. 安全防火要求
E. 管理间、设备间、设备机柜和机架

4. 下列工作应该在综合布线工程施工竣工后进行检查的是（　　）。

A. 光纤特性测试　　B. 工程电气性能测试
C. 配线部件及 8 位模块式通用插座　　D. 安全防火要求
E. 竣工技术文件

5. 技术监督组在综合布线工程施工过程中的主要职责是（　　）。

A. 负责现场的施工组织和调度工作
B. 定期听取工程现场管理人员关于工程质量、工程进展和其他相关信息的各类汇报，并做出相应的处理决定
C. 负责与其他施工单位及用户主管部门的现场协调工作
D. 负责安排和核发工程材料
E. 负责填报工程施工进度日志、施工责任人签到表、施工事故报告、施工报停申请、工程验收申请等文件资料

三、问答题

1. 综合布线系统工程结尾时需要做哪些工作？
2. 在综合布线工程中，为什么要对施工进行管理？
3. 综合布线工程施工管理是如何进行的？
4. 为什么说综合布线施工的组织管理决定了工程的质量？
5. 综合布线施工前，要做好哪些施工前期准备工作？
6. 工程施工管理中，有哪些资料报表需要汇总？
7. 应从哪几个方面采取必要的措施来保证工程的质量？

参考文献

[1] 马忠林. 宽带接入技术. 信息产业部通信行业职业技能鉴定指导中心，2003.

[2] 张宜. 综合布线. 信息产业部通信行业职业技能鉴定指导中心，2003.

[3] 于鹏. 综合布线技术. 西安：西安电子科技大学出版社，2004.

[4] 李京宁. 网络综合布线. 北京：机械工业出版社，2004.

[5] 赵腾任. 网络工程与综合布线培训教程. 北京：清华大学出版社，2005.

[6] 刘化军. 综合布线系统. 北京：机械工业出版社，2005.

[7] 综合布线系统工程设计规范(GB 50311—2007)/中华人民共和国国家标准. 北京：中国计划出版社，2007.

[8] 综合布线系统工程验收规范(GB 50312—2007)/中华人民共和国国家标准. 北京：中国计划出版社，2007.

[9] 梁俊强，欧阳黎. FTTH 基础与规范. 工业和信息化部人才交流中心，2011.

[10] 吴鉴平. FTTH 工程施工验收规范. 工业和信息化部人才交流中心，2011.

[11] 黎连业. 网络综合布线系统与施工技术（第 4 版）. 北京：机械工业出版社，2011.

[12] 李金伴. 智能建筑综合布线设计及应用. 北京：化学工业出版社，2011.

[13] 住宅区和住宅建筑内光纤到户通信设施工程施工及验收规范 GB50847—2012. 中国计划出版社，2012.

[14] 住宅区和住宅建筑内光纤到户通信设施工程设计规范 GB50846—2012. 中国计划出版社，2012.